U0179998

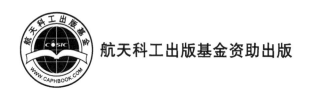

航天科工出版基金资助出版

超燃冲压发动机
高温结构与热防护技术

刘小勇　王明福　魏　玺　著

科学出版社
北　京

内 容 简 介

　　本书主要介绍超燃冲压发动机高温结构与热防护技术。第1章对超燃冲压发动机基本工作原理及热防护技术相关内容进行了介绍;第2~9章依次针对热防护系统及服役环境、前缘结构及超高温陶瓷材料、进气道/隔离段高温结构与材料、复相陶瓷基复合材料与燃烧室超高温结构、高温涂层及应用、多功能梯度复合隔热、高温承载结构强度分析、结构验证与性能评价方法这8个方面开展了详细论述。第10章为材料、结构与热防护技术发展及应用展望。

　　本书以超燃冲压发动机热防护技术相关领域研究学者及工程设计人员为主要读者对象,也可作为高等院校燃烧、材料、传热、发动机、飞行器总体设计等相关专业研究生的参考书。

图书在版编目(CIP)数据

　超燃冲压发动机高温结构与热防护技术／刘小勇,
王明福,魏玺著. —北京:科学出版社,2023.6
　ISBN 978-7-03-075275-8

　Ⅰ.①超…　Ⅱ.①刘…②王…③魏…　Ⅲ.①冲压喷
气发动机-防热　Ⅳ.①V235.21

中国国家版本馆 CIP 数据核字(2023)第 067402 号

责任编辑:徐杨峰／责任校对:谭宏宇
责任印制:黄晓鸣／封面设计:殷　靓

科　学　出　版　社　出版
北京东黄城根北街 16 号
邮政编码:100717
http://www.sciencep.com

南京展望文化发展有限公司排版
广东虎彩云印刷有限公司印刷
科学出版社发行　各地新华书店经销

*

2023 年 6 月第　一　版　开本:B5(720×1000)
2024 年 7 月第二次印刷　印张:25
字数:490 000

定价:200.00 元
(如有印装质量问题,我社负责调换)

序

自 20 世纪中叶以来,航天航空领域始终把超燃冲压发动机作为推进系统的一种追求目标,开展了大量的研究和技术攻关工作。然而,从理论到技术,科研人员的苦苦探索,经历了数十年的历程,仍然存在众多待解难题。直至 21 世纪初,世界科技发达国家才取得了一系列接近实际应用的科研成果,在理论和技术方面逐步建立起令人信服的基础,并在近几年得到蓬勃发展,形成了发展高超声速飞行器的新时代。在这个发展过程中,有一些优秀的科学家做出了关键贡献,对高超声速飞行器及其推进技术的深入研究给这个领域增添了宝贵的知识,是高超声速技术进一步发展的重要基础。

刘小勇研究员长期从事超燃冲压发动机的基础理论和工程技术研究,曾承担过多个国家级研究项目和工程技术攻关任务,具有扎实的理论基础和丰富的工程经验,数十年持之以恒,在超燃冲压发动机的发展中取得了系统性的科研成果,他对技术的认识和解决技术问题的思想方法很有代表性。

这部专著着眼于超燃冲压发动机超高温热防护技术,以国内相关研究为基础,结合刘小勇研究员及其团队在该领域的长期研究成果,经梳理总结,提出一系列解决问题的方法。书中详细介绍了超燃冲压发动机高温热防护技术的相关概念及理论基础,给出了高温热防护的关键技术问题的解决途径。作者的论述按照超燃冲压发动机热防护技术体系,系统地阐述了材料体系基础和发动机各部件的热防护设计、结构方案和试验技术等。具体内容涉及超燃冲压发动机原理及其热环境、热防护技术的材料基础、高温热结构与热防护系统的关键技术、进气道/隔离段高温结构方案、燃烧室与尾喷管超高温结构方案、超高温陶瓷复合材料、高温热障涂层与抗氧化烧蚀涂层、发动机隔热传热过程分析及典型的超高温隔热材料等,内容丰富精彩,各章节既有联系又可独立成文,对相关科研领域同仁很有参考价值。书中还提供了部分应用案例和试验结果,介绍了试验方法及相应测试数据,内容真实可信。如整体前缘试验考核、高温结构试验研究验证、电弧风洞试验、燃烧直连式试验等,都是重要的科学研究、技术验证、工程考核的试验项目,亦是超燃冲压发动机结构与热防护技术体系的重要组成部分。

该书的内容反映了当前超燃冲压发动机结构与热防护技术发展的现状,是航天航空前沿技术的新成就,是难得的科研工作成果系统展示。我们期待刘小勇研究员及其团队能够在超燃冲压发动机领域不断取得新突破,为我国航天航空动力技术发展增添更多成果。

2023 年 5 月

前言

超燃冲压发动机采用超声速燃烧组织方式,可将传统吸气式发动机最大工作马赫数由 5~6 拓展到 12~15,在临近空间长时间、远航程高超声速飞行中工作时,有独特作用。它与涡轮发动机或火箭发动机组合,能够使高超声速飞行器自由往返临近空间。超燃冲压及其组合发动机的应用,将会带来航空航天飞行技术的革新。

超燃冲压发动机燃烧室内气流含有氧和大量水蒸气、速度可达 1 000 m/s,温度能够达到 2 700℃,复杂严酷的服役环境,使得"高温结构与热防护技术"成为长期制约超燃冲压发动机技术发展与应用的基础性难题。近十年来,在相关科研院所共同努力下,国内超高温陶瓷、高温陶瓷基复合材料、高温涂层以及多功能梯度复合防隔热技术等取得快速发展,促进了超燃冲压发动机耐高温结构与热防护技术的进步。

国内相关研究成果是本书的基础,内容涉及发动机热防护系统及服役环境、前缘结构与超高温陶瓷、进气道/隔离段高温结构与材料、复相陶瓷基复合材料与燃烧室高温结构、高温涂层及应用、多功能梯度复合隔热技术、耐高温结构强度分析,以及相关技术的试验验证等,是解决实际研究问题的总结,并在此基础上进一步进行了凝练和升华,具有较高的应用价值和学术价值,能够为工程设计人员提供一定参考,也可以为相关的专业研究提供借鉴。

参加本书编写的人员主要包括北京动力机械研究所的王琴、韩丁、艾莉、郭雪莲、刘建文、柳发成等同事,他们大多数都参加过相关技术的研究与应用,积累了较丰富的经验。本书编写过程中得到了中科院过程所张伟刚研究员、哈尔滨工业大学张幸红教授、中南大学黄启忠教授的悉心指导,也得到了中国建筑材料科学研究总院陈玉峰研究员、北京理工大学王全胜教授以及中国航天科技集团四十三所闫联生研究员等的大力支持和关心。在此,一并表示衷心感谢!

由于作者水平有限,书中难免存在不足之处,恳请广大读者批评指正。

刘十勇

2022 年 12 月

目录

第1章
绪　论

飞行速度大于 5 倍声速、以超燃冲压及其组合发动机为动力的高超声速飞行器是未来军民两用的新型航空航天飞行器,被称为是继螺旋桨、涡轮喷气推进的飞行器之后航空史上的"第三次革命"。超声速燃烧和耐高温结构是超燃冲压发动机技术实现与应用的两大基本问题。当飞行马赫数达到 7 时,超燃冲压发动机前缘驻点温度超过 1 400℃,气动加热形成了很高的热流;燃烧室内气流速度高达 1 000 m/s,最高温度达 2 700℃;流动与燃烧激励产生的振动载荷,以及大推重比提出的结构质量轻质化要求,使得高温难熔金属、金属氧化物材料的直接应用已经没有可能;碳/碳复合材料能够承受这样的力热载荷,但难以承受燃烧产生的水和剩余部分氧气等的强氧化作用,以及高速气流的冲刷剥蚀。严苛的服役环境对发动机的结构、材料与热防护技术提出了很大挑战。

近年来,国内外对材料在超燃冲压发动机服役环境条件下的烧蚀机理进行了深入了解,形成了一些规律性认识,探明了基于碳/碳陶瓷复合等材料的改性方向,在高温结构与热防护技术方面得到了快速发展,有望促进超燃冲压发动机走向工程应用。

1.1　超燃冲压发动机概述

1.1.1　超燃冲压发动机基本工作原理与组成

超燃冲压发动机由进气道、隔离段、燃烧室以及尾喷管(图 1.1)等典型部件构成[1]。迎面高超声速空气进入进气道和隔离段,通过激波压缩和减速作用,形成较高压力、较低流速的空气进入燃烧室;气流在燃烧室内与燃料掺混燃烧,将化学能转化为高温气体的热能;燃烧后的高温气体通过尾喷管膨胀加速排出,将热能转换为动能,从而产生推力。

超燃冲压发动机没有涡轮、压气机等转子部件,结构简单、迎风面积小、发动机-

飞行器一体化程度高,但不能够零速工作,需要借助涡轮发动机或火箭发动机加速到马赫数 2 左右;因为气流速度快,燃烧后气流温度高,所以高效燃烧和耐高温是其两大核心问题。

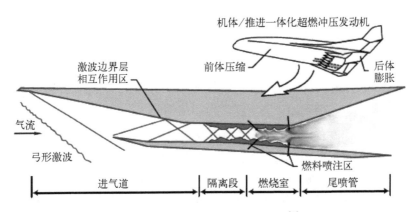

图 1.1　超燃冲压发动机工作过程[2]

图 1.2 是不同类型发动机比冲(单位质量燃料产生的推力,与飞行时燃料的消化率相关)随飞行马赫数变化图[2]。一般而言,当马赫数大于 6 时,超燃冲压发动机性能优势开始显现,适用于作为高马赫数飞行时的动力。它与亚燃冲压发动机融合,形成亚燃、超燃的双模态冲压发动机,可以实现在马赫数 2~15 的宽速域高效工作;与火箭或涡轮发动机组合,能够实现在马赫数 0~25 的范围工作。

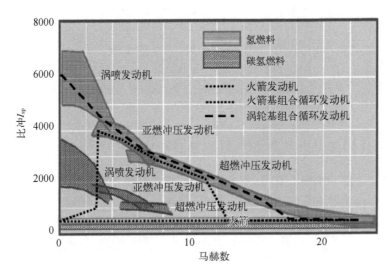

图 1.2　不同类型发动机比冲与飞行马赫数关系示意图

1.1.2 超燃冲压发动机应用

超燃冲压发动机可应用于高超声速巡航导弹、高超声速飞机和空天飞机[3]。经过六十多年的发展,美国、俄罗斯等国近年来相继取得技术上的重大突破,美国超燃冲压发动机技术已经全面进入了演示验证和工程应用阶段。

1. 高超声速巡航导弹

凭借其高速度,高超声速巡航导弹能在十分钟内打击上千千米外的军事目标。美国发展高超声速巡航导弹重要目标就是增强快速反应与打击能力,尤其是打击时间敏感目标,如导弹发射系统、航空母舰等高价值目标。图 1.3 所示为洛克希德·马丁公司某一型高超声速导弹的概念图。高超声速巡航导弹能有效地遏制地基、机载、舰载预警及武器系统整体功能的发挥。

图 1.3 洛克希德·马丁公司某一型高超声速导弹概念图

2. 高超声速飞机

高超声速飞机在实时侦察、远程快速部署和精确打击方面具有明显军事价值。高超声速飞机具有突防能力强、被拦截概率小、能深入敌方纵深进行侦察的特点。高超声速战斗机佩挂防区外攻击武器,以高空高速进入或退出目标区,必将大大提高航空武器系统的突防概率、作战生存能力和作战效能。高超声速飞行配挂高超声速巡航导弹则更是如虎添翼。

超燃冲压发动机技术进一步发展还能够用于洲际飞机,实现两小时全球到达,有很大的潜在市场。

3. 空天飞机

空天飞机能够像普通飞机一样起飞,以高超声速在大气层中飞行,在 30~100 km高空飞行速度可达 12~25 倍声速;空天飞机能够加速进入地球轨道,安全返回并再入大气层,可以像普通飞机一样在机场降落并且可以重复使用;空天飞机将作为反卫星武器平台、监视平台和侦察平台,在未来的空间控制、空间作战以及太空信息港运行中发挥重要作用。图 1.4 所示为洛克希德·马丁公司的 SR-72 空天飞机。

图 1.4　洛克希德·马丁公司 SR－72 空天飞机

1.2　超燃冲压发动机热防护概述

发动机高温热防护技术按照技术原理和防护方式一般可分为三种[4]：被动式、半被动式和主动式(图 1.5)。被动式是采用轻质的耐烧蚀＋隔热材料等组成高温热防护结构,热量被材料吸收或辐射出去;半被动式是指部分热量由工质流动带走,主要有热管和烧蚀两种方式;主动式是指利用低温冷却剂进行防护(如用燃料来冷却发动机结构的方式),全部热量或大部分热量被工质带走,包括发散冷却、气膜冷却和对流冷却。三类热防护方式分别具有相应的优缺点,需要根据服役环境与时间、成本等综合考虑选取。

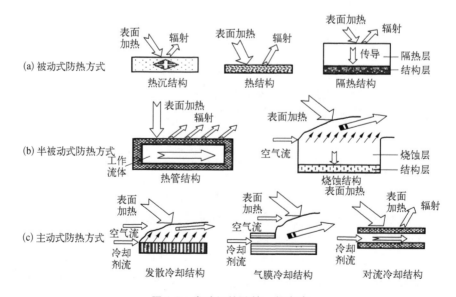

图 1.5　发动机热防护一般方式

一方面,超燃冲压发动机高比冲性能来自不需要自带氧化剂,但这也造成了结构冷却只能依靠燃料(还原剂),冷却能力大幅度下降;另一方面,超燃冲压发动机的热防护面积又明显超出其他发动机的热防护面积,很难全部或大面积使用冷却方式来进行热防护。发动机燃烧室、喷注器等燃烧区的热结构常采用燃料冷却的金属结构;前缘、隔离段、尾喷管等非燃烧区域的结构则采用新型超高温材料。在飞行马赫数小于 6 的条件下,对于非重复性使用的发动机,结构全部采用超高温材料也是可行的,如图 1.6 所示。此外,冷却结构将会导致系统复杂和重量增加,影响发动机综合性能。

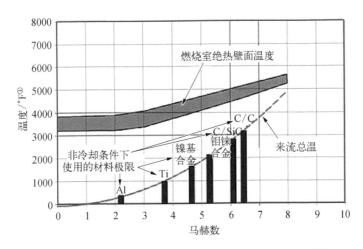

图 1.6 无冷却燃烧室不同马赫数条件下可选材料方案[5]

超燃冲压发动机的热防护对高温结构及其材料提出了苛刻要求,具体表现如下。

(1) 高温。在马赫数为 6~8 的状态下,发动机流道中的主燃烧区热气流温度将达到 2 000~3 000℃。另外,发动机内部的复杂激波系、燃烧脉动和振荡很容易使燃烧室局部壁面热流过高,而且高热流部位会随着工况的变化而变化,导致发动机壁面热流分布不均匀且多变。

(2) 抗氧化。超燃冲压发动机的特点是充分吸收大气中的氧气进行燃烧,燃烧产物中有较高浓度的 $H_2O/CO_2/CO$,对材料的抗氧化性能提出了更高的要求。

(3) 承受复杂热-机械载荷。发动机结构要承受热流分布不均匀而产生的热应力、气流速度快而产生的冲刷和噪声载荷、发动机/机身一体化而导致的气动力载荷。发动机气动燃烧性能对结构形状和尺寸很敏感,所以在复杂热-机械载荷作

---

① 华氏度(℉)与摄氏度(℃)的换算关系: $t℃ = (1.8t + 32)℉$。

用下,结构要保持不变形或者变形量不足以影响性能。

(4) 耐烧蚀。在使用过程中,结构要具备零(微)烧蚀特性。对于长时间甚至可重复使用的结构,还要求材料在高温-氧化-载荷的耦合条件下具备高度的性能稳定性、优异的抗疲劳特性。

(5) 有效可靠的制备技术。高超声速飞行器的发动机与机身高度一体化,导致结构紧凑,具备尖锐前缘、不对称、型面突变等几何特征,系统复杂度高,对零部件制备技术提出了更高的要求。

(6) 轻质。轻质是航空航天飞行器永恒的追求,以满足飞行重量要求和提高有效载荷。

超燃冲压发动机的服役环境是吸气式发动机中相对恶劣的,如果要实现长时间甚至可重复使用,就需要迫切发展以超高温材料为基础的高温结构与热防护技术。

1.3　热防护技术的材料基础

材料是超燃冲压发动机高温结构与热防护的基础,主要包括高温结构/功能材料与高温防护/隔热材料两大类。高温结构/功能材料除了要求具有高温抗烧蚀、抗氧化性能外,还要求具有良好的高温力学等综合性能;高温防护/隔热材料重点要求具有高温抗氧化和隔热等性能。

1.3.1　高温结构/功能材料

在超燃冲压发动机中常用的高温结构/功能材料通常包括高温合金、难熔金属及其合金、超高温陶瓷复合材料、纤维增强改性超高温陶瓷基复合材料[如碳/碳(C/C)及碳/碳化硅(C/SiC)]等。

高温合金在 $800 \sim 1\,100$℃仍然有较高强度,在航空发动机、亚燃冲压发动机中作为主体结构材料得到广泛应用,在工作马赫数不大于 6 的超燃冲压发动机的非燃烧区结构上也可以使用,在工作马赫数大于 6 的超燃冲压发动机管路、非高温区连接件中也有重要应用。高温合金的应用已相对成熟,本书不再进行论述。

1. 难熔合金

常见的难熔金属的熔点与密度如图 1.7 所示[6]。

(1) 钨及其合金。钨(W)的熔点最高($3\,400$℃),具有较好的抗氧化性和良好的抗热震性以及很好的抗烧损和抗冲刷能力,早期应用于弹道导弹的燃气舵和固体火箭发动机喉衬。但其高密度($19.3\ \mathrm{g/cm^3}$)、低强度不利于其在航空航天领域的广泛应用。常在钨中添加碳化物颗粒[如碳化锆(ZrC)和碳化钛(TiC)颗粒]或渗入铜(Cu),能够显著提高其力学性能和抗烧蚀性能。钨合金可用于超燃冲压发动机点火器喉衬或局部堵盖等小零件。

（2）铌（Nb）及其合金。铌本身熔点较低（2 415℃），抗氧化性能有限，通常以合金或化合物的形式应用于超高温环境。含硼（B）或氮（N）的 Nb基难熔合金，在温度达到2 200℃时仍保持良好的力学性能，已用于姿控液体火箭发动机。铌-硅基合金具有较高的高温强度，在室温下具有一定的韧性，并且其熔点高、密度

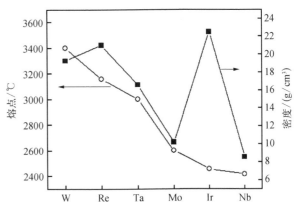

图1.7 难熔金属物理性能

小，可用于超燃冲压发动机高温部件连接标准件。带有硅化物涂层的铌合金材料已经用于火箭发动机燃烧室，也有望用于超燃冲压发动机中。

（3）钼及其合金。与钨和铼相比，钼（Mo）的熔点相对略低（2 610℃），但其成本和密度都有所降低。钼一般以合金、化合物或者复合材料的形式应用于超高温环境。钼能与铌和钨形成三相固溶体，在1 700℃时的屈服强度和蠕变强度能到400 MPa 和22 MPa。Mo 的硅化物硅化钼（$MoSi_2$）是常见的高温结构材料，具有优异的抗氧化性能，使用温度可达1 700℃。$MoSi_2$涂层可用于进气口温度超过1 400℃的涡轮发动机叶片的耐热涂层。Mo－Si－B 在1 500℃时屈服强度仍在1 GPa 以上，与其他高温结构使用的难熔金属基或陶瓷基材料相比，性能优异，材料应用前景良好。

（4）铼及其合金。铼（Re）是高温强度、耐磨、耐腐蚀应用环境中的候选材料。Re（熔点为3 180℃）与其他难熔金属相比，随着温度升高，铼具有最高的抗拉强度和抗蠕变断裂强度，主要缺点是成本高、密度大（21 g/cm^3）、机械加工性能差及在升温时较低的抗氧化性，需要采用铱（Ir）来提高铼的抗氧化性能。铱铼层状材料已在发动机环境中测试，其使用温度超过2 200℃，测试效果良好。

（5）铱及其合金。铱的熔点为2 454℃，在2 100℃高温下具有低氧渗透率，熔点下的蒸汽压非常低，在2 200℃时抗氧化性良好，氧化挥发速率很低。铱的线膨胀系数与Mo、W、Re非常接近，且具有较好的抗氧化性，涂有铱涂层的铼合金固体火箭发动机经过105 次2 200℃到室温反复热循环，结构仍保持完好。值得注意的是，美国采用化学气相沉积法制备了几乎不烧蚀的 Ir/Re/C－C 超高温复合材料。

（6）钽及其合金。钽（Ta）具有高熔点（3 000℃），与铪（Hf）共同使用可具有较高的强度和较好的抗氧化性能。

2. 超高温陶瓷

超高温陶瓷[7]一般是指能够在高温（>1 800℃）以及反应性气氛中物理化学特

性稳定、具有良好的抗氧化、抗热震和抗烧蚀性能的过渡族金属硼化物、碳化物和氮化物,如碳化钽(TaC)、ZrC、碳化铪(HfC)、硼化锆(ZrB_2)、硼化铪(HfB_2)和氮化铪(HfN)等。

目前研究的超高温陶瓷材料主要是铪、锆、钽等形成的硼化物、碳化物以及氮化物,包括以下三大类。

(1) 碳化物陶瓷。研究较多的有 SiC、ZrC、HfC、TaC 等,它们的熔点比相应氧化物的熔点高得多,热导率高,在高温下可生成黏度高、致密的氧化物层,氧化物层中含有少量玻璃相,密封和填补了氧化层中存在的裂纹和缺陷,减少了氧进入材料内部的通道,降低了扩散速率,具有较好的抗热震性,在高温下仍具有高强度,抗氧化性能优异。1997 年,美国利用陶瓷材料制造固体火箭喷管的喉衬,研制了一种全新的、几乎不烧蚀的、纯模压的 TaC 基陶瓷火箭喷管喉衬材料,其烧蚀率不到 0.025 mm/s,比 C/C 材料性能好 20 倍,制造成本和周期减少 50% 以上。

(2) 硼化物陶瓷。硼化物超高温陶瓷具有高熔点、高模量、高硬度、低饱和蒸汽压、高热导率和电导率、良好的抗热震等综合特性,成为超高温应用很有潜力的材料。与碳化物和氮化物相比,硼化物具有更高的热导率和抗热震能力。HfB_2 熔点为 3 380℃,ZrB_2 熔点为 3 245℃。硼化物优异的抗氧化性能来源于氧化可生成黏流态氧化硼(B_2O_3)保护层。ZrB_2-SiC 复合材料具有很高的强度(超过 1 000 MPa)和良好的抗热震性,在温度达到 1 600℃时仍具有较好的抗氧化性。ZrB_2-SiC 陶瓷复合材料主要应用于 SiC 基陶瓷复合材料(C/SiC 和 SiCf/SiC)无法应用的 2 000℃以上的高温氧化环境。

美国国家航空航天局(National Aeronautics and Space Administration,NASA)格伦研究中心的 ZrB_2-SiC 复合陶瓷用作飞船头部前缘材料,可多次使用,最高使用温度可达 2 015.9℃(马赫数为 10),烧蚀量是 C/C 复合材料的 1/131,接近零烧蚀。HfB_2 具有高熔点、高硬度和良好的热导率等特性,是一种性能优异的超高温陶瓷材料,美国艾姆斯研究中心在再入环境中验证了 HfB_2/SiC 的性能,在经历 23 min 的亚轨道飞行、承受了 2 760℃的高温之后,弹头完整无缺。

(3) 氮化物陶瓷。主要包括氮化锆(ZrN)、HfN、氮化钽(TaN)等,被认为是最有潜力的超高声速飞行器头部零烧蚀材料,氮化物陶瓷作为火箭喷管喉衬材料已获得应用,但仍未在飞行器上大规模应用。

3. C/C 复合材料

C/C 复合材料[8](简称"C/C")是以碳(或石墨)纤维及其织物为增强相,以碳(或石墨)为基体相的一种先进复合材料,实际上它是由单一的碳元素所组成的多相材料。具有质量轻(仅为镍基高温合金的 1/4)、比强度高、比刚度高、模量高、热膨胀系数低、高温下强度高的性能以及良好的烧蚀性能、良好的摩擦性能、良好的抗热震性能等。但 C/C 复合材料直接作为超高温结构材料的应用极为有限,这是因为它超过 350℃ 会氧化,在 500℃ 以上会燃烧。

C/C 复合材料在高温环境下的氧化问题一直制约着它的实用化。为满足航空航天工业的需求,C/C 复合材料自 1958 年问世以来,其抗氧化保护就是广泛关注的焦点。目前,1 500℃ 以下的抗氧化问题已得到解决,经过改性的 C/C 复合材料使用温度可达 2 000℃ 以上。

C/C 复合材料的改性方法主要有两种。

(1)基体改性。主要方法包括浸渍法、添加剂法和基体置换法。这几种方法的防氧化效果有限,一般在 1 000℃ 以下,而且保护时间不长。通过减少碳来源材料中的杂质、增加石墨化的程度、采用内部氧化抑制剂可抑制氧化,如通过向基体中添加超高温陶瓷材料,在高温下形成氧化硅(SiO_2)、氧化锆(ZrO_2)、氧化铝(Al_2O_3)等来提高抗氧化性能。

(2)抗氧化涂层。目前国内外普遍采用耐高温金属碳化物和金属氧化物陶瓷涂层提高 C/C 复合材料 1 600℃ 以下抗氧化性能。C/C 复合材料通常在其表面使用高温陶瓷涂层,如 SiC、HfC、TaC、NbC、ZrC 等,因为它们在高温下防护能力较好。但由于这些高温陶瓷与 C/C 复合材料基体在热膨胀系数上不匹配,容易引起涂层开裂与剥落,从而使其使用受到限制。

4. C/SiC 复合材料

连续碳纤维增强碳化硅(C/SiC)复合材料[9]是一种典型的陶瓷基复合材料,即在脆性的碳化硅陶瓷基体中加入碳纤维来提高材料的综合性能,其结合了碳纤维和碳化硅的各自优点,是一种有较多优良特性的耐高温复合材料。碳纤维是目前为止应用最广的纤维,其具有密度小、耐高温、耐腐蚀、比强度和比模量高、导热性好等优点,充分满足了陶瓷基复合材料对纤维的要求。碳化硅陶瓷基体具有比强度高、硬度高、耐磨等特性,同时在高温环境下具有热膨胀系数小、抗氧化能力强、传热性好等优点,是在 0 ~ 1 600℃ 范围内性能最突出的高温结构陶瓷材料。C/SiC 复合材料是迄今研究和应用较多的一类陶瓷基复合材料,至今被大量应用在航空航天动力系统、热防护领域,以及汽车、飞机和高速列车等领域。

5. 复相超高温陶瓷基复合材料

在 1 650℃ 以下,纤维增强碳化硅基陶瓷具有极好的高温性能和高温抗氧化性能,在超燃冲压发动机的非燃烧区结构中发挥重要应用,但在温度超过 2 000℃ 的燃烧室环境中,单靠 SiC 基体无法满足综合服役性能要求,必须引入超高温陶瓷相来进一步提升复合材料的抗烧蚀性能。超高温陶瓷通常采用 Zr、Hf、Ta 等难熔金属硼化物、碳化物及氮化物,其中又以 ZrC、ZrB_2、HfC、HfB_2 最为适用,被认为是制备发动机超高温部件的理想候选材料。由于氧化产物的协同作用,ZrB_2 - SiC 和 HfB_2 - SiC 陶瓷在不同温度区域下具有优良的抗氧化性,将作为高温结构材料被广泛使用。因此,基于提高 C/C、C/SiC 复合材料的抗氧化性能以及超高温陶瓷使用的可靠性综合考虑,科技工作者开发出 C/C - Hf(Zr)B$_2$ - SiC、C/Hf(Zr)B$_2$ - SiC、C/C - Hf(Zr)C - SiC 和 C/Hf(Zr)C - SiC 复相陶瓷复合材料。这些材料有望在超燃冲压发动机、高超声速飞行器等的结构与热防护中得到重要应用。

1.3.2　高温防护/隔热材料

在航空航天飞行器使用的热防护/隔热材料,主要包括:热防护梯度功能材料[10]、金属热防护材料[11]、柔性隔热材料[12]、热障涂层材料[13]。

1. 热防护梯度功能材料

梯度功能材料(functionally gradient materials, FGM)是一种使金属和陶瓷的组分和结构呈连续变化,没有明显的界面,从而物性参数也呈连续变化的复合材料。早期提出的主要应用目标是作为航天飞机和宇宙飞船的发动机材料和壳体材料。在内外温差很大的情况下,由于金属陶瓷涂层复合材料中金属和陶瓷的热膨胀系数和弹性模量相差较大,所以将会在金属和陶瓷之间的界面上产生很大的热应力而导致界面处开裂或使陶瓷层剥落。为了有效解决此类问题,日本学者新野正之、平井敏雄和渡边龙三等于 1987 年首次提出了金属和超耐热陶瓷梯度化结合这一创新想法,即梯度功能材料的新概念。梯度功能材料是两种或多种材料复合成组分和结构呈连续梯度变化的一种新型复合材料,它的设计要求功能、性能随机件内部位置的变化而变化,通过优化构件的整体性能而得到满足。

梯度功能材料在组合方式上通常有金属/陶瓷、金属/非金属、陶瓷/陶瓷、陶瓷/非金属以及非金属/塑料等多种结合方式;在组成变化上有梯度功能整体型(组成从一侧到另一侧呈梯度渐变的结构材料)、梯度功能涂覆型(在基体材料上形成组成渐变的涂层)、梯度功能连接型(黏结两个基体间的接缝组成呈梯度变化)等;在功能上可分为热防护梯度功能材料和梯度折射率材料等。

2. 金属热防护材料

在低于 316℃ 的温度区间,高级铝合金和铝基复合材料密度小而成为优选材料;在低于 600℃ 的环境温度下,可以选用钛合金和钛基复合材料;在 800℃ 左右,外面板材料可以用 γ - TiAl;超过 800℃ 的使用环境可以选用高温合金,氧化物弥散增强高温合金的使用温度更高,达 1 200℃。

3. 柔性隔热材料

(1)柔性隔热材料。柔性隔热材料是一种棉被式防隔热结构,安装和制造简单,能制成较大尺寸直接用胶黏结到蒙皮上,具有质量小、耐热震性能好及价格便宜等优点,主要用于承载不大的较低温区。目前已经发展到第三代新型柔性隔热材料,组成包括氧化硅、氧化铝、硼硅酸铝等。近年来柔性隔热材料的使用温度不断提高,从 500℃ 以下提高到了 700℃ 以上,最高可用于 1 300~2 000℃。在美国 X - 33 空天飞行器中,飞行器表面就用了柔性隔热材料防护。

（2）刚性陶瓷瓦。刚性陶瓷瓦又分为高温和低温两类,分布用于第二温区（650~1 260℃）和第三温区（370~650℃）,主要包括机身和机翼的下表面前部、垂直尾翼前缘、机身襟翼等处,它是用低密度、高纯的氧化硅（$SiO_2 > 99.8\%$）纤维制造,制备过程中将含氧化硅胶体和水的混合物浇注成块体,然后经高温烧结成多孔材料,它可切割成所需的形状,但由于是多孔材料,存在脆性大、易吸水、强度低的缺点。

4. 热障涂层材料

热障涂层（thermal barrier coatings, TBCs）是指由金属黏结层和陶瓷表面层组成的涂层系统。金属黏结层具有高的热导率、韧性及延展性等性能,陶瓷具有硬度高、耐磨、耐蚀、耐高温等特点。表层的陶瓷材料要求高熔点、低密度、较高的热反射率、良好的抗热冲击性能、较低的蒸气压、较高的抗高温氧化及抗高温腐蚀的能力、较低的热导率、较高的热膨胀系数,其中,低热导率是其重要的特点。热障涂层中作为工作层的材料主要是 Al_2O_3、ZrO_2 等高性能、低导热系数的陶瓷材料。氧化钇稳定的氧化锆是目前广泛应用的陶瓷热障涂层。为了缓解陶瓷涂层和基体的热膨胀不匹配,同时也为了提高基体的抗氧化性,在基体和陶瓷涂层间加了一层 MCrAlY 金属黏结层。MCrAlY 黏结涂层的常见合金体系有 FeCrAlY、NiCrAlY、CoCrAlY、NiCoCrAlY 等几种。由于 NiCoCrAlY 黏结层的抗氧化、抗热腐蚀综合性能较好,已经广泛用于航空燃气轮机叶片表面的热障涂层中。

1.4 国外热防护技术研究与发展现状

1.4.1 航天飞行器热防护技术发展情况

表 1.1 给出了世界航天大国航天飞行器的热防护方案[14]。从表中可以看出,随着载人航天技术的发展,飞行器热防护系统由传统的以金属为主体的金属热防护开始转向以非金属为主体的陶瓷瓦热防护,热防护类型也从烧蚀型热防护转向非烧蚀型热防护。

表 1.1 世界航天大国航天飞行器的热防护方案

空天飞行器	年份	高 温 区	热防护类型
美国 X-37B	2010	增韧单体纤维抗氧化复合结构（toughened uni-piece fibrous reinforced oxidization-resistant composite, TUFROC）	非烧蚀

续　表

空天飞行器	年份	高　温　区	热防护类型
美国发现号航天飞机	2006	RCC 热结构	烧蚀
美国 X-33	—	C/C 热结构	烧蚀
美国奋进号航天飞机	1994	RCC 热结构	烧蚀
美国 X-30A(NASP)	—	ACC 发汗冷却	烧蚀
美国哥伦比亚号航天飞机	1981	RCC 热结构	烧蚀
苏联-暴风雪航天飞机	1988	C/C 材料热结构	烧蚀
法国-Hermes	—	SiCf/SiC、C/SiC 或 C/C	烧蚀
英国-Hotol	—	ACC 或 C/SiC 热结构	烧蚀
日本-HOPE	—	RCC 热结构	烧蚀

　　航天飞机是世界上第一个部分可重复使用的空天飞行器,航天飞机首次采用了陶瓷热防护系统和材料,并获得了成功的飞行。它解决了当时金属防热瓦不能解决的重量、热膨胀、连接和密封等方面的种种矛盾,为航天飞机划时代的腾空建立了不可磨灭的功绩。但是陶瓷瓦具有脆性大、抗损伤能力差、维护成本高、更换周期长等问题,热防护问题一直是关系美国航天飞机能否可重复使用的瓶颈问题。航天飞机的两次灾难性事故都与热防护直接相关。航天飞机并没有达到预期的可重复使用目的。

　　近年来,美国 X-37B 空天飞行器以其超强的机动性能和快速响应能力引起全世界的高度关注,如图 1.8 所示。它的尺寸是航天飞机的 1/4,但总重量只是航天飞机的 1/10,并且可重复使用,采用非烧蚀热防护技术是其成功的关键因素。

图 1.8　X-37B 空天飞行器

成功返回与再次发射说明其所使用的新型非烧蚀热防护系统——增韧单体纤维抗氧化复合结构(TUFROC)已经成熟。表 1.2 给出了目前航天飞行器高温区所采用热防护结构材料的情况。从表 1.2 可以看出,TUFROC 的密度只是增强 C/C 材料(reinforced carbon-carbon, RCC)的 1/4,成本降为 RCC 的 1/10,并且制造周期缩为 RCC 的 1/6~1/3。与传统的烧蚀热防护不同,TUFROC 采用了非烧蚀的轻质热防护新技术,代表了航天飞行器热防护技术的最高水平。

表 1.2　航天飞行器高温区所采用的热防护材料

高温区材料	密度/(g/cm³)	成本/(k$)	制造周期/月	最高温度/K	热防护类型
TUFROC	0.4	50	2	2 000	非烧蚀
RCC	1.6	500	6~12	2 300	烧蚀
C/SiC	1.8~2.05	—	6~12	≈2 100 (长时间应用 1 923)	烧蚀
SiCf/SiC	2.4~2.9	—	6~12	长时间应用 1 723	烧蚀

如图 1.9 所示,TUFROC 由两部分构成:外层抗氧化陶瓷碳隔热层(reduced oxidation carbon-ceramic insulation, ROCCI)盖帽和内部隔热层。ROCCI 是一种表面完全致密的高密度的含碳陶瓷复合材料,用作外层以实现非烧蚀;内层为含纤维的多孔低密度隔热层(fibrous refractory composite insulation, FRCI)以降低整体热结构的密度。

图 1.9　TUFROC 结构示意图

X-37B 空天飞行器试验考核前后的尖锐前缘模型可参见图 1.10,图中显示了经过 182 W/cm² 驻点热流前后的外形变化(每隔 120 s 拍照一次,总加热时间 600 s),模型测量也表明经上述状态考核后 TUFROC 结构的前缘半径未发生改变。

美国 X-38 航天飞机[15]使用了防热结构一体化的全 C/SiC 复合材料组合襟翼,它被认为是迄今为止最成功和最先进的热防护结构,将是未来发展方向,如图 1.11 所示。

(a) 考核前形貌(前缘半径 R_N=3.18 cm,δ=10°)　　(b) 经2、4、6、10 min加热考核后形貌

图 1.10　182 W/cm² 驻点热流下不同加热时间对 TUFROC 尖前缘测试样品的影响

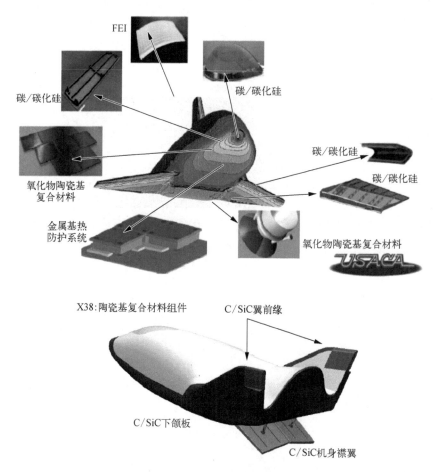

图 1.11　美国的 X-38 高温结构与材料

吸气式高超声速飞行器结构采用超高温防热材料主要包括难熔金属、陶瓷复合材料、C/C 和 C/SiC 复合材料等。美国 X-43A[16] 的前缘采用钨合金,外面侧面是 C/C 复合材料,上、下表面是氧化铝防热陶瓷瓦,如图 1.12 所示。

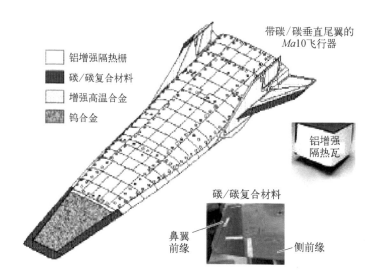

图 1.12　美国 X - 43A 高温结构与材料

1.4.2　超燃冲压发动机材料与热防护发展概况

美国波音公司于 2000 年开始高超声速飞行器演示验证(Hypersonics Flight Demonstration, HyFly)计划[17],HyFly 采用双燃烧室超燃冲压发动机,发动机马赫数工作范围为 3.5~6,甚至大于 6,主体结构全部由轻质耐高温陶瓷复合材料组成,其质量不到燃料冷却型金属发动机的 1/2,如图 1.13 所示。2002 年,在 NASA 兰利研究中心的 8 ft① 高速风洞中,飞行器完成了飞行马赫数 6、6.5 的自由射流试验,全面验证了采用常温液体碳氢燃料、陶瓷复合材料结构的双燃室冲压发动机关键技术。

图 1.13　HyFly 发动机

_____

① 　1 ft = 3.048×10⁻¹ m。

1996 年,在高超声速技术研究(Hypersonic Technology, HyTech)计划中,美国空军实验室在 $Ma8/600\,s$ 条件下进行了被动防热材料筛选[18]。试验分别在进气道唇口、侧壁和燃烧室环境下测试了带 CVD - SiC 涂层的 C/SiC 复合材料。进气道唇口(前缘半径 0.75 mm)在前 420 s 无任何变化,在 600 s 后仅有有限的氧化和涂层损失,其表现优于带涂层 C/C 复合材料和热压烧结 ZrB_2/SiC 复相陶瓷。进气道侧壁板在考核中的实测温度为 1 700~1 810 K,600 s 考核后无明显烧蚀。在含有较高浓度 H_2O/CO_2/CO 的燃烧室环境下考核时,带 CVD - SiC 涂层的 C/SiC 复合材料考核 66 s 后完好,但没有更长时间的考核结果;带 CVD -(HfC - SiC)涂层的 C/SiC 复合材料通过了 615 s 的考核,但用液相硅浸渍反应方法制备的 C/SiC 复合材料(无涂层)在 240 s 后完全烧蚀,说明超燃冲压发动机中的氧化环境是复杂而苛刻的。HyTech 计划的研究表明,带 CVD - SiC 或者 CVD -(HfC - SiC)涂层的 C/SiC 复合材料可以用于 $Ma8/600\,s$ 的被动热防护,但长寿命服役行为还需要更长时间的考核来验证。

在 HyTech 计划中,美国空军实验室还资助 Aerojet 公司发展一种基于喷射支板的 $Ma4{\sim}8$ 的双模态超燃冲压发动机[19]。为保证燃烧室结构的完整性和耐久性,喷射支板和壳体采用被动防热 C/SiC 复合材料,如图 1.14 所示。C/SiC 复合材料的结构完整性和在 1 920 K 下的性能已得到验证,2 200 K 下的验证情况未见报道。1996 年末,美国空军实验室启动高超声速超燃冲压发动机技术(Hypersonic Scramjet Engine Technology, HySET)计划(X - 51A 前期),针对一次性 $Ma4{\sim}8$ 的加速飞行,设计具有飞行正推力的超燃冲压发动机[20]。主体方案为带冷却流道的镍合金,但由于尖锐前缘使用主动冷却太复杂,因而开展了被动防热 C/SiC 复合材料进气道整流罩前缘研究,如图 1.15 所示。带有抗氧化涂层的 C/SiC 复合材料前缘通过了 $Ma6/600\,s + Ma8/180\,s$ 的考核(前缘滞止温度 1 920 K),材料退化程度很小,连接方法可行。此外,带有抗氧化涂层的 C/SiC 复合材料尾喷管也通过了试验考核。

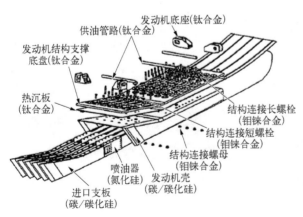

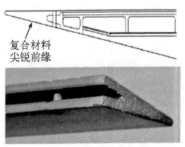

图 1.14　支板双模态超燃冲压发动机[21]　　图 1.15　C/SiC 前缘及其连接方式

法国斯奈克玛公司从 1984 年就开始从事 C/SiC 复合材料在冲压发动机环境中的应用研究,与法国联合技术研究中心联合发起复合材料超声速计划。用 C/SiC 制作超燃冲压发动机燃烧室,相比金属起到减重、提高热效率的作用。先后制备出翼前缘、进气道、面板等构件,通过了对应 Ma7~8 飞行条件的地面试验考核。图 1.16 为正在点火过程中的超燃冲压发动机 C/SiC 复合材料燃烧室,其长度为 1 m。图 1.17 为模拟 Ma8 飞行条件下考核 150 s 后的 C/SiC 复合材料进气道前缘,考核后构件结构完好。

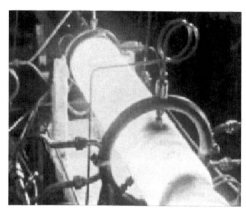

图 1.16 超燃冲压发动机 C/SiC 燃烧室试验   图 1.17 考核后的 C/SiC 进气道前缘
($r = 0.75$ mm)

被动热防护的研究表明,C/SiC 复合材料可用作 Ma8 状态一次性使用(<20 min)的超燃冲压发动机被动防热材料,要想更长时间乃至重复使用或者在更高马赫数下服役,须发展与主动冷却相结合的复合结构。从美国 NASA 制订的发展路线图(图 1.18)可以看出,复合结构的发展路径是从金属管与复合材料面板的组合向全复合材料冷却结构进步,而 C/SiC 复合材料是贯穿整个计划的材料体系。

在 NASA 第三代火箭基组合循环动力飞行器计划中,美国 Refractory Composites 公司开发了如图 1.19 所示的再生冷却 C/SiC 复合材料燃烧室面板[22]。C/SiC 复合材料热面板面向热气流,背面与 Ni 合金冷却管接触,冷却管背面是复合材料冷面板,三者通过机械紧固形成三明治结构。关键是把热量尽快传递到金属冷却管中的冷却剂上,因此热面板厚度方向热导率要大。冷面板的任务是把从金属管辐射来的热量反射回去,将金属管上的热梯度降到最低,冷面板在厚度方向上的热导率要低,以减少机身结构的热负载。该结构选择了热导率高的沥青基碳纤维,热面板用假 3D 针刺结构,冷面板则用层铺结构,厚度方向上用低热导的聚丙烯腈基碳纤维。实际尺寸的结构在超燃冲压发动机试验台上进行了 Ma7/35.9 kPa 条件下的考核,这是第一个在超燃冲压发动机燃烧室中通过考核的主动冷却陶瓷基复合材料面板。

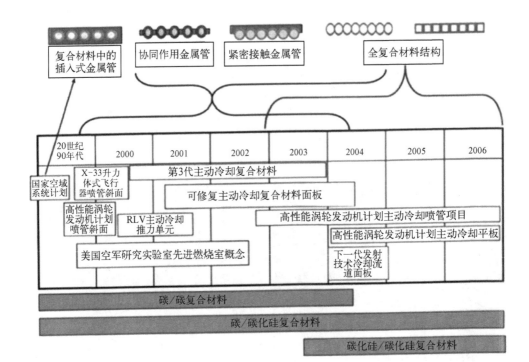

图 1.18　NASA 的再生冷却陶瓷基复合材料结构发展图

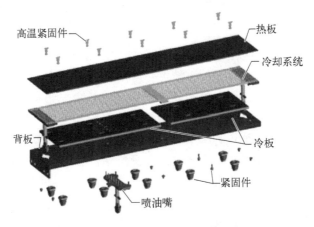

图 1.19　再生冷却 C/SiC 复合材料燃烧室面板

为降低上述结构的接触热阻,保证有效均匀的热交换能力,在 Ni 合金管外编织高热导的铜网,然后嵌入 C/SiC 表面加工出来的沟槽中,通过金属扣件施加弹性载荷将其固定住,如图 1.20 所示[23]。降低接触热阻的另一途径是将冷却金属管焊接到复合材料上,如图 1.21 所示[24]。

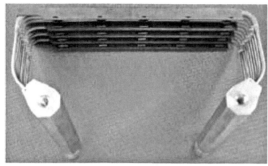
(a) 镶嵌结构

(b) 紧固形式

图 1.20 C/SiC 面板与 Ni 合金管

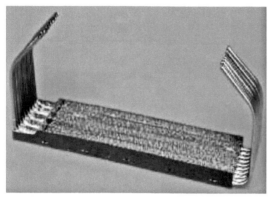

图 1.21 金属冷却管与 C/SiC 面板焊接结构

图 1.22 全 C/SiC 复合材料主动冷却结构

金属管与复合材料的组合结构具有不渗漏的优点,但重量大、接触热阻大。在验证 C/SiC 复合材料可用于超燃冲压发动机进口和出口的被动热防护后,美法联合发起 AC3(Advanced Composite Combustion Chamber)计划,发展带冷却通道的全 C/SiC 复合材料结构,以取代金属冷却结构[25]。其中一种技术方案是将两块 C/SiC 复合材料面板焊接在一起,面向热气流的面板上加工有沟槽,方便煤油流动,冷端面板的两头有集流道,如图 1.22 所示。首先制备了含有 3 个冷却流道的缩比平板,采用石英灯加热进行测试。没有经气密性处理的 C/SiC 复合材料面板随温度升高渗透率下降,这与其热膨胀有关。经密封处理的面板在考核中几乎观察不到有渗漏现象。以煤油为冷却剂在发动机试验台上进行热考核,通过了 $Ma7.6$ 状态、热流密度 1.5 MW/m^2 的热考核,结构无破坏,气密性依旧很好,验证了 C/SiC 复合材料应用于无泄漏热交换器的可行性。

另一种全 C/SiC 复合材料再生冷却结构如图 1.23 所示[26,27],其冷却通道由纺织成型的复合材料薄壁管构成阵列,在管间连接处结构整体性较好。结构两端焊接金属管形成冷却剂的进入和流出通道。这种结构质量轻,由于是整体编织出的流道,可以简化结构,减少连接。在火箭发动机燃烧室环境下进行的考核,水作为冷却剂,热流密度达 14 MW/m²,表面温度为 1 830 K,几分钟后未产生冷却剂渗漏及明显结构损伤。

图 1.23   全复合材料冷却管阵列的冷却结构

上述全复合材料冷却流道结构的冷却效率不如图 1.24 所示的 pin-fin 结构。欧洲导弹集团(Matra BAE Dynamics Alenia, MBDA)公司和德国 EADS - ST 公司在(Paroi Tissée Application Hypersonique - Simple Operational Composite for Advanced Ramjet, PTAH - SOCAR)计划支持下,开展 C/SiC 复合材料 pin-fin 冷却结构研究[28,29]。利用 PATH - SOCAR 技术制备超燃冲压发动机燃烧室的具体方式:① 通过缝合或穿刺实现复杂形状预制件制作;② 冷热两面通过碳纤维束的缝合或穿刺实现连接;③ 用于缝合或穿刺的纤维束穿过冷却流道;④ 需要背支撑结构来支撑燃烧室壁面。制备的一个典型构件是整体制备的矩形截面管件,如图 1.25 所示,以空气为冷却介质,通过了 Ma7.5 状态的试车,成为首次成功通过超燃发动机热考核的主动冷却 C/SiC 复合材料整体管件。

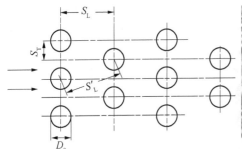

图 1.24   pin-fin 冷却流道示意图(左)和真实图(右)[28]

图 1.25 整体制备的冷却管道(左)及与法兰配合的状态(右)[29]

1.5 国内热防护技术基础

20 世纪 90 年代,国家高技术研究发展计划在新材料领域设立了"航天飞机防热系统材料"专题,开始重点跟踪探索研究抗氧化 C/C、C/SiC。在总装备部先进材料预研基金、国家安全重大基础研究计划、总装备部高技术研究发展计划等支持下,材料与热防护技术取得快速发展。近年来,冲压发动机材料、结构、热防护技术取得了实质性突破。

2000 年以来,被动热防护技术首先在亚燃冲压发动机上使用。某型亚燃冲压发动机使用了改性 C/C 和 C/SiC 两类复合材料燃烧室和尾喷管,最高飞行马赫数为 3.8,工作时间达到 600 s。

近年来,陶瓷基复合材料以 C/C 和 C/SiC 基础发展了起来,在超燃冲压发动机热防护技术中开始得到应用。如图 1.26 所示,采用陶瓷基体改性的 C/C 复合材料缩比燃烧室,在模拟 Ma6 状态下,连续稳定工作时间达到了 600 s 以上,试验后发动机结构完好,为超燃冲压发动机耐高温承载一体化结构的实现奠定了基础。

如图 1.27 所示,发动机燃烧室复合隔热完成了 Ma6 工作状态下工作时间 300 s 的热考核试验,隔热材料厚度 35 mm,实现了背温不超过 80℃的总体要求,验证了复合隔热材料的耐高温性能、隔热特性,以及耐烧蚀材料在复合隔热的条件下的热防护性能。

图 1.26　发动机高温结构试验

图 1.27　燃烧室复合隔热试验

如图 1.28 所示,前缘半径 $R = 0.5$ mm 的超高温陶瓷材料进气道前缘样件,在模拟总温 1 830℃的进气道前缘条件下通过了 300 s 考核试验,初步验证了该材料用于发动机进气道唇口结构的可行性。如图 1.29 所示,前缘半径 $R = 1.0 \sim 1.5$ mm 的难熔金属和超高温陶瓷前缘样件,在模拟总温 2 230℃的燃烧室工作条件下,通过了 600 s 考核试验,初步验证了该材料用于发动机燃烧室喷油支板和中心支板的可行性。

图 1.28　试验后的发动机前缘样件(超高温陶瓷/难熔金属)

图 1.29 试验后的燃油支板试验(超高温陶瓷)

国内研制的矩形和圆形 C/SiC 复合材料超燃冲压发动机燃烧室,通过了地面模拟 *Ma*6 飞行状态下累计工作时间 600 s 的热考核。图 1.30 为某复合材料异型构件及试验情况。

图 1.30 C/C 复合材料异型构件及试验情况

近年来,国内超燃冲压技术获得了很大发展,与国外处于同一水平。基于多组元陶瓷相改性的大尺度、薄壁复合材料构件的成型、制备、加工及检测技术得到突破。金属与复合材料、多体复杂异型复合材料,耐热结构与隔热层之间等的热匹配设计技术也已突破。多方案梯度复合隔热结构满足通过 *Ma*6.0/1 000 s、背温不高于 150℃ 的要求。在高温结构连接与密封方面,复合材料发动机分段结构、电气设备、测量装置、点火器、管路支架等已完成考核试验。中国超燃冲压发动机被动热防护技术已经具备 *Ma*6/1 000 s 量级工程应用能力。

1.6 本书主要内容

本书共分为 10 章内容: 第 1 章为绪论,简要介绍了超燃冲压发动机基本工作原理与组成、应用背景、热防护概论、热防护技术的材料基础、国外热防护技术发展现状以及国内热防护技术基础等。第 2 章为超燃冲压发动机热防护系统及服役环境,主要包括高温结构与热防护系统、结构与热防护系统服役环境、关键技术分析、技术指标与要求等。第 3 章为前缘高温结构及超高温陶瓷材料,概述了国内外相关前缘结构与材料研究情况、前缘高温结构方案设计、超高温陶瓷材料以及前缘高温结构与材料试验验证等。第 4 章为进气道/隔离段高温结构与材料,包括高温结构方案、连续纤维增强 SiC 基复合材料、C/C - SiC 复合材料的性能和应用、典型构件制备与验证、高温结构试验研究等。第 5 章介绍了复相陶瓷基复合材料与燃烧室超高温结构,包括复合材料烧蚀过程分析、近年来超高温复相陶瓷耐烧蚀及抗氧化技术新成果(即 $ZrB_2 - ZrC - SiC$、$HfB_2 - HfC - SiC$ 和 $ZrC - SiC$ 纳米复相陶瓷基复合材料新进展),以及燃烧室超高温结构成型与试验验证。第 6 章为高温功能涂层及应用,概述了热障涂层体系结构、热物理性能、高温氧化以及制备工艺等,也对复合材料的表面抗氧化烧蚀涂层的功能要求、结构设计、体系、制备工艺等进行了论述。第 7 章为多功能梯度复合隔热技术,包括隔热材料技术概况、材料研究现状、发动机隔热结构传热与隔热机理,以及发动机隔热结构试验研究等。第 8 章为高温承载结构强度分析,概述了复合材料结构强度评估方法、高温合金强度评估方法以及典型部件强度分析实例等。第 9 章为试验验证与性能评价方法,包括主要试验方法以及结构与热防护性能评估。第 10 章为材料、结构与热防护技术发展及应用展望。

参考文献

[1] 刘小勇. 超燃冲压发动机技术[J]. 飞航导弹,2003(2)：38 - 42.

[2] 鲍文,秦江,唐井峰,等. 吸气式高超声速推进热力循环分析[M]. 北京：科学出版社,2014.

[3] 蔡国飙,徐大军. 高超声速飞行器技术[M]. 北京：科学出版社,2012.

[4] 史丽萍,赫晓东. 可重复使用航天器的热防护系统概述[J]. 航空制造技术,1994,7：80 - 82,88.

[5] National Research Council, Committee on the National Aerospace Initiative. Evaluation of the National Aerospace Initiative[M]. Washington：National Academies Press, 2004.

[6] 樊晓丹,黄科林,王辑,等. 难熔金属合金及其应用[J]. 企业科技与发展,2008,22：90 - 94.

[7] 于军,章德铭,杨永琦,等. 超高温陶瓷材料的研究[J]. 热喷涂技术,2011,1：29 - 33.

[8] 李贺军,曾燮榕,李克智,等. 我国炭/炭复合材料研究进展[J]. 炭素,2001(4)：8 - 13.

[9] Zhang L T, Cheng L F, Xu Y D. Progressn research work of new CMC - SiC[J]. Aeronautic Manufacturing Technology, 2003(1)：24 - 32.

[10] 蒋凌澜,张利嵩. 功能梯度防热材料在高超声速飞行器热防护上的设计研究[J]. 导弹与航天运载技术,2015,3：16 - 21.

[11] 王会阳,安云岐,李承宇,等. 镍基高温合金材料的研究进展[J]. 材料导报,2011,25(2)：

482 - 487.

［12］李俊宁,胡子君,孙陈诚,等. 高超声速飞行器隔热材料技术研究进展［J］. 宇航材料工艺,
2011,41(6):10 - 13.

［13］Vaßen R, Jarligo M O, Steinke T, et al. Overview on advanced thermal barrier coatings［J］.
Surface & Coatings Technology, 2010, 205(4): 938 - 942.

［14］鲁芹,姜贵庆,罗晓光,等. X - 37B 空天飞行器轻质非烧蚀热防护新技术［J］. 现代防御技
术,2012,40(1): 16 - 20.

［15］Anderson B L. X - 38 program status/overview［C］. Arcachon: 2nd International Symposium
Atmospheric Reentry Vehicles and Systems, 2001.

［16］Voland R T, Huebner L D, McClinton C R. X - 43A hypersonic vehicle technology development
［J］. Acta Astronautica, 2006, 59(1 - 5): 181 - 191.

［17］温杰. 美国海军的 HyFly 计划［J］. 飞航导弹,2008(12): 10 - 13.

［18］Bouquet C, Fischer R, Thebault J, et al. Composite technologies development status for scramjet
［R］. AIAA 2005 - 3431, 2005.

［19］Dirling R B. Progress in materials and structures evaluation for the HyTech program［R］. AIAA
98 - 1591, 1998.

［20］Chen F F, Tam W F, Shimp N R, et al. An innovative thermal management system for a Mach 4
to Mach 8 hypersonic scramjet engine［R］.AIAA 98 - 3734, 1998.

［21］Sillence M A. Hydrocarbon scramjet engine technology flowpath component development［R］.
AIAA 2002 - 5158, 2002.

［22］Haug T, Ehrmann U, Knabe H. Air intake ramp made from C/Sic via the polymer route for
hypersonic propulsion systems［R］. AIAA 93 - 5036, 1993.

［23］Paquette E. Cooled CMC structures for scramjet engine flowpath components［R］. AIAA 2005 -
3432, 2005.

［24］Bouquet C, Lacombe A, Hauber B, et al. Ceramic matrix composites cooled panel development
for advanced propulsion systems［R］. AIAA 2004 - 1998, 2004.

［25］Bouquet C, Fischer R, Bouhali A L, et al. Fully ceramic composite heat exchanger qualification
for advanced combustion chambers［R］. AIAA 2005 - 3433, 2005.

［26］Steel S. Ceramic materials for reusable liquid fueled rocket engine combustion devices［J］. The
AMPTIAC Quarterly, 2004, 8(1): 39 - 43.

［27］Askowiak M H. Cooled ceramic composite panel tested successfully in rocket combustion facility
［OL］. http://www.grc.nasa.gov/WWW/RT2002/5000/5130jaskowiak.html［2022 - 9 - 15］.

［28］Bouchez M, Beyer S. PTAH - SOCAR fuel-cooled composite materials structure: 2009 status
［R］. AIAA 2009 - 7353, 2009.

［29］Bouchez M, Beyer S. PTAH - SOCAR fuel-cooled composite materials structure for dual-mode
ramjet and liquid rocket engines - 2005 status［R］. AIAA 2005 - 3434, 2005.

第 2 章
超燃冲压发动机热防护系统及服役环境

2.1 高温结构与热防护系统

图 2.1 为一种以 C/C 改性材料为基础的超燃冲压发动机热防护系统,它由进气道的前缘+本体耐高温结构、燃烧室本体耐烧蚀结构+梯度复合隔热结构、尾喷管耐烧蚀结构+梯度复合隔热结构,以及部件之间连接密封结构等组成。

图 2.1 矩形截面超燃冲压发动机热结构

典型部位的热防护结构通常由耐高温涂层、耐烧蚀结构层、多层梯度复合隔热层等组成,如图 2.2 所示。

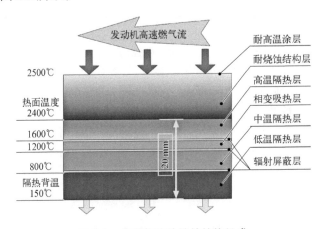

图 2.2 典型部位热防护结构组成

2.1.1　进气道

在飞行过程中,前缘既要承受高温载荷,还要承受高速气流冲击载荷,氧化烧蚀会改变前缘结构的气动外形,产生较大激波损失和阻力,严重影响进气道流场品质,通常要求进气道的前缘半径为 1~3 mm,并满足"零烧蚀"要求。前缘一般选用超高温金属陶瓷+涂层、超高温陶瓷材料或主动冷却结构。为适应高超声速流动要求,进气道前缘后面的本体一般为复杂异形结构,在飞行马赫数 6 以下,可直接采用高温合金+高温涂层结构,有利于制造成型,见图 2.3;在飞行马赫数高于 6、长时间的飞行任务中,一般选用承载高温金属+耐高温陶瓷+隔热材料的复合结构,或者主动冷却结构。

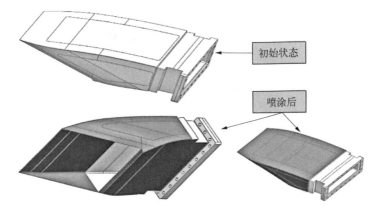

图 2.3　高温合金+涂层的矩形进气道结构(黑色为高温发射涂层)

2.1.2　燃烧室

燃烧室热结构由耐高温 C/C 陶瓷复合材料+多层梯度复合隔热材料构成。在燃烧室受高速、高温气流的冲刷烧蚀严重的局部,镶嵌了超高温陶瓷块。图 2.4 为发动机矩形燃烧室热结构图及超高温陶瓷镶块结构;图 2.5 为燃烧室多层梯度复合隔热结构,其包覆在 C/C 陶瓷复合材料外;图 2.6 为圆柱形和花瓶形燃烧室结构图。

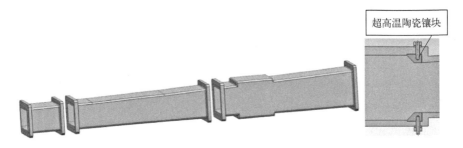

图 2.4　发动机矩形燃烧室热结构图及超高温陶瓷镶块结构

图 2.5　多层梯度复合隔热结构

图 2.6　圆柱形和花瓶形耐高温碳/碳陶瓷复合材料燃烧室结构

2.1.3　尾喷管

尾喷管进口温度与燃烧室出口的温度相当,前段一般选用与燃烧室相同的结构材料,可采用 C/C 陶瓷复合材料+多层梯度复合隔热材料结构,后端温度快速下降,可采用 C/SiC 等材料。图 2.7 所示为尾喷管高温承载与隔热结构。

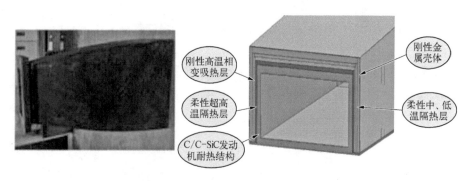

图 2.7　C/SiC 尾喷管高温承载与隔热结构

2.1.4　连接密封

复合材料构件制备工艺比较复杂,受制于设备制备能力、加工能力以及装配需求,部件通常由不同的零件或构件组装而成。根据流道、热环境分析以及工艺可实现性,发动机从结构上划分为进气道、燃烧室和尾喷管等部件,部件之间需要连接密封。发动机喷油装置、点火装置、测量装置、管路、设备安装以及隔热结构等需要连接固定于发动机本体。

采用 C/C 陶瓷复合材料的燃烧室和尾喷管,整体尺寸较大,燃烧室与尾喷管、燃烧室各段之间采用法兰连接方式,以柔性石墨作为密封材料。连接用的高温紧固件可选 Nb521 螺栓螺母,为保证在振动和热胀情况下锁紧的可靠性,内侧螺母用锁丝锁紧,螺母和法兰之间用高温合金衬板保证法兰受力均匀,避免应力集中,典型连接结构示意如图 2.8 所示。支板与燃烧室本体之间同样采用螺栓连接,采用石墨密封垫密封,双倍螺母锁紧,如图 2.9 所示。

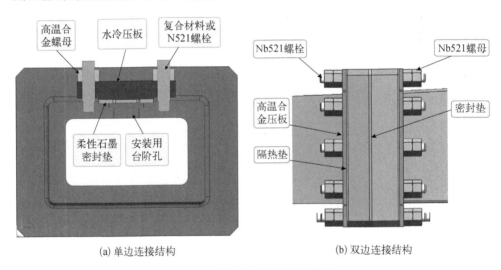

(a) 单边连接结构　　　　　　　　(b) 双边连接结构

图 2.8　段与段之间的连接结构

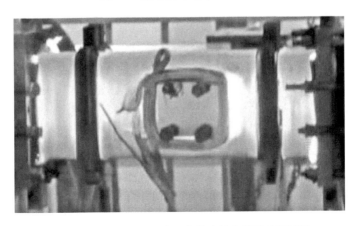

图 2.9　喷油支板与燃烧室本体连接密封及验证试验

2.2　结构与热防护系统服役环境

高超声速飞行会带来高温、强冲刷和强振动等载荷条件,结构与热防护系统服役环境辨识与预测是其设计基础[1]。

发动机工作时,热环境复杂。当超燃冲压发动机在马赫数 6 飞行时,非燃烧区的结构温度超过 1 000℃,燃烧区的结构温度超过 2 000℃,温度和热流密度差异很大,热应力水平高,会造成主体高温结构失效、涂层剥离,以及各异质异构的连接装置之间产生裂纹破坏[2]。

伴随发动机不同工作过程,发动机将承受冲击、冲刷、内压以及振动等不同载荷作用。进气道在起动过程中,结构承受很大的气动冲击载荷。燃烧室在高温情况下承受内压和强冲刷作用。尾喷管存在高温、强冲刷、气动冲击以及噪声的共同作用。发动机整体结构在工作过程中噪声和振动量级超过其他发动机。这些耦合载荷因素将会导致发动机出现高应力破坏甚至是疲劳破坏,尤其是在高温条件、材料力学性能下降的情况下更为危险[3,4]。

2.2.1　超燃冲压发动机热环境

随着使用冲压发动机飞行器飞行速度的提升,超燃冲压发动机的热环境也更为恶劣,图 2.10 给出了 NASA 兰利中心通过试验和计算得到的超燃冲压发动机内表面热环境,发动机内热流密度已达兆瓦级[5]。

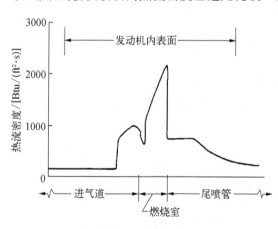

图 2.10　马赫数 15 时超燃冲压发动机热流分布

发动机热环境主要由燃烧和气动加热两部分组成。燃烧产生的热环境由燃烧室参数确定;而气动加热则与发动机工作状态、所处位置有关,会随飞行状态改变而改变。超燃冲压发动机气动加热最为严酷的结构是进气道前缘驻点,燃烧室和尾喷管是燃烧导致的热环境最恶劣的区域。目前对于超燃冲压发动机热环境评估的手段包括理论计算和数值模拟方法,同时辅助以试验数据进行方法修正[6-8]。

1. 前缘热环境

气动加热是空气被压缩、空气与结构表面摩擦而产生的。发动机前缘驻点处是空气压缩最严重的区域,气动加热产生的热流最大[9]。当飞行高度为 24 km、飞行马赫数达 6 时,前缘热流密度可高达 1~2 MW/m²,结构表面温度可超过 1 000℃。为满足高超声速飞行条件下的热防护需求,进气道前缘以及进气道唇口一般采用圆弧钝化结构(图 2.11),可以有效降低前缘温度和热流。

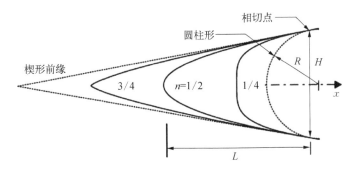

图 2.11　前缘钝化模型

但是,从空气动力学的角度来看,前体钝化使得钝头附近出现脱体弓形激波(图 2.12),一方面使前缘激波[10]位置发生偏移,进气道捕获特性发生改变;另一方面钝头附近的弯曲激波会在下游产生明显的熵增效应,改变下游边界层的发展、转捩过程,进而影响进气道内部激波边界层干扰流动。同时,前体钝化会使进气道设计变得更加复杂,使一些常用的快速设计方法失效[11, 12]。

唇缘钝化同样在钝化区域产生弓形激波,最显著的影响是前体激波与钝化唇缘激

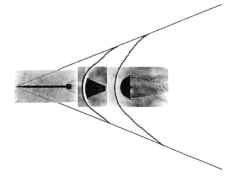

图 2.12　前缘钝化产生的脱体激波

波相交而产生的激波干扰效应[13-21]。围绕前缘钝化对进气道性能的影响,可归纳为两种:一类是考察前缘钝化尺度对于与进气道相关的流动问题的机理研究;另一种是前缘钝化尺度或钝化方式对于进气道整体流动特性的影响。

发动机最终采用的前缘与唇口外形是气动性能与热防护性能调和折中的结果[22, 23]。因此,如何预测、评估它们的热环境就显得尤为重要。

1) 前缘热环境理论计算方法

用于预估超燃冲压发动机钝化前缘热环境理论计算方法有很多[10, 11, 22, 23],本书主要介绍以下三种以供参考。

(1) Ferri - Zakkay 计算公式。

根据气体动力学相关经验公式,在自由分子流区域,驻点热流可以采用牛顿近

似公式来计算,球头或圆柱的驻点热流与头部半径的平方根成反比,头部半径越小,驻点热流越大,但是当头部半径无限小时,由于头部尖化,雷诺数不断减小,经典的边界层理论不能直接应用,驻点区域近壁面黏性流动与激波产生的漩涡流动之间存在大量的干扰,影响驻点区的气动加热。Ferri 和 Zakkay 将激波后的流动分为三个区域:

a)近壁面区域,在合适边界条件下,边界层微分方程仍然能够适用;

b)远离壁面区域,速度和温度梯度导致的黏性和传导效应对壁面热传导的影响非常小,在上述近似中可以忽略;

c)激波区域,黏性和传导效应可以被忽略。通过对流动区域的划分,并进行有效的近似,可以给出低雷诺数条件下的热流。

对于高速飞行的三维或二维钝头体,弯曲的激波形状导致头部附近的流动是旋转的。激波诱导的涡量是飞行状态和物体形状的函数。近壁面黏性效应引起的涡量是飞行状态和雷诺数的函数。对于高雷诺数和冷壁情况,研究边界层外的流动可以采用物体形状作为边界条件,并假设激波是物理上的间断面(physical discontinuity),可以不用考虑涡量和位移厚度的存在。在低雷诺数条件下,激波厚度、黏性流动和边界层的存在是必须要考虑的问题。当雷诺数减小时,激波厚度增大,激波前后的守恒方程不再适用,切向速度分量和滞止焓发生明显的变化。因此,为了获得激波后的流动特性,需要重新确定各速度分量、总焓,速度分量的导数、垂直于激波的滞止焓。

基于这样的理论,可以利用修正的边界层理论研究低雷诺数条件下半圆球驻点区域的气动加热,给出了一种用于确定激波弯曲程度和熵梯度对高速飞行钝头体头部气动加热影响的分析方法。在低雷诺数情况下,当存在驻点区域近壁面黏性流动与激波产生的漩涡流动干扰时,驻点热流和高雷诺数情况不考虑漩涡流动干扰的驻点热流的关系,可以用式(2.1)表示:

$$q_{w_{vort}}/q_{w_{vort}=0} = \sqrt{u_e/u_o}\,(h_{se}/h_{so}) \qquad (2.1)$$

式中,u_e 是计算边界层时的一个参考速度,用 $V_\infty\,\sqrt{[(\gamma-1)/\gamma]}\,\dfrac{x}{R}$ 表示,V_∞ 表示自由流速度;u_o 是无黏条件下壁面切向速度分量,用 $u_o(x)[1 + \omega(y/R) + \sigma(y^2/R^2)]$ 表示;h_{se} 是参考滞止焓;h_{so} 是自由来流的滞止焓。

(2)Kolodziej 计算公式。

Kolodziej 在研究高速飞行条件下尖头体、无后掠尖化前缘的气动热性能约束时,利用 Cheng 的拟合公式给出了存在稀薄气体效应的驻点热流:

$$q_{rare}/q_{cont} = a_0 + a_1 X + a_2 X^2 + a_3 X^3 + a_4 X^4 + a_5 X^5 \qquad (2.2)$$

式中,$a_0 = -1.381\,51$;$a_1 = 2.263\,75$;$a_2 = -0.540\,05$;$a_3 = -0.021\,64$;$a_4 = -0.020\,16$;

$a_5 = -0.001\,7; X = \lg(Re_{t2})$

（3）Fay - Riddell 计算公式。

Fay 和 Riddell 通过相似解的数值解法得出了层流驻点热流的数值解,并对该数值解进行关联,获得如下解析关系式:

$$q_{se} = 0.763 Pr^{-0.6}(\rho\mu)_{se}^{0.4}(\rho\mu)_{sw}^{0.1}\left(\frac{\mathrm{d}ve}{\mathrm{d}s}\right)_{se}^{0.5}\left[1 + (Le^{\omega} - 1)h_d/h_{se}\right](h_{se} - h_{sw})$$

$$(2.3)$$

式中,当离解气体处于热化学平衡时, $\omega = 0.52$;当离解气体处于冻结状态时, $\omega = 0.63$ 。 Pr 为普朗特数;下标 se 表示驻点;下标 sw 表示壁面; $hd = C_o h_o + C_N h_N$ 为离解焓, $\left(\dfrac{\mathrm{d}ve}{\mathrm{d}s}\right)_x$ 为驻点处的速度梯度,在求解钝头传热问题时是一个非常重要的参数,可以从修正的牛顿公式获得,计算公式为 $\left(\dfrac{\mathrm{d}ve}{\mathrm{d}s}\right)_x = \dfrac{1}{R}\sqrt{2(P_X - P_\infty)/P_X}$ 。

2）CFD 数值模拟方法

CFD 数值模拟方法相对于理论计算的适用范围更广,除了驻点的热流密度外还可以获得整体前缘的热流密度分布。前缘热环境通常不考虑燃烧的影响,仅考虑气相流动。由于前缘的物理量梯度比较大,最好采用结构化网格求解,或者在壁面做出附面层。求解的控制方程如下:

$$\frac{\partial Q}{\partial t} + \frac{\partial E}{\partial x} + \frac{\partial F}{\partial y} + \frac{\partial G}{\partial z} = \frac{\partial E_v}{\partial x} + \frac{\partial F_v}{\partial y} + \frac{\partial G_v}{\partial z} \qquad (2.4)$$

$$Q = \begin{bmatrix} \rho \\ \rho u \\ \rho v \\ \rho w \\ \rho E \end{bmatrix} \quad E = \begin{bmatrix} \rho u \\ (\rho u^2 + p) \\ \rho uv \\ \rho uw \\ (\rho E + p)u \end{bmatrix} \quad F = \begin{bmatrix} \rho v \\ \rho uv \\ \rho v^2 + p \\ \rho vw \\ (\rho E + p)v \end{bmatrix} \quad G = \begin{bmatrix} \rho w \\ \rho uw \\ \rho vw \\ \rho w^2 + p \\ (\rho E + p)w \end{bmatrix}$$

$$E_v = \begin{bmatrix} 0 \\ \tau_{xx} \\ \tau_{xy} \\ \tau_{xz} \\ Q_x \end{bmatrix} \quad F_v = \begin{bmatrix} 0 \\ \tau_{xy} \\ \tau_{yy} \\ \tau_{yz} \\ Q_y \end{bmatrix} \quad G_v = \begin{bmatrix} 0 \\ \tau_{xz} \\ \tau_{yz} \\ \tau_{zz} \\ Q_z \end{bmatrix}$$

$$Q_x = u\tau_{xx} + v\tau_{xy} + w\tau_{xz} + q_x$$

$$Q_y = u\tau_{xy} + v\tau_{yy} + w\tau_{yz} + q_y$$

$$Q_z = u\tau_{xz} + v\tau_{xz} + w\tau_{zz} + q_z$$

式中, Q 为守恒变量; E、F 和 G 为对流通量; E_v、F_v 和 G_v 为黏性通量。

由于前缘附近的温度变化剧烈,以 $Ma6$、$H26$ km 为例,前缘的气流温度从 220 K 急剧升高到 1 600 K 以上,必须考虑温度变化对气体内能的影响;若来流为污染组分,还需考虑不同配比的污染对气体物性的影响。对于污染气体,由于其组分不随时间变化,通常把污染气体等同于单组分气体,但其物性数据需要根据各组分计算。气体的比定压热容可采用 CHEMKIN 格式的拟合方式:

$$\frac{c_p}{R} = a_1 + a_2 T + a_3 T^2 + a_4 T^3 + a_5 T^4 \tag{2.5}$$

图 2.13 为不同钝化半径前缘结构的高马赫数条件下热流密度对比。

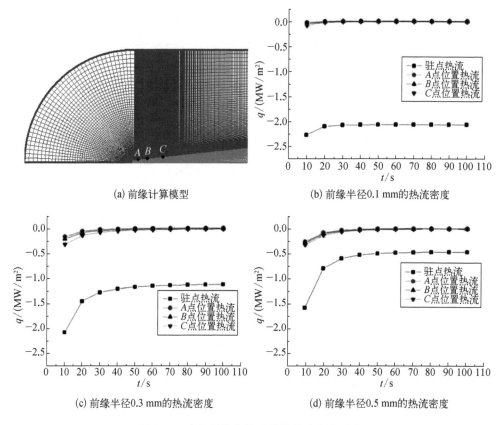

(a) 前缘计算模型

(b) 前缘半径0.1 mm的热流密度

(c) 前缘半径0.3 mm的热流密度

(d) 前缘半径0.5 mm的热流密度

图 2.13　高马赫数条件下前缘热流密度对比

从计算结果来看,前缘驻点热流超过了 1 MW。因此,在满足进气道气动性能要求的基础上前缘局部尖点要尽可能地增加钝化半径以降低前缘驻点热流密度,提高材料使用的安全性。

超燃冲压发动机进气道前缘存在一种更为苛刻的热环境,就是前体激波与前缘相交的状态。图 2.14 为前缘钝化后圆弧面上的热流密度分布,激波交互造成进气道前缘驻点热流的成倍升高。在结构热防护设计时,需要着重考虑激波前缘相交的载荷。

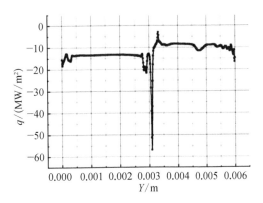

图 2.14 与激波相交的前缘热流密度分布

2. 燃烧室和尾喷管热环境

超燃冲压发动机工作过程中,燃烧产生高焓高速气流马赫数一般在 1.0 以上,燃气总温可达 2 500℃,壁面热流密度为 $0.4 \sim 5.0 \ \mathrm{MW/m^2}$。燃烧室内换热加强,热载荷明显增大,但介质的氧化性相对降低,尾喷管对燃气的加速、静温的降低也将使得热载荷相应降低,介质氧化性也会明显降低。

燃烧室和尾喷管的热环境主要采用数值模拟的方法,涉及流动、燃烧、两相流、辐射换热等问题。通过数值模拟分析获得典型任务剖面下发动机燃烧室工作环境特点,如壁面温度、压力和沿程燃气组分、流速等。

流动控制方程方程组还需包含化学反应系统中各组分的输运方程及组分的质量和能量扩散项。

$$\frac{\partial Q}{\partial t} + \frac{\partial E}{\partial x} + \frac{\partial F}{\partial y} + \frac{\partial G}{\partial z} = \frac{\partial E_v}{\partial x} + \frac{\partial F_v}{\partial y} + \frac{\partial G_v}{\partial z} + S \qquad (2.6)$$

$$Q = \begin{bmatrix} \rho \\ \rho u \\ \rho v \\ \rho w \\ \rho E \\ \rho f_i \end{bmatrix} \quad E = \begin{bmatrix} \rho u \\ (\rho u^2 + p) \\ \rho uv \\ \rho uw \\ (\rho E + p)u \\ \rho f_i u \end{bmatrix} \quad F = \begin{bmatrix} \rho v \\ \rho uv \\ \rho v^2 + p \\ \rho vw \\ (\rho E + p)v \\ \rho f_i v \end{bmatrix} \quad G = \begin{bmatrix} \rho w \\ \rho uw \\ \rho vw \\ \rho w^2 + p \\ (\rho E + p)w \\ \rho f_i w \end{bmatrix}$$

$$E_v = \begin{bmatrix} 0 \\ \tau_{xx} \\ \tau_{xy} \\ \tau_{xz} \\ Q_x \\ \rho D_{im}\dfrac{\partial f_i}{\partial x} \end{bmatrix} \quad F_v = \begin{bmatrix} 0 \\ \tau_{xy} \\ \tau_{yy} \\ \tau_{yz} \\ Q_y \\ \rho D_{im}\dfrac{\partial f_i}{\partial y} \end{bmatrix} \quad G_v = \begin{bmatrix} 0 \\ \tau_{xz} \\ \tau_{yz} \\ \tau_{zz} \\ Q_z \\ \rho D_{im}\dfrac{\partial f_i}{\partial z} \end{bmatrix} \quad S = \begin{bmatrix} 0 \\ 0 \\ 0 \\ 0 \\ 0 \\ \dot{\omega}_1 \end{bmatrix}$$

$$Q_x = u\tau_{xx} + v\tau_{xy} + w\tau_{xz} + q_x + \sum_{i=1}^{N_s} \rho D_{im} h_i \frac{\partial f_i}{\partial x}$$

$$Q_y = u\tau_{xy} + v\tau_{yy} + w\tau_{yz} + q_y + \sum_{i=1}^{N_s} \rho D_{im} h_i \frac{\partial f_i}{\partial y}$$

$$Q_z = u\tau_{xz} + v\tau_{yz} + w\tau_{zz} + q_z + \sum_{i=1}^{N_s} \rho D_{im} h_i \frac{\partial f_i}{\partial z}$$

由于求解了方程组(2.6)中的总密度方程。各组分计算比定压热容、焓、熵、组分扩散系数、黏性系数、导热系数等都可采用 CHEMKIN,调用相应的库函数即可。如组分在温度 T 的焓(h_k^T)可以表示为

$$h_k^T = h_k^{T_0} + \int_{t=T_0}^{T} c_p(t)\,\mathrm{d}t \tag{2.7}$$

式中,T_0 为参考温度,比定压热容 c_p 写成温度的多项式,得

$$\frac{c_p}{R} = a_1 + a_2 T + a_3 T^2 + a_4 T^3 + a_5 T^4 \tag{2.8}$$

$$\frac{H}{RT} = a_1 + \frac{a_2 T}{2} + \frac{a_3 T^2}{3} + \frac{a_4 T^3}{4} + \frac{a_5 T^4}{5} + \frac{a_6}{T} \tag{2.9}$$

混合物的物性由单组分质量加权得到。化学反应计算一般采用有限速率化学反应模型,其形式为

$$\sum_{i=1}^{N_s} v'_{ij} M_i \underset{k_{bj}}{\overset{k_{fj}}{\rightleftharpoons}} \sum_{i=1}^{N_s} v''_{ij} M_i \tag{2.10}$$

由质量作用定律可得,第 i 种组分的反应生成速率为

$$\omega_i = W_i \sum_{i=1}^{N_R} (v''_{ij} - v'_{ij})\left(k_{fj} \prod_{l=1}^{N_s} n_l^{v'_{ij}} - k_{bj} \prod_{l=1}^{N_s} n_l^{v''_{ij}}\right) \tag{2.11}$$

式中,N_R 是基元反应的总数目;N_s 是反应物的总数目;W_i 是第 i 种组分的摩尔质量;k_{fj} 和 k_{bj} 是第 j 个基元反应的正、逆反应速率常数;k_{fj} 可以由 Arrhenius 定律得到:

$$k_{fj} = A_f T^n \exp(-E_a/R_u T) \tag{2.12}$$

式中,A_f 为指前因子;n 为温度指数;E_a 为活化能;T 为温度。k_{bj} 可直接给定,但一般由化学反应平衡常数 k_{eq} 求出:

$$k_{bj} = \frac{k_{fj}}{k_{eq}} \tag{2.13}$$

对于层流有限速率模型,第 r 个反应中组分 i 的摩尔生成率为

$$R_{i,r} = W_i(v''_{i,r} - v'_{i,r}) \left(\sum_{i=1}^{N_s} \beta_{j,r} C_{j,r} \right) \left(K_{f,r} \prod_{j=1}^{N_s} [C_{j,r}]^{\eta'_{j,r}} - K_{b,r} \prod_{j=1}^{N_s} [C_{j,r}]^{\eta''_{j,r}} \right)$$

$$(2.14)$$

式中,$C_{j,r}$ 为组分 j 的摩尔浓度;$\eta'_{i,r}$ 为第 r 反应的正反应中组分 i 的反应指数,对应基元反应 $\eta'_{i,r} = v'_{i,r}$;$\eta''_{i,r}$ 为第 r 反应的逆反应中组分 i 的反应指数,对应基元反应 $\eta''_{i,r} = v''_{i,r}$;$K_{f,r}$ 为第 r 反应的正反应速率;$K_{b,r}$ 为第 r 反应的逆反应速率。

发动机可采用气态和液态燃料。气态燃料直接从指定位置给定气体流量和组成,按连续流处理。若模拟的是液态燃料燃烧,通常采用离散相模型进行处理,直接将液滴等效于一定数量和尺寸的液滴群,考虑液滴和周围气态的质量、动量和能量交换。这种处理方式的计算量小,网格要求相对低。

图 2.15 给出了计算得到的发动机沿程参数分布,为发动机提供压力、温度、速度、组分等数据。

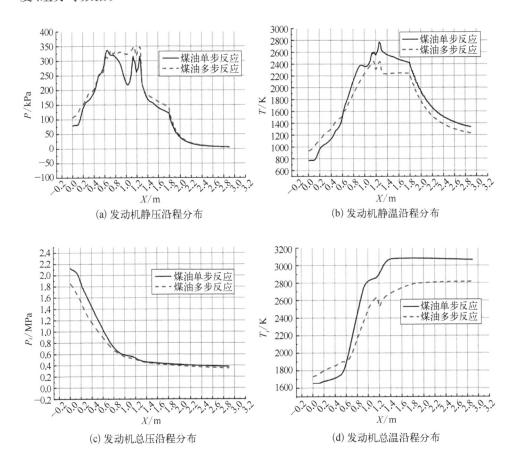

(a) 发动机静压沿程分布　　　　　　　　(b) 发动机静温沿程分布

(c) 发动机总压沿程分布　　　　　　　　(d) 发动机总温沿程分布

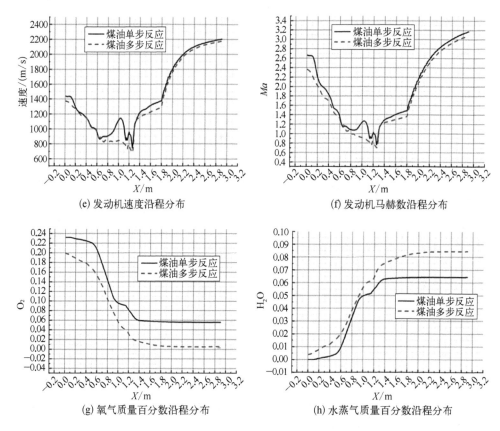

(e) 发动机速度沿程分布 (f) 发动机马赫数沿程分布

(g) 氧气质量百分数沿程分布 (h) 水蒸气质量百分数沿程分布

图 2.15 典型任务剖面下发动机燃烧室工作环境特点

上述的分析结果表明,对飞行马赫数 7 的工作状态,燃烧室、尾喷管中气流总温达到 2 800 K(2 527℃),对应结构温度能够达到 2 300℃以上,流速超过 600 m/s,水的浓度达到 8%以上,并含有氧化气氛。超高温、强冲刷、富含水、有氧、一定压力是该区域高温结构与热防护系统服役环境的典型特征。耐超高温、抗氧化、抗冲刷的新型材料/结构成为燃烧室、尾喷管热防护的必然选择。

2.2.2 超燃冲压发动机力环境

超燃冲压发动机的力载荷分为静力载荷和动载荷,静力载荷包括发动机的内压、进气道的起动过程气动载荷、飞行器对发动机的位移和力载荷等;动载荷包括飞行器传递给发动机的过载、冲击,发动机自身的振动、噪声以及地面试验造成的动态载荷[24-32]。

1. 发动机静载荷

发动机的静载荷中内压是发动机工作时流道内的压缩空气和燃气对发动机内

壁面的压力,在图 2.15 有所体现,图示的燃烧室高马赫数最大压力为 0.35 MPa,发动机的状态不同压力会有所变化,该发动机的燃烧室最大压力可达 0.8 MPa,不同发动机不同工作状态,最大压力会有所不同,但一般最高压力都在 1.0 MPa 以内。发动机的内压载荷和发动机的温度载荷是耦合出现的,由于热防护结构对材料的依赖很强,在进行结构设计时需要综合考虑材料的温度特性和力学性能,而且常选用的超高温陶瓷复合材料力学性能的离散性大,具体设计时,安全系数取值会在 2 以上。

进气道起动的过程是发动机内流动建立的过程,从力载荷的角度来说,是发动机流道内存在一个高压脉动从进气道到尾喷管流动的过程,此压力脉动的峰值通常是发动机工作时的几倍甚至更高。进气道的起动过程有两种情况:没有进气道保护罩状态,当飞行器到达某个状态时,发动机进气道起动,形成通流状态,从不起动到起动,是一种过渡过程,会产生振荡现象,形成压力峰值;进气道有保护罩状态,当保护罩分离时,进入发动机的气流由亚声速过渡到超声速流动状态,会形成压力峰值。前一种载荷相对缓和,后一种载荷更大一些,如果尾喷管出口的区域存在拥堵,脉动压力会更高。

飞行器和发动机基本采用并联强耦合的连接方式,在飞行和地面准备过程中飞行器必然对发动机有力或者位移的作用,这部分载荷也不容忽视。飞行器对发动机的载荷传递主要是通过结构连接部位,如安装节、进气道保护罩安装点(根据飞行器需要)、热密封截面等,不同部位的载荷传递存在时序差异,因此在使用时要进行甄别确认。

发动机的力载荷中还有一类载荷也是通过静载荷来体现的,这类载荷就是加速度。助推发动机和超燃冲压发动机都会产生一定的加速度,助推发动机产生的加速度较大、作用时间短,通常单个方向量级在 $5 \sim 15g$、时间在几十秒;超燃冲压发动机工作时加速度相对较小、作用时间更长,最大单方向量级在 $0.5g$ 以内、时间在几分钟到几小时不等。在发动机结构设计时需要在对应时序强度校核时加入加速度载荷。

2. 发动机动载荷

对发动机结构热防护影响较大的动载荷包括振动、冲击、噪声,这几种载荷最严酷的状态出现在不同时序条件下,不同飞行器会有所不同,因此需要逐一确认,并综合评估。

振动主要是来自发动机的工作过程,也有其他条件产生的振动,如飞行器运输过程中的振动、机载发射的飞行器上来自载机的振动、舰载发射的飞行器上来自舰船的振动。来自发动机工作的振动量级较大,总均方根通常在 $10 \sim 30g$,作用时间根据发动机工作时间确定;来自运输工具的振动量级较小,总均方根通常在 $2 \sim 5g$,作用时间在小时量级。在使用振动载荷分析结构强度设计是否满足要求时,除了考虑量级、时间之外,还要考虑频率范围,不同结构对频率响应的范围大不相同。

影响发动机的冲击载荷包括助推发动机的点火冲击和助推分离冲击以及一些小型火工品的点火冲击,助推点火和助推分离是主要的冲击载荷,其他的冲击载荷可以忽略。助推点火冲击载荷的峰值加速度量级在 $40 \sim 100g$,作用时间在几毫秒;助推点火冲击载荷的峰值加速度量级在 $600g$ 左右,作用时间在毫秒量级。此外,机载发射条件下,还有一种冲击挂机状态的着陆冲击,该状态量级较小、作用时间略长,峰值加速度量级在 $20g$ 左右,作用时间在十几毫秒。

噪声载荷主要是在飞行器飞行过程中产生,包括助推发动机燃烧喷射高速气流产生声场,超燃冲压进气道吸气压缩、再由尾喷管喷出高速气流产生巨大的气动噪声,大动压俯冲进气道不起动状态会诱发较大量级的脉动压力载荷,此外还有机载飞行器挂机时的载机噪声。噪声载荷的分布不是很均匀,在进气道唇口附近、尾喷管出口附近较大,最高可达 170 dB,其余的位置较小为 $140 \sim 160$ dB,因此需要进行针对性的分析。

动载荷的校核在结构热防护设计过程中起指导作用,但是不能作为结构设计通过的充分依据,需要在结构完成设计后产品阶段进行力学环境试验,通过力学环境试验才能确定结构满足动载荷的要求。

3. 小结

超燃冲压发动机的服役环境十分复杂,影响因素多,与飞行载体和飞行过程密切相关,高精度的预测与评估是高温结构和热防护系统研究的基础。

综合考虑服役环境以及超高温陶瓷复合材料性能之后,高温结构设计裕度有限,需要进一步根据服役环境进行试验校核,只有通过一系列的考核试验才能确定高温结构与热防护系统的方案。试验设计时要避免过考核或欠考核的情况发生。

本节给出了目前对超燃冲压发动机高温结构与热防护系统服役环境的基本认识,随着流动、换热理论和数值模拟分析方法的进步,会对服役环境有更进一步的认知,为高温结构与热防护系统设计以及试验给出更准确的数据。

2.3　关键技术分析

2.3.1　高温结构与热防护材料

发动机内部气流速度达到 1 000 m/s,温度超过 2 000℃服役环境,以及长时间($>1 000$ s)工作要求(进一步可重复使用要求),对高温结构与热防护材料提出了严峻挑战,尤其是在高温氧化和复杂载荷环境下材料的耐温极限、耐久性能、高强度,以及轻质、高温高效隔热性能等苛刻要求。高温结构与热防护材料已经成为超燃冲压发动机高温结构与热防护技术攻关过程中必须首先突破的技术难题。材料体系主要包括:高温合金、难熔金属、超高温陶瓷基复合材料、纤维增强超高温陶瓷复合材料、高温金属基复合材料、高温涂层材料等。

1. 复合材料在超声速燃烧环境下的烧蚀机理

燃烧室主燃区温度超过 2 000℃ 且伴随高速燃气(含水等氧化介质)冲刷,复合材料承受强烈的冲蚀与氧化作用,同时,燃烧室内腔的凹槽等变截面结构,使得流场更加复杂,材料失效的影响因素复杂,燃烧环境下的烧蚀机理研究难度大:

(1) 发动机内流道气流流速快,温度高,涉及激波、附面层、分离涡等复杂流动过程,燃烧产物的物理化学特性复杂,燃烧工况多且复杂,流场、温度分布很不均匀;

(2) 复合材料组分复杂,烧蚀过程涉及氧化、相态变化、冲刷、渗透、扩散、裂纹扩展等,机理复杂;

(3) 在燃烧室复杂环境条件下,实时有效的测量与诊断困难,材料烧蚀演化过程难以获取高精度的试验数据。

2. 复合材料基体及表面改性

复合材料高温抗氧化技术是提高复合材料高温耐烧蚀性能的关键,目前主要通过基体及表面改性实现。基体改性技术是指通过在复合材料本体中添加 ZrC、ZrB_2、HfC 等抗氧化改性组元,并在本体中实现良好的弥散,在高温情况下能够氧化生成熔融态且具有自愈合能力的陶瓷氧化物,充分填充材料内部缺陷,阻止氧化性气氛扩散通道,提高材料的抗氧化、耐烧蚀性能。表面改性技术是通过在复合材料表面制备、涂覆具有与材料本体具有良好热匹配性的抗氧化涂层,实现有效阻止氧化性气氛与材料本体的接触目的,从而提高复合材料耐烧蚀性能。

传统 C/C-SiC 和 C/SiC 材料长时间工作温度为 1 650℃ 以下。目前,采用 Zr 体系改性技术制备的 C/C-SiC 复合材料能够通过模拟超燃冲压发动机燃烧室条件(最高温度 2 000℃,速度约 1 000 m/s)、高速气流冲刷、氧气与水氧耦合环境下的长时间热考核试验。进一步采用 HfC、HfB_2 改性,结构有望适应 2 300℃ 以上的要求。

3. 高温结构制备和加工

发动机耐高温材料/结构及其制备加工技术的难点主要包括:① 发动机耐高温材料/结构加工技术的难点主要来自陶瓷基复合材料制备工艺过程的复杂性、基体的高硬度以及加工精度控制要求。机械加工伴随复合材料发动机构件制备全过程,随着致密化程度的不断提高,材料密度和硬度不断增加,使普通加工设备刀具无法进行机械加工作业。② 发动机存在大量的复杂异型结构件,对构件的预制体成型工艺、致密化、机械加工过程都提出了挑战;发动机高温结构与复合材料制备和加工全过程高度相关,成型质量控制难度大。③ 材料与结构研制周期长,工艺过程复杂,成型过程的任意环节出现质量问题都可导致发动机部件报废。

2.3.2　功能梯度多层复合隔热技术

服役环境特征、隔热系统结构形式和材料性能三者之间存在着相互影响和相互约束的关系。能否突破复合隔热关键技术,关系到发动机能否给飞行器提供适宜的热环境,能否给各项设备提供一个良好的工作环境,这也是发动机热结构技术的关键因素。功能梯度多层复合隔热系统研究内容包括:功能梯度多层复合隔热系统设计、功能梯度多层复合隔热系统密封技术研究、多相复合防热材料的传热规律研究、功能梯度多层复合隔热系统抗振动和噪声研究,以及多相复合防热材料与承力结构连接技术研究。

发动机隔热技术难点主要体现在以下几个方面:

(1)超燃冲压发动机燃烧室热环境恶劣,温度高、温度梯度大,隔热层热面温度高达2 300℃以上,需要在有限的厚度(如30~100 mm)空间内,隔热背温要在80~150℃或低于80℃;

(2)高温、长时间工作条件下,隔热材料具有良好的宽温区隔热性能和高温稳定性,单一的隔热材料难以满足要求,需采用梯度复合隔热方案;

(3)发动机工作过程中随着工作压力和温度的变化,燃烧室结构会产生热变形,隔热层需考虑与发动机燃烧室高温结构匹配;

(4)由于燃烧室局部的热载荷已达到材料使用极限,高温层隔热材料不仅需要具有高效隔热作用,还需要具有吸热疏导作用,通过化学反应吸热、相变吸热等方式降低热负荷。

2.3.3　高温结构连接与密封

冲压发动机热结构部件采用耐高温复合材料制成,除了流道型面要严格符合设计尺寸精度外,内部的高温气体或燃气对部件的连接与密封技术提出了极高的要求,一方面高温使用要求苛刻(不同部位的气体温度高达1 700~2 400 K)使用可靠性要求高;另一方面结构空间和尺度有限,复合材料热结构部件只能设计成大尺寸薄壁结构(典型结构壁厚不超过5 mm),因此金属结构采用的成熟的高温连接与密封技术无法继承,只能针对复合材料的结构特性和工艺特点,使用复合材料连接、密封结构形式。

2.3.4　结构一体化设计与热匹配技术

1. 一体化结构设计

发动机结构在设计过程(图2.16)中,需要考虑各部件之间的相互影响,明确各个部件的功能要求,需要结合相关材料及其成型工艺,综合考虑发动机结构强度要求、耐高温要求、隔热与热防护要求、质量要求、使用维护要求以及成本,进行多目标、多约束的一体化设计;而对于高温高载条件下的高温变形协调结构、高温密封等问题也需要进行各功能部件的一体化设计。发动机工作时,振动问题非常突出,因此减振问题不容忽视。主要包括:一体化结构设计、多目标优化技术、高温高载变形协调技术、高温密封技术、减振技术。

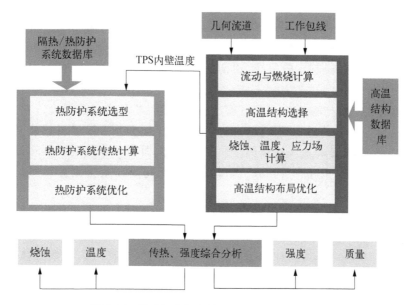

图 2.16　发动机高温结构与热防护一体化设计

2. 高温结构热匹配技术

发动机中温度变化范围很大,燃烧室气流温度超过 2 500℃,高温结构壁温可超过 2 300℃,隔热后,表面温度要求达到 80~150℃,不同温度的构件热变形差异很大,受热条件下,结构变形协调量可达几十毫米,发动机的热变形协调和热应力匹配困难。发动机高温结构热匹配问题广泛存在于同一构件的不同材料之间、螺纹等连接结构与主体结构之间、发动机不同部件之间以及耐烧蚀结构和隔热材料之间等。

高温结构热匹配受热环境影响,例如尖锐前缘的高热流、大温度梯度和强冲刷,燃烧室内有一定压力、温度高、热流高、含有氧化性气氛,不同部位需要采用不同的材料和热防护方式,热防护结构的划分、连接、密封等都需要协调设计。高温结构热匹配受功能影响,如传承力、连接密封、抗热震性、高效隔热等,这些不仅与材料的选择与应用相关,还与总体结构布局和空间限制密切相关。

发动机整机与飞行器结构匹配需要系统考虑,重点涉及进气道与前体匹配、喷管与后体匹配、发动机与飞行器连接传力匹配等。

2.3.5　热仿真与结构分析

热仿真与结构分析技术是结构与热防护系统设计与验证的重要手段,主要研究内容如下。

(1)热环境预测与热分析技术。热环境预测与热分析技术包括气动热及燃烧热分析。气动热直接影响发动机热防护和高温结构的方案,高精度热环境预测是结构的热和强度分析的基础。气动加热和燃烧加热存在着气-固-液的辐射-传导-对流复合传热,机制十分复杂,目前层流热流预测的不确定性在15%左右,湍流热流预测的不确定性在20%左右,而转捩热流预测的不确定性超过100%。高温结构内的热响应与输运是多尺度层次上的多维、多模式复杂耦合传热过程,分析预测方法能够模拟这一复杂耦合传热过程。主要包括:发动机燃烧热环境预测与分析、锐前缘气动热环境高精度预测方法、大面积区域气动热环境高精度预测方法、热结构及热防护材料的高温基础热物理性能和结构耦合传热机制与预测分析建模。

(2)高温结构强度分析技术。构建发动机高温结构强度的试验和数值模拟方法,掌握服役条件下材料及结构的热力学行为,揭示高温结构完整性的关键控制因素,给出高温热结构破坏判据。主要包括:结构的动力学有限元数值计算、三维结构热应力分析建模、典型结构振动模态分析理论、数值仿真技术与实验表征方法、多场耦合下结构的动态失效分析、高温环境下结构动力学实验表征与测试方法。

2.3.6　高热环境试验

材料与热结构性能地面试验是防热系统设计的基础和评价的基本手段,发动机在进行飞行试验以前都要进行大量的地面防热模拟及验证试验,从尺度来看,大到整机模型,小到细小的零件;从防热材料服役周期来看,从防热材料的设计筛选、性能测试到结构考核,每一个环节都需要进行试验验证。主要研究内容如下。

(1)试验模拟技术。由于地面试验在试验尺度、试验参数等方面难以完全复现飞行情况,只能模拟主要的参数对缩尺模型或局部构件开展试验,因此,有必要针对发动机环境和结构特点开展地面试验模拟技术研究,重点解决尺度效应、局部流场模拟等问题,为地面试验提供理论和技术支持,以提高试验结果的准确性。主要包括:试验方法、测量方法、试验模拟技术等。

(2)发动机内流道热环境测量技术。针对超燃发动机内流道热流环境恶劣,且热环境与发动机工作状态耦合的情况,建立发动机工作条件,发展相应的试验与测量技术,对发动机内流道热环境准确测量。主要包括:大面积测热技术、复杂局部测热技术、新型热壁热流传感器技术。

（3）动态高温/力耦合环境下材料与结构性能测试技术。发动机受到强烈的气动与燃烧加热、气动力和噪声的耦合作用,结构温度高、温度梯度大,材料、隔热结构及主承载结构内存在很大的热应力和机械应力,需要对高温/力耦合环境下材料与结构性能相关的温度场与应力/应变场进行测量,考查材料、热防护系统(thermal protection system, TPS)防热结构和整体结构(部件)的抗烧蚀、防隔热、运动热密封等。主要研究内容包括:高温热结构热流与应力场测量;动态环境下材料及涂层辐射特性、抗氧化性能测量;材料、结构综合考核、评价方法研究。

（4）气动力/热/噪声耦合试验技术。发动机结构承受的动态气动力/热/噪声耦合作用,建立气动力/热/噪声耦合作用试验条件,并发展相关测量技术,形成气动力/热/噪声耦合作用试验平台,对陶瓷复合等防热结构件在动态气动力/热/噪声耦合作用下防/隔热性能及结构的可靠性、完整性进行考核。主要研究内容包括:建立气动力/热/噪声耦合作用试验条件、气动力/热/噪声耦合试验参数测量。

（5）高温环境结构振动试验技术。用于为材料、热防护系统、典型结构、典型部段甚至发动机的高热环境振动试验验证提供技术支撑,考核其在高热环境下的结构承载能力、环境适应性以及工作可靠性。主要内容包括:热振动综合环境试验、疲劳试验、噪声试验以及振动试验分析与预示。

（6）热强度试验技术。用于典型结构、整机的热强度试验验证,研究和检验其结构在高热环境下的强度、刚度、稳定性和承载能力。主要研究内容包括:组合式辐射加热技术、高精度加载技术、热强度试验过程自适应控制技术、热强度试验非接触光纤测试技术等。

2.4　技术指标与要求

2.4.1　工作环境要求

工质:空气及其与碳氢燃料燃烧产物。

气流速度 $\approx 1\ 000$ m/s。

热流: $4.0 \sim 5.0$ MW/m^2。

温度: $1\ 000 \sim 2\ 700$℃。

压力: $0.05 \sim 0.8$ MPa。

2.4.2　高温结构材料要求

密度 $\leqslant 2.5$ g/cm^3；

拉伸强度 $\geqslant 120$ MPa(RT①)；

拉伸模量 $\geqslant 35$ GPa(RT)；

压缩强度 $\geqslant 300$ MPa(RT)；

弯曲强度 $\geqslant 280$ MPa(RT)；

剪切强度 $\geqslant 50$ MPa(RT)；

层间剪切强度 $\geqslant 20$ MPa(RT)；

厚度 ≈ 10 mm；

线烧蚀量 $\leqslant 3$ mm(1 000 s)。

2.4.3　隔热材料要求

密度 $\leqslant 0.4$ g/cm^3(平均)；

热导率 $\leqslant 0.082$ W/(m·K)(1 200℃)；

比热容 $\geqslant 600$ J/(kg·K)；

典型隔热结构内表面温度 $\approx 2 300$℃；

隔热结构外表面温度：80~400℃；

厚度 $\leqslant 40$ mm。

2.4.4　其他要求

发动机工作时间：300~1 000 s；

满足发动机储存等其他要求。

参考文献

[1] Trelewicz J R, Longtin J P, Gouldstone C, et al. Heat flux measurements in a scramjet Combustor using embedded direct-write sensors[J]. Journal of Propulsion & Power, 2004, 20 (1): 27-58.

[2] Kosaka K, Kuwahara T, Okamoto H, et al. Application of carbon-carbon composite to scramjet engines[R]. AIAA 97-2576,1997.

[3] Tancredi U, Grassi M. Approximate trajectories for thermal protection system flight tests mission design[J]. Journal of Spacecraft and Rockets. 2007, 44(5): 1003-1011.

[4] Zhang S, Li X, Zuo J, et al. Research progress on active thermal protection for hypersonic vehicles[J]. Progress in Aerospace Sciences, 2020, 119: 100646.

① RT 表示室温,即 25℃。

[5] Choi S H, Scotti S J, Song K D, et al. Transpiring cooling of a scram-jet engine combustion chamber[R]. AIAA 97 - 2576, 1997.

[6] 郑力铭,孙冰. 超燃冲压发动机二维热环境数值模拟[J]. 航空动力学报,2007(5): 823 - 828.

[7] Bouchez M, Falempin F, Cahuzac G, et al. PTAH - SOCAR fuel-cooled composite materials structure[R]. AIAA 2002 - 5135, 2002.

[8] Bouchez M, Cahuzac G, Beyer S. PTAH - SOCAR fuel-cooled composite materials structure in 2003[R]. AIAA 2003 - 6919, 2003.

[9] Glass D E. Ceramic matrix composite (CMC) thermal protection systems (TPS) and hot structures for hypersonic vehicles[R]. AIAA 2008 - 2682, 2008.

[10] Gillum M J, Lewis M J. Experimental results on a Mach 14 waverider with blunt leading edges [J]. Journal of Astrunautics, 2009, 30(4): 296 - 303.

[11] Ding F, Liu J, Shen C B, et al. An overview of research on waverider design methodology[J]. Acta Astronautica, 2017, 140: 190 - 205.

[12] Zhao Z T, Huang W, Yan L, et al. An overview of research on wide-speed range waverider configuration[J]. Progress in Aerospace Science, 2020, 113: 100606.

[13] 王晓栋,乐嘉陵. 前缘对进气道性能影响的数值模拟[J]. 推进技术,2002,23(6): 460 - 462.

[14] 周忠平. 钝化对高超声速进气道性能的影响[D]. 南京: 南京航空航天大学,2007.

[15] Sriram R, Srinath L, Devaraj M K K, et al. On the length scales of hypersonic shock-induced large separation bubbles near leading edges[J]. Journal of Fluid Mechanics, 2016, 806: 304 - 355.

[16] Qin J, Bao W, Zhou W X, et al. Flow and heat transfer characteristics in fuel cooling channels of a recooling cycle[J]. International Journal of Hydrogen Energy, 2010, 35(19): 10589 - 10598.

[17] 陈星. 尖化前缘热环境实验技术研究[D]. 长沙: 国防科学技术大学,2011.

[18] 高文智. 鼻锥钝化轴对称高超声速进气道流动特性研究[D]. 合肥: 中国科学技术大学,2015.

[19] Fay J A, Riddell F R. Theory of stagnation point heat transfer in dissociated air[J]. Journal of the Aerospace Sciences, 2015, 25(2): 73 - 85, 121.

[20] 张栋,唐硕. 前缘钝化对高超声速飞行器气动特性的影响[J]. 飞行力学,2015,33(1): 21 - 25.

[21] 李祝飞,杨基明. 前缘钝化对凸拐角附近激波/边界层干扰的影响研究[C]. 北京: 第七届全国高超声速科技学术会议,2014.

[22] 陈小庆,侯中喜,刘建霞,等. 边缘钝化对乘波构型性能影响分析[J]. 宇航学报,2009, 30(4): 1334 - 1339.

[23] Liu J X, Hou Z X, Ding G H, et al. Numerical and experimental study on waverider with blunt leading edge[J]. Computers and Fluids, 2013, 84: 203 - 217.

[24] 蔡国飙,徐大军. 高超声速飞行器技术[M]. 北京: 科学出版社,2012.

[25] 小约翰·D.安德森.高超声速和高温气体动力学[M].第2版.杨永,李栋,译.北京:航空工业出版社,2013.

[26] 秦江,章思龙,鲍文,等.高超声速冲压发动机热防护技术[M].北京:国防工业出版社,2019.

[27] 中国人民解放军总装备部军事训练教材编辑工作委员会.高超声速气动热和热防护[M].北京:国防工业出版社,2003.

[28] 张云峰.高速气流作用下冲压发动机进气道壁板结构振动特性研究[D].哈尔滨:哈尔滨工业大学,2007.

[29] 汪海,钟都都,孙力,等.高超飞行器振动分析[J].制造业及自动化,2010,10:99-102.

[30] 王蒙,张进,尚绍华.X-43A飞行器的设计与制造[J].飞航导弹,2007(6):24-31.

[31] 张友华,陈连忠,杨汝森,等.高超飞行器尖前缘材料发展及相关气动热试验[J].宇航材料工艺,2012,42(5):1-4.

[32] 张宏安.可重复使用运载器机翼前缘热防护系统设计及性能评估[D].哈尔滨:哈尔滨工业大学,2014.

第 3 章
前缘结构及超高温陶瓷材料

3.1 概述

由于超燃冲压发动机气动性能要求[1],进气道前缘半径为 0.5~2 mm,在马赫数 7 高超声速飞行条件下,来流总温超过 1 800℃,总压超过 6 MPa,热流超过 2 MW,温度梯度大,服役环境严苛,普通材料无法维持前缘结构长时间可靠工作的需求,由此促进了超高温陶瓷材料的发展。随着飞行速度的提高,热流等将呈指数增长,面临的技术挑战更加严峻,前缘结构及其材料技术一直受到欧美等航空航天发达国家高度重视。

3.1.1 国外相关前缘结构与材料研究情况

1996 年美国空军在实施以超燃冲压发动机为动力、巡航 $Ma8$、射程 1 390 km 的高超声速导弹(HyTech,高超声速技术)项目时,对发动机进气道前缘结构开展了重点攻关[2, 3]。进气道前缘半径为 0.51~1.27 mm,前缘夹角为 6°~12°,备选设计方案包括使用辐射冷却的超高温陶瓷基复合材料(ceramic matrix composite,CMC)、C/SiC、C/C 改性以及其他难熔材料。试验验证了 ZrC 陶瓷、C/C 改性、C/SiC 及其他耐高温作为基体材料,结合 Si_3N_4 和 SiC 等涂层均适合于在前缘头部半径为 0.76 mm、前缘夹角 12°下使用,而随着前缘夹角下降,如前缘夹角 6.5°时,加工过程导致表面破坏和强度降低,使得前缘易剥蚀、变形或烧毁。

2004 年美国 X43A(Hyper‑X)飞行器飞行演示了超燃发动机 $Ma7$ 及 $Ma10$ 下的性能[4]。X43A 前缘半径为 0.76 mm。在 $Ma7$ 飞行试验状态,前缘选择使用了高导 C/C(5:1,K321 织物),以 4:1 方式平织为基体,外加 SiC 涂层,顺利通过 $Ma7$ 的飞行试验考核。$Ma10$ 的前缘主要由高导 C/C 基体和含 Hf、Zr、Si 以及 Ir 的涂层材料构成。图 3.1 和图 3.2 给出了尖前缘在 H_2 电弧射流加热试验照片。

为了工程应用,NASA 开展了大量组合结构前缘的研究[5, 6],有展向组合的结构,也有纵向组合的结构,纵向部件之间采用了榫槽+销钉、燕尾槽+沉头螺钉等连接方式,展向部件之间采用插槽连接。图 3.3 所示为 NASA 以 $Ma10$ 飞行器为应用背景研究的超高温陶瓷前缘。图 3.4 为 NASA 研究过的榫槽结构分体前缘。

电弧风洞试验中模拟的飞行条件：
· 马赫数10；
· 高度105 000 ft；
· 鼻锥前缘半径0.03 in①；
· 热流密度1 300 Btu/(ft²·s)；
· 试验时间130 s

试验后成功的产品

试验中图片

试验后失败的产品

图 3.1　前缘在 H₂ 电弧射流加热试验及试验后照片

前缘安装座　　　　　C/C-SiC结构

超高温陶瓷(UHTC)结构

图 3.2　超高温陶瓷尖锐前缘组合基本结构示意图

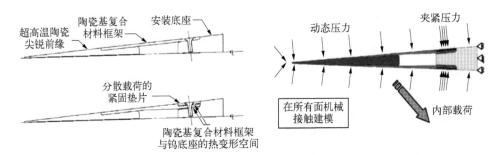

超高温陶瓷　陶瓷基复合　安装底座
尖锐前缘　　材料框架

动态压力　　　　　夹紧压力

分散载荷的
紧固垫片

在所有面机械
接触建模　　　　内部载荷

陶瓷基复合材料框架
与钨底座的热变形空间

图 3.3　NASA 以 Ma10 飞行器为应用背景研究的超高温陶瓷前缘

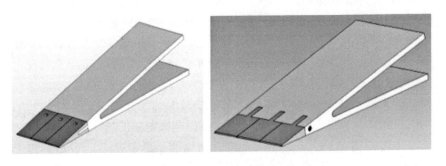

图 3.4　NASA 研究过的榫槽结构分体前缘

---

① 1 in＝2.54 cm。

从国外文献和相关报道中可以看出,国外进行高超声速飞行器尖锐前缘研究时,主要有以下几个特点:

(1) 材料的研究和应用集中在抗氧化 C/C、C/SiC、C/C-SiC、超高温陶瓷、以钨合金为代表的难熔金属几大类;

(2) 采用 HfC/HfB$_2$、Ir/HfO$_2$、Si$_3$N$_4$、SiC/HfC 等耐高温涂层材料可以显著提高前缘氧化烧蚀水平;

(3) 前缘的结构方案采用了整体实心形式和组合形式;

(4) 镶嵌超高温陶瓷前缘材料均进行分段设计,拼装成型;

(5) 精细的热连接匹配设计。

3.1.2　国内前缘结构研究情况

基于高超声速巡航飞行器,国内目前在前缘高温结构技术制备方面开展了研究。例如,哈尔滨工业大学、西北工业大学、航天 306 所等分别研究了超高温陶瓷、C/C、C/SiC 飞行器前缘技术,以及超高温陶瓷、难熔金属、C/SiC 发动机进气道唇口前缘技术。图 3.5 所示为国内飞行器前缘典型结构。

(a) 超高温陶瓷材料组合前缘

(b) C/C 材料组合前缘

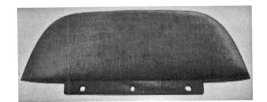

(c) C/SiC 材料整体实心前缘

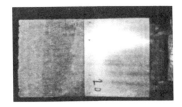

(d) 超高温陶瓷进气道前缘

图 3.5　国内飞行器前缘典型结构

本章首先对进气道前缘高温结构进行了介绍。材料是高温结构研究与设计的基础,从目前认识来看,进气道前缘结构的基体材料可选用超高温陶瓷、C/C、C/SiC、C/C-SiC 等的一种或几种材料,涂层材料可在 HfC/HfB$_2$、Ir/HfO$_2$、Si$_3$N$_4$、SiC/HfC 等中选用。在材料介绍方面,以超高温陶瓷为主,其他基体材料和涂层材料将在其他章节进行了介绍。

3.2 前缘高温结构方案设计

图 3.6 是一种类型的发动机进气道,其前缘结构分为唇口前缘和侧板前缘,唇口热、力服役环境更为严苛。根据前期试验和分析结果,在 Ma7 以下,进气道前缘材料可采用超高温陶瓷和难熔金属类材料,本体采用 C/SiC 陶瓷基复合材料。前缘与本体采用拼接结构,用高温金或难熔金属螺钉连接、固定。

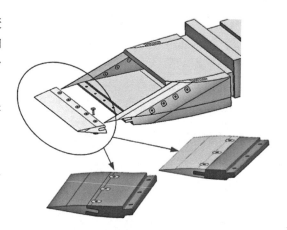

图 3.6　一类超燃冲压发动机进气道前缘与本体高温结构

3.2.1 整体前缘结构方案

前缘结构采用整体成型,结构简单,能够减少分段连接存在的连接、密封问题,也便于与本体结构连接安装。整体前缘一般几何尺度大,易导致前缘展向中部应力集中,采用超高温陶瓷材料易发生热震断裂,若采用难熔金属类材料,又存在密度大,结构质量大问题。整体结构一般适用较小尺度的发动机。图 3.7 所示为整体式进气道前缘结构方案。

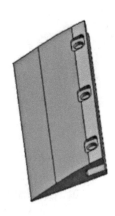

图 3.7　整体式进气道前缘结构方案

图 3.8 为整体式前缘应力分布图,从图中可以看出,大尺度超高温陶瓷前缘中部靠近前缘应力集中较为严重。

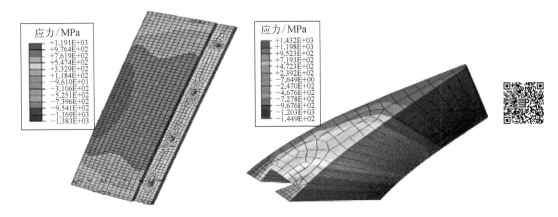

图 3.8　整体式前缘应力分布图

3.2.2　分体结构方案

根据 Walker 的研究理论,展宽为 250 mm 前缘,由整体结构转变为由 50 mm 小块拼装而成,应力可以降低 30%~40%,能有效降低超高温陶瓷材料温度急剧变化而产生过大应力。分体拼装结构缺点是安装复杂,搭接榫槽对加工精度要求高。分体拼装前缘结构较适合超高温陶瓷材料。图 3.9 为分体拼装式前缘结构。

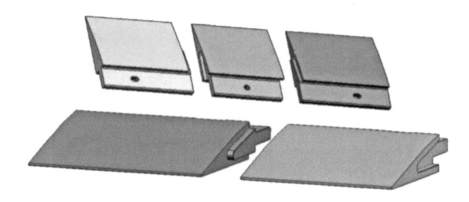

图 3.9　分体拼装式前缘结构

3.2.3　前缘结构连接方案

由于进气道前缘唇口角度小,壁厚尺度小,且为异种材料匹配连接,对连接方案要求较高。以下针对方案 1 和方案 2 的连接方案进行设计分析。

1. 前缘 U 型槽结构方案(方案 1)

总体结构方案如图 3.10 所示,超高温陶瓷前缘将采用该设计方案。

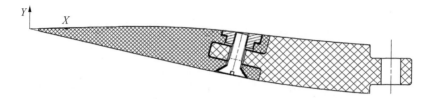

图 3.10　前缘 U 型槽结构方案

进气道前缘为 U 型槽结构(进气道本体为凸出结构),前缘与底座采用沉头螺钉连接,唇口前缘与本体连接有 3 个连接点,上唇口侧打矩形台阶孔,下唇口采用沉头孔。螺钉和螺套与陶瓷连接处增加柔性石墨垫片,前缘与底座间隙填充柔性石英布,具体结构方案如图 3.11 所示。

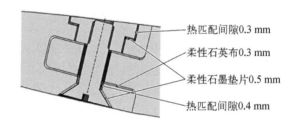

热匹配间隙0.3 mm
柔性石英布0.3 mm
柔性石墨垫片0.5 mm
热匹配间隙0.4 mm

图 3.11　前缘 U 型槽结构方案连接匹配

2. 底座 U 型槽结构(方案 2)

总体结构方案如图 3.12 所示,超高温陶瓷、Ta-W、W-Re 将分别采用该方案。方案 2 连接方案与方案 1 基本一致。

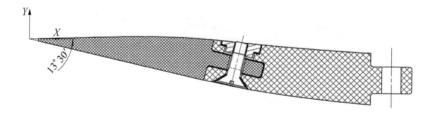

13°30′

图 3.12　底座 U 型槽前缘结构

3.2.4　前缘结构安装方案

由于前缘结构温度较高、温度梯度大,前缘安装方案对确保结构可靠性较为关键,前缘安装主要关注以下三个方面。

1. 螺钉拧紧力矩

针对方案 1,超高温陶瓷在拧紧过程中承受弯矩和剪切,图 3.13 中所示三处为薄弱环节,因此需根据超高温陶瓷(ultra high temperature ceramics, UHTC)弯曲强度、螺杆强度计算,确保三处薄弱环节不发生破坏,且预留 $n=1.5\sim2.0$ 的安全系数,以确定拧紧力矩。

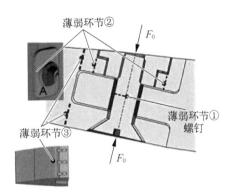

图 3.13　前缘 U 型槽前缘结构拧紧力矩分析

脆性材料以断裂的方式失效时,应力为强度极限 σ_b,塑性材料以出现塑性变形的方式失效时,应力为屈服极限 σ_s,σ_b 和 σ_s 均为极限应力。极限应力除以安全系数 n,为材料的需用应力 $[\sigma]$,对于脆性材料取 $[\sigma]=\sigma_b/n$;塑性材料取 $[\sigma]=\sigma_s/n$。以下分别对图 3.13 中三处可能出现的薄弱环节进行计算,以三者中最小的拧紧力矩作为装配力矩。

对于薄弱环节①,通常规定,拧紧后螺纹连接件的预紧力不得超过其材料的屈服极限 σ_s 的 80%,对于一般连接用的钢制螺栓的预紧力:

$$F_0 \leqslant (0.5 \sim 0.6)\sigma_s \cdot A_1 \tag{3.1}$$

其中,M5 螺栓危险截面面积为 18.1 mm^2,冷态装配条件下,$\sigma_s=618$ MPa(~20℃),所以 $F_0 \leqslant 5\,593\sim6\,712$ N,则拧紧力矩为 $T \approx 0.2F_0d = 5.6 \sim 6.7$ N·m。

根据《HB6125-1987 螺纹紧固件拧紧力矩》,M5 普通螺母拧紧力矩值推荐范围为: $T_{max}=4.8$ N·m,$T_{min}=3.5$ N·m,对应的拧紧力 F_0 最大值为 6 620 N,最小值为 3 430 N,螺钉强度满足推荐拧紧力矩范围。

薄弱环节②边缘承受剪切载荷,以超高温陶瓷剪切强度作为设计依据并取安全系数 $n=2$ 进行强度分析,超高温陶瓷常温的切应力一般为 110~130 MPa。经计算(参考相关材料力学书籍)得到对应破坏拧紧力矩为 5.38 N·m。

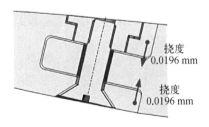

挠度 0.0196 mm

挠度 0.0196 mm

螺栓拧紧过程中薄弱环节③承受弯矩,且会出现一定的弯曲变形,以下对其弯曲强度和变形挠度进行计算分析,前缘 U 型槽变形量如图 3.14 所示,对应的破坏拧紧力矩值为 56.5 N·m,因此薄弱环节③在螺栓的推荐力矩内不会发生破坏。

图 3.14　前缘 U 型槽变形量示意图

从以上对三处可能出现薄弱环节的地方进行分析表明:三处薄弱环境的强度极限对应的拧紧力矩均在 M5 螺钉的推荐力矩范围内,因此装配力矩可以选取 4.8~3.5 N·m

范围内的力矩值。由于脆性材料连接,取下限,拧紧力矩 $T = 3.5\ \mathrm{N\cdot m}$。

悬臂 U 型槽变形量计算如下。

在 $T = 3.5\ \mathrm{N\cdot m}$ 的力矩作用下,U 型槽连接结构会出现弯曲变形,悬臂梁结构挠度的计算公式为

$$f_{\mathrm{b}} = -\frac{ml^2}{2EI} = -\frac{3\,430 \times 0.01 \times 0.02^2}{2 \times 247 \times 10^9 \times \dfrac{(0.23/3) \times 0.004\,2^3}{12}} = 5.87 \times 10^{-5} m \quad (3.2)$$

即悬臂 U 型槽连接在拧紧力矩 $T = 3.5\ \mathrm{N\cdot m}$ 时产生的最大弯曲变形量为 0.058 7 mm,远远小于预留的 0.3 mm 的空间。

以上计算均以超高温陶瓷 UHTC+C/C – SiC 配合方案进行计算,薄弱环境主要出现在前缘 U 型槽结构连接部位。采用 U 型槽,方案连接处强度优于该方案,拧紧力矩参照执行可确保装配考核。

2. 加工尺寸控制

由于热匹配需求,安装结构需要设计一定尺寸的间隙。安装座在连接处厚度方向各预留 0.5 mm 的厚度空间,用于前缘底座安装后配加工。螺钉连接结构可采用两种方案,沉头螺钉和螺套不得突出前缘型面。方案 1,螺钉端面间隙采用高温陶瓷胶封填;方案 2,延长螺钉两端长度,装配后,螺钉突出部分与前缘结构配加工。安装结构间隙控制如图 3.15 所示。

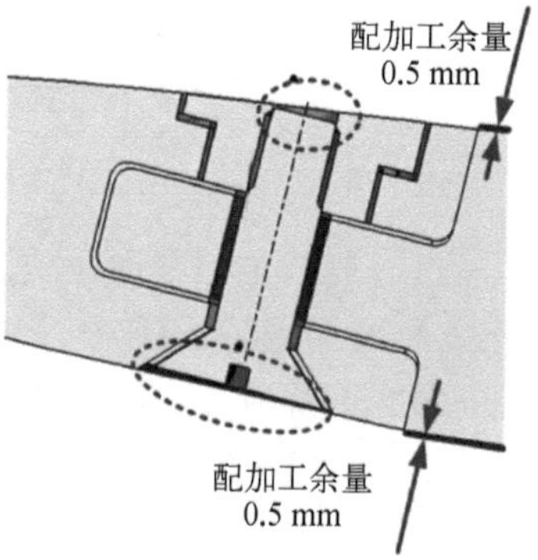

配加工余量
0.5 mm

配加工余量
0.5 mm

图 3.15   安装结构间隙控制

3. 装配尺寸控制

石英纤维布具有较高的压缩率,且石英布软化温度在 600℃ 以上,800～1 000℃ 以上熔化,且石英布具有不燃烧、不腐烂、耐热、绝热性与化学稳定性好、热膨胀系数低、成本低等优势,因此石英纤维布是较好的热和振动控制层。前缘和底座安装过程中,螺套和螺钉的压缩受力面均为 U 型槽连接结构。前缘和底座安装间隙主要依靠石英布,需要对石英布厚度、压缩量进行设计。

3.2.5   前缘结构热匹配设计

图 3.16 为前缘结构沿程温度计算结果。前缘计算温度和试验结果对比,明显偏高,热匹配计算以计算结果作为输入依据,可保证设计余量要求。表 3.1 为前缘结构件热匹配间隙分析。表 3.2 为前缘结构件选用材料热膨胀系数。

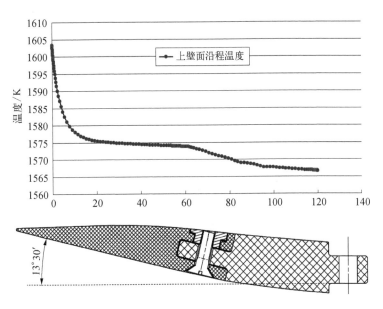

图 3.16　前缘结构沿程温度计算结果($Ma = 6.0$)

表 3.1　前缘结构件热匹配间隙分析

前缘+本体材料	膨胀后匹配间隙校核			
	前缘/本体	螺套/基体	螺钉/定位孔	螺钉/非定位孔
UHTC+C/C－SiC	0.3~0.33 mm	√	√	√
UHTC+C/C－SiC	0.3~0.28 mm	√	√	√
W－Re+C/C－SiC	0.3~0.28 mm	√	√	√
Ta－W+C/C－SiC	0.3~0.27 mm	√	√	√

表 3.2　前缘结构件选用材料热膨胀系数($\times 10^{-6}/℃$)

温度/℃	Ta－12W	W－Re	UHTC	GH3128	C/C－SiC	
					Z 向	$X－Y$ 向
RT	—	6.16	—	11.25	1.13	0.101
200	—	5.58	—	11.86	1	0.237
400	6.63	5.72	4.74	12.80	1.37	0.629
600	—	5.85	5.8	13.68	1.8	0.936
800	7.02	5.93	5.99	15.19	2.19	1.196

续　表

温度/℃	Ta-12W	W-Re	UHTC	GH3128	C/C-SiC Z向	C/C-SiC X-Y向
1 000	—	5.97	6.9	16.29	2.59	1.411
1 200	7.70	6.01	7.05	—	—	—
1 400	—	6.03	7.4	—	—	—
1 600	8.22	6.10	7.5	—	—	—
1 800	8.42	—	7.7	—	—	—
2 000	9.073	6.14	—	—	—	—

3.2.6　前缘结构强度分析

通过计算流体力学（Computational Fluid Dynamics，CFD）计算，能够较准确地预测进气道表面的压力分布，以此为输入条件，可对前缘结构进行详细的强度计算分析，评估结构强度是否满足服役环境要求。图 3.17 所示是在来流 $Ma6.0$ 时，某前缘结构上下壁面压力差分布。图 3.18 为前缘结构强度分析。

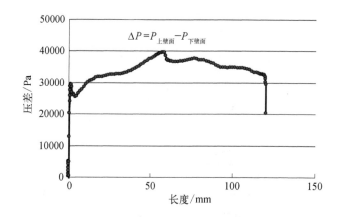

图 3.17　前缘结构上下壁面压力差

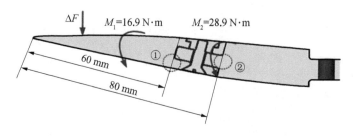

图 3.18　（超高温陶瓷）前缘结构强度分析

①、②两处薄弱环节承受的弯矩分别为：$M_1 = 16.9 \text{ N} \cdot \text{m}, M_2 = 28.9 \text{ N} \cdot \text{m}$。

①截面（UHTC）强度：

$$\sigma_1 = \frac{M_1}{W_1} = \frac{M_1}{\dfrac{bh^2}{6}} = \frac{16.9}{\dfrac{0.23 \times 0.004\,2^2}{6}} = 25 \text{ MPa} < 192.7 \text{ MPa}$$

②截面（C/C-SiC）强度：

$$\sigma_2 = \frac{M_2}{W_2} = \frac{M_2}{\dfrac{bh^2}{6}} = \frac{28.9}{\dfrac{0.23 \times 0.006^2}{6}} = 20.9 \text{ MPa} < 165 \text{ MPa}$$

方案 2 中难熔金属连接结构前缘强度高，C/SiC 底座连接尺寸大，连接强度优于超高温陶瓷与 C/SiC 底座连接方案，下面用相同的计算方法，计算方案 2 的前缘中超高温陶瓷与底座连接结构强度，如图 3.19 所示。

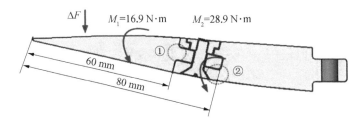

图 3.19　方案 2（难熔金属）前缘结构强度分析

①②两处薄弱环节承受的弯矩分别为：$M_1 = 16.9 \text{ N} \cdot \text{m}, M_2 = 28.9 \text{ N} \cdot \text{m}$。

①面（难熔金属）强度：

$$\sigma_1 = \frac{M_1}{W_1} = \frac{M_1}{\dfrac{bh^2}{6}} = \frac{16.9}{\dfrac{0.23 \times 0.006^2}{6}} = 12.3 \text{ MPa} < 192.7 \text{ MPa}$$

②面（C/C-SiC）强度：

$$\sigma_2 = \frac{M_2}{W_2} = \frac{M_2}{\dfrac{bh^2}{6}} = \frac{28.9}{\dfrac{0.23 \times 0.004\,75^2}{6}} = 33.4 \text{ MPa} < 165 \text{ MPa}$$

因此，连接结构均不会出现连接结构破坏，并且强度具有较高的域度。

此外，发动机前缘结构在振动载荷下，强度是否满足要求，同样需要分析，计算分析方法参考相关资料。在地面模拟飞行条件下的振动载荷（表 3.3），验证前缘及其连接结构的强度,是常用的强度设计考核方法,试验后要检测前缘结构是否无残余变形和裂纹以及其他机械损伤等。

表 3.3 随机振动试验条件

试验方向	频率/Hz	随机振动试验条件		
		功率谱密度/(g^2/Hz)	均方根值/g	试验时间/min
X、Y、Z	8～100; 100～1 000; 1 000～2 000	3 dB/oct	13.81	10～30
		0.08		
		−6 dB/oct		

3.3 超高温陶瓷材料

超高温陶瓷复合材料主要包括一些过渡族金属的难熔硼化物、碳化物和氮化物,如 ZrB_2、HfB_2、TaC、HfC、ZrC、HfN 等,它们的熔点均在 3 000℃以上。在这些超高温陶瓷中,ZrB_2 和 HfB_2 基超高温陶瓷复合材料具有较高的热导率、适中的热膨胀系数和良好的抗氧化烧蚀性能,可以在 2 000℃以上的氧化环境中实现长时间非烧蚀,是一种非常有前途的非烧蚀型超高温防热材料,目前已经在再入飞行器、大气层内高超声速飞行器的头部、前缘以及发动机热端部件中得到应用,随着飞行速度的提高,耐温与热防护要求的提高,将会在提升飞行器和发动机热防护性能方面起到不可替代作用。

超高温陶瓷主要包括碳化物、氮化物、硼化物、氧化物等几种材料体系。

3.3.1 碳化物及硼化物陶瓷复合材料概述

碳化物陶瓷间的原子大多数以较强的共价键结合,因而表现出熔点高、硬度大、机械强度高、化学稳定性好等一系列优良性能。有些碳化物陶瓷还具有特殊的电性能、磁性能或者热学性能,已经在机械、化工、电子、航空航天等许多领域中得到应用。由于碳化物陶瓷的高熔点使得其烧结比较困难。近年来围绕着碳化物陶瓷的烧结,科学工作者对一些先进的烧结工艺做了深入的研究[7-12]。当前对超高温碳化物陶瓷的研究主要集中于碳化锆(ZrC)、碳化铪(HfC)和碳化钽(TaC)陶瓷及其复合材料,研究重点在材料的制备、力学性能和抗氧化烧蚀性能方面。

硼化物属于间隙化合物,硼原子直径较大,原子之间可形成多种复杂的共价键,硼与许多金属原子可以通过离子键结合的方式形成化合物,并且金属原子与硼原子的化学计量比通常在 $5:1(M_5B)$ 到 $1:12(MB_{12})$ 之间。其中 M 表示是金属原子。硼化物既具有金属的一些性质,又有离子化合物和共价化合物脆性的性质。硼化锆是硼化物陶瓷[13]中比较常见且得到较多关注的一种材料。在硼-锆体系中存在 3 种常见化学组成的硼化锆化合物,分别是一硼化锆(ZrB)、二硼化锆(ZrB_2)和十二硼化锆(ZrB_{12}),其中 ZrB_2 在很大的温度范围内是物理化学稳定的。现代工业生产制备的和应用较多的都是以 ZrB_2 为主要成分的硼化锆材料。硼原子面和锆原子面之间的结合包括 Zr—B 离子键、Zr—Zr 金属键以及 B—B 共价键[14, 15]。由于其独特的晶体结构(图 3.20)及多种键合方式的存在,决定了这种材料具有高熔点、高硬度和高温稳定性的特点。ZrB_2 的基本结构类型,物理性能及热动力学性能参数总结于表 3.4 中。从表中可以看出 ZrB_2 具有很高的熔点 3 245℃、较高的硬度(莫氏硬度为 9,显微硬度为 23 GPa)、优良的导电性(电导率 $1.0×10^7$ S/m)和导热性[热导率为 60 W·$(m·K)^{-1}$]等特点,其性能显示了 ZrB_2 材料具有陶瓷和金属的双重性。作为高温结构材料 ZrB_2 应用非常广泛,在耐火炉衬[16,17]、高温电极[18-20]、微电子[21]及切削工具[22]中均有其身影。ZrB_2 除了具有较高的熔点外,还具有很高的化学稳定性、优良的抗腐蚀性,因此其非常适合应用于高超声速飞行器、火箭助推器等有关的极端热环境及化学环境。

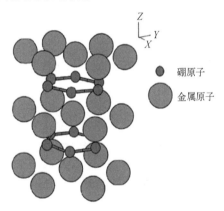

硼原子

金属原子

图 3.20　MB_2 晶体结构

表 3.4　ZrB_2 的基本结构、物理性能及热动力学性能参数

物 性 参 数	ZrB_2
晶体结构	Hexagonal/P6/mmm AlB_2
晶格参数 a/Å	3.17
晶格参数 c/Å	3.53
密度/(g/cm³)	6.119
熔点/℃	3 245
杨氏模量/GPa	489
压缩模量/GPa	215
硬度/GPa	23

物 性 参 数	ZrB_2
热胀系数/K^{-1}	5.9×10^{-6}
比热容/[J/(mol·K)]	48.2
电导率/(S/m)	1.0×10^7
热导率/[W/(m·K)]	60
成型焓值/kJ	−323.6
成型自由能/kJ	−318.2

3.3.2　超高温陶瓷材料制备

超高温陶瓷复合材料大部分是采用陶瓷粉体烧结而成。本节主要内容分为粉体和烧结两大部分,第一部分介绍粉体的制备及相关研究进展,并以硼化锆粉为例,对粉体制备过程中的化学反应进行了介绍。第二部分介绍几种典型的粉体烧结成型方法。

1. 超高温陶瓷粉体制备

1) 粉体制备工艺概述

陶瓷制备工艺的基本特点是以粉体为原料经成型和烧结,形成多晶体烧结体。作为起始原料的陶瓷粉料的质量好坏直接影响最终成品的质量。超高温陶瓷由于温度更高,粉体的制备更加困难。从 20 世纪 60 年代末便开始了对超高温陶瓷材料研究,但因原材料(粉体)的纯度不够,很难获得性能优异的超高温陶瓷复合材料,而一度被迫放弃。近年来,由于耐高温与热防护技术发展的需求,在放弃了 30 年后,科技工作者又重新开始了这类材料的研究,粉体及其陶瓷体制备工艺取得了很大进展,使这种材料得到越来越广泛的应用。陶瓷粉体制备工艺主要包括以下几种。

(1) 固相法。包括直接合成法、机械合金化法、热还原反应法及自蔓延高温合成法等。其中,直接合成法制备的超高温陶瓷粉纯度高,合成条件及过程简单,但原料昂贵、成本高,反应过程需要高温,能耗高,不适于工业化生产,因此没有很好的批量化应用潜能。机械合金化法的特点是工艺简单、得到粉末较细且活性高,但球磨时间较长,往往容易引入杂质,导致所得产物纯度不高,且过程安全性风险大。热还原反应法包括碳热还原反应法、硼热还原反应法、硼/碳热还原反应法。该方法原料来源广泛、成本低、工艺过程简单,易于实现粉体的大批量生产,但是反应温度高,反应时间长,能耗大。自蔓延高温合成法具有操作过程简单、合成时间短、能耗小、成本低、粉体活性高等优点,然而由于反应速度太快,反应进行得不是很完全,而且其反应过程、产物结构以及粉体性能都不容易控制,产物容易残留较多杂质相,其去除过程将会进一步掺入其他杂质,使合成粉体的纯度下降。

（2）气相法。主要包括高压气相还原法和高频热等离子法。其中,高压气相还原法合成的超高温陶瓷粉体粒径为几十纳米。此方法合成过程中伴随着生成 HCl 气体,对设备以及大气环境污染严重,且产量小,可作为实验室研究,不适合工业化生产。高频热等离子体法是近几年研发的粉体制备技术,理论和工艺路线还不是很成熟,仍需要大量的试验验证其可行性,离工业化生产还需很长一段时间。

（3）液相法。主要包括溶胶凝胶法和液相前驱体法。溶胶凝胶法制备超高温陶瓷粉体所用原料大多都是无机盐或醇盐,原料成本较高,生产周期长,工艺过程复杂,涉及大量的过程变量,易受到外界环境等不确定因素影响和控制,不适合大规模生产。液相前驱体法制备超高温陶瓷粉体具有对设备要求低,工艺周期短,合成温度低等优点,合成粉体成分均匀,颗粒度细小,是一种有良好发展前景的合成技术。

2）ZrB_2 陶瓷粉体制备工艺举例

ZrB_2 陶瓷粉体制备有多种,基本可分为 3 类: 单质直接反应过程,固相还原过程和有机前驱体化学反应过程。下面以固相还原为例,介绍 ZrB_2 粉体的制备工艺。

ZrB_2 粉体的固相还原过程主要用 ZrO_2 作为锆源,用含硼的相关组分,如 B、B_4C、B_2O_3 等作为硼源进行碳热/硼热还原反应。在 ZrB_2 粉体的固相还原合成过程中,有两个关键因素[23,24]:

（1）硼源的损失与补偿。在固相还原过程中,由于氧化物原料的使用,不论是金属氧化物还是硼源氧化物,反应过程都会产生一些以 $B_2O_3(g)$ 为代表的气态物相,会从原料中逸出和挥发,导致反应过程中硼源的损失。因此,在制备过程中,需要在原料中加入一定的量硼源进行补偿,使反应按照原计划的过程与产量进行,最终形成纯相的 ZrB_2 粉体。对于硼源的过量添加量尚无确切数值,需根据具体的实验环境进行试验和确定。

（2）ZrB_2 粉体纯度与粒径的平衡关系。产物 ZrB_2 是典型的非氧化物,当采用氧化物作为原料时,会使最终反应产物的粉体中不可避免地存在氧杂质。较高的合成温度更有利于氧杂质的去除,尤其有利于 B_2O_3 的去除[25]。但较高的温度也会促使产物 ZrB_2 晶粒的进一步长大,这与获得较细晶粒尺寸 ZrB_2 粉体的目的相矛盾。因此,为了处理好粉体纯度与粒径关系,需要选择合适的反应温度和保温时间。

在还原过程诸多反应中,以下三种反应具有良好的普适性和经济性。

（1）碳热还原（carbothermal reduction）。

$$ZrO_2 + B_2O_3 + 5C \xrightarrow{\hspace{2cm}} ZrB_2 + 5CO(g) \qquad (3.3)$$

反应（3.3）是合成 ZrB_2 粉体的一个常用反应,由于高温时原料 B_2O_3 会挥发,所

以需要采用过量的 B_2O_3 进行补偿。该反应中硼化锆的生成与 B_2O_3 的挥发之间存在竞争关系[26,27]，在一定的反应环境下，如果 ZrO_2 与 B_2O_3 发生还原反应的趋势超过了 B_2O_3 的挥发趋势，成为反应制备的主导过程，则可以有效抑制 B_2O_3 的挥发而利于反应的进行。此外，由于采用 C 作为还原剂，所以获得具有尽可能低 C 含量的高纯 ZrB_2 产物相粉体也是另一个需要考虑的问题。

（2）碳热还原/硼热还原（carbo/borothermal reduction）。

$$2ZrO_2 + B_4C + 3C \rightleftharpoons 2ZrB_2 + 4CO(g) \tag{3.4}$$

反应(3.4)采用 B_4C 作为硼源与 ZrO_2 反应，是制备 ZrB_2 的又一常用反应[28,29]。热力学计算表明上述几种原料中存在着一些中间过渡反应，这些反应在热力学上较反应(3.4)更易进行。最可能发生的两个中间反应是反应(3.3)和反应(3.5)：

$$ZrO_2 + 5/6B_4C \rightleftharpoons ZrB_2 + 2/3B_2O_3 + 5/6C \tag{3.5}$$

反应(3.4)可由上述两个反应按摩尔比 $ZrO_2 : B_4C = 1 : 0.5$ 加和得到。热力学计算表明，当反应温度低于 1 540℃时，反应(3.5)为主导反应；当反应温度高于 1 540℃时，反应(3.3)更易进行。

除上述 2 个中间反应外，反应过程中还可能存在如下反应：

$$ZrO_2 + 5/7B_4C \rightleftharpoons ZrB_2 + 3/7B_2O_3 + 5/7CO(g) \tag{3.6}$$

实际反应过程中，有可能是反应(3.6)和反应(3.3)相继发生。但由于某些物相（例如 C）既是初始反应物，又是反应的中间产物，且很难将其分清，因此认为实际的反应过程中很多中间反应是同步进行的，尤其是反应(3.5)和反应(3.6)。

热力学计算和实验结果均证实了反应最终是在 1 500℃以上的温度完成。在此温度时，反应中间相 B_2O_3 在高蒸气压下挥发造成了原料硼源的缺失。鉴于此，如果将反应(3.3)中的反应物 B_2O_3 取走，则得到了反应(3.7)：

$$ZrO_2 + 3C \rightleftharpoons ZrC + 2CO(g) \tag{3.7}$$

反应(3.7)是导致最终粉体中 ZrC 存在的主要原因。为了获得高纯度的最终产物 ZrB_2 粉体，需要增加 B_4C 的含量和/或减少 C 的含量来对硼源的缺失进行补偿。通过增加过量 20%~25%（质量百分比）的 B_4C，可获得纯相的 ZrB_2 粉体[30]。此外，尽管合成过程中反应(3.7)依然存在，但生成的 ZrC 可以通过过量的 B_2O_3 予以去除，反应式如下：

$$ZrO_2 + B_2O_3 + 5C \rightleftharpoons ZrB_2 + 5CO(g) \tag{3.8}$$

（3）硼热还原（borothermal reduction）。

上述讨论的碳热还原和碳热/硼热还原反应中，由于作为还原剂的 C 的加入，在最终产物中不可避免存在 C 杂质。而在硼热还原过程中,由于采用了单质 B 作为还原剂和硼源,因此可以有效地避免合成粉体中的碳杂质。通常采用 ZrO_2 与 B 为原料存在如下两个反应[31]:

$$ZrO_2 + 4B \Longrightarrow ZrB_2 + B_2O_2(g) \tag{3.9}$$

$$ZrO_2 + 10/3B \Longrightarrow ZrB_2 + 2/3B_2O_3(g, l) \tag{3.10}$$

由于硼元素原子序数较低,导致探测硼的氧化物较为困难,很难分清哪个反应是主导。因此,对该反应过程中随温度升高而发生的相转变过程通常采用热力学计算进行模拟。当采用 1 mol ZrO_2 和 4 mol B 作为起始原料配比时,热力学的计算表明,更易于首先发生反应(3.10)。随后过多的 B 源会与反应中生成的 B_2O_3 反应,生成富硼的硼氧化物[如 $B_2O_2(g)$ 和 $BO(g)$],具体反应如下:

$$2B_2O_3(l) + 2B \Longrightarrow 3B_2O_2(g) \tag{3.11}$$

$$B_2O_3(l) + B \Longrightarrow 3BO(g) \tag{3.12}$$

硼热还原的原料中,ZrO_2/B 的摩尔比控制好即可制备高纯的 ZrB_2 粉体。但是作为最终产物的 B_2O_3 如果没有全部挥发而有部分残留在反应产物中时,就成为了影响产物纯度的氧杂质。硼热还原中以 B_2O_3 为主要形式存在的氧杂质主要可通过热水洗涤和高温挥发去除,其中高温挥发更为有效。ZrB_2 可以通过此方法合成并在高温(>1 500℃)下去除氧杂质而获得高纯粉体[32],但高温处理同时也导致了晶粒的长大,导致力学性能下降。

2. 超高温陶瓷典型烧结制备方法

超高温陶瓷构件制备方法主要包括:热压烧结(hot pressed sintering, HPS)、放电等离子烧结(spark plasma sintering, SPS)、反应热压烧结(reactive hop-press sintering, RHPS)和无压烧结(pressureless sintering, PS)。热压烧结是目前超高温陶瓷材料最主要的烧结方法。下面以硼化物陶瓷为例介绍烧结制备方法。

1)热压烧结

热压烧结法[33, 34]是目前研究中使用较为广泛的一种材料制备方法。实现液相烧结,得到高致密度的 ZrB_2 陶瓷要相对容易。根据液相烧结理论,液相烧结时,为使合成过程迅速发生的条件包括存在液相、固体在液体中可部分溶解以及液体能够润湿固体。颗粒间液相的毛细作用是烧结合成的驱动力。

粉体的表面能是陶瓷烧结过程中的主要驱动力。ZrB_2 陶瓷具有极高的熔点和强的共价键,晶界扩散和体扩散速率较低,烧结过程缺乏液相或气相传质过程,其烧结只能通过颗粒之间的直接接触,依靠固相间的物质扩散进行,因此很难实现烧结致密化。此外,原料粉体自身或者在成型处理过程中往往容易引入氧杂质,这会增强材料烧结过程中的表面扩散和蒸发-凝聚作用。ZrB_2 颗粒表面 B_2O_3 层的存在

降低了 ZrB_2 的烧结活性,阻止了颗粒之间的物质扩散,并且 B_2O_3 熔点低、蒸气压高,使原有的扩散机制占主导地位的烧结过程变为由蒸发-凝聚机制占主导的烧结过程;烧结温度的提高伴随着体积收缩初始温度的增大、ZrB_2 颗粒尺寸粗化并降低了烧结驱动力,因而难以致密化,需要添加第二相,通过除氧化学反应降低 ZrB_2 粉体的氧含量从而促进致密化的完成。

对 ZrB_2 而言,氧杂质主要是以 ZrO_2 和 B_2O_3 的形式存在于 ZrB_2 粉体颗粒的表面。B_2O_3 具有较高的蒸气压,可以通过真空气氛下升高温度将其去除。

高温处理对去除 ZrO_2 杂质的效果并不明显。因此,无论是无压烧结还是热压烧结,ZrO_2 杂质的去除都必须通过添加第二相添加剂与 ZrO_2 反应来降低氧含量。作为 ZrB_2 陶瓷致密化过程中使用的第二相添加剂,一般要符合如下两个原则[35]:① 通过反应能够将 ZrO_2 除去;② 其反应产物应是一些高熔点物相或易挥发的气相。

通过添加适量的烧结助剂,利用固相烧结与液相烧结相结合,再通过外加载荷来代替毛细管力就可以实现烧结致密化,使得 ZrB_2 基陶瓷达到理想的致密度。另外压力烧结对原料粒径大小的要求较低,不需要非常细小的颗粒。压力烧结还能排除由于原料混合不均匀混合造成的大气孔。某些情况下压力烧结可以在不发生大幅度的晶粒长大或不发生二次再结晶的温度下获得致密化。陶瓷材料的致密度越高,晶粒越细小那么材料的力学性能就越好,所以可以通过热压技术得到最优的材料性能。热压烧结是在高温加热条件下同时对材料施加一定的压力,促进烧结致密化。这种烧结方法比较简单,工艺成本低而且技术成熟,在实际生产中有着广泛的应用。

为了促进 ZrB_2 的致密化,同时改善其力学性能和抗氧化性能,通常添加含硅化合物(如 SiC、$ZrSi_2$、$MoSi_2$、$TaSi_2$ 等)。在这些含硅化合物中,SiC 的引入被认为对超高温陶瓷复合材料综合性能(如室温及高温力学性能、抗氧化烧蚀性能及抗热冲击性能等) 的提高是最佳的,因此,$ZrB_2 - SiC$ 或 $HfB_2 - SiC$ 基超高温陶瓷复合材料成为了最受关注的材料体系。SiC 的引入有效地阻碍了 ZrB_2 晶粒的长大,提高了超高温陶瓷复合材料的烧结性能。超高温陶瓷复合材料的烧结性能依赖于 SiC 颗粒尺寸,颗粒尺寸的细化有利于超高温陶瓷复合材料的烧结,尤其对材料的力学性能有利。硅化物的引入,如 $ZrSi_2$、$MoSi_2$,可以大幅度提高超高温陶瓷复合材料的烧结性能,一方面是由于在硅化物与 ZrB_2 之间形成 Si—O—B 玻璃相,另一方面是硅化物在高温下(>800℃) 具有良好的塑性。硅化物的塑性变形促进了 ZrB_2 颗粒的滑移和重排,同时填充了 ZrB_2 骨架结构留下的孔洞,从而提高了烧结性能。通过添加 10vol%~40vol% $ZrSi_2$ 可以将 ZrB_2 的烧结温度降低至 1 550℃ 或更低。采用两步热压烧结方法,包括在 1 400℃、30 min 和 1 500℃、15 min 下保压 30 MPa,可以获得致密的 $ZrB_2 - ZrSi_2$ 超高温陶瓷复合材料。

2) 放电等离子烧结

放电等离子烧结是在粉末颗粒间直接通入脉冲电流进行加热烧结,具有升温速度快、烧结时间短、组织结构可控等优点,该方法近年来用于超高温陶瓷复合材料的制备。产生的脉冲电流在粉体颗粒之间会发生放电,使其颗粒接触部位温度非常高,在烧结初期可以净化颗粒的表面,同时产生各种颗粒表面缺陷,改善晶界的扩散和材料的传质,从而促进致密化,相对于热压烧结超高温陶瓷复合材料而言,放电等离子烧结的温度更低、获得的晶粒尺寸更细小。直流场的存在还会加速晶粒的长大,从而促进致密化,但在较低的温度区域内或烧结初期晶粒几乎不长大,致密化的主要贡献来源于放电和晶界扩散的改善。放电等离子烧结可以有效降低晶界相低熔点物质的含量,易获得"干"界面超高温陶瓷复合材料,对材料的高温力学性能非常有利。放电等离子烧结制备的 $HfB_2 - 30\%SiC$(体积百分比)材料的室温强度可以保持到 1 500℃,室温下的强度为 590 MPa,而 1 500℃空气条件下的强度为 600 MPa。采用放电等离子烧结的 $ZrB_2 - 15\%MoSi_2$(体积百分比)材料在 1 500℃下的强度保持率明显高于热压烧结的超高温陶瓷复合材料,分别为 55.5% 和 47.0%。

陶瓷材料的致密化和晶粒长大行为很大程度上取决于烧结温度、保温时间和加热速率,通过烧结温度、保温时间和加热速率的优化可以获得致密且晶粒细小的 ZrB_2 材料。在升温速率 200~300℃/min 条件下,在 1 900℃下烧结 3 min 可以获得致密度97%以上的 ZrB_2陶瓷材料,而热压烧结方法制备 ZrB_2需要在 2 100℃或更高的温度下才能致密化。升温速率的提高有利于获得高致密度和晶粒细小的超高温陶瓷复合材料,而采用热压烧结方法在 1 900℃烧结 30 min 只能获得低于90%致密度的 ZrB_2,在烧结温度 2 000℃或以上、压力为 20~30 MPa 烧结 80 min 或以上,获得的 ZrB_2材料的致密度为 95%~99%。

电场的存在会提高晶界的扩散和迁移,从而促进材料的致密,同时也会引起晶粒的长大。超高温陶瓷复合材料的致密化和晶粒长大与烧结温度密切相关,微米级 ZrB_2粉体(约 2 μm)在 1 900℃以下时致密度随着烧结温度的提高而显著上升,进一步提高温度对致密度的影响较小,而在 1 900℃以上有明显长大,如在1 800℃、1 850℃ 和 1 900℃烧结 3 min 后晶粒尺寸分别为 3 μm、4 μm 和 5 μm,当温度升高到 1 950℃时其晶粒尺寸为 12 μm。放电等离子烧结制备的 ZrB_2 在 1 900℃烧结前 3 min 内的致密化速率非常快[由 78%(0 min)提高到 92%(3 min)],进一步延长时间,致密度缓慢增加,直至停止。

3)反应热压烧结

反应烧结将原料之间发生化学反应获得最终陶瓷相产物的过程与陶瓷的烧结过程有机结合,是在相对温和的温度下制备高熔点难烧结的先进非氧化物陶瓷及其复合材料的一种有效的致密化手段。制备过程涉及的反应均是热力学有利的反应,同时还可利用反应产生的热量降低烧结致密化所需的温度,促进原料中杂质的排除。部分原料在高温下熔融产生的过渡液相有利于原料颗粒之间的重排,促进物质的迁移和致密化过程。同时,由于反应烧结过程中生成的反应物粉体具有较小的晶粒尺寸和较高的物理、化学活性,对具有各向异性特性的非立方晶系材料而言,能够在合适的外界环境下生长成具有各向异性形貌的陶瓷晶粒,因此反应烧结还能获得具有特殊微观结构,如晶须/棒晶、晶片增强增韧以及互锁结构的复相陶瓷,显著提升陶瓷材料的各项性能。

超高温陶瓷复合材料的合成及致密化可以通过原位反应在施加压力或无压的情况下一步合成,目前通常采用 Zr、B_4C 和 Si 原位反应制备超高温陶瓷复合材料,通过原始材料比例的设计可以实现对合成材料组分及含量的调控。此外,Zr 可以由 ZrH_2 或 ZrO_2 等代替,B_4C 可以由 B/B_2O_3,C 等代替,Si 可由 SiC 代替,用于合成 ZrB_2 基超高温陶瓷复合材料,HfB_2 基超高温陶瓷复合材料可以用同样的方法制备。

$$xZr + yB_4C + (3y - x)Si \longrightarrow 2yZrB_2 + (x - 2y)ZrC + (3y - x)SiC$$

$$(3.13)$$

采用 Zr、B 和 SiC 作为原始材料,通过球磨细化 Zr 粉体颗粒至 100 nm 以下,以在 1 650℃获得致密度高于 95%的超高温陶瓷复合材料,在 1 700℃获得 99%的致密度,比热压烧结温度低 200℃左右,在 1 800℃获得完全致密的超高温陶瓷,同时制备的 ZrB_2 粒径仅为 1.5 μm。通常超高温陶瓷复合材料原位反应具有很高的热焓和很低的吉布斯自由能,因此自蔓延高温合成方法已用于制备高纯度 ZrB_2 或 HfB_2 及其 ZrB_2 或 HfB_2 基复合材料。然而与其相关的快速反应速度和升温速率会导致非平衡相、不完全反应和大量的孔隙率的形成,因此需要相对温和的化学反应和缓慢加热速率防止发生自蔓延反应甚至热爆炸。热压制备的 ZrB_2-SiC-ZrC 超高温陶瓷复合材料的基体呈等轴状,而原位反应热压烧结的材料含有大量棒状 ZrB_2 晶粒,这对断裂韧性的提高非常有利,前者断裂韧性为 5.7 MPa·$m^{1/2}$,后者断裂韧性为 7.3 MPa·$m^{1/2}$。

反应热压烧结(RHPS)包括原位合成和致密化两个步骤。元素反应和碳热还原反应都可以用来实现 ZrB_2 陶瓷的反应热压烧结。Chamberlain 等用 Zr 和 B 粉,在 2 100℃制备出致密度在 99%TD 的 ZrB_2 陶瓷,与传统热压方法相比,虽然初始粉体比较均匀,但是在烧结过程中存在着较明显的晶粒异常长大。Zimmermann 等以 ZrH_2、B_4C 和 Si 为原料,在 1 600~1 900℃制备出 ZrB_2-27%(体积分数)SiC 复相陶瓷,致密度达 99%TD 以上。Zhang 等用 Zr、Si 和 B4C 粉作为起始原料,可以在较低的温度下(1 900℃)制备高致密度的 ZrB_2 基陶瓷材料。显微结构表明,ZrB_2 和 SiC 分布较为均匀,含有少量的气孔,SiC 颗粒约为 3 μm,ZrB_2 颗粒为 3~10 μm。其反应方程式:

$$2Zr + Si + B_4C \Longrightarrow 2ZrB_2 + SiC$$

$$(3.14)$$

其反应机理为：B_4C 中的 B 和 C 原子分别扩散到 Zr 和 Si 的位置,从而原位反应生成 ZrB_2-SiC,Zr 和 Si 的扩散速率慢而导致烧结体中 SiC 分布得不均匀。通过降低起始原料中 Zr 和 Si 的颗粒尺寸可以得到 SiC 均匀分布的复相陶瓷。同样的反应机理,Wu 等采用 Zr、Si、B_4C、BN 和 Al 为起始原料,制备出 ZrB_2-SiC、ZrB_2-SiC-ZrC、ZrB_2-SiC-ZrN 和 ZrB_2-SiC-AlN 等一系列 ZrB_2 基陶瓷材料。

4）无压烧结

与热压烧结方法相比,无压烧结可以实现复杂结构的近净成型,从而可以降低材料/结构的制备成本。超高温陶瓷复合材料的无压烧结目前主要有干粉冷等静压处理后烧结、注浆成型烧结和注凝成型烧结,由于在烧结过程中不施加压力,超高温陶瓷复合材料很难致密,因此需要采用较高的烧结温度或添加烧结助剂[36]。通过球磨将 2 μm 的 ZrB_2 细化至 1 μm 以下,可以提高粉体的表面积和表面缺陷,从而提高粉体的烧结驱动力,初始致密度 65% 的 ZrB_2 在 1 900℃ 和 2 000℃ 烧结 3 h 后致密度几乎没有提高,在 2 100℃ 开始发生收缩(3 h 后达到 67%),2 150℃ 保温 3 h 和 9 h 后致密度分别达到 72% 和 98%。ZrB_2 在 2 150℃ 下获得 98% 的高致密度,归因于粉体颗粒的细化、烧结过程中 B_2O_3 的排出和球磨过程中 WC 的引入。超高温陶瓷复合材料的无压烧结温度一般比热压烧结温度高 200℃ 左右,高温烧结会导致晶粒过分长大,对力学性能极为不利,通常考虑添加烧结助剂,潜在的烧结助剂一般分为 3 种,即形成液相、形成固溶体和反应剂。液相的形成剂包括过硅化物(如 $MoSi_2$、$ZrSi_2$)和低熔点金属(如 Fe、Cu 等)。低熔点金属的引入对超高温陶瓷复合材料的高温力学性能极为不利,一般不宜使用。ZrB_2-20vol%$MoSi_2$ 在 1 850℃ 烧结 30 min 即可获得完全致密的材料,这归因于 $MoSi_2$ 在 1 000℃ 以上具有良好的塑性,同时其表面含有 SiO_2,在烧结过程中促进液相的形成。过渡族金属(如 Mo、W 及其化合物等)可以与超高温陶瓷 ZrB_2 和 HfB_2 形成固溶体,提高材料的烧结性能。超高温陶瓷粉体表面包覆着氧化物,氧化物的存在不利于材料的烧结,因此需加入能消耗这些氧化物的烧结助剂,提高硼化物的烧结活性。与热压烧结一样,通过添加氮化物(如 Si_3N_4、AlN 等)将其表面的 B_2O_3 消耗掉,添加碳、碳化物及碳的前驱体(如 B_4C、WC、VC、酚醛树脂等),在这些烧结助剂中,B_4C 被认为是最有效的(1 200℃ 或以上时即可与 ZrO_2 发生反应),同时不会对材料的高温力学性能产生消极影响。碳化物的添加在高温下与 ZrB_2 或 HfB_2 表面的氧化物反应,降低或消除其表面的氧化物,添加 2%B_4C(质量百分比)和 1%C(质量百分比)至粒径为 2 μm 的 ZrB_2 粉体中,在 1 900℃ 可以获得致密的材料。通过球磨方法细化 ZrB_2 粉体粒径至 0.5 μm 以下,并添加小于 4%(质量百分比)的 B_4C 和/或 C 作为烧结助剂,可以进一步降低 ZrB_2 的致密化温度,在 1 850℃ 可获得 98% 以上的致密度,而添加 8%WC(质量百分比)的 ZrB_2 在 2 050℃ 真空条件下烧结 4 h 后致密度仅为 95%。无压烧结 ZrB_2 的方法同样可以用于制备 ZrB_2-SiC 及 HfB_2-SiC 基超高温陶瓷复合材料。

3.3.3 超高温陶瓷材料性能

1. 超高温陶瓷材料力学性能

超高温陶瓷复合材料的室温与高温力学性能是该材料使用的关键指标,表 3.5 列出了超高温瓷材料的室温性能。ZrB_2 和 HfB_2 基超高温陶瓷复合材料弹性量和硬度与致密度密切相关,致密的超高温陶瓷复合材料弹性模量在 500 GPa 左右,硬度在 20 GPa 左右。超高温陶瓷复合材料的室温弯曲强度与烧结后的材料晶粒尺寸密切相关,而晶粒尺寸又取决于初始粉体颗粒粒径(包括基体和增强相)、增强相含量和烧结工艺参数。基体(ZrB_2 或 HfB_2)、增强相(如 SiC)颗粒的细化均对材料的致密化和力学性能有利,而增强相 SiC 颗粒的细化对超高温陶瓷材料性能影响更显著,采用 1 μm 以下的 SiC 颗粒增强的 ZrB_2-SiC 超高温陶瓷复合材料,在 1 850~1 950℃烧结后的弯曲强度可达 1 GPa 左右,温度过低不利于材料致密化,而温度过高又会引起晶粒明显长大,最终导致强度不佳。SiC 的添加对基体 ZrB_2 和 HfB_2 的晶粒长大有明显的抑制作用,体积含量达到 20% 时对晶粒的长大抑制效果明显,进一步添加 SiC 对晶粒的长大和强度影响不大。超高温陶瓷晶粒尺寸与原始粉体颗粒尺寸的大小密切相关,尤其是 SiC 粒径的尺寸,原始粉体颗粒尺寸的减小有利于超高温陶瓷晶粒的细化,超高温陶瓷材料的强度与晶粒尺寸遵循 Hall-Petch 关系式。

ZrB_2-SiC 超高温陶瓷复合材料的断裂韧性对粒径的依赖程度较小,晶粒的细化在一定程度上对韧性的改善具有积极效应,该材料的断裂韧性一般在 3.5~5 MPa·m$^{1/2}$。超高温陶瓷复合材料晶粒形貌的改变对断裂韧性影响显著,反应热压烧结获得的长棒状 ZrB_2 基体较热压烧结的等轴状 ZrB_2 基体而言,其断裂韧性有显著提高,达到 7.3 MPa·m$^{1/2}$。为了提高超高温陶瓷复合材料的断裂韧性,目前主要有两种途径:一种是引入增韧相(如 SiC 晶须、C 纤维、石墨、ZrO_2、延性金属等);另一种是通过微结构设计(如层状结构、纤维独石结构等)来改善。前者提升的幅度比较小,其断裂韧性一般很难达到 8 MPa·m$^{1/2}$,而后者可以超过 10 MPa·m$^{1/2}$。

超高温陶瓷复合材料的高温力学性能主要由材料组分、粉体纯度和粒径决定,其高温断裂模式与室温不同,主要是沿晶断裂,故该材料的高温强度很大程度上取决于晶界的特性。低熔点物质的引入(如 Fe、Ni、$ZrSi_2$、Al_2O_3、Y_2O_3 等)对材料的高温力学性能产生显著消极影响,一般在 1 000℃ 以上性能退化严重。采用高纯度原材料粉体制备的超高温陶瓷复合材料的室温强度可以保持到 1 500℃ 几乎没有降低,WC 的引入可以消除 ZrB_2-SiC 表面的氧化物,在 1 600℃ 时强度高达 675 MPa。放电等离子烧结方法易获得高温强度优异的超高温陶瓷复合材料,其强度可以保持到 1 500℃ 不降低,这是由于在放电烧结初期可以除去或部分除去颗粒表面低熔点的杂质,从而改善晶界特性。晶粒的细化对室温性能有利,但对高温性能不利,ZrB_2(2 μm)-15vol%SiC(0.5 μm)材料在 1 800℃ 的强度为 112 MPa,强度保持率仅

表 3.5　超高温陶瓷材料的室温力学性能

材料组分（体积百分比）	烧结工艺/℃, MPa, min	颗粒尺寸/μm Zr(Hf)B₂	颗粒尺寸/μm SiC	弹性模量/GPa	硬度/GPa	强度/MPa	断裂韧性/(MPa·m$^{1/2}$)	烧结后的晶粒尺寸/μm Zr(Hf)B₂	烧结后的晶粒尺寸/μm SiC
ZrB₂	1 900, 30, 30	6.0	—	346	8.7±0.4	351±31	3.5±0.3	6.0	—
ZrB₂	1 900, 32, 45	2.0	—	489	23±0.9	565±53	3.5±0.3	6.0	—
ZrB₂－10%SiC	1 900, 32, 45	2.0	0.7	450	24±0.9	713±48	4.1±0.3	3.0	0.8
ZrB₂＋15%SiC＋4.5%ZrN	1 900, 50, 20	2.0	0.45	467±4	15.6±0.3	635±60	5.0±0.1	3.0	1.0
ZrB₂－20%SiC	1 900, 32, 45	2.0	0.7	466	24±2.8	1 003±94	4.4±0.2	3.0	1.5
ZrB₂－20%SiC－6%ZrC(HP)	1 850, 30, 60	2.0	1.0	—	19.4±0.4	681±67	5.7±0.2	3.0	1.5
ZrB₂－20%SiC－6%ZrC(RHP)	1 850, 30, 60	—	—	—	19.9±0.3	652±21	7.3±0.3	3.0	1.0
ZrB₂－30%SiC	1 900, 32, 45	2.0	0.7	484	24±0.7	1 089±152	5.3±0.5	3.0	1.2
ZrB₂－30%SiC	1 850, 32, 45	2.0	0.7	516±3	20±2	1 063±91	5.5±0.3	2.2	1.7
ZrB₂－30%SiC	1 950, 32, 45	2.0	0.7	507±3	22±2	1 060±59	5.2±0.4	2.5	2.0
ZrB₂－30%SiC	2 050, 32, 45	2.0	0.7	505±2	23±1	854±88	4.3±0.2	3.5	2.7
ZrB₂－30%SiC	2 050, 32, 180	2.0	0.7	505±1	22±1	804±73	4.5±0.2	4.7	1.5
ZrB₂－30%SiC	1 850, 32, 45	6.0	0.7	503±6	22±2	888±151	3.9±0.1	2.1	2.5
ZrB₂－30%SiC	1 950, 32, 45	6.0	0.7	501±1	22±2	770±133	4.0±0.2	3.3	3.1
ZrB₂－30%SiC	2 050, 32, 45	6.0	0.7	503±1	23±2	720±38	4.3±0.2	3.7	1.0
ZrB₂－30%SiC	1 900, 32, 45	6.0	0.45	520±7	20.7±1.0	909±136	4.5±0.1	1.2	6.3
ZrB₂－30%SiC	1 900, 32, 45	6.0	10.0	479±5	17.5±0.4	389±45	4.6±0.1	3.0	2.0
ZrB₂－20%SiC－15%石墨	1 900, 30, 60	3.0	2.0	—	—	481±28	6.11±0.24	3.0	5.0
HfB₂－20%SiC	2 200, 32, 45	4.1	1.6	549±8	17±0.7	453±46	4.1±0.2	7.0	5.0
HfB₂－30%SiC－2%TaSi₂	1 900, 42, 35	1.7	1.0	489±4	—	665±75	3.6±0.5	2.0	2.0

为 13.9%, 而 $ZrB_2(5\ \mu m) - 15vol\%SiC(2\ \mu m)$ 材料在该温度下为 217 MPa, 强度保持率为 43.4%。

1) 超高温陶瓷复合材料力学性能典型影响因素

ZrB_2 超高温陶瓷材料由于其高熔点以及很强的共价键结合使得其烧结致密化很难, 单纯的固相烧结几乎得不到理想致密度的陶瓷样品。因此为了提高高温陶瓷复合材料的烧结特性, 添加烧结助剂被证明是有效的途径。通过添加低熔点的烧结助剂在烧结过程中可以产生液相, 形成部分液相烧结, 或者与主体材料形成固溶体有效降低复合材料的烧结温度。另外烧结期间提供一定的压力同样可以促进材料的烧结致密化。加压烧结期间的致密化可以通过固态烧结、玻璃化以及液相烧结的机理共同作用而产生。

AlN、$ZrSi_2$ 作为烧结助剂在超高温陶瓷复合材料 $ZrB_2 + 10vol\%SiC_{pl}$ 制备中有重要应用。以 AlN 为烧结剂助剂的复合陶瓷组分组成见表 3.6, AlN 的添加量为 5vol%, SiC_{pl} 含量分别为 5vol%、10vol% 和 15vol%。简记为 ZSl、ZS2、ZS3 和 ZS4, 与实际成分对应关系见表 3.6。为了对比, 也在相同的烧结制度下制备了纯的 ZrB_2 陶瓷材料, 简记为 ZS0。

表 3.6 以烧结助剂为 AlN 的 ZrB_2 基超温陶瓷复合材料试样成分对比表

样品	ZrB_2/vol%	SiC_{pl}/vol%	AlN/vol%
ZS0	100	0	0
ZS1	90	5	5
ZS2	85	10	5
ZS3	80	15	5
ZS4	75	20	5

为了系统研究 $ZrSi_2$ 及 SiC_{pl} 含量, 烧结温度等多个因素对 $ZrB_2 - SiC_{pl}$ 超高温陶瓷复合材料的性能影响, 设计了若干组样品, 具体成分组成如表 3.7 所示。

表 3.7 以 $ZrSi_2$ 为烧结助剂的 ZrB_2 基超高温陶瓷复合材料的组分设计

样品	成分/vol%			烧结温度/℃
	ZrB_2	$ZrSi_2$	SiC_{pl}	
ZZ0	100	0	0	1 800
ZZ3	97	3	0	1 800

续　表

样品	成分/vol%			烧结温度/℃
	ZrB$_2$	ZrSi$_2$	SiC$_{pl}$	
ZZ5	95	5	0	1 800
ZZ10	90	10	0	1 800
ZZS5	90	5	5	1 700,1 800,1 900
ZZS10	85	5	10	1 800
ZZS15	80	5	15	1 800

（1）不同烧结助剂含量的影响。表 3.8 列出了添加体积百分比分别为 0、3、5、10、20 不同含量 AlN 的陶瓷复合材料的致密度,从表中可以看出,添加 AlN 有利于陶瓷复合材料的烧结致密化,有利于材料力学性能的提高。当添加量达到 5vol%时继续增加则复合材料的致密度基本不再发生变化。AlN 的熔点低于 ZrB$_2$,在烧结过程中会出现部分液相烧结,因此复合陶瓷材料的致密度得到有效的提高。如果低熔点烧结助剂 AlN 含量过多,ZrB$_2$基超高温陶瓷的高温力学性能会被削弱,因此要适当降低烧结助剂的含量。综合考虑 AlN 对 ZrB$_2$基陶瓷材料致密度的提高和对材料高温性能削弱两个矛盾的因素,烧结助剂的添加量选择为 5vol%。

表 3.8　不同烧结助剂含量下陶瓷复合材料的致密度

AlN 含量/vol%	0	3	5	10
相对致密度/%	95.4	97.4	98.8	99.0

表 3.9 列出了陶瓷复合材料的力学性能测试结果。从表中可以看出:① ZrB$_2$-SiC$_{pl}$超高温陶瓷复合材料的致密度均可达到 97%以上,而且随着 SiC$_{pl}$含量的增加,致密度逐渐增加,当 SiC$_{pl}$的添加量为 15vol%时达到最大值 99.0%。然而当进一步增加 SiC$_{pl}$含量时,致密度又有所下降。这说明适量添加 SiC$_{pl}$有利于促进 ZrB$_2$陶瓷的烧结致密化,而添加过多 SiC$_{pl}$又会阻碍 ZrB$_2$陶瓷的烧结。② ZrB$_2$-SiC$_{pl}$超高温陶瓷复合材料与纯的 ZrB$_2$陶瓷相比抗弯强度有所提高,并在 SiC$_{pl}$添加量为 5vol%时达到最大。随着 SiC$_{pl}$含量的增加,ZrB$_2$-SiC$_{pl}$超高温陶瓷的抗弯强度值略有下降。③ ZrB$_2$-SiC$_{pl}$超高温陶瓷复合材料的断裂韧性随着 SiC$_{pl}$加入量的增加,呈先上升后下降的趋势。当 SiC$_{pl}$添加量为 15vol%时达到最大值 8.35 MPa·m$^{1/2}$,比没有添加时提高了 30%以上。

表 3.9 不同 $ZrSi_2$ 添加量的 ZrB_2-SiC_{pl}陶瓷复合材料的致密度及力学性能

材料	致密度/%	抗弯强度/MPa	断裂韧性/($MPa \cdot m^{1/2}$)
ZS0	94.0	576.8±25.8	6.40±0.31
ZS1	97.4	625.3±21.5	6.83±0.42
ZS2	98.8	517.4±25.1	7.10±0.43
ZS3	99.0	523.3±49.5	8.35±0.26
ZS4	97.1	443.3±11.3	7.40±0.20

表 3.10 所示为 1 800℃烧结添加不同含量 $ZrSi_2$的陶瓷复合材料致密度及力学性能测试结果。从表中可以看出,随着 $ZrSi_2$含量的增加,陶瓷复合材料的致密度呈增加趋势。当 $ZrSi_2$含量为 10vol%时,陶瓷复合材料接近于完全致密,因此 $ZrSi_2$有利于提高 ZrB_2基陶瓷的烧结性能。原因是在烧结过程中低熔点添加相 $ZrSi_2$出现液相,而液相 $ZrSi_2$可以明显提高材料的致密度。当 $ZrSi_2$由 0vol%增加到 5vol%时陶瓷复合材料的力学性能也得到了提高。随着 $ZrSi_2$含量的继续增加,陶瓷复合材料的强度和韧性有明显的降低。很可能的原因是烧结过程中形成了较多的玻璃相且聚集在一起,弱化了晶粒间的结合,使得机械性能下降。综合考虑 $ZrSi_2$对致密度的提高和对力学性能尤其是高温性能的降低两个方面因素,确定为 $ZrSi_2$的添加量为 5vol%是最优的。

表 3.10 不同 $ZrSi_2$添加量的陶瓷复合材料致密度及力学性能

样品	$ZrSi_2$ 添加量/vol%	致密度/%	断裂韧性/($MPa \cdot m^{1/2}$)	抗弯强度/MPa
ZZ0	0	93.7	5.81±0.22	514.2±33.4
ZZ3	3	98.2	6.43±0.17	624.3±19.7
ZZ5	5	99.0	6.72±0.08	580.5±23.6
ZZ10	10	99.6	3.43±0.16	163.8±40.4

(2) 烧结温度对超高温陶瓷性能的影响。表 3.11 为 ZZS5 烧结后致密度及力学性能测试结果。从致密度结果来看,烧结温度为 1 800℃或者更高时,ZrB_2-SiC_{pl}超高温陶瓷复合材料的致密度基本不再发生变化,且复合材料接近完全致密。同时根据力学性能结果比较 1 800℃烧结的样品综合力学性能最优,因此以 $ZrSi_2$为烧结助剂时 1 800℃被选作 ZrB_2-SiC_{pl}超高温陶瓷复合材料的烧结温度。

表 3.11　ZrB_2-SiC_{pl} 样品不同烧结温度下的致密度及力学性能

样　品	成分组成 /vol%	烧结温度 /℃	致密度 /%	断裂韧性 /($MPa \cdot m^{1/2}$)	抗弯强度 /MPa
ZZS5-1700	$ZrB_2+5ZrSi_2+5SiC_{pl}$	1 700	98.4	7.5±0.2	616.3±47.2
ZZS5-1800	$ZrB_2+5ZrSi_2+5SiC_{pl}$	1 800	98.7	8.5±0.3	597.9±23.4
ZZS5-1900	$ZrB_2+5ZrSi_2+5SiC_{pl}$	1 900	98.7	4.9±0.1	205.5±19.7

(3) SiC_{pl} 含量对超高温陶瓷性能的影响。表 3.12 所示为四组不同 SiC_{pl} 含量的超高温陶瓷复合材料致密度及力学性能测试结果。从表中可以看出超高温陶瓷复合材料的致密度均超过了 98.2%,表明材料达到了很好的烧结致密性。SiC_{pl} 含量不超过 10vol% 时超高温陶瓷的抗弯强度均在 600 MPa 左右,当 SiC_{pl} 含量达到 15vol% 时,下降到了 490 MPa。过多的 SiC_{pl} 添加降低了超高温陶瓷的致密度同时也降低了其抗弯强度。当 SiC_{pl} 添加量为 5vol% 时陶瓷复合材料的韧性达到了 8.51 $MPa \cdot m^{1/2}$ 同时抗弯强度为 597 MPa。其中韧性值比没有添加 $ZrSi_2$ 及 SiC_{pl} 的样品提高了 33.6%。

表 3.12　不同 SiC_{pl} 含量的 ZrB_2-SiC_{pl} 超高温陶瓷致密度及力学性能

样　品	成分组成 /vol%	烧结温度 /℃	致密度 /%	断裂韧性 /($MPa \cdot m^{1/2}$)	抗弯强度 /MPa
ZZS0	$ZrB_2+5ZrSi_2$	1 800	99.0	6.72±0.08	580±23
ZZS5	$ZrB_2+5ZrSi_2+5SiC_{pl}$	1 800	98.7	8.51±0.30	597±23
ZZS10	$ZrB_2+5ZrSi_2+10SiC_{pl}$	1 800	98.3	8.22±0.04	584±24
ZZS15	$ZrB_2+5ZrSi_2+15SiC_{pl}$	1 800	98.2	8.31±0.21	490±17

通过上述分析,5vol% 的 $ZrSi_2$ 添加量和 1 800℃ 的烧结温度对 ZrB_2-SiC_{pl} 超高温陶瓷复合材料是合适的。

2) 超高温陶瓷高温力学性能测试

以 ZrB_2-SiC_{pl} 超高温陶瓷复合材料为例介绍高温抗弯强度性能测试。影响陶瓷材料高温力学性能及其测试结果的因素主要有以下几种[37]。

(1) 裂纹及其他缺陷对高温强度的影响。陶瓷材料的实际强度远小于理论强度的主要原因就是裂纹等缺陷的存在。裂纹的尺寸、大小和位置都会对材料强度产生影响。一般情况下当裂纹大于某个临界尺寸时,裂纹尺寸越大材料的强度就会越低。裂纹长度小于临界长度时,强度对裂纹尺寸不敏感,韧性却可以由于微裂纹的增韧作用而得到提高。高温条件下,材料内部的裂纹尖端会发生钝化,因此高温抗弯强度对裂纹的敏感性较室温情况下敏感性降低。

（2）尺寸效应的影响。尺寸越小的样品抗弯强度越大,因为样品尺寸的减小降低了缺陷存在的概率。同样对于高温强度而言尺寸效应仍然存在。

（3）试验测试温度的影响。对于大多数高温结构陶瓷而言,烧结制备过程中均会添加烧结助剂。随着温度的升高,陶瓷的断裂模式由脆性断裂向韧性断裂转变,所以其高温强度多受玻璃相(数量及玻璃化转变温度)控制。玻璃相的存在会降低陶瓷的高温韧性。不同材料均有一个脆-韧转变温度。当低于此温度时,陶瓷材料会保持一定的强度,但高于此温度时强度由于过多玻璃相的软化及流动会大幅度降低。

（4）实验加载速率的影响。陶瓷材料的强度会随着加载速率的增大而增大。对于高温抗弯强度而言,加载速率对实验结果的影响是通过应力集中与晶界滑移来实现的。随着加载速率的增加,应力集中程度越来越大,陶瓷材料的高温强度得到提高；但是如果加载速率引起的应力集中过大,就会使得晶界发生滑移,陶瓷材料的高温强度就会迅速下降。一般说来,对应力强度因子 K_1 较小的材料,加载速率可小些,跨度和梁深之比取大些。而对于 K_1 较大的材料,加载速率可大些,跨度和梁深之比取小些[38]。

（5）测试方法的影响[38]。目前抗弯强度测试主要的方法为三点和四点弯曲试验。这两种方法均是利用理论力学和材料力学的方法,在做了很多假设的前提下利用简单梁理论计算推导出来的结果。该方法没有考虑实际测试过程中存在的会影响测试结果的潜在因素的影响,比如被测试件表面是否存在杂质,加工工艺的不同所导致的混合应力场等问题。实际测试过程中发现,小跨度三点抗弯试验的强度值明显会低于大跨度四点弯曲的强度值。这主要是因为实验测试中梁的挠度变化较大,使得试样内部产生混合应力场并且明显影响载荷作用的方向,因此三点弯曲测试产生的误差会比较大。另外三点弯曲测试时还会存在剪应力,综合受力状态比较复杂。四点弯曲测试由于其结构的设计使得在内跨度之间被测试件的受力状态为纯弯曲状态。因此,对高性能陶瓷材料应尽量考虑采用四点弯曲试验。

本节中实验用样品组分选用 $ZrB_2 + 5vol\% AlN$、$ZrB_2 + 15vol\% SiC_{pl} + 5vol\% AlN$、$ZrB_2 + 20vol\% SiC_{pl} + 5vol\% AlN$ 样品在 1 950℃ 热压烧结而成。烧结条件为氩气保护气氛,压力载荷为 25 MPa,保温保压 1 h。样品烧结完成后加工成强度测试标准样条 3 mm×4 mm×36 mm,并进行抛光和倒角。首先将箱式烧结炉升温至预定温度,然后将被测试样放置在样品台上,在箱式炉中保温 10 min,保证试件达到热平衡。最后测试加载直至试件破坏,读取加载载荷并进行计算材料的高温抗弯强度。本次试验共选取了 2 个温度点 1 000℃和 1 300℃。每个测试点均有 5 根被测试样,计算强度平均值。

（6）高温抗弯强度测试结果与分析。在室温状态的抗弯强度测试中,添加 15vol%和 20vol%SiC$_{pl}$的超高温陶瓷复合材料有着优良的力学性能。因此本节中高温抗弯强度测试中分别测试了 ZrB$_2$+15vol%SiC$_{pl}$+5vol%AlN 和 ZrB$_2$+20vol% SiC$_{pl}$+5vol%AlN 两组超高温陶瓷复合材料的抗弯强度。作为比较室温下两组材料的抗弯强度也进行了测试。

表 3.13 列出了两组组样品在不同温度下抗弯强度值。为了直观地看出材料的抗弯强度变化,将表中测试结果作图,如图 3.21 所示。

表 3.13　ZS15 和 ZS20 样品的高温抗弯强度

样　品	成　分　组　成	抗弯强度/MPa		
		25℃	1 000℃	1 300℃
ZS15	ZrB$_2$+15vol%SiC+5vol%AlN	623.8±23.6	446.5±33.4	221.2±15.3
ZS20	ZrB$_2$+20vol%SiC+5vol%AlN	537.6±33.4	363.6±25.1	277.1±41.1

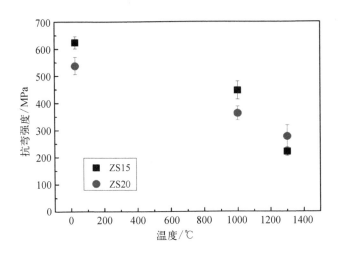

图 3.21　ZS15 和 ZS20 两组样品高温抗弯强度

从测试结果可以看出:① 超高温陶瓷复合材料在 1 000℃和 1 300℃的强度均小于室温状态下测试的结果。由前面分析可知在影响陶瓷材料强度的因素中,晶粒之间的结合强度是其中一个重要因素。烧结助剂的添加使得陶瓷复合材料烧结过程中在晶界处形成低熔点的晶界相。当温度升高的时,晶界相变软,导致晶粒之间的结合变弱,从而造成材料在高温时强度降低。室温时 ZS15 样品的抗弯强度最高为 623 MPa,1 000℃时超高温陶瓷还保持了较高的强度值 446 MPa。而 ZS20 样品则下降到了室温强度的 67% 左右。② 当测试温度上升到 1 300℃时,ZS15 样品的抗弯强度下降明显,只有 221 MPa。而 ZS20 样品的强度值相比于 1 000℃时下降不是很多仍然有 277 MPa。由此说明 SiC$_{pl}$ 含量增加有助于减缓超高温陶瓷强度下降的趋势。

2. 超高温陶瓷复合材料抗热冲击性能

1) 抗冲击(热震)性能

超高温陶瓷复合材料是一种典型的脆性材料,在极端加热环境下很容易发生热冲击失效,导致灾难性破坏,因此改善其抗热冲击性尤为重要。对超高温陶瓷复合材料而言,最关注的是裂纹萌生和裂纹扩展,可用热震断裂性参数(R'''')和热震损伤性参数(R)表示

$$R'''' = \frac{E\gamma_s}{\sigma_f^2(1-\nu)} = \frac{K_{\rm IC}^2}{2\sigma_f^2(1-\nu)} \tag{3.15}$$

$$R = \frac{\sigma_f(1-\nu)}{E\alpha} \tag{3.16}$$

式中,σ_f 为材料的断裂强度;ν 为泊松比;E 为材料的弹性模量;α 为材料的热膨胀系数;γ_s 为断裂表面能;$K_{\rm IC}$ 为材料的断裂韧性。

由式(3.15)可见,在弹性模量、热膨胀系数和泊松比不变的情况下,提高超高温陶瓷复合材料的强度有利于改善其抗热冲击性能,通过改变 ZrB$_2$-20%SiC-10%AlN(体积百分比)超高温陶瓷复合材料的基体原始颗粒的尺寸,将其强度由 749 MPa 提高到 831 MPa,材料的热冲击临界温差由 367℃ 提高到 408℃。

由于超高温陶瓷复合材料基体 ZrB$_2$ 或 HfB$_2$ 与增强体 SiC 的热膨胀系数差别较大,在高温热压烧结后会产生巨大的热应力对超高温陶瓷抗热冲击性能产生不利影响,ZrB$_2$-30%SiC(体积百分比)的强度由 ZrB$_2$ 的 565 MPa 提高到 1 090 MPa,而临界热冲击温差几乎没有变化(ZrB$_2$ 和 ZrB$_2$-30vol%SiC 的临界温差分别是 385℃ 和 395℃)。因此在材料设计时需要考虑降低热应力,如添加 C 纤维、石墨等高熔点软相。通过微结构设计可以大幅度提高超高温陶瓷复合材料抗热冲击性能,如层状结构、纤维独石结构等,ZrB$_2$ 基纤维独石结构超高温陶瓷临界热冲击温差较 ZrB$_2$ 和 ZrB$_2$-30vol%SiC 材料提高了 250%,达到了 1 400℃。

超高温陶瓷复合材料在极端热载荷条件下,裂纹的萌生很多时候是不可避免的,提高裂纹扩展阻力变得尤为重要,由上可知,其数值与 $K_{\rm IC}/\sigma_f$ 成正比,因此需要提高 $K_{\rm IC}/\sigma_f$ 值。添加石墨可以明显提高断裂韧性与强度的比值,热震损伤性参数提高 1 倍以上,超过临界热冲击后的残余强度保持率可达到 40%,远高于

其他类超高温陶瓷复合材料(<20%)。超高温陶瓷复合材料在制备或加工过程中很容易产生裂纹等缺陷,这对材料抗热冲击性能产生极为不利的影响,通过对该材料在1 400~1 500℃进行预氧化,可以弥合材料表面裂纹,同时表面产生的压应力、较低的热导率和换热系数氧化物能进一步改善材料的抗热冲击性能。

2) 抗冲击(热震)性能测试

由于高超声速飞行器飞行时气动加热和发动机点火燃烧会产生瞬态高温以及极高热流,高温结构部件因此要遭受由温度剧变带来的巨大热冲击。陶瓷材料自身存在的弱点脆性大、导热系数低等,使得结构部件的可靠性受到严重影响。热冲击产生热应力,引发在材料内部产生微裂纹,裂纹扩展直至结构失效,整个过程包含了细观损伤和宏观破坏。因此对极端环境下应用的结构材料进行热冲击试验,测试并确定材料在热冲击条件下的强度极限等关键参数,对于高超声速飞行器及其发动机材料的寿命预测、可靠性评定以及安全设计有着非常重要的意义。

目前国内外对材料的抗热冲击性能的实验研究主要有两种途径。一种是热震-残余强度法。即将被测试样首先加工成强度测试标准条,然后将试样加热到预定温度后保温一段时间,待样品达到热平衡后将样品迅速放入到冷却介质中,然后测量热震后样品的残余抗弯强度。将残余抗弯强度跟对应的热震温差做曲线,规定材料在残余强度下降到某一值(一般为原始强度的70%)时对应的热震温差为材料的临界热震温差。另外一种方法就是热震-裂纹扩展法。即在被测试样的表面中心部位通过压痕法或者别的办法预制一个裂纹,然后将试件加热到预定温度并保温至热平衡后投放到冷却介质中,通过微观结构观察分析研究裂纹扩展与热震温差之间的关系。一般来讲裂纹的扩展包括三个阶段:裂纹不扩展阶段、裂纹稳态扩展阶段和裂纹非稳态扩展阶段,即当热震温差较低时预制裂纹几乎不发生变化。随着热震温差的增加,裂纹呈现稳态增长的趋势,当热震温差达到或超过某一特定值时,裂纹出现非稳态增长,此阶段的裂纹增长可使裂纹在材料中快速贯通并最终造成材料破坏。以上两种测试途径除包括介绍的单次热震外,还有循环反复热震测试。即同一热震温差下,造成材料强度下降到原始强度值的70%或者造成初始预制裂纹非稳态扩展的热震循环次数作为考核材料的参数。

此处以 ZrB_2+20vol%SiC_{pl}+5vol%AlN 超高温陶瓷为例介绍热震-残余强度法。冷却介质分别为室温水、甲基硅油和空气。实验采用的样品为1 950℃热压烧结而成。样品按照抗弯强度测试要求加工成 3 mm×4 mm×36 mm 的标准样条并进行抛光。热震测试时将样品加热到预定温度后,保温 10 min 以保证样品内部达到热平衡。然后迅速将被测样品放入到冷却介质中。待样品完全冷却后进行烘干,最后进行强度测试。

图 3.22 所示为 $ZrB_2 - SiC_{pl}$ 超高温陶瓷在水为冷却介质条件下,残余强度跟热震温差之间的关系。从图中可以看出,在热震温差较低时材料的抗弯强度几乎没有发生变化。当热震温差达到 300℃ 时材料的抗弯强度出现明显剧烈的下降,随后当热震温差继续变大时材料的抗弯强度就基本维持在一个很低的水平。在热震温差在 0~1 000℃ 变化时,材料在热震过程中均没有出现宏观的大裂纹及结构破坏。从图中可以看出,以水为冷却介质时 $ZrB_2 - SiC_{pl}$ 超高温陶瓷的临界热震温差为 275℃。

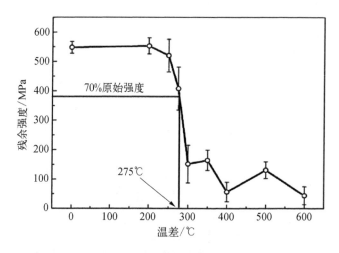

图 3.22　残余强度与热震温差关系曲线(冷却介质为水)

从图 3.22 中还可以看出,在热震温差较小时超高温陶瓷样品残余强度数值其离散性也较小。当热震温差接近其临界温差时残余强度的离散性也随之变大。产生这个结果的主要原因是热震过程中材料表面微裂纹数量的变化。在较低的温差下热震后由于热应力比较小材料表面几乎没有微裂纹的生成,其残余强度也基本保持不变,数值变化幅度很小。随着热震温差的增加热震后材料表面逐渐产生少量微裂纹。当微裂纹数量较少时裂纹在样品表面的几何分布情况对三点抗弯强度有着很大的影响,因此此时材料残余强度数值的离散性突然变大。当热震产生大量的微裂纹时,裂纹足够多而且布满样品表面,材料残余强度迅速下降至很小值,同时强度数值的离散性就会变小。

图 3.23 为以甲基硅油为冷却介质时材料的残余强度与热震温差之间的关系。从图中可以看出经过硅油冷却后,残余强度随着热震温差的增加略有升降,变化不大。当热震温差大于 800℃ 时材料的抗弯强度出现小幅上升。而且可以看出曲线的趋势和水做冷却介质时参与强度曲线有明显的不同。

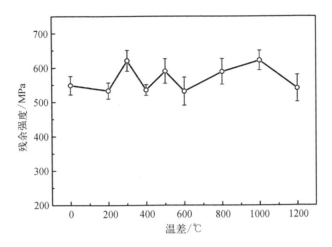

图 3.23　残余强度与热震温差关系曲线(硅油为冷却介质)

图 3.24 所示为超高温陶瓷材料以空气为冷却介质进行热震试验后的残余强度值。从图中可以看出与材料残余强度随着热震温差的变化趋势与在硅油中冷却时的变化趋势相似。材料的残余强度在热震温差较小时变化不大,且与原始强度相差不大。当热震温差高于 800℃ 时材料的残余强度出现小幅的上升。

材料热冲击下破坏主要是过高的温度梯度导致的热应力造成的。材料在不同冷却介质中不同的热震行为归因于不同换热系数和热导率导致的温度梯度差异。

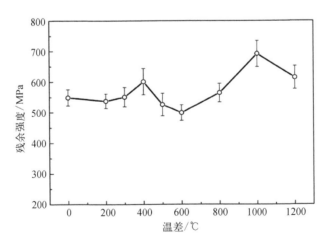

图 3.24　残余强度与热震温差关系曲线(空气为冷却介质)

热震时试样内部与表面的温度梯度越大,热应力越大。热应力达到或者超过本身的强度时材料就会发生破坏。而根据第二抗热震参数 R' 推算出的临界温度差可以用式(3.17)表示:

$$\Delta T_c = \frac{\sigma_f k (1 - \upsilon)}{0.31 E \alpha h t_c} \tag{3.17}$$

式中,h 为样品的半厚度;t_s 为热传导系数。从式(3.17)可以看出,对一种材料而言,影响临界热震温差最大的因素就是热传导系数 t_s。t_s 越大样品的临界热震温差就越小。热传导系数受多个因素的影响,比如样品和冷却介质的热导率及其随温度的变化关系、接触面形状、冷却介质的黏度等等,是个很难精确测量的量。一般热震过程的换热方式为对流换热,对于室温水为冷却介质热震温差大于 100℃ 时还会伴随相变换热。表 3.14 列出了典型的对流换热情况的热传导系数范围。从表中可以看出当冷却介质为气体(本实验中为空气)和液体(本实验为甲基硅油)时,热传导系数的值相差不大。但是当有相变换热发生时,热传导系数迅速提高了 2~3 个数量级。高的热交换系数导致更快的温度冷却,使试样表面和内部的温差更大,从而导致热应力的增大。热应力越大对试样的破坏能力越大,试样热冲击后的残余强度越低。所以当室温水做冷却介质时,材料的临界热震温差要远低于以没有相变发生的气体或者液体为冷却介质时。

表 3.14 不同热传导模式下热传导系数

热 传 导 模 式	热传导系数/[W/(m² · K)]
自然对流: 气体	2~25
自然对流: 液体	50~1 000
强制对流: 气体	25~250
强制对流: 液体	50~25 000
相变换热: 沸腾	2 500~100 000
相变换热: 凝结	2 000~100 000

表 3.15 给出了 3 种不同冷却介质室温时的热导率。可以看出水的热导率要高于空气和甲基硅油。热导率高则热传导快,样品的内部和表面的温差就会大,同样造成样品的残余强度降低。因此上述不同冷却介质热震行为的差异除了对流换热系数的巨大不同产生的影响外,热导率的差异也会影响材料的临界抗热震温差。图 3.25 给出了在室温至 400 K 温度区间内 $ZrB_2 + 20vol\% SiC_{pl}$ 超高温陶瓷的热导率。可以看出在此温度区间内材料的热导率变化不大。因此测试中 $ZrB_2 + SiC_{pl}$ 材料在三种冷却介质中热震行为出现明显差异的主要原因是材料与冷却介质之间的换热系数的巨大差异以及冷却介质本身热导率的差异。

表 3.15　三种不同冷却介质的热导率

材　　料	水	甲基硅油	空气
热导率/〔W/(m·K)〕	0.6	0.16	0.026

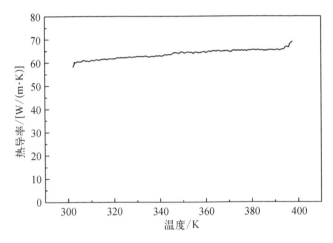

图 3.25　ZrB_2+20vol%SiC_{pl}样品的热导率随温度变化曲线

通过热震-残余强度法研究了 ZrB_2- SiC_{pl}超高温陶瓷的抗热震性能。研究了水、甲基硅油和空气三种不同冷却介质对超高温陶瓷抗热震性能的影响。测试了残余强度与热震温差之间的关系,主要结论如下。

(1) 结果显示以水为冷却介质热震实验中,材料残余强度随着热震温差的增加呈下降趋势。当热震温差为 275℃ 时超高温陶瓷的残余强度下降到初始值的 70%。

(2) 在以空气和甲基硅油为冷却介质的热震实验中,超高温陶瓷材料的残余强度随着热震温差的增加变化不大。并且在当热震温差大于 800℃ 时残余强度大于初始强度。

(3) ZrB_2- SiC_{pl}超高温陶瓷残余强度随着热震温差的变化出现两种不同的变化趋势归因于冷却过程中换热系数的不同以及冷却介质热导率的差别。水为冷却介质时换热系数要比硅油和空气冷却时的换热系数高 2~3 个数量级。快速的降温导致较大热应力的出现,降低了材料的残余强度。而对于甲基硅油冷却和空气冷却,冷却过程中由于热传导系数较小没有出现大的热应力。同时加热过程中有部分应力缓释以及氧化层的出现弥补了表面显微缺陷并且作为"热障"阻止了热量的快速传递,两者共同作用提高了材料的残余强度。

3. 超高温陶瓷抗氧化/烧蚀性能

1）抗氧化烧蚀性能

材料在高温有氧环境中使用,不可避免会发生氧化。经研究结果表明IVb族的化合物均具有较好的抗氧化性,在 Hf、Zr、Ti、Ta 和 Nb 的硼化物中,HfB_2 抗氧化性最好,其次是 ZrB_2。从近年来研究结果来看在材料的表面形成一层致密的氧化膜,可以阻止外部的氧进入材料内部发生进一步的氧化。Parthasarathy 分析了 ZrB_2、HfB_2 和 TiB_2 的一种氧化模型[39],如图 3.26 所示。该模型用来解释 ZrB_2、HfB_2 和 TiB_2 在 1 000~1 800℃ 的氧化行为。手册上热力学数据及相关文献报道蒸气压、扩散率等数据被用来验证该模型的正确性。氧化增重、氧化层厚度范围都是温度和氧分压的函数,且试验数据与理论模型符合得很好。在低于 1 400℃ 的情况下,整个氧化的控制步骤是氧在液态 B_2O_3 毛细管中的扩散。温度再高时,B_2O_3 挥发,氧化的控制步骤是分子氧在柱状氧化物 MO_2 中的努森扩散。

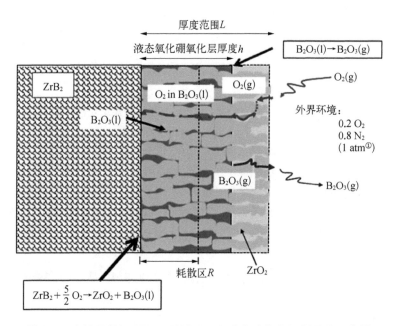

图 3.26　中温区间(1 000~1 800℃)ZrB_2 空气中氧化机制原理示意图

温度是影响超高温陶瓷材料抗氧化烧蚀性能的最主要影响因素,ZrB_2 在 700℃ 开始发生明显的氧化,1 100℃ 以下生成的氧化层具有良好的抗氧化性能,但温度高于 1 200℃ 氧化生成 B_2O_3 会因高蒸气压而大量挥发从而渐失抗氧化保护能力,而 ZrO_2 挥发蒸气压非常低,在高温下很稳定(图 3.27)。

①　1 atm = 1.013 25×10^5 Pa。

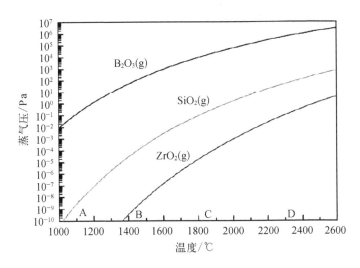

图 3.27 超高温陶瓷氧化物挥发蒸汽压图

对于 ZrB_2 及 HfB_2 材料来说,SiC 的加入可以有效地提高材料的抗氧化性。对于 HfB_2 - SiC 陶瓷复合材料[40]在高温下会形成两层氧化物。氧化外层的主要成分是 SiO_2 而内层的主要成分是 HfO_2。复合材料在高于 1 350℃具有较好的抗氧化性,主要原因是 SiC 在低于此温度时氧化不显著不足以形成足够多的 SiO_2 来覆盖材料的整个表面。ZrB_2 的氧化产物 B_2O_3 在低于 1 100℃时主要为液态存在于氧化表层,有利于材料的抗氧化。高于 1 100℃时 B_2O_3 就会由于其很高的饱和蒸气压而迅速挥发,在 1 400℃以上基本不能对材料起到保护作用[41]。热力学研究发现 ZrB_2 在较低的温度就会发生氧化,氧化产物中的液态 B_2O_3 初期可以阻止氧气进入材料内部,SiC 的加入改变了其氧化动力学并且一定程度上能够限制 B_2O_3 的挥发[42,43]。另外 SiC 的加入还可以扩大非晶态玻璃相氧化层作用的温度范围,氧化产物发生反应生成的硼硅酸盐进一步提高了氧化层阻止氧气进入内部材料的能力[44]。在更高温度的氧化保护层中,ZrO_2 与 SiO_2 反应生成的 $ZrSiO_4$ 起到了主要作用。当温度超过 1 949 K 时 $ZrSiO_4$ 会发生分解,分解产物为方石英和正方 ZrO_2[45]。对于 SiC 的添加量,科学家也做了大量的研究。一些研究结果表明对于高超声速飞行器,20vol%是添加 SiC 含量的最优值[46,47]。除了 SiC 外,科学工作者们还研究了其他成分添加物对 HfB_2 及 ZrB_2 基陶瓷复合材料抗氧化性能的影响。Pastor[46]研究了添加 MSi_2 和 M_5Si_3 后 ZrB_2 基陶瓷复合材料的抗氧化性。其中 M 指代过渡金属 Cr、Mo、Ta 或者 Zr。通过 100 h 的氧化后测量氧化层厚度,得出结论 ZrB_2+15wt%$CrSi_2$ 陶瓷复合材料抗氧化性最好。Shaffer[47]评价了 Nb、Mo、W、Ta、Zr 和 $Mo_{0.5}Ta_{0.2}$ 的二硅化物的添加对 ZrB_2 陶瓷抗氧化性的影响,结论是 $MoSi_2$ 的添加是效果最好的,但是并没有给出具体的添加量。

　　硅化物的引入可以可显著提高 ZrB_2 和 HfB_2 的抗氧化烧蚀性能,SiC 的添加对超高温陶瓷抗氧化烧蚀性能和综合性能是最优的,氧化生成的 SiO_2 可覆盖在材料表面和/或填充形成骨架结构 ZrO_2 的孔隙,起到良好的抗氧化保护作用。SiC 的氧化反应相对较复杂,氧化反应模式见图 3.28。SiC 在空气中的惰性向活性氧化转变的温度点为 1 734℃,随着氧分压的降低,温度转变点会显著下降,惰性氧化生成的 SiO_2 在 1 850℃ 以下具有良好的抗氧化保护能力,更高的温度下 SiO_2 会因为快速挥发而失效。10vol%~30vol%SiC 的引入可以显著提升超高温陶瓷复合材料的抗氧化烧蚀性能,SiC 体积含量为 20% 左右时在整个温度区间内均具有优异的抗氧化性能。

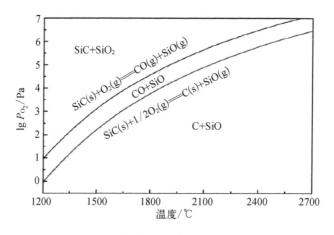

图 3.28　SiC 的氧化反应模式

　　对于 ZrB_2 和 HfB_2 陶瓷复合材料高温情况下主要依靠 ZrO_2 和 HfO_2 提供保护[48]。这些氧化物都是按照化学计量比形成的,可以提供很好的氧化保护膜。但是如果氧化环境的氧分压较低的时候,ZrO_2 和 HfO_2 会形成非化学计量比的物质,从而在晶体内部出现大量的氧点阵空位。这些空位就会使得氧在 ZrO_2 和 HfO_2 中快速的传送。为了解决空位造成的氧传送的问题,引入高价的阳离子是一种有效的途径,因为高价阳离子可以降低氧点阵的空位浓度。Ta 是一个比较合适的选择。Talmy 等研究了 TaB_2 的加入对 ZrB_2-20%SiC 陶瓷复合材料抗氧化性能的影响。其结论是 TaB_2 的加入极大地提高了复合材料的抗氧化性能。在 1 627℃ 进行的循环氧化中表面只发生了轻微的氧化。另外还研究了 $TaSi_2$、TaC 和 Ta 对复合材料抗氧化性的影响,其结论是添加 TaC 的陶瓷复合材料氧化速率最快,而添加 $TaSi_2$ 的氧化比较慢。

　　研究发现,材料体系中的玻璃相之间不相混溶会提高液相线温度同时会增加玻璃相的黏稠度。根据斯托克斯-爱因斯坦(Stokes-Einstein)关系知道扩散率反比于黏稠度,因此玻璃相黏稠度的提高可以有效地降低氧的扩散率,保护内部材料不进一步发生氧化。同时黏稠度的提高还可以很好地抑制 B_2O_3 的挥发。有研究表明氧化物的不相混溶性随着金属元素阳离子的磁场强度 z/r^2(z 代表的是化合价,r 代表的是离子半径)的提高而增强[49,50]。因为 Ta、Mo、Ti 和 V 的阳离子磁场强度比 Zr 高,因此这些元素能够促进 ZrB_2-SiC 陶瓷复合材料表面形成的硼硅酸盐的相分离。

超高温陶瓷晶粒的细化对材料的抗氧化性能有利,晶粒的减小会引起 SiC 晶粒在单位面积上分布均匀度的提高,从而提高材料抗氧化性能。SiC 晶粒在基体中分布得越均匀,氧化生成的 SiO_2 在 ZrO_2 分布也越均匀,这样 SiO_2 更有效地填充孔洞、弥合缺陷从而阻碍氧的进入以至提高材料的抗氧化性能。不同的添加剂对超高温陶瓷材料抗氧化性能研究表明,Ta 元素的引入对超高温陶瓷复合材料中、低温抗氧化性能非常有利,在 1 800℃以上对材料的抗氧化性能不利,而 W 元素的添加改善了超高温陶瓷材料的高温抗氧化性能。

ZrB_2 基超高温陶瓷复合材料的氧化失效主要取决于两个临界温度,即氧化反应内层极限温度(2 066℃)和氧化外层极限温度(~2 700℃),当超过一定温度时,材料的氧化烧蚀速率会提高几个数量级,转变成活性氧化。在高温下生成的氧化层为多层结构,图 3.29 为 2 200℃下 ZrB_2-SiC 超高温陶瓷材料扫描电镜(scanning electron microscope, SEM)图,它主要由 5 层不同结构组成,包括:① 表层;② 较致密的 ZrO_2 层;③ 多孔氧化层;④ SiC 耗尽层;⑤ 未反应的本体材料。超高温陶瓷复合材料作为

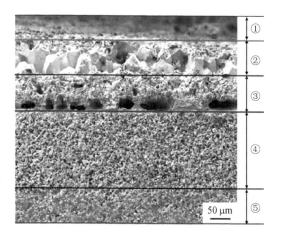

图 3.29　2 200℃下 ZrB_2-SiC 超高温陶瓷材料 SEM 图

热防护结构件在 2 000℃以上使用时,通常在材料表面和内部存在很大的温度梯度,使得材料可以在内层临界温度以上使用。在相同的高焓、高热流加热环境下,不同的材料表现出极大的温度差异(>500℃),这主要是由在氧化过程中材料表面生成的组分及含量的不同引起的。超高温陶瓷复合材料表面温度与气流接触的表面氧化层特性的动态演变密切相关,而表面氧化层特性的演变取决于材料的组分含量和试验参数(如热流、焓值、压力、时间),在高焓、高热流的气动加热环境下,材料的表面温度很容易发生突变,尤其是材料表面温度达到 1 600℃或更

高,这是由氧化生成 SiO_2 的挥发导致了氧化层表面催化辐射特性的改变而造成的。因此,可以利用超高温陶瓷复合材料的热响应实现对抗氧化烧蚀性能的主动控制。

2)硼化锆陶瓷氧化烧蚀过程中的化学反应

高温抗氧化耐烧蚀性能是 UHTCs 材料最重要的性能指标之一。张国军等[23-25]以 ZrB_2 材料为例,研究了其氧化过程。氧化过程受两个因素控制:氧气与材料表面相界面反应速率和原子扩散速率。如果反应瞬时完成,氧化速率受原子扩散过程控制,氧化程度与时间呈抛物线关系;反之,氧化反应受相界面反应速率控制,氧化程度与时间呈线性关系。

(1)单相 ZrB_2 陶瓷的氧化。对于单相 ZrB_2,其主要氧化反应为

$$ZrB_2(cr) + 5/2\, O_2(g) =\!=\!= ZrO_2(cr) + B_2O_3(l, g) \quad (3.18)$$

热力学计算表明,ZrB_2 陶瓷的氧化在室温下就可以发生,但实验结果表明在 800℃时,ZrB_2 的氧化仍然是非常受限的;在 800℃以上,ZrB_2 在空气中开始发生明显氧化,氧化产物为多孔 $ZrO_2(cr)$ 和 $B_2O_3(l)$。具体如下:① 800~1 100℃,ZrB_2 氧化形成的 B_2O_3 会形成连续的玻璃层,B_2O_3 不仅填满了 ZrO_2 层的空隙,而且还覆盖在 ZrO_2 层的表面上,形成有效的阻挡层。由于表面致密 B_2O_3 层的存在,ZrB_2 陶瓷的氧化遵循抛物线行为,说明氧化反应受氧原子的扩散步骤控制。② 在 1 100~1 400℃,由于高蒸气压,B_2O_3 开始蒸发,表面致密的 B_2O_3 层消失,部分 B_2O_3 存在于多孔 ZrO_2 层的空隙中,氧化动力学曲线为抛物线-直线型。③ 1 400℃以上,B_2O_3 的蒸发速率远远大于通过氧化生成 B_2O_3 的速率,B_2O_3 形成的氧化层完全失效,材料表面只剩下多孔的 ZrO_2 层,材料氧化动力学曲线由抛物线型转变为直线型,说明此时氧化过程完全由界面反应控制。可以看出,添加促进 ZrO_2 层致密化的助剂将提升 ZrB_2 陶瓷在高温下的抗氧化性能。

(2)ZrB_2-SiC 复相陶瓷的氧化。ZrB_2-SiC 陶瓷是具有代表性的一类硼化物基复相陶瓷。由于 SiC 在高温氧化过程中形成的 SiO_2 与 B_2O_3 等氧化产物形成硅硼玻璃,改变了单相 ZrB_2 氧化膜的组成,并降低了氧扩散速率,因此 SiC 的加入可以有效改善复相陶瓷的抗氧化性能。ZrB_2-SiC 材料的氧化主要分为两个阶段[43,44]:① 1 100℃以下时,与 ZrB_2 相比,SiC 具有非常缓慢的氧化速率,材料的氧化以 ZrB_2 氧化为主。② 当温度在 1 100℃以上时,SiC 氧化速率迅速增大,氧化形成 SiO_2[反应(3.19)]。

$$2SiC + 3O_2 =\!=\!= 2SiO_2 + 2CO \quad (3.19)$$

SiO_2 与 B_2O_3 结合形成硅硼玻璃相,增加了 B_2O_3 玻璃相黏度从而降低了氧原子在其中的扩散速率,提高材料的抗氧化性。硅硼玻璃层的形成有效地改善了材料

的抗氧化性,材料的氧化动力学仍然表现出抛物线行为,且这一温度范围内材料的氧化过程仍以扩散控制为主。此温度范围内样品在空气中氧化层包含 3 层:最外层为 SiO_2 玻璃层;第 2 层为较薄的分散有 ZrO_2 颗粒的 SiO_2 玻璃层;第 3 层为 ZrB_2 层,由于 SiC 活性氧化成为气态的 SiO、CO 和 CO_2,出现了 SiC 的缺失,因此这一层又称为 SiC 的耗尽层(SiC depleted layer),如图 3.30(a)所示。Fahrenholtz[51]认为 SiC 耗尽层的形成主要与 ZrB_2 和 SiC 发生氧化时所需要的最低氧分压不同有关。在 1 500℃ 条件下,SiC 氧化的最低氧分压为 4.1×10^{-14} Pa,ZrB_2 氧化的最低氧分压为 1.8×10^{-11} Pa。ZrB_2 - SiC 陶瓷内部的氧分压接近 0,从内部到表面,氧分压呈递增趋势,表面的氧分压为 2×10^4 Pa。当氧分压低于 4.1×10^{-14} Pa 时,ZrB_2 和 SiC 相对比较稳定;当氧分压达到 4.1×10^{-14} 时,SiC 首先发生活性氧化,生成 SiO 和 CO [反应(3.20)]。当氧分压继续升高,达到 8.7×10^{-13} Pa 时,向外扩散的 SiO 可以继续氧化生成 SiO_2[反应(3.21)]。继续向表面靠近,当氧分压达到 1.8×10^{-11} Pa 时,ZrB_2 相开始发生氧化,生成 ZrO_2 和 B_2O_3。

$$SiC + O_2 =\!=\!= SiO + 2CO \tag{3.20}$$

$$2SiO + O_2 =\!=\!= 2SiO_2 \tag{3.21}$$

(3) ZrB_2 - $MoSi_2$ 复相陶瓷的氧化。作为另一类代表性的硼化物基复相陶瓷,ZrB_2 - $MoSi_2$ 复相陶瓷的氧化模型也被提出。ZrB_2 - $MoSi_2$ 复相陶瓷氧化过程共包含 3 个阶段,如下所示。

a)氧化的初始阶段($T<1\,000℃$),空气气氛下的 ZrB_2 和 $MoSi_2$ 均具有氧化的趋势,但以 ZrB_2 的氧化过程为主。

b)加速的氧化过程($1\,100\sim1\,200℃$),复相陶瓷存在着加速的氧化过程。一方面,由于前期 ZrB_2 氧化过程中产生的 B_2O_3 相具有较低的熔点和较高的蒸气压,因此,其在该温度下较易变为气态挥发,加速了氧气从陶瓷表面向内部的扩散。另一方面,$MoSi_2$ 的氧化过程[反应(3.22)]趋势增强。此时,氧化层 SiO_2 的保护效果并不显著。MoO_3 具有较高的蒸气压,容易与 B_2O_3 一同挥发,形成较大的陶瓷体内部应力,加速了氧化。同时,$MoSi_2$ 的氧化并不十分迅速,而且也没有足够的 SiO_2 生成来覆盖在陶瓷体的表面。

$$MoSi_2(s) + 3.5O_2(g) =\!=\!= 2SiO_2(s) + MoO_3(s) \tag{3.22}$$

c)当温度高于 1 200℃ 时,伴随着 $MoSi_2$ 的氧化过程,生成的大量 SiO_2 覆盖在材料表面,有效地阻碍了氧气的扩散和材料的进一步氧化。样品氧化层的最外层为 SiO_2 层,次外层为 ZrO_2 层。此时,还涉及如下氧化反应的进行:

$$ZrB_2(s) + 2MoSi_2(s) + 5O_2(g) \Longrightarrow ZrO_2(s) + 2MoB(s) + 4SiO_2(s)$$

$$(3.23)$$

反应(3.23)的氧分压在 1 500℃仅为 1.53×10^{-12} Pa,在氧化界面处,由于较低的氧分压,反应(3.22)能够优先进行。随着反应的不断进行,新生成的 Si 氧化物以 SiO(g)的形式向外界扩散,随着扩散的进行以及氧分压的增加,SiO 继续与氧反应生成 SiO_2,反应(3.23)生成的 SiO_2 在扩散至次外层 ZrO_2 时其传输速度会减慢,因此,部分 SiO_2 并未通过 ZrO_2 层进入最外层的 SiO_2 层中,而是形成了第 3 层氧化层,即内层的 SiO_2。此时,内外两层 SiO_2 与中间 ZrO_2 层构成了三明治的层状结构。同时,随着氧化界面层 Si 的氧化以及氧化产物向外层的扩散,在三明治氧化层与未反应的陶瓷基体中间会形成一个新的过渡层,即 Si 耗尽层[图 3.30(b)]。

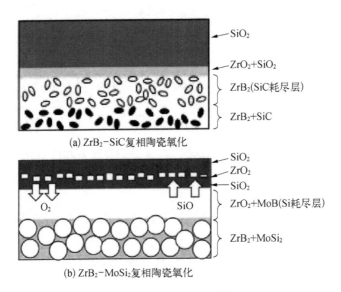

(a) ZrB_2-SiC复相陶瓷氧化

(b) ZrB_2-$MoSi_2$复相陶瓷氧化

图 3.30　截面示意图[23]

3) 超高温陶瓷氧乙炔烧蚀氧化性能研究

在氧乙炔烧蚀环境中存在三种氧化剂: H_2O、CO_2 和 O_2。其中 H_2O 在高温下可以和 SiO_2、B_2O_3 等反应生成 $Si(OH)_4$、$Si(OH)_2$、HBO_2、H_3BO_3 等,因此 H_2O 的存在会加快 SiO_2、B_2O_3 的挥发。材料的抗氧化烧蚀性能主要取决于在材料表面形成的氧化层的状态。在氧化过程中能否形成黏结的、致密性好的氧化层对于材料在超高温环境下应用是很重要的。由于 ZrB_2 - SiC_{pl} 超高温陶瓷的主要氧化产物包括 ZrO_2、SiO_2、SiO 及 B_2O_3 等,所以其中的气态氧化物为影响氧化层致密性的关键因素。在 2 200℃的空气中,B_2O_3 的饱和蒸气压高达 3.7 atm。而 SiO(g) 在低氧分压条件下饱和蒸气压则高达 13.3 atm。因此若氧化产物中的这两气相物质不能通过氧化外层释放掉而在内部聚集,当压力超过周围环境的气压时就会产生气孔使得氧化层结构疏松,严重影响材料的抗氧化性能。

从图中可以看出,当 SiO_2 含量增多时,ZrO_2-SiO_2 的液相线下降。液相线温度的降低会使其混合氧化物的黏度降低,那么在氧乙炔气流的作用下液相层就会被连续不断地吹除,氧化层不断向材料内部退移。同时由于氧乙炔造成的高温场对骨架结构 ZrO_2 的持续加热,使得 ZrO_2 发生软化、熔化,从而失去强度和黏度继而被气流吹走。因此在极高的温度下 SiC 含量的增加对材料的抗氧化烧蚀性能是不利的,应当减少 SiC 含量以期得到较低含量的 SiO_2,使得 ZrO_2-SiO_2 混合氧化物液相线升高,保证氧化产物有足够的强度和黏度从而得以保护基体材料在高温情况下的稳定性。

通过氧化烧蚀实验研究了 SiC_{pl} 的含量对超高温陶瓷烧蚀性能的影响。一共设计了 5 组样品。样品均为 1 950℃ 热压烧结而成。SiC_{pl} 的添加量分别 0vol%、5vol%、10vol%、15vol%、20vol%。AlN 作为烧结助剂统一添加 5vol%。所有实验样品的组成成分如表 3.16 所示。

表 3.16　样品成分对照表

样品	ZrB_2	SiC_{pl}	AlN
ZS0	95	0	5
ZS1	90	5	5
ZS2	85	10	5
ZS3	80	15	5
ZS4	75	20	5
ZS3D	80	15	5

图 3.31 为不同 SiC_{pl} 含量的超高温陶瓷在烧蚀时的升温曲线。从图中可以看出各组样品的总体升温趋势是较短时间升至 2 000℃ 左右高温,并保持 5 min。其中 SiC_{pl} 含量较低的样品 ZS0、ZS1 和 ZS2 的升温曲线比较稳定,即保温阶段温度变化不大。而当 SiC_{pl} 的含量增加到 15vol%、20vol% 时,温度有个先上升后下降再上升的过程。这主要是因为 SiC_{pl} 在高温快速氧化过程中生成了较多的 SiO_2,非晶的 SiO_2 在高温高速气流的冲击下挥发,消耗掉部分热量,使得温度有一定的下降。随着 SiO_2 流失氧化层中的主相变为 ZrO_2,在火焰加热下温度又呈现上升趋势。

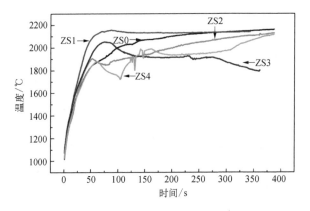

图 3.31　超高温陶瓷复合材料烧蚀实验温度时间曲线

3.4　前缘高温结构与材料试验验证

3.4.1　前缘材料方案试验验证

1. 超高温陶瓷

针对发动机进气道唇口 $Ma6.0$ 的热环境条件,开展了超高温陶瓷考核试验,被考核件分别为方案 1 和方案 2,试验底座采用 C/SiC 复合材料模拟进气道本体结构,分别采用螺杆螺套连接和螺纹连接方案进行 600 s 试验考核,试验结果如表 3.17 所示,试验有效验证了前缘材料的烧蚀性能和连接可靠性。

表 3.17　超高温陶瓷材料 $Ma6.0/600$ s 试验结果

材料名称	发射率	密度/(g/cm³)	烧蚀情况	质量损失/g	初始长度/mm	平均后退/mm
方案 1	0.9	4.96	均匀后退	增重	90.36	1.20
方案 2	0.9	4.96	均匀后退	增重	90.30	1.48

试验结果如图 3.32 所示,前缘烧蚀均匀后退约 1.5 mm 后,前缘半径增大至 0.7 mm,基本满足进气道性能要求。

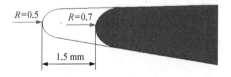

图 3.32　前缘均匀烧蚀后退后前缘半径变化

图 3.33、图 3.34 所示为方案 1、方案 2 超高温陶瓷试验前后照片。

图 3.33　方案 1 超高温陶瓷试验前后照片

图 3.34　方案 2 超高温陶瓷试验前后照片

图 3.35、图 3.36 所示为方案 1、方案 2 试验过程中录像截图。

图 3.35　超高温陶瓷方案 1 试验（对应 1 s、300 s、600 s 录像）

图 3.36　超高温陶瓷方案 2 试验（对应 1 s、300 s、600 s 录像）

2. W-Re 难熔合金

针对进气道唇口 $Ma6.0$ 的热环境条件,也开展钨铼合金前缘(表面有抗氧化涂层)考核试验,钨铼合金前缘底座采用 C/SiC 复合材料、燕尾槽连接结构。两种方案分别进行 600 s 试验考核,验证前缘材料的烧蚀性能。W-Re 难熔合金前缘试验结果如表 3.18 所示。

表 3.18　W-Re 难熔合金前缘试验前后对比

材料名称	发射率	密度/(g/cm³)	烧蚀	质量损失/g	平均后退/mm
钨铼	0.6	19.2	微锯齿	增重	2.68
Ta-12W	0.4	17.0	均匀后退	1.27	2.90

由图 3.37 可知,进气道前缘烧蚀均匀后退约 3.0 mm 后,前缘半径增大至 0.9 mm,仍需对材料表面涂层方案进行改进,提高前缘材料烧蚀性能。

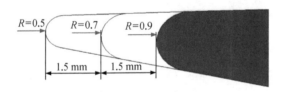

图 3.37　前缘均匀烧蚀后退后前缘半径变化

W-Re 难熔合金前缘试验前后照片如图 3.38 所示。

图 3.38　W-Re 难熔合金前缘试验前后照片

3. Ta-W 难熔合金

开展了 Ta-10W、Ta-12 W 合金前缘考核试验,Ta-12W 合金前缘底座采用超高温陶瓷材料,燕尾槽连接结构,图 3.39 为 T-12W 合金前缘试验前后照片。

Ta - 10W 为飞演前缘缩比件,采用水冷高温合金底座,图 3.40 为 Ta - 10W 合金前缘试验前后照片。两种方案分别进行 600 s 试验考核,验证前缘材料的烧蚀性能,试验结果如表 3.19 所示。

图 3.39　Ta - 12W 合金前缘试验前后照片

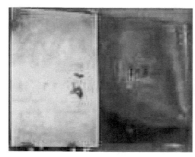

图 3.40　Ta - 10W 合金前缘试验前后照片

表 3.19　Ta - W 前缘试验前后对比

名　称	发射率	材料密度/(g/cm³)	烧蚀	质量损失/g	最大后退/mm
Ta - 10W	0.4	16.9	均匀后退	增重	1.2
Ta - 12W	0.4	17.0	均匀后退	1.27	2.90

3.4.2　整体前缘试验考核

进气道整体前缘结构试验,主要是考核了 W - Re 合金前缘结构方案,底座采用 C/SiC 复合材料,采用高温合金螺钉连接和螺纹连接方案进行 600 s 变状态试验考核,试验结果如表 3.20 所示。

表 3.20　W‑Re 整体前缘（含有抗氧化涂层）材料 *Ma*6.0/450 s 试验结果

材　料	试验前质量/g	质量损失/g	备　注
W‑Re	2 669.21	16.68	前缘基本完好，C/SiC 连接件迎风面大量烧蚀，连接处有一定角度偏转

图 3.41 为 W‑Re 合金前缘试验前后照片，试验件安装方案严格按照 3.3 节前缘结构安装方案进行，采用 C/C 底座、GH3128 螺钉、螺套与前缘结构连接。

图 3.41　W‑Re 整体前缘试验前后照片

参考文献

[1] 刘小勇. 超燃冲压发动机技术[J]. 飞航导弹, 2003(2): 38‑42.

[2] Dialing R B. Progress in materials and structures evaluation for the HyTech program[R]. AIAA 98‑1591, 1998.

[3] Bruce W E, Horn D D. Arc heater development at AEDC[R]. AIAA 94‑2591, 1994.

[4] Ohlhorst C W. Development of X‑43A Mach 10 leading edges[C]. Fukuoka: Proceeding of the 56th International Astronautical Congress, 2005.

[5] Max E L, Jeremiah J M. Boundary layer transition protuberance tests at NASA JSC arc-jet facilit[R]. AIAA 2010‑1578, 2010.

[6] Ohlhorst C W. Arc jet results on candidate high temperature coatings for NASA'S NGLT refractory composite leading edge task[R]. NASA 20040040337, 2004.

[7] Sciti D, Guicciardia S, Nygren M. Spark plasma sintering and mechanical behavior of ZrC‑based composites[J]. Scripta Materialia, 2008, 59: 638‑641.

[8] Tsuchida T, Yamamoto S. MA‑SHS and SPS of ZrB_2‑ZrC composites[J]. Solid State Ionics, 2004, 172: 215‑216.

[9] 章晓波, 荣春兰, 刘宁. ZrC 含量对 TiC 基金属陶瓷组织和性能的影响[J]. 硬质合金, 2007 (2): 65‑69.

[10] 章晓波, 刘宁, 荣春兰. ZrC 对 TiC 基金属陶瓷力学性能的影响[J]. 矿冶工程, 2008(1): 71‑74.

[11] Bargeron C B, Benson R C. X-ray microanalysis of a hafnium carbide film oxidized at high temperature[J]. Surface and Coating Technology, 1998, 36(1): 111-115.

[12] Courtright E L, Prater J T, Holcomb G R, et al. Oxidation of hafnium carbise and hafnium carbide with additions of tantalum and praseodymium[J]. Oxidation of Metals, 1991, 36(5-6): 423-437.

[13] 陈昌明, 张立同, 周万诚, 等. 硼化物陶瓷及其应用[J]. 兵器材料科学与工程, 1997(2): 68-71.

[14] Fahrenholtz W G. Refractory diborides of zirconium and hafnium[J]. Journal of American Ceramic Society, 2007, 90(5): 1347-1364.

[15] McHale E. Data collected from phase diagrams for ceramists[M]. Westerville, Ohio: American Ceramic Society, 1994.

[16] Kida. Monolithic refractory material and waste melting furnace using the same Japanese patent [P]. JP2000335969, 2000.

[17] Kaji N, Shikano H, Tanaka I. Development of ZrB_2-graphite protective sleeve for submerged nozzle[J]. Taikabutsu Overseas, 1992, 14(2): 39-43.

[18] Stucker B, Bradley W, Eubank P T, et al. Zirconium diboride/copper EDM electrodes from selective laser sintering[J]. Solid Freeform Fabrication and Symposium Processing, 1997, 1: 257-265.

[19] Jin Z J, Zhang M, Guo D M, et al. Electroforming of copper/ZrB_2 composite coating and its performance as electro-discharge machining electrodes[J]. Key Engineering Material, 2005, 291-292: 537-542.

[20] Stucker B, Malhorta M, Qu Z. Recent developments in the selective laser sintering of Zykron EDM electrodes[J]. Proceedings of the Laser Materials Processing Conference, 1999, 87(2): 158-161.

[21] Sung J, Goedde D M, Girolami G S, et al. Remote-plasma chemical vapor deposition of conformal ZrB_2 films at low temperature: A promising diffusion barrier for ultralarge scale integrated electronics[J]. Journal of Applied Physics. 2002, 91(6): 3904-3911.

[22] Murata Y. Cutting tool tips and ceramics containing hafnium nitride and zirconium diboride[P] Pat. 3487594, 1970.

[23] 张国军, 刘海涛, 邹冀, 等. 硼化锆陶瓷生命周期中的化学反应[J]. 科学通报, 2015, 60(3): 276-286.

[24] 张国军, 金宗哲. 反应合成复相陶瓷物相生成机理研究[J]. 全国结构陶瓷、功能陶瓷学术会议论文集, 1994: 373-376.

[25] 张国军, 金宗哲, 岳雪梅. 陶瓷材料的原位合成技术[J]. 中国建材科技, 1996(2), 6-11.

[26] Zhao H, He Y, Jin Z Z. Preparation of zirconium boride powder[J]. Journal of the American Ceramic Society, 1995, 78: 2534-2536.

[27] Karasev A I. Preparation of technical zirconium diboride by the carbothermic reduction of mixtures of zirconium and boron oxides[J]. Powder Metallurgy and Metal Ceramics, 1973, 12:

926－929.

[28] Funke V F, Yudkovskii S I. Preparation of zirconium boride[J]. Powder Metallurgy and Metal Ceramics, 1964, 2: 293－296.

[29] Kuzenkova M A, Kislyi P S. Preparation of zirconium diboride[J]. Powder Metallurgy and Metal Ceramics, 1965, 4: 966－969.

[30] Guo W M, Zhang G J. Reaction processes and characterization of ZrB$_2$ powder prepared by boro/ carbothermal reduction of ZrO$_2$ in vacuum[J]. Journal of the American Ceramic Society, 2009, 92: 264－267.

[31] Peshev P, Bliznakov G. On the borothermic preparation of titanium, zirconium and hafnium diborides[J]. Journal of the Less-Common Metals, 1968, 14: 23－32.

[32] Ran S L, van der Biest O, Vleugels J. ZrB$_2$ powders synthesis by borothermal reduction[J]. Journal of the American Ceramic Society, 2010, 93: 1586－1590.

[33] Ni D W, Zhang G J, Kan Y M, et al. Hot pressed HfB$_2$ and HfB$_2$－20vol%SiC ceramics based on HfB$_2$ powder synthesized by borothermal reduction of HfO$_2$[J]. International Journal of Applied Ceramic Technology, 2010, 7: 830－836.

[34] Guo W M, Zhang G J. New borothermal reduction route to synthesize submicrometric ZrB$_2$ powders with low oxygen content[J]. Journal of the American Ceramic Society, 2011, 94: 3702－3705.

[35] Kingery W D, Bowen H K, Uhlmann D R. 陶瓷导论[M]. 清华大学新型陶瓷与精细工艺国家重点实验室,译. 北京: 高等教育出版社,2010.

[36] Zhang S C, Hilmas G E, Fahrenholtz W G. Pressureless densification of zirconium diboride with boron carbide additions[J]. Journal of the American Ceramic Society, 2006, 89: 1544－1550.

[37] 白世鸿,乔生儒,舒武炳,等. 先进结构陶瓷高温力学性能测试与表征[J]. 材料工程,2000 (10): 45－48.

[38] 庄忠良,高德平. 陶瓷材料高温力学性能的几个问题[J]. 材料科学与工程,1988(3): 15－21.

[39] Parthasarathy T A, Rapp R A, Opeka M, et al. A model for the oxidation of ZrB$_2$, HfB$_2$ and TiB$_2$[J]. Acta Materialia, 2007, 55: 5999－6010.

[40] Elsner M N, Allan D, Wuchina E. Oxidation of hafnium diboride[J]. High Temperature Corrosion and Materials Chenmistry, 2000, 5: 489－501.

[41] Clougherty E V, Pober R L, Kaufman L. Synthesis of oxidation resistant metal diboride composites[J]. Transactions Metal Society, 1968, 242: 1077－1082.

[42] Bull J, White M J, Kaufman L[P]. Pat. 5750450, 1996: 53－58.

[43] Mizutani T, Tsuge A. Effect of metallic boride dispersion on fracture toughness, oxidation resistance in SiC ceramics[J]. Journal of Ceramic Society Japan, 1992, 100(8): 991－997.

[44] Talmy I G, Zaykoski J A, Opeka M M, et al. Oxidation of ZrB$_2$ ceramics modified with SiC and group Ⅳ-Ⅵ transition metal diborides[J]. Electrochamical Society Proceedings, 2001, 12: 144－158.

［45］ Cecilia B, Teodoro V, Mario T. Plasma spray deposition and high temperature characterization of ZrB$_2$- SiC protective coatings［J］. Surface and Coating Technology, 2002, 155: 260 - 273.

［46］ Pastor H, Meyer R. Study of effect of additions of silicides of some group Ⅳ-Ⅵ transition metals on sintering and high temperature oxidation resistance of titanium and zirconium borides［J］. International Review of Hautes Temperature Refractory, 1974, 11: 41 - 54.

［47］ Shaffer P T. Evaluated the oxidation resistance of ZrB$_2$ with additions of the disilicides of Ta, Nb, W, Mo, Zr, Mo0.5Ta0.5 and Mo0.8Ta0.2［J］. Ceramic Bulletin, 1962, 41(3): 96 - 103.

［48］ Strauss E L, Clougherty E V, Boenschfd F D. Structureal characteristics of a zirconium diboride composition for application to hot leading edges［J］. Space Shuttle Materials, Nat SAMPE Technicol Conferance, Society of Aerospace Material and Process Engineering, 1971, 3: 81 - 98.

［49］ Alper A. High temperature oxides, Part Ⅱ: Oxides of rare earths, titanium, zirconium, hafnium and tantalum［M］. New York: Academic Press, 1970: 176 - 185.

［50］ Radev D D, Klissurski D. Mechanochemical synthesis and SHS of diborides of titanium and zirconium［J］. Journal of Materials Synthesis and Processing, 2001, 9(3): 131 - 136.

［51］ Faherenholtz W G. Thermodynamic analysis of ZrB$_2$ - SiC oxidation: Formation of a SiC - depleted region［J］. Journal of the American Ceramic Society, 2017, 90(1): 143 - 148.

第 4 章
进气道/隔离段高温结构与材料

4.1 概述

　　超燃冲压发动机气动加热本体结构主要包括进气道、隔离段（在结构实现上，通常也包含了燃烧室前段非燃烧区）。对于马赫数 7 以下使用的超燃冲压发动机，进气道只受到气动加热，除前缘部分，本体结构温度在 1 700℃ 以下；隔离段是进气道与燃烧室的缓冲区，气流速度高，承受的压强一般在 10 atm 以下，没有燃烧发生，气动加热产生的温度一般也不会超过 1 700℃。此外，发动机尾喷管后段膨胀区，温度也低于 1 700℃。因此，进气道本体、隔离段与尾喷管后体结构的服役环境，为使用 C/SiC、C/C－SiC 材料创造了条件。本章重点介绍隔离段高温结构方案，C/SiC 与 C/C－SiC 材料，构件制备以及试验验证情况。

4.2 高温结构方案

4.2.1 典型高温结构及其材料

　　图 4.1 是一种二元形式的超燃冲压发动机，本体由二元矩形进气道、隔离段、燃烧室和尾喷管组成。其中进气道本体、隔离段为 C/SiC 或 C/C－SiC 材料，厚度 6~12 mm，燃烧室采用 Zr 或 Hf 改性的 C/C－SiC 材料，厚度 12~16 mm，尾喷管采用 Hf 改性的 C/C－SiC 材料，厚度 5~16 mm。

进气道　　隔离段　　　　　　燃烧室　　尾喷管

图 4.1　一种二元超燃冲压发动机本体组成

4.2.2　矩形隔离段

矩形隔离段服役环境如表 4.1 所示,结合 C/SiC 复合材料制备特点,隔离段构件主体采用三维针刺毡结构 C/SiC 复合材料制备,构件筒体壁厚设计为 6 mm,连接部位设计叠加壁厚 8 mm。构件主体外加加强框,以保证构件主体不会发生破坏。鉴于二维叠层结构 C/SiC 复合材料较三维针刺毡结构 C/SiC 复合材料具有更好的抗拉强度,所以外部加强框采用二维叠层结构 C/SiC 复合材料制备,加强框厚度 4 mm。隔离段结构及不同成型方案见图 4.2。

表 4.1　矩形隔离段最高温度与压力

状态	最高温度	最大压力
$Ma6/25$ km	1 500℃	1.0 MPa

图 4.2　隔离段结构及不同成型方案

如图 4.3 所示,当构件内部压力为 1 MPa 时,最大应力不超过 100 MPa,小于该材料的最大许用值 270 MPa,结构强度满足内压为 1 MPa 强度要求。

图 4.3　C/SiC 隔离段压力 1 MPa 的主应力与位移云图

4.2.3　轴对称发动机进气道

根据热环境计算结果,发动机进气道的温度与承载内压数据见表 4.2,在 *Ma*6.5 状态下进气道结构可采用国内技术成熟的 C/SiC 材料。

表 4.2　进气道最高温度与压力

状　态	对应零件	最高温度	最大压力
*Ma*6.5/26 km	副进气道	1 550℃	1.0 MPa
	主进气道	1 500℃	1.0 MPa

根据温度和内压条件,对进气道进行了初步的结构厚度估算(静载荷)。考虑到实际中复合材料具有较强的离散性,发动机工作时会有振动载荷,设计时需要增大设计裕度。此外,从结构刚性角度出发,需要保证结构具有较高的结构稳定性,因此根据研究经验,估算出副进气道壁厚尺寸为 6~8 mm。主进气道 *Ma*3.5/12 km 计算结果见图 4.4:最大变形为 2.5 mm,在进气道入口前缘处;最大应力为 181 MPa,在进气道入口的拐角处。

(a) 径向变形　　　　　　　　　　　(b) Mises应力云图

(c) 应力集中区域,Mises应力云图

图 4.4　*Ma*3.5/12 km 主进气道强度计算结果

副进气道 *Ma*3.5/12 km 计算结果见图 4.5:最大变形为 1.4 mm,在进气道入口前缘处;最大应力为 185 MPa,在进气道入口的拐角处。

(a) 径向变形　　　　　　　(b) Mises应力云图

(c) 应力集中区域，Mises应力云图

图 4.5　*Ma*3.5/12 km 副进气道强度计算结果

4.3　连续纤维增强 SiC 基复合材料

　　碳化硅(SiC)陶瓷具有低密度、耐高温、高强度、低热膨胀系数、耐磨损、耐腐蚀、低活化、抗辐照和抗氧化等一系列优异性能，是一种极具应用潜力的高性能陶瓷材料[1]。但是，单相 SiC 陶瓷本身固有脆性大和可靠性差的特性，限制了其广泛应用。为了克服 SiC 弱点，采用颗粒、晶须及纤维等增强体对 SiC 陶瓷进行改性，能够提高它的强度和韧性。基于连续 C 纤维和 SiC 纤维为增强体的改性方式，充分发挥了纤维的增强增韧作用，制备的连续纤维增强 SiC 基复合材料(C/SiC 和 SiCf/SiC)具有较高强度和韧性，以及物理和力学性能均可设计的特点，已成为航空航天领域较理想的高温结构及功能材料[2-4]。

　　连续纤维增强 SiC 基复合材料的性能主要由纤维、SiC 基体和两者间的界面决定。因此，先进增强纤维、界面性能、SiC 基体制备工艺等是研究与应用的关键。

4.3.1　碳纤维和碳化硅纤维

　　在连续纤维增强陶瓷基复合材料中，增强纤维必须具有高比强度、高比模量、高长径比、与基体相容性好、工艺性好等要求。C 纤维和 SiC 纤维是两种比较典型的非氧化物陶瓷纤维,在连续纤维增强陶瓷基复合材料中有应用较广泛[5-7]。

1. 碳纤维

碳纤维最早起源于1860年英国人用于灯丝的炭丝,经过200多年的发展,碳纤维已成为研究最成熟、性能最好的纤维之一。目前碳纤维具有低密度($1.6\sim1.8\ g/cm^3$)、高比强度、高模量、低热膨胀系数、耐高温、耐腐蚀、耐疲劳等优异性能[8]。碳纤维的制备工艺主要包括气相法和有机纤维碳化法。气相法是将小分子有机物在高温下沉积成纤维,但该种方法只能制造晶须和短纤维。有机纤维碳化法则是通过对有机先驱丝氧化、碳化和石墨化来获得纤维。连续碳纤维主要是通过有机纤维碳化法制备,根据原料的不同,碳纤维可分为黏胶基、聚丙烯腈(PAN)基和沥青基碳纤维[9]。碳纤维按力学性能分为通用级和高性能级两种,高性能级又分为标准型、高强型、高模型和高强高模型等四种类型[10]。目前,国外生产碳纤维的公司及产品主要包括:日本东丽公司生产的 T、M 和 MJ 系列;日本东邦特耐克丝(TohoTenax)公司生产的 HTA、HTS、STS 和 UMS 系列;美国赫克里士高级材料与系统公司生产的 AS、IM 及 HM 系列;美国阿莫科石油公司(American Oil Company,AMOCO)生产的 P‐X、T‐X 系列;德国西格里(SGL Carbon)公司生产的 Sigrafil 系列。国内类似 T300、T400 已经得到广泛应用,类似 T700 纤维,也开始量产应用。典型碳纤维的主要性能如表4.3所示[11,12]。

表 4.3　典型碳纤维的主要性能

典型碳纤维	密度/(g/cm³)	直径/μm	拉伸强度/GPa	拉伸模量/GPa
T300	1.76	7.0	3 530	230
T400	1.80	7.0	4 410	250
T700S	1.80	7.0	4 900	230
T800HB	1.81	5.0	5 490	294
T1000G	1.80	5.0	7 060	294
M30	1.70	6.6	3 920	294
M50	1.91	6.4	2 450	490
M35J	1.75	5.3	4 700	343
M46J	1.84	5.2	4 210	436
M60J	1.94	5.0	3 920	588
HTA5131	1.77	7.0	3 950	238
HTS5631	1.77	7.0	4 300	238

续　表

典型碳纤维	密度/(g/cm³)	直径/μm	拉伸强度/GPa	拉伸模量/GPa
STS5631	1.79	7.0	4 000	240
UMS2731	1.78	4.8	4 560	395
AS4	1.77	—	3 930	221
IM9	1.79	—	6 343	296
P55	2.00	—	1 940	387
JC‑1	1.76	7.0	4 240	220

　　碳纤维的高温性能十分优异,在惰性气氛中,其强度在 2 000℃ 范围内几乎不下降,是目前高温性能最好的一类纤维,但其最大的缺点是高温抗氧化性能较差,在氧化气氛下,温度达到 360℃ 后即出现显著的氧化失重和强度下降现象[13]。

　　2. 碳化硅纤维

　　碳化硅纤维不仅具有高比强度、高比模量、耐高温、耐腐蚀等优异性能,而且还有具有吸收电磁波的功能特性,同时碳化硅纤维的高温抗氧化性能显著高于碳纤维。目前,碳化硅纤维的制备方法主要有微粉烧结(powder sintering, PS)法、化学气相沉积(chemical vapor deposition, CVD)法、化学气相反应(chemical vapor reaction, CVR)法和前驱体转化(polymer derived, PD)法等[14-17]。

　　采用 PS、CVD 和 CVR 法制得的碳化硅纤维直径都偏粗,且 PS 和 CVR 法得到的纤维强度太低,只有 1.0~1.2 GPa,因此这三种方法制备的碳化硅纤维不适于用作高性能陶瓷基复合材料的增强纤维;而采用 PD 法得到的碳化硅纤维具有直径细、强度高、密度低和编织性好等特性,被广泛用作复合材料的增强纤维,该技术也成为碳化硅纤维制备领域的研究热点。

　　采用 PD 法制备碳化硅纤维是由日本东北大学的 Yajima 教授等[18]于 1975 年发明的,该方法是以聚碳硅烷(polycarbosilane, PCS)作为前驱体纺丝,经过低温交联和高温裂解转化为碳化硅纤维,并于 1983 年由日本碳公司完成了该纤维的商业化生产。

　　20 世纪 90 年代后,前驱体法连续碳化硅纤维的制造技术不断改进,使碳化硅纤维经历了三个阶段的发展[19-28]。第一代为高氧含量的碳化硅纤维,如 Nippon Carbon 公司生产的 Nicalon 纤维,该纤维以 Si、C、O 三种元素组成,在温度小于 1 100℃ 时具有良好的热稳定性,当温度高于 1 100℃ 时,SiC_xO_y 开始分解,随着温度的升高,分解程度加剧,同时伴随 SiC 晶粒长大,导致纤维强度急剧下降。为了提高碳化硅纤维的耐温性能,发展了第二代低氧含量的碳化硅纤维,如 Hi‑Nicalon 纤维,该种纤维中 SiC_xO_y 含量较少,温度小于 1 300℃ 时表现出较好的热稳定性;为了扩大碳化硅纤维的应用领域,必须进一步提高其耐温性能,国内外学者一方面改变交联方式,采用电子束辐射交联、热交联和化学气相交联等技术,达到降低纤维中氧含量的目的,从而提高碳化硅纤维的耐高温性能;另一方面改进前驱体,通过在前驱体中添加铝、钮、锆、硼和铪等元素,进一步提高碳化硅纤维在高温下的强度。目前,国际上耐高温碳化硅纤维(即第三代碳化硅纤维)以 Hi - Nicalon S、Tyranno SA、Sylramic 和 Siboramic 等为主,这类碳化硅纤维具有近化学计量组成,且结晶度高,使其耐高温性能较好,抗氧化和抗蠕变能力较强。目前国外采用前驱体法生产连续碳化硅纤维的公司及产品主要包括:日本碳公司(Nicalon 系列)、宇部兴产公司(Tyranno 系列)、美国道康宁公司(Sylramic 纤维)和德国拜耳(Bayer)公司(Bayer AG, Siboramic 纤维)等[29]。国内国防科技大学自20世80年代合成聚碳硅烷,并制备出碳化硅纤维,综合性能接近日本 Nicalon 纤维水平。国内厦门大学[30]也开展了该方面的研究。商品化的碳化硅纤维性能如表 4.4 所示。

表 4.4　典型商品化 SiC 纤维性能

名　称	密度/(g/cm³)	直径/μm	拉伸强度/GPa	拉伸模量/GPa
Nicalon 200	2.55	14	3.0	220
Hi – Nicalon	2.74	14	2.8	270
Hi – Nicalon – S	3.10	12	2.6	420
Tyranno – SA	3.10	11	2.5	300
Sylramic	>3.1	10	2.8~3.4	386
Siboramic	1.85	12~14	4.0	290

4.3.2　连续纤维增强 SiC 基复合材料的界面技术

纤维与基体间的界面不仅对复合材料的力学性能起着最关键作用,同时还影响着复合材料的耐高温和抗氧化等性能。界面结合强度可分为强界面结合和弱界面结合两种。

图 4.6 为两种界面结合强度的示意图,分别从单层 PyC 涂层和多层(SiC/PyC)$_n$对其增强增韧机理进行描述。从图中可以看出,弱界面结合较利于纤维脱黏和拔出,对提高复合材料韧性有极大帮助。而合适的强界面结合,不仅可以使基体裂纹在界面发生偏转和分叉来提高复合材料的韧性,同时该界面结合能较好地将载荷从基体传递到增强纤维,从而提高复合材料的强度,达到了增强增韧的目的[12]。

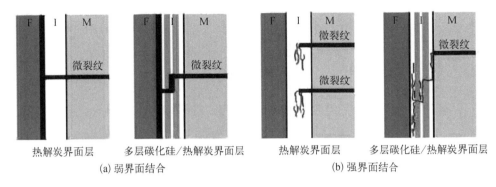

图 4.6　界面结合强度对基体裂纹的作用示意图

目前,国内外用于连续纤维增强 SiC 基复合材料的界面材料主要有 PyC(热解炭)、SiC 和 BN,其制备工艺主要采用化学气相沉积工艺,界面结构包括单层结构和多层结构两种。PyC 涂层最早用于制备 C/SiC 复合材料,目前已成为 SiCf/SiC 复合材料的首选涂层材料。制备 PyC 涂层通常采用甲烷(CH_4)、丙烯(C_3H_6)和丙烷(C_3H_8)为气源,通过 CVD 方法进行沉积。SiC 涂层较 PyC 涂层具有较好的抗氧化能力,能够有效阻止氧化气氛对纤维的侵蚀。制备 SiC 涂层通常采用三氯甲基硅烷和氢气为原料,通过 CVD 方法进行沉积。目前,单层 SiC 涂层应用于 C/SiC 复合材料的报道较少,其主要应用于 SiCf/SiC 复合材料的制备。BN 涂层具有层状结构,两个原子面间以微弱的范德华力结合,当基体裂纹扩展到该涂层时,会在弱结合的原子面间发生偏转,从而提高复合材料的韧性。同时 BN 的氧化起始温度为 800℃,明显高于 PyC 涂层,其氧化产物为熔融态 B_2O_3,具有较好的自愈合性能,BN 涂层是一种较为理想的界面材料。制备 BN 涂层通常采用氯化硼或氟化硼为硼源,氨气为氮源,H_2 或氩气为载气进行化学气相沉积。由于单层 PyC 涂层的抗氧化性能较差,阻碍了连续纤维增强 SiC 基复合材料在高温氧化环境中的使用,涂层研究的重点集中在多层结构涂层领域,已开发出了($PyC/SiC)_n$、($BN/SiC)_n$ 和($PyC/TiC)_n$ 等多层结构涂层。

4.3.3　预制体工艺

碳纤维预制体是 C/C 复合材料最基本的增强结构体(增强相)。它是由碳纤维的长丝或短切丝,通过纺织、编织或其他方法等制成的具有特定外形的纺织品、编织品的一类碳纤维预成形体的总称,是复合材料的骨架。预制体不仅决定了纤维的体积含量和纤维方向,而且影响复合材料中孔隙几何形状、孔隙的分布和纤维的弯扭程度。预制体结构同时也决定了纤维性能是否有效传递到复合材料以及影响基体的浸润和增密过程。预制体技术是 C/C 复合材料最重要的基础技术之一,决定着 C/C 复合材料的性能。

C/C 复合材料预制体的制备属于纺织业范畴,它的分类繁多,大致可以归为三类[31-33]:① 针刺预制体(2.5D 织物);② 细编穿刺预制体(3D 织物);③ 轴棒编织预制体(4D 织物)。

1. 针刺预制体(2.5D 织物)

针刺预制体[34-39]是将经裁剪的碳布和网胎(短纤维无序分布的薄毡)进行铺叠,用一种带有倒向钩刺的特殊刺针,将堆叠好的碳布和网胎在厚度方向进行针刺。刺入时,倒钩带住网胎中的纤维运动,倒钩针回升时,纤维脱离钩刺以几乎垂直状态留在毡体内,从而在厚度方向引入纤维,使网胎成为一体,同时由于摩擦作用而使网胎压缩,形成平面和层间均有一定强度的准三维网状结构增强体。严格地说,针刺预制体也是一种 3D 织物,只是其 Z 向纤维并不都是连续地贯穿整个织物,而是相邻的 Z 向纤维一次规则地后退一个或几个碳布厚度层距,因而一般称为2.5D。针刺预制体克服了 2D 铺层预制体层间强度弱的缺点,同时又克服了 3D 编织预制体工艺复杂、成本高的弱点,是目前各国争相采用的一种多用途、高技术含量的预制体成型技术。

2. 细编穿刺预制体(3D 织物)

细编穿刺 3D 织物[40-42]是机织碳布与正交非织造三向织物的组合织物。其成型工艺为:将碳布置于 Z 向钢针矩阵上端,在穿刺模板的推动下,与 Z 向钢针矩阵整体穿刺,并沿钢针下移、加压密实。重复以上过程至设定的高度后,再由碳纤维逐一替代 Z 向钢针,制成碳布整体穿刺。其工艺流程如图 4.7 所示。

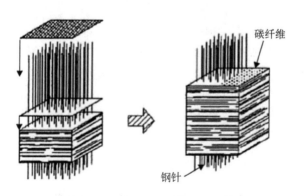

图 4.7 细编穿刺(3D 织物)生产工艺

细编穿刺织物每层碳布已预先交织成为一个整体,再通过与 Z 向钢针矩阵整体组合穿刺,碳布受"张紧挤压"作用,增加了碳布与 Z 向的摩擦作用,Z 向丝束或碳棒取代钢针后,碳布与 Z 向丝束整体捆绑,由此,细编穿刺织物不仅 $X-Y$ 向交织连接,而且 $X-Y$ 向与 Z 向高摩擦捆绑,大大增加了细编穿刺织物的整体结构,提高织物体积密度(可达 0.7 ~ 0.9 g/cm³)。细编穿刺织物成型时由于 X - Y 向碳布层叠、整体加压密实,与 Z 向钢针穿刺,使织物 Z 向与 X - Y 向形成许多相互连通的孔隙,从而有利于织物致密化工艺时碳基体的填充,缩短了达到设定密度的致密化周期。细编穿刺复合材料最大特点是:碳纤维体积含量高(40% ~ 45%),抗拉强度和拉伸模量高,优于针刺 C/C,烧蚀率较好。

3. 轴棒编织预制体(4D 织物)

轴棒编织以浸渍树脂的碳纤维通过拉挤工艺制成复合材料小棒作为基本的编织基元。这种经过固化的硬小棒可以根据需要制成圆形、方形、多边形的截面形状。轴棒编织按照预制体的形状和尺寸的要求设计特殊的工装和夹具,用于准确方便地铺放和固定碳纤维小棒,最终形成平衡和稳定的编织结构,如图 4.8 所示[43],其中 4D 预制体的纤维含量可以达到 40%。采用硬棒编织方法可以制作3D、4D、5D 直到高达 13D 的多维多向织物预制体,并可以得到较高的纤维体积含量。以 4D 织物为例,采用硬棒法编织的预制体,纤维体积含高,开孔率高,远优于其他多维编织预制体。

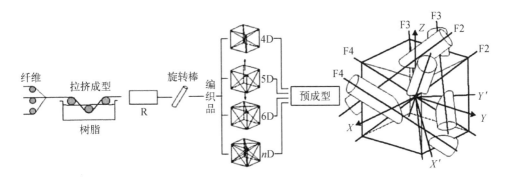

图 4.8　4D 轴棒编织预制体

　　此外,还有软硬混编的方法[44, 45],如采用细碳纤维刚性棒构成轴向(Z 向)增强网络,在垂直于轴向(X - Y 向)的平面上沿 60°、120°、180°三向针刺碳纤维纱,组成三维四向预制体,预制体密度约为 0.60 g/cm³,轴向纤维体积含量为 23%,如图 4.9 所示。研究表明此材料轴向具有较优异的抗烧蚀性能。轴棒法 C/C 最大特点是:织物中 70% 以上纤维垂直于燃气流方向,提高了材料的抗烧蚀性能,且截面内的力学、热学、烧蚀性能均匀一致,其烧蚀率较好,性能可表征性强,适于制造大型固体火箭发动机的喉衬。

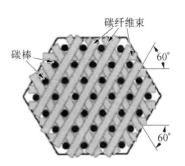

图 4.9　软硬混编预制体示意图

在编织过程中,采用不同的编织结构、不同的编织方法、不同的编织工装和设备、不同尺寸、不同形状或性状的编织基元而制成的预制体内部存在大量结构型的孔洞。结构型孔洞在预制体内呈有规律的规则分布,可以分为闭孔型和开孔型两种。闭孔型结构孔彼此孤立,难以形成连通的通道,因而不利于后续的液相浸渍和化学气相渗透。开孔型结构孔洞容易贯通连接,便于形成连通的通道,从而有利于复合致密工艺的实施,最终提高渗透率和致密效率。具有 3D 正交结构的织物预制体容易得到闭孔型的孔洞结构,因而较少采用;而非正交 3D 织物和其他 nD 织物则大多形成开孔型的孔洞结构。

4. 其他预制体

目前除了上述的预制体外,还有径棒法编织,即在石墨芯模上按一定的环向和轴向间隔,沿径向插入碳纤维刚性棒,形成放射状径向棒网络,然后将碳纤维软纱填满网络通道。另外,针对针刺毡内部纤维之间的孔隙小,在化学气相渗透(CVI)增密过程中热解炭容易优先沉积在预制体表面,出现表面孔隙堵塞,阻碍了 CVI 过程的继续进行这一现象,通过刺针密度的变化,设计了一种"中间大、两头小"的变密度预制体。采用此种方法制备复合材料增密速率较快,且材料表面孔隙不易堵塞,无须经过表面处理过程。

5. 各类预制体的对比

各类预制体都有各自的特点,在不同领域发挥着作用。表 4.5 为各类预制体 C/C 复合材料的性能对比。

表 4.5　不同工艺预制体性能对比

工 艺 形 式	碳纤维体积含量/%	实体密度/(g/cm³)	拉伸强度/MPa		杨氏模量/GPa		热膨胀系数(10^{-6}, 800℃)		热导率(800℃)/[W/(m·K)]	
			X-Y	Z	X-Y	Z	X-Y	Z	X-Y	Z
整体碳毡预制体	10.5	1.82	39.6	12.4	16.9	5.5	1.72	3.63	62.3	38.4
无纺布碳碳预制体	28.4	1.82	68.2	19.5	24.6	8.5	0.63	2.27	60.8	34
细编穿刺预制体	42.6	1.99	138.5	114.9			1.14	1.12	86.5	59.7
轴棒法编织预制体	37	2		41.7			1.28	2.97	77.9	52.7

目前我国复合材料预制体已经得到长足发展,国内很多学者对针刺毡、细编穿刺和轴棒法等预制体从工艺方法、性能特点等进行了深入研究,但还存在一定问题,例如:国内预制体品种单一,主要以针刺预制体为主,缺乏新型的三维编织和各种异形编织预制体的研究;缺乏针对预制体孔隙结构对致密化工艺的影响规律

的深入研究等。制作复合材料的成本高周期长,大多应用在军工领域,在民用领域应用不广泛,造成预制体的研究没有较大突破,创新性不高。为了进一步提高我国复合材料的技术水平,需要把预制体作为重点研究方向,针对现有预制体的不足,发展新型预制体,并加强预制体孔隙结构、纤维排布等对复合材料的力学、热物理学以及后续致密化工艺的影响的研究,提高复合材料的性能。

4.3.4　预制体致密化工艺

目前,连续纤维增强 SiC 基复合材料的制备工艺主要有前驱体浸渍裂解(polymer impregnation and pyrolysis, PIP)工艺、化学气相渗透(CVI)工艺、纳米浸渍与瞬时共晶(nano-infiltrated transient eutectoid, NITE)和反应浸渗(reaction infiltration, RI)工艺等[46]。

1. 前驱体浸渍裂解工艺(PIP)

PIP 工艺是在树脂基复合材料制备工艺基础上发展起来的,是目前发展较迅速的一种陶瓷基复合材料制备工艺。PIP 工艺制备连续纤维增强 SiC 基复合材料的基本流程为:在真空条件下将纤维预制件中的空气排出,然后在一定温度和压力下将前驱体溶液或熔融体渗入纤维预制件中,交联固化(或晾干)后,在惰性气氛下高温裂解获得 SiC 基体。并通过多次浸渍/裂解处理,获得致密度较高的复合材料。

PIP 制备工艺的关键是前驱体的开发。除聚碳硅烷(PCS)[47]外,美国 Starfire公司合成的聚丙烯羟基碳硅烷(polyallylhydridocarbosilane, AHPCS)[48-51]和日本MitSui Chemicals 公司生产的聚乙烯基硅烷(polyvinylsiloxane, PVS)也被用于制备连续纤维增强 SiC 基复合材料[52-53]。国防科学技术大学、厦门大学等陆续开发了PCS、聚甲基硅烷(polymethylsilane, PMS)、锑改性聚甲基硅烷(antimony-substituted polysilane, A‒PMS)、液态低分子聚碳硅烷(liquid polycarbosilane, LPCS)和聚乙炔基碳硅烷(polyacetylenecarbosilane, EHPCS)等前驱体[54]。

在前驱体中添加填料[55-59],如 SiC、碳化锆(ZrC)、碳纳米线(CNF)和碳纳米管(CNTs)等,常用于改善复合材料的性能。改变前驱体的裂解方式可以提高复合材料的制备效率[60]或力学性能。

PIP 工艺的主要优点是:① 前驱体具有可设计性,可控制基体的成分和结构;② 裂解温度相对较低,可避免纤维受损,且对设备要求简单;③ 可制备形状复杂构件,实现近净成型。其主要缺点是:① 前驱体裂解时放出大量气体,造成复合材料残余孔隙率较高(10%~25%);② 浸渍/裂解周期较长,成本较高。

2. 化学气相渗透工艺(CVI)

20 世纪 60 年代,在化学气相沉积(chemical vapor deposition, CVD)工艺的基础上[61],发展了 CVI 工艺[62,63]。其基本流程为:将纤维预制件置于 CVI 反应室中,进入反应室内的气态前驱体通过扩散作用渗入到纤维预制体的孔隙中,在纤维表面发生化学反应并原位沉 SiC 基体。主要优点是:① 工艺温度低,可减少高温对纤维的损伤;② 基体组成可设计,可获得不同成分和梯度分布的基体;③ 净成型,可保证制品结构的完整性,获得形状复杂构件。其缺陷在于:① 工艺设备复杂,制备周期长,成本较高;② 不适宜制备较厚制品;③ 制备过程中产生腐蚀性产物,污染环境;④ 复合材料中残余孔隙率较高(10%~20%)。

近年来,法国、美国和日本[64-71]等科学家,对采用 CVI 制备的 SiC 复合材料的室温力学性能、耐高温性能和抗氧化、疲劳蠕变等性能进行了深入研究,考察了纤维类型、界面种类和厚度等因素对复合材料性能的影响,并建立了力学和热学等性能模型[72-76]。国内西北工业大学[77-81]、上海硅酸盐研究所[82]和沈阳金属所[83,84]均开展了该领域的研究,取得了技术突破。

3. 纳米浸渍与瞬时共晶工艺(NITE)

NITE(nano-infiltrated transient eutectoid)工艺是在热压烧结(HP)工艺基础上发展起来的新型工艺。HP 工艺是一种常见的制备粉体陶瓷的传统工艺,利用该工艺制备连续纤维增强 SiC 基复合材料的研究报道相对较少,其基本流程为:首先将 SiC 粉和烧结助剂(Al_2O_3、Y_2O_3 和 CaO)与有机溶剂混合成浆料,然后浸渍纤维编织体,最后进行热压烧结获得连续纤维增强 SiC 基复合材料。

近年来,通过对 HP 工艺进行改进[85-88],开发出了 NITE 工艺。该工艺主要采用纳米级 SiC 粉末为原料,使其与烧结助剂 Al_2O_3、Y_2O_3 和 SiO_2 等混合成浆料,然后将 PyC 涂层保护的 Tyranno-SA 型 SiC 纤维编织体浸渍后烘干,最后进行热压烧结获得 SiCf/SiC 复合材料。该研究机构利用 NITE 工艺成功制备出了不同结构类型的 SiCf/SiC 复合材料[89],并针对聚变堆应用环境,对该材料进行了辐照实验[90]和氚渗透等测试[91]。

采用 NITE 工艺制备连续纤维增强 SiC 基复合材料的主要优点:① 烧结时间短,制备周期短;② 制备得到的复合材料具有高致密度、高结晶度和高热导率。其主要缺点是:① 高温高压易对纤维造成损伤,导致纤维性能下降;② 不适于制备形状较复杂的构件。

4. 反应浸渗工艺(RI)

RI(reaction infiltration)工艺制备连续纤维增强 SiC 复合材料的基本流程为:首先通过浸渍碳化(infiltration carbonization, IC)工艺或 CVI 工艺获得多孔连续纤维增强碳基中间体(C/C 和 SiC/C),然后通过中间体与硅反应获得连续纤维增强 SiC 基复合材料。根据硅源不同,RI 工艺包括液相渗硅(liquid silicon infiltration, LSI)和气相渗硅(vapor silicon infiltration, VSI)两种。

LSI 工艺是指在硅的熔点(1 410℃)以上,在毛细管力的作用下,液相硅渗入多孔碳中,同时润湿碳,并与之反应生成 SiC。传统 RI 工艺以 LSI 工艺为主,其研究主要集中在日本、美国和德国。日本东芝公司获得了弯曲强度为 1 GPa 的高强度 SiC 陶瓷[92],并证明了连续 SiC 纤维显著增强了单相 SiC 陶瓷的抗热震性能。日本京都大学 Lee 等[93-97]利用 Tyranno SA 获得了密度超过 2.9 g/cm³,弯曲强度达到 550 MPa 的 SiCf/SiC 复合材料。美国 NASA 的 Glenn 研究中心等使用不同增强纤维,首先通过 CVD 工艺在纤维表面沉积一定厚度(0.5±0.2 μm)的 BN 涂层,然后利用 CVI 工艺在纤维编织件中沉积 SiC 基体,直至纤维编织体的孔隙率达到 30%时,再采用含有 SiC 粉末的泥浆浸渍该纤维编织体,最后采用液相渗硅获得 SiCf/SiC 复合材料,其中以 Sylramic - iBN 型 SiC 纤维增强 SiC 基复合材料的性能最好,其强度可达到 512 MPa[98, 99]。德国宇航中心等主要开展了液相渗硅制备 C/SiC 复合材料的研究[100, 101],其工艺特点是采用树脂浸渍碳纤维编织体,然后固化裂解获得多孔 C/C 中间体,最后液相渗硅获得 C/SiC 复合材料。

VSI 工艺是指在高温条件下使硅熔化,产生一定量的硅蒸气,硅蒸气渗入多孔碳中,反应生成 SiC。相对于 LSI,硅蒸气更易渗入多孔碳中的孔隙,不易堵塞孔隙、生成缺陷,且有利于硅与碳的均匀接触并发生反应,从而得到均匀一致的高性能 SiC 陶瓷。VSI 工艺制备 SiC 陶瓷的研究主要集中在石墨基体表 SiC 涂层的制备方面[102-104],以及具有生物结构 SiC 陶瓷的制备领域[105, 106]。目前,受限于 SiC 纤维的成本及性能影响,很少有关于 VSI 工艺制备 SiCf/SiC 复合材料的研究报道,主要集中在 C/SiC 复合材料的制备研究。上海硅酸盐研究所周清等[107, 108]利用 VSI 工艺制备得到 3D - Cf/SiC 复合材料,其最小孔隙率达到 6%,最大弯曲强度为 240 MPa。

RI 工艺制备连续纤维增强 SiC 基复合材料的主要优点是:① 能获得结晶度高,残余孔隙率低(2%~5%)的复合材料;② 制备过程中尺寸变化极小,可实现净成型,制备形状复杂构件;③ 制备周期短,成本低。其主要缺点是:① 制备温度高,对纤维的耐温性能要求较高;② 纤维在渗硅过程中较易与硅发生反应,造成纤维受损,导致性能下降;③ 复合材料中存在一定量残余硅,硅的熔点为 1 410℃,当使用温度超过 1 400℃时,由于硅的熔化而使材料丧失机械强度,导致复合材料的高温领域应用受到限制。

采用硅合金反应浸渗获得 SiC,不仅能够显著降低制备温度,而且能有效降低 SiC 中的残余硅含量,同时反应生成的硅化物或碳化物能有效改善 SiC 性能。其反应原理与 LSI 工艺相似,在硅合金熔点以上温度,在毛细管力的作用下,液相硅合金渗入多孔碳中,硅合金与碳反应生成 SiC。美国学者 Messner 和 Singh 等[109, 110]采用 Si - Mo 合金浸渗多孔碳获得了无残余硅的 SiC 陶瓷,并研究了其浸渗反应机理。德国克劳斯塔尔工业大学 Heinrich 等[111, 112]用 Si - Mo 和 Si - Mo - Ti 合金熔融浸渗 Cf/C 获得了 Cf/XSi₂ - SiC(X = Mo、Ti)复合材料,研究发现合金元素的引入不仅降低了残余硅含量,同时也提高了复合材料的高温力学性能。

4.3.5 陶瓷前驱体

相对于采用无机法制备陶瓷材料而言,高分子陶瓷前驱体[113-117]方法具有结构可调,可形成特殊陶瓷的优点。对前驱体聚合物一般要求:可控的流变特性;深度反应性能;可控热解降解;高的陶瓷密度和产出率;对设计的陶瓷产品和微结构具有高的选择性。常见的陶瓷体聚合物如图4.10所示,典型代表有聚碳硅烷、聚硅氮烷、硼氮烷/聚硼氮烷等。前驱体聚合物在陶瓷工程中的广泛应用见图4.11。当前,聚碳硅烷应用最为成熟,它是由硅、碳及氢等元素形成的高摩尔质量、多支链的有机硅聚合物,具有流变性和热稳定性好、分子中含有一定的化学反应活性基团、聚合杂质少、合成成本低以及陶瓷收益率高等优点。广泛应用于纤维、泡沫、纳米复相陶瓷、复合材料、涂层等产品中。一般通过聚硅烷裂解制备成可溶的液体聚碳硅烷,然后再处理得到碳化硅陶瓷。由前驱体聚合物到衍生陶瓷过程,如图4.12所示。陶瓷中引入难熔金属碳化物是提高烧蚀性能的有效途径,成为超燃冲压发动机高温结构与热防护的基础性支撑技术,它的关键在于合成含 Ti、Zr、Ta、B、Hf 等元素的异质前驱体。

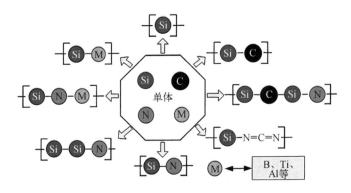

图 4.10　常见陶瓷体聚合物

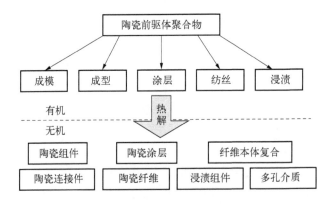

图 4.11　前驱体聚合物在陶瓷工程中的广泛应用

图 4.12　聚合物衍生陶瓷的一般过程

4.3.6　纤维增强 C/SiC 复合材料性能

1. 弯曲断裂韧性与断裂强度

1）弯曲断裂韧性与强度评估方法

目前断裂韧性测试方法有：单边切口梁法（single edge notched beam，SENB）、双扭法（double torsion，DT）、双悬臂梁法（double cantilever，DCB）、山形切口法（chevron-notch，CH）、压痕法（indentation method，IM）等。其中，单边切口梁法样品制备简单、容易操作，适用于不同温度环境下的测试，而且能同时测试得到材料的断裂韧性和断裂强度，是目前应用比较成熟的方法。

单边切口梁法基本原理：在被测样品一侧开一个很小的切口作为预制裂纹，通过三点弯曲对样品进行加载直至样品断裂，同时通过 CCD 相机或其他仪器监测样品缺口尖端处裂纹的扩展情况，原理如图 4.13 所示，一般测试加载方法，可参考图 4.14。断裂韧性和断裂强度可以通过式（4.1）、式（4.2）计算得到。

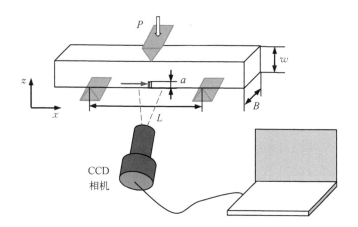

图 4.13　基于数字图像相关法的三点弯曲测试原理图

$$K_{IC} = Y \frac{3PL}{2Bw^2} \sqrt{a} \tag{4.1}$$

$$\sigma_b = \frac{3PL}{2B(w-a)} \tag{4.2}$$

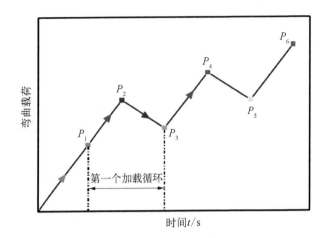

图 4.14 R 曲线特性测试循环加载曲线

式中，P 为加载载荷；L 为跨距；B 为样品的宽度；w 为样品厚度；a 为预制缺口的高度；Y 为无量纲系数，与 a/w 及加载速率有关，在 $0 \leqslant a/w \leqslant 0.6$ 范围内，可用 a/w 的指数多项式表示：

$$Y = 1.93 + 3.07\frac{a}{w} + 14.53\left(\frac{a}{w}\right)^2 - \left(\frac{a}{w}\right)^3 + 25.8\left(\frac{a}{w}\right)^4 \qquad (4.3)$$

2）常温裂强度与断裂韧性

陈俊等[118]采用以上方法，得到 C/SiC 复合材料的应变与载荷关系，如图 4.15 所示。材料在断裂之前应变变化很小，接近线性变化，呈现弹性变形。当弯曲载荷增加到某一值时，应变急剧增加，之后变为另一方向直线状态，表明材料产生裂纹扩展并失稳。在弹性变形与裂纹扩展的转变区域可以估算出材料产生裂纹的临界载荷。

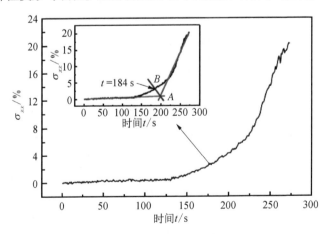

图 4.15 C/SiC 复合材料切口前沿某点应变变化

C/SiC 复合材料三点弯曲载荷-时间-挠度曲线,如图 4.16 所示。在 A 点至 B 点之间,测试样品缺口处的应变没有什么变化。B 点出现了明显的应变,缺口尖端处产生了裂纹,随着载荷的增大,裂纹开始扩展。C 点位置应变更为明显,在 D 点位置,载荷达到最大值。E 点对应样品缺口处的应变已经很大了。当载荷到达 F 点时,样品已经完全断裂,切口处的应变也达到最大值。从图中可以看到载荷随着时间不断地增大,当到达最大载荷时,带预制切口的 C/SiC 复合材料样品完全失效。此后,材料失去了承载能力,载荷急速减小,呈现出脆性断裂特性。在断裂过程中碳纤维部分断裂使材料还能承受一定的载荷,没有完全失去了承载能力,纤维有增强作用。

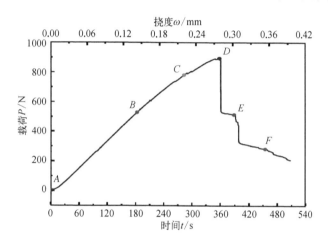

图 4.16　C/SiC 复合材料三点弯曲载荷-时间-挠度曲线

理论上,一般可取 D 点对应的载荷为材料临界载荷,用来计算材料的断裂韧性。由于在 B 点,样品缺口处已经产生了裂纹,所以取 B 点载荷为材料断裂的临界载荷,便于工程应用中能更为准确地评估 C/SiC 的使用性能。将临界载荷 P 带入式(4.1)和式(4.2)中计算得到材料的断裂韧性与断裂强度。国内不同研究者得到 C/SiC 材料的断裂韧性和断裂强度为 7~20 MPa·m$^{1/2}$和 200~325 MPa。由于测试方法和工艺过程差异,C/SiC 复合材料力学性能测试结果有一定散差,在结构设计时要充分考虑。

3）高温断裂强度与断裂韧性

陈俊等[118]也测试了高温条件下的 C/SiC 复合材料断裂强度与韧性。图 4.17 为不同温度下 C/SiC 复合材料三点弯曲载荷-时间-挠度曲线,可以看出从室温到 1 600℃下 C/SiC 复合材料的承载能力呈下降趋势。温度在低于 1 300℃时,载荷达到最大值之后,材料突然失去承载能力,表现出脆断特性。当温度高于 1 300℃时,载荷曲线均没有表现出在载荷最大值之后突然急速下降的趋势,材料表现出韧性断裂特性。

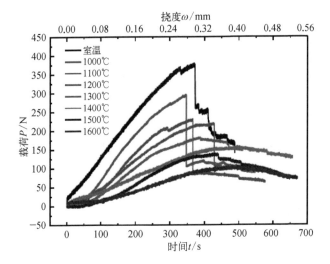

图 4.17　不同温度下 C/SiC 复合材料三点弯曲载荷-时间-挠度曲线

　　C/SiC 复合材料在不同的测试温度下,其应变与时间的变化关系如图 4.18 所示。从图中可以看出,在前一个阶段,材料的应变随着加载的时间缓慢地增大,当达到一定的加载时间时,突然急速地增大,这意味着样品缺口处有裂纹生成。为了更准确地得到裂纹产生的临界时间和对应的临界载荷,对应变曲线进行分段线性拟合,得到两条拟合直线相交于 A 点,然后作两条相交直线的角平分线与应变曲线相交于 B 点,此时 B 点对应的应变和应变时间分别为裂纹产生的临界应变与临界时间,如图 4.18 所示,为 1 300℃下样品缺口处的应变时间曲线,得到材料在 1 300℃,裂纹扩展应变大小为 2.76%,进一步可根据 B 点坐标值确定材料产生裂纹的临界载荷。

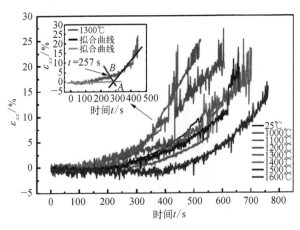

图 4.18　不同温度下 C/SiC 复合材料切口前沿某点应变演变

　　为了进一步研究温度对 C/SiC 复合材料的力学性能的影响,把得到的临界载荷带入到式(4.1)和式(4.2)中,计算得到材料在室温到 1 600℃温度下,断裂强度由 269.36 MPa 减小到 82.60 MPa,断裂韧性由 8.55 MPa·$m^{1/2}$ 减小到 2.26 MPa·$m^{1/2}$,如图 4.19 所示。国内其他研究者得到 SiC 基复合材料的断裂韧性从室温 5.7 MPa·$m^{1/2}$ 减小到 1 300℃空气中 3 MPa·$m^{1/2}$,真空 1 800℃下又减小到 2.14 MPa·$m^{1/2}$。

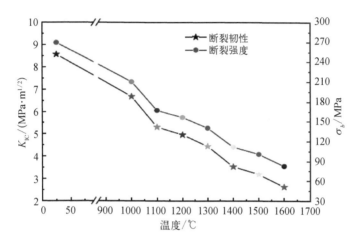

图 4.19　不同温度下 C/SiC 复合材料断裂韧性与断裂强度

2. 高温环境下 C/SiC 复合材料拉伸断裂性能

　　弹性模量是评价材料抵抗弹性变形能力的重要力学性能参数。通常可用静态法测量,即在等温条件下,通过拉伸、压缩、弯曲、扭转对材料进行缓慢加载测量材料的弹性模量。C/SiC 在不同温度环境下测试得到的拉伸应力-应变的变化规律,可参考图 4.20。如图所示,应变增大,应力升高,温度不同,斜率不同,表明温度改

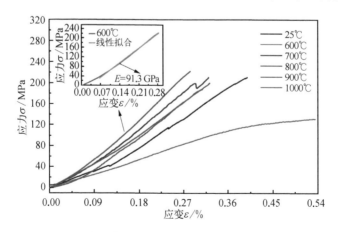

图 4.20　不同温度下 C/SiC 复合材料拉伸应力-应变曲线

变了 C/SiC 的弹性模量。对应力-应变曲线进行线性拟合,可得到曲线的斜率,即为材料的弹性模量。如图 4.20 插图所示,得到在 600℃下,C/SiC 的弹性模量为 91.3GPa。用同样方法,可得到 C/SiC 在不同温度下的弹性模量。

表 4.6 为陈俊等[118]在不同温度下测试得到的 C/SiC 弹性模量和拉伸强度。Mei 等用单轴拉伸法测试了 C/SiC 在不同温度下的弹性模量,实验结果类似,图 4.21 为其测试的拉伸载荷-时间曲线。

表 4.6   不同温度下 C/SiC 复合材料弹性模量和拉伸强度

温度 $T/℃$	25	600	700	800	900	1 000
弹性模量 E/GPa	62.7	91.3	79.2	73.4	68.9	31.6
拉伸强度 R_m/MPa	209	221.6	210.5	199.7	187.7	131.3

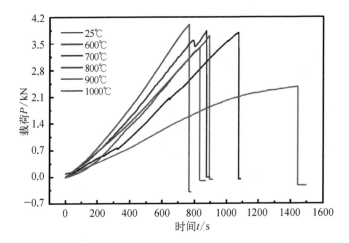

图 4.21   不同温度下 C/SiC 复合材料拉伸载荷-时间曲线

4.4   C/C - SiC 复合材料的性能和应用

C/C - SiC 复合材料[119-121]与 C/C 和 C/SiC 复合材料的区别在于基体由 C 和 SiC 两种组元组成。SiC 陶瓷基体有优秀的抗氧化性能,但是由于 SiC 基体的应变小于纤维的应变,使得基体容易开裂,在 C、SiC 双基元的 C/C - SiC 复合材料中,碳纤维和 SiC 陶瓷基体之间的热解炭的界面强度足够强,能够满足载荷传递的要求,同时,它的界面强度也能满足裂纹扩展时纤维拔出的条件,从而提高了材料的强度和韧性。

　　由于 SiC 的引进,使得 C/C‒SiC 复合材料在基本保持 C/C 复合材料的力学性能以及密度较低的基础上,氧化性能较 C/C 复合材料有较大的提高。C/C‒SiC 所具有的轻质、力学性能好、在高温下抗氧化等特点,使其能广泛应用于航空航天领域[122‒125]。

4.4.1　C/C‒SiC 复合材料的制备方法

　　C/C‒SiC 复合材料制备技术的基本要求是:① 对纤维产生的损伤较小;② 保证纤维和基体界面具有适当的结合强度;③ 制备成本低;④ 能够有效致密。目前,制备 C/C‒SiC 复合材料的主要方法包括前驱体浸渍裂解法(precursor infiltration and pyrolysis, PIP)、化学气相渗透法(CVI)、反应熔体浸渗法(reactive melt infiltration, RMI)、热压烧结法(HPS)和综合方法等,主要物理过程与 C/SiC 类似,不再赘述。

4.4.2　C/C‒SiC 复合材料的性能

　　C/C‒SiC 复合材料测试得到的抗弯强度,可参考图 4.22[126]。图中测试的最大载荷为 200 N 左右,横向断裂强度约为 181 MPa。载荷-位移曲线可以分为三个阶段:① 在达到第一个峰(180 N)之前,材料表现出近线性的载荷-位移关系;② 从第一个峰(180 N)到载荷最大值 201 N 之间的区域,材料表现出非线性的载荷-位移关系;③ 在达到最大载荷后(201 N),载荷-位移曲线表现为在波动中下降。材料表现出了典型的假塑性行为,在载荷达到峰值之前,曲线上出现的轻微的波动是由于能量的吸收和转化引起的。

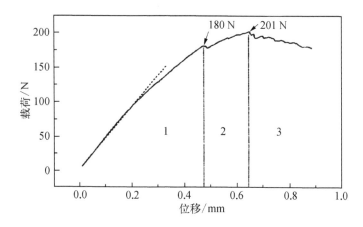

图 4.22　C/C‒SiC 复合材料(PIP)的载荷-位移曲线

图 4.23 为 PIP－RMI 制备的 C/C－SiC 复合材料的位移-载荷曲线,测试最大载荷为 128N,断裂强度为 116.3 MPa,载荷-位移曲线可以分为三个阶段: ① 在达到转折点(102 N)之前,材料表现出近线性的载荷-位移关系;② 从转折点(102 N)到载荷最大值 128 N 之间的区域,载荷-位移曲线的斜率有所下降并且出现一系列小的波动;③ 在达到最大载荷后(201 N),载荷位移曲线表现为台阶状直线下降,表现出了明显的脆性断裂行为。

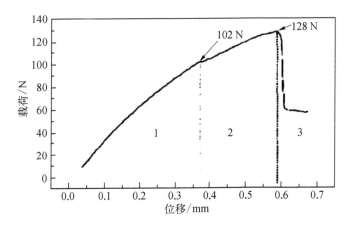

图 4.23　C/C－SiC 复合材料(PIP－RMI)的载荷-位移曲线

4.5　典型构件制备与验证

4.5.1　构件预制体

　　C/SiC、C/C－SiC 材料制备的基本思路是将碳纤维作增强材料,预先制成多孔隙的预制体,然后再以碳基体填充孔隙,逐步形成复合材料。预制体(preform,或预成型体)是采用编织方式成 2 维、3 维或多维,带 30%~70%孔隙的碳纤维层、板、体等形状,也可用浸渍树脂或沥青的碳纤维直接编织,有些是采用编织好的层状(2维)或碳毡叠层,并在 Z 向进行穿刺制成碳纤维预制体,构件的力学性能、形状取决于预制体形状、碳纤维分布与强度。

　　进气道本体与隔离段预制体多采用针刺编织(2.5D)或三维编织结构,如图 4.24所示。C/SiC、C/C－SiC 材料一方面加工比较困难,另一方面加工会对碳纤维造成一定程度破坏,影响构件强度,所以一般预制体形状和关键尺寸与最终构件基本一致,减少后续过程的加工难度。

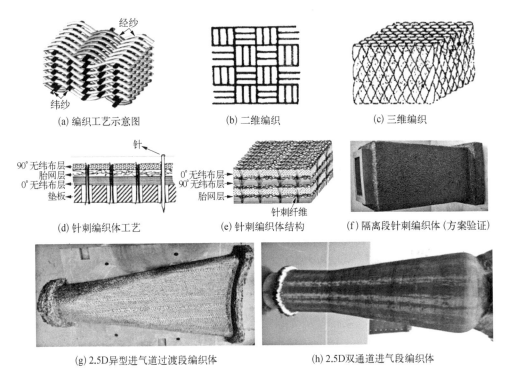

(a) 编织工艺示意图　　(b) 二维编织　　　　(c) 三维编织

(d) 针刺编织体工艺　　(e) 针刺编织体结构　　(f) 隔离段针刺编织体 (方案验证)

(g) 2.5D异型进气道过渡段编织体　　　　(h) 2.5D双通道进气段编织体

图 4.24　隔离段等预制体的工艺

4.5.2　构件预制体致密化

　　进气道、隔离段构件制备过程中,主要采用了反应熔渗透和 PIP 工艺。反应浸渗工艺制备连续纤维增强 SiC 基复合材料的工艺流程主要包括四个步骤:第一步是通过三维四向编织技术制备 SiC 及 C 纤维的编织体;第二步是通过 CVD 工艺制备 PyC 与 SiC 涂层;第三步是通过 CVI 工艺或酚醛树脂浸渗碳化工艺制备碳基中间体;第四步是通过反应浸渗工艺制备连续纤维增强 SiC 基复合材料。制备工艺流程如图 4.25 所示。

　　PIP 制备 C/SiC 工艺工程如图 4.26 所示。

　　(1) 碳纤维编织体预处理。在预制体进行浸渍前,需要对预制体进行除胶处理,未经表面处理的纤维比表面积小,表面能低,使碳纤维表面为疏水性,难以满足碳纤维与前驱体浸渍时的浸润性要求。除胶工艺:将碳纤维预制体在管炉中进行高温处理,在 N_2 气氛下,升温到 800℃,保温 1 h,完成除胶过程。为了进一步提高 C/SiC 高温耐烧蚀性能,通常在预制体表面用 CVD 工艺制备 PyC 与 SiC 涂层。

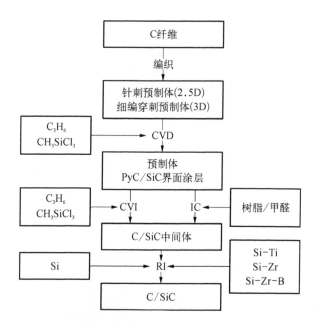

图 4.25　反应浸渗工艺制备连续纤维增强 SiC 基复合材料的工艺流程图

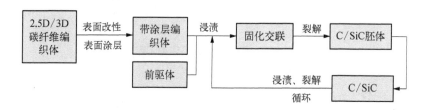

图 4.26　PIP 工艺制备连续纤维增强 SiC 基复合材料的工艺流程图

（2）PIP 制备 C/SiC 复合材料。将前驱体与预制体放入浸渍罐中,在真空容器中进行真空浸渍,通过抽真空将预制体中的气泡抽出,直到抽到负压并保持30 min 以上,使预制体充分浸渍。浸渍完后,除去表面多余前驱体,放入管式炉中进行交联固化裂解过程:在 N_2 气氛中,5℃/min 升温到200℃,保温1 h,保温结束后升温到1 000~1 600℃,保温1 h 之后,自然冷却,重复多次浸渍-交联-裂解过程,直到样品的质量增量小于1%,即完成材料致密化过程。

① 前驱体在固化交联阶段,发生了较大的基团变化,在200℃下,前驱体形成自交联反应(硅氢加成反应),Si—H 键断裂分别加成到—C≡C—的两个原子上,同时—C≡C—变成—C═C—,完成大分子交联过程。在宏观上,随着交联固化反应,前驱体发生了较大质量降低,密度增加,并有溶剂、小分子前驱体加成反应放出的小分子烷烃等气态逃逸出,导致密度增加的前驱体内含有大量的孔隙,前驱体交联产物整体变得疏松多孔,体积膨胀。② 裂解过程,在温度600℃时,—C═C—

消失,其他基团无变化,随着温度达到 800℃ 时,Si—CH₃ 键消失,前驱体产物人为非晶体,无结晶峰出现。微观上,裂解过程主要是前驱体树脂向非晶陶瓷化的转化过程。在此过程中,前驱体随温度升高逐渐由高分子转化为非晶陶瓷。在 800℃ 热处理后,—C═C— 和 Si—CH₃ 键均消失,前驱体大分子转化为 Si—C 的网状结构,形成非晶 SiC 陶瓷。宏观上,此阶段为前驱体质量降低的主要阶段。前驱体中 H 元素在高温下以小分子烷烃和 H_2 逸出,并有游离态 C 流失。③陶瓷化(800~1 600℃)过程,在 800℃ 时,前驱体已经完成了高分子基团的裂解,继续提高到 1 000℃ 以上,基团变化不大,温度提高 1 200℃ 时,前驱体裂解产物仍为非晶,但有结晶趋势。在微观上,基团基本无变化,主要是非晶陶瓷向结晶陶瓷的转化过程,元素重排与结构重组,非晶 Si—C 网状结构逐渐向结晶的 SiC 晶体结构进行转变。图 4.27 为利用 PIP 工艺制备的进气道弯管段实物照片。图 4.28 为 C/SiC 整体式隔离段试验录像截图。

图 4.27　C/C‒C/SiC 进气道弯管段

(a) 试验前　　　　　　　(b) 试验中　　　　　　　(c) 试验后

图 4.28　C/SiC 整体式隔离段

4.6　高温结构试验研究

在高温结构攻关研究阶段,主要验证 C/SiC 和 C‒C/SiC 结构与材料在进气道本体、隔离段服役环境下的耐烧蚀、抗氧化、抗热震性能。

4.6.1　试验研究对象

试验对象为一种单模块发动机本体结构,流道构型如图 4.29 所示。高温主体结构由隔离段、燃烧室Ⅰ段、燃烧室Ⅱ段三部分组成。发动机隔离段入口截面尺寸为 40 mm×75 mm,出口截面尺寸为 64 mm×105 mm,总长为 1 800 mm。隔离段材料主要为 C/SiC,燃烧室为 C/SiC 改性材料。

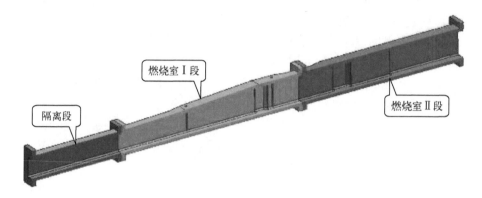

图 4.29　发动机流道构型示意图

结构方案 1 如图 4.30 所示,采用多片平板组合结构,预制体为内层 2D 叠层+外层针刺结构,层间采用铆钉加强。

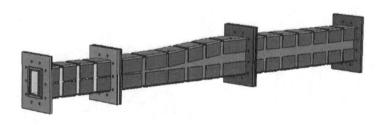

图 4.30　结构方案 1

结构方案 2 如图 4.31 所示,采用左右分体结构,燃烧室Ⅰ段采用前、后分体结构作为备选方案。

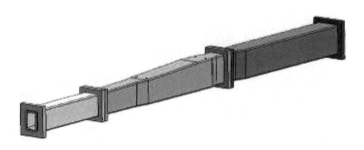

图 4.31　左右分体发动机结构示意图

4.6.2 试验方案及其结果

采用电弧加热器模拟发动机 *Ma*6 来流条件。发动机试验状态参数如表 4.7 所示。

表 4.7 发动机试验状态参数

*Ma*0	*Ma*2	总温/K	总压/MPa	流量/(kg/s)	时间/s
6	2.5	1 650	1.00	1.0	≥300

注：*Ma*0 为模拟飞行马赫数，*Ma*2 为隔离段进口马赫数。

结构方案 1 试验时间 302 s，试验按设定程序正常停车，见图 4.32。试验后发动机外壁面温度曲线如图 4.33 所示。试验后通过内窥镜检查，各部分完好烧蚀量小。

图 4.32 试验过程的发动机情况

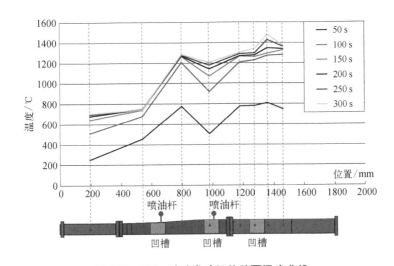
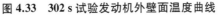

图 4.33 302 s 试验发动机外壁面温度曲线

隔离段和燃烧室Ⅰ段的最大线烧蚀深度不大于 0.5 mm,燃烧室Ⅱ段的最大线烧蚀深度由之前多套被烧穿降低至不大于 1.5 mm,燃烧室Ⅱ段质量损失和最大线烧蚀深度明显降低。

结构方案 2:试验时间 365 s,如图 4.34 所示。试验前后构件形貌如图 4.35 所示。试验后检查发现隔离段和燃烧室Ⅰ段内表面结构完好,没有氧化烧蚀涂层剥落等现象。

图 4.34　发动机试验片段

(a) 隔离段 (试验前)　　　　(b) 燃烧室Ⅰ段 (试验前)　　　　(c) 燃烧室Ⅱ段 (试验前)

(d) 隔离段 (试验后)　　　　(e) 燃烧室Ⅰ段 (试验后)　　　　(f) 燃烧室Ⅱ段 (试验前)

图 4.35　试验前后构件形貌

4.6.3　试验总结分析

以单模块发动机主体结构为对象,开展了 $Ma6$ 长时间多次试验研究。隔离段和燃烧室Ⅰ段,能够通过 $Ma6/300\ s$(或更长工作时间)考核试验,质量烧蚀率见表 4.8,近似为"零"烧蚀,这说明 C/SiC、C‒C/SiC 材料用于隔离段和燃烧室Ⅰ段能够满足马赫数使用要求。其中 5 套单模块发动机出现局部烧穿现象,均位于燃烧室Ⅱ段凹槽附近,表明凹槽附近热环境较为苛刻,单纯采用工艺改进结构和 Zr 改性,满足不了要求,该部位的热防护问题成为后续研究工作的重点。

表 4.8　隔离段和燃烧室Ⅰ段质量烧蚀率

序号	工作时间/s	隔离段单位面积质量烧蚀率/[g/(cm²·s)]	燃烧室Ⅰ段单位面积质量烧蚀率/[g/(cm²·s)]
1	220	零烧蚀	零烧蚀
2	192	零烧蚀	$2.12×10^{-4}$
3	302+90	零烧蚀	$1.97×10^{-4}$
4	365	$5.6×10^{-6}$	$8.7×10^{-6}$
5	184	零烧蚀	$1.88×10^{-4}$
6	145	零烧蚀	零烧蚀
7	232	零烧蚀	零烧蚀

参考文献

[1] Katoh Y, Snead L L, Henager C H, et al. Current status and critical issues for development of SiC composites for fusion applications[J]. Journal of Nuclear Materials, 2007(367 - 370): 659 - 671.

[2] 张立同. 纤维增韧碳化硅陶瓷基复合材料模拟、表征与设计[M]. 北京: 化学工业出版社,2009.

[3] 邹世钦,张长瑞,周新贵,等. 连续纤维增强陶瓷基复合材料在航空发动机上的应用[J]. 航空发动机,2005,31(3): 55 - 59.

[4] 张玉娣,周新贵,张长瑞. C/SiC 陶瓷基复合材料的发展与应用现状[J]. 材料工程,2005 (4): 60 - 66.

[5] 张勇,冯涤,陈希春. 连续纤维增强 SiC 复合材料制备工艺与性能研究进展[J]材料导报, 2005,19(3): 63 - 69.

[6] Jones R H, Giancarli L, Hasegawa A, et al. Promise and challenges of SiCf/SiC composites for fusion energy applications[J]. Journal of Nuclear Materials, 2002(307 - 311): 1057 - 1072.

[7] 郝元恺,肖加余. 高性能复合材料学[M]. 北京: 化学工业出版社,2003.

[8] 西鹏,高晶,李文刚. 高技术纤维[M]. 北京: 化学工业出版社,2004.

[9] 黄启忠. 高性能炭/炭复合材料的制备、结构与应用[M]. 长沙: 中南大学出版社,2010.

[10] 穆柏春,等. 陶瓷材料的强韧化[M]. 北京: 冶金工业出版社,2002.

[11] 马彦. PIP 法 Cf/SiC 复合材料组成、结构及性能高温演变研究[D]. 长沙: 国防科学技术大学,2011.

[12] Walter K. Ceramic matrix composites: Fiber reinforced ceramics and their applications[M].

Weinheim：Willey - VCH，2008.

[13] 陈朝辉,张长瑞,周新贵,等. 先驱体结构陶瓷[M]. 长沙：国防科技大学出版社,2003.

[14] Dong S M, Chollon G, Labrugere C. Characterization of nearly stoichiometric SiC ceramic fibers [J]. Journal of Materials Science, 2001(36)：2371 - 2381.

[15] Galasso F, Basche M, Kuehl K. Preparation, structure and properties of continuous silicon carbide filaments[J]. Journal of Applied Physics Letter, 1966, 9(1)：37 - 39.

[16] Okada K, Kato H. Preparation of SiC fiber from activated carbon fiber and gasesous silicon monoxide[J]. Journal of the American Ceramic Society, 1994(77)：1691 - 1693.

[17] Lipowitz J. Polymer-derived ceramic fibers[J]. Ceramic Bulletin, 1991, 70(12)：1888 - 1894.

[18] Yajima S, Hayashi J, Omori M. Development of a silicon carbide fiber with high tensile strength [J]. Nature, 1976(261)：683 - 685.

[19] Shimoo T, Morisada Y, Okamura K. Oxidation behavior of Si - C - O fiber(nicalon) under oxygen partial pressures from 102 to 105 Pa at 1 773K[J]. Journal of Arnrican Ceramcs Societies, 2000, 86(12)：3049 - 3056.

[20] Takeda M, Sakamoto J I, Imai Y. Thermal stability of the low-oxygen-content silicon carbide fiber, Hi-Nicalon TM[J]. Composites Science and Technology, 1999(59)：813 - 819.

[21] Shimoo T, Tsukada I, Seguchi T. Effect of firing temperature on the thermal stability of low-oxygen silicon carbide fibers[J]. Journal of the American Ceramic Society, 1998, 81(8)：2109 - 2115.

[22] Takeda M, Imai Y, Ichikawa H. Thermal stability of SiC fiber prepared by an irradiation-curing process[J]. Composites Science and Technology, 1999(59)：793 - 799.

[23] Sugimoto M, Shimoo T, Okamura K. Reaction mechanism of silicon carbide fiber synthesis by heat treatment of polycarbosilane fibers cured by radiation：I-evolved gas analysis[J]. Journal of the American Ceramic Society, 1995, 78(4)：1013 - 1017.

[24] 余煜玺,曹峰,李效东. 耐高温的 SiC(Al)纤维[J]. 复合材料学报,2004,21(5)：79 - 82.

[25] 余煜玺,李效东,陈国明,等. 含铝碳化硅纤维耐高温性能[J]. 硅酸盐学报,2004,32(7)：812 - 815.

[26] 郑春满,刘世利,李效东. 连续 SiC(Al)纤维的耐超高温性能及其机理[J]. 物理化学学报,2008,24(6)：971 - 976.

[27] Ishikawa T, Kohtoku Y, Kumagawa K. High-strength alkali-resistant sintered SiC fiber stable to 2 200℃[J]. Nature, 1998(391)：773 - 775.

[28] 李佑稷,曹峰,田宏观. 耐高温碳化硅纤维的制备与性能[J]. 物理化学学报,2003,19(11)：1039 - 1043.

[29] 楚增勇,冯春祥,宋永才,等. 先驱体转化法 SiC 纤维国内外研究与开发现状[J]. 无机材料学报,2002,17(2)：193 - 201.

[30] 冯春祥,薛金根,宋永才. SiC 纤维研究进展[J]. 高技术纤维与应用,2003,28(1)：15 - 22.

[31] 张力. 布带缠绕针刺 C/C 复合材料的制备与性能研究[D]. 西安：航天动力技术研究院,2016.

[32] 嵇阿琳,李贺军,崔红. 针刺炭纤维预制体的发展与应用[J]. 炭素技术,2010,29(3):23 - 27.

[33] 刘建军,李铁虎,郝志彪,等. 针刺技术在 C/C 复合材料增强织物中的应用[J]. 宇航材料工艺,2008(3):8 - 10.

[34] Richard F, James H, Donald B, et al. Advanced 3rd stage (A3S) carbon-carbon exit cone[C]. Hartford:44th AIAA/ ASME/SAE/ASEE Joint Propulsion Conference & Exhibit, 2008.

[35] Lacoste M, Lacombe A, Pichon T. 3D Novoltex and Naxeco carbon-carbon nozzle extensions; matured, industrial and available technologies to reduce programmatic and technical risks and to increase performance of launcher upper stage engines[C]. Hartford:44th AIAA/ASME/SAE/ASEE Joint Propulsion Conference & Exhibit, 2008.

[36] Lacon B, Pichon A, Lacoste T, 3D carbon-carbon composites are revolutionizing upper stage liquid rocket engine performance by allowing introduction of large nozzle extension[C]. Palm Springs:50th AIAA/ASME/ASCE/AHS/ASC Structures, 2009.

[37] Berdoyes M, Dauchier M, Just C. A new ablative material offering nozzle design breakthroughs [C]. San Diego:47th AIAA/ASME/SAE/ASEE Joint Propulsion Conference & Exhibit, 2011.

[38] Montaudon M, Fenot F, Christin F, et al. Novoltex textures for thermos-structural materials[C]. Sacramento:27th Joint Propulsion Conference. Sacramento, 1991.

[39] Michel B. Snecma propulsion solide advanced technology SRM nozzles, history and future[C]. Sacramento:42nd AIAA/ ASME/SAE/ASEE Joint Propulsion Conference & Exhibit, 2006.

[40] 朱建勋. 整体穿刺工艺碳布运动力学行为解析[C]. 北京:第十六届全国复合材料学术会议,2010.

[41] 孔宪仁,黄玉东,范洪涛,等. 细编穿刺 C/C 复合材料不同层次界面剪切强度的测试分析[J]. 复合材料学报,2001,18(2):57 - 60.

[42] 姜东华,李曼静. 多向碳/碳复合材料[J]. 新型炭材料,1987(3):6 - 15.

[43] 曹翠微,李照谦,李贺军,等. 轴棒法编织 C/C 复合材料的热物理及烧蚀性[J]. 固体火箭技术,2011,34(1):113 - 118.

[44] 苏君明,崔红,苏哲安,等. 轴棒法混编 4D 炭/炭复合材料喉衬研究[J]. 炭素,2004(1):12 - 16.

[45] 曹翠微,李照谦,李贺军,等. 轴棒法编织三维四向 C/C 复合材料压缩及弯曲性[J]. 固体火箭技术,2011,34(2):256 - 260.

[46] 赵爽,周新贵,于海蛟. 聚变堆用 SiCf/SiC 复合材料的研究进展[J]. 材料导报,2008,22(6):33 - 36.

[47] Tanaka T, Tamari N, Kondo I. Fabrication of three-dimensional tyranno fibre reinforced SiC composite by the polymer precursor method [J]. Ceramtcs lntemdonal, 1998 (24):365 - 370.

[48] Interrante L V, Jacobs J M, Sherwood W. Fabrication and properties of fiber- and particulate-reinforced SiC matrix composites obtained with (A) HPCS as the matrix source[J]. Key Engineering Materials, 1997, (127 - 131):271 - 278.

[49] Whitmarsh C K, Interrante L V. Carbosilane polymer precursors to silicon carbide ceramics [P]. Pat. 5153295, 1992.

[50] Berbon M Z, Dietrich D R, Marshall D B. Transverse thermal conductivity of thin C/SiC composites fabricated by slurry infiltration and pyrolysis [J]. Journal of the American Ceramic Society, 2001, 84(10): 2229 - 2234.

[51] Sreeja R, Swaminathan B, Painuly A, et al. Allylhydridopoly - carbosilane (AHPCS) as matrix resin for C/SiC ceramic matrix composites [J]. Materials Science and Engineering: B, 2010, 168: 204 - 207.

[52] Kohyama A, Kotani M, Katoh Y. High-performance SiC/SiC composites by improved PIP processing with new precursor polymers [J]. Journal of Nuclear Materials, 2000, 283 - 287: 565 - 569.

[53] Kotani M, Inoue T, Kohyama A. Consolidation of polymer-derived SiC matrix composites: Processing and microstructure [J]. Composites Science and Technology, 2002, 62 (16): 2179 - 2188.

[54] Fang Y H, Huang M H, Yu Z J. Synthesis, characterization, and pyrolytic conversion of a novel liquid polycarbosilane. [J]. Journal of the American Ceramic Society, 2008, 91 (10): 3298 - 3302.

[55] Zhu S M, Xi H A, Li Q. In situ growth of β - SiC nanowires in porous SiC ceramics [J]. Journal of the American Ceramic Society, 2005, 88(9): 2619 - 2621.

[56] Kotani M, Inoue T, Kohyama A, et al. Effect of SiC particle dispersion on microstructure and mechanical properties of polymer-derived SiC/SiC composite [J]. Materials Science and Engineering: A, 2003, 357: 376 - 385.

[57] Wang Z, Dong S M, Ding Y S, et al. Mechanical properties and microstructures of Cf/SiC - ZrC composites using T700SC carbon fibers as reinforcements [J]. Ceramics International, 2011(3): 695 - 700.

[58] Taguchi T, Hasegawa Y, Shamoto S. Effect of carbon nanofiber dispersion on the properties of PIP - SiCf/SiC composites [J]. Journal of Nuclear Materials, 2011(417): 348 - 352.

[59] Sun K, Yu J S, Zhang C R. In stiu growth carbon nanotube reinforced SiCf/SiC composite [J]. Materials Letters, 2012, 66(1): 92 - 95.

[60] Dong S M, Katoh Y, Kohyama A. Microstructural evolution and mechanical performances of SiC/SiC composites by polymer impregnation/microwave pyrolysis (PIMP) process [J]. Ceramics International, 2002(28): 899 - 905.

[61] Fitzer E, Hegen D. Chemical vapor deposition of silicon carbide and silicon nitride-chemistry's contribution to modern silicon ceramics [J]. Angewandte Chemie International, 1979 (18): 295 - 304.

[62] Naslain R. CVI-composties [M]. New York: Chapman Hall, 1992.

[63] 徐永东,张立同,成来飞. CVI 法制备连续纤维增韧陶瓷基复合材料 [J]. 硅酸盐学报, 1995,23(3): 319 - 326.

[64] Frety N, Molins R, Boussuge M. Oxidizing ageing effects on SiC/SiC composites[J]. Journal of Materials Science, 1992(27): 5084 – 5090.

[65] Inghels E, Lamon J. An approach to the mechanical behaviour of SiC/SiC and C/SiC ceramic matrix composites Part 2 theoretical approach[J]. Journal of Materials Science, 1991(26): 5411 – 5419.

[66] Fourvel P, Sylvestrini P, Rouillon M H. Structural modifications of a SiC/SiC material exposed to high temperatures in air[J]. Journal of Materials Science, 1990(25): 5163 – 5165.

[67] Navarre G, Rouais J C, Rouby D. Observation of crack path in a SiC/SiC fibre composite by X-ray radiography and SEM[J]. Journal of Materials Science letters, 1990(9): 636 – 638.

[68] Gomina M, Fourvel P, Rouillon M H. High temperature mechanical behaviour of an uncoated SiC/SiC composite material[J]. Journal of Materials Science, 1991(26): 1891 – 1898.

[69] Mouchtachi A, Guerjouma R E, Baboux J C. Optimal determination of the elastic constants of woven 2D SiC/SiC composite materials[J]. Journal of Physical D: Applied Physicals, 2004 (37): 3323 – 3329.

[70] Jacques S, Guette A, Langlais F. Preparation and characterization of 2D SiC/SiC composites with composition-graded C (B) interphase[J]. Journal of the European Ceramic Society, 1997 (17): 1083 – 1092.

[71] Inghels E, Lamon J. An approach to the mechanical behaviour of SiC/SiC and C/SiC ceramic matrix composites part 1 experimental results[J]. Journal of Materials Science, 1991(26): 5403 – 5410.

[72] Lara-Curzio E. Mechanical properties and performance of engineering ceramics and composites [M]. Hoboken: Wiley, 2008.

[73] Henager C H, Jones R H, Windisch C F, et al. Time-dependent, environmentally assisted crack growth in nicalon-fiber-reinforced SiC composites at elevated temperatures[J]. Metallurgical and Materials Transactions A, 1996(27): 839 – 849.

[74] Hinoki T, Lara-Curzio E, Snead L L. Mechanical properties of high purity of SiC fiber-reinforced CVI – SiC matrix composites[J]. Fusion Science Technolgy, 2003(44): 211 – 218.

[75] More K L, Ailey K S, Lowden R A. Evaluating the effect of oxygen content in BN interfacial coatings on the stability of SiC/BN/SiC composites [J]. Composites: Part A, 1999(30): 463 – 470.

[76] Youngblood G E, Senor D J, Jones R H. Optimizing the transverse thermal conductivity of 2D – SiCf/SiC composites. I. modeling [J]. Journal of Nuclear Materials, 2002(307 – 311): 1112 – 1129.

[77] Xu Y D, Cheng L F, Zhang L T, et al. High performance 3D textile Hi-Nicalon SiC/SiC composites by chemical vapor infiltration[J]. Ceramics International, 2001(27): 565 – 570.

[78] 于新民, 周万城, 罗发, 等. SiC/SiC 复合材料的力学性能[J]. 航空材料学报, 2009, 29(3): 93 – 97.

[79] Wu S J, Cheng L F, Zhang L T. Thermal shock damage of a 3D SiC/SiC composite [J].

Advanced Engineering Materrials, 2005, 7(11): 1046 – 1049.

[80] Wu S J, Cheng L F, Zhang Q. Thermophysical and mechanical properties of a three-dimensional Hi-Nicalon/SiC composite [J]. International Journal of Applied Ceramic Technology, 2006, 3(1): 75 – 79.

[81] Liu Y S, Cheng L F, Zhang L T. Fracture behaviors and mechanism of 2D C/SiC – BC$_x$ composite at room temperature [J]. Materials Science and Engineering A, 2011, 528(3): 1436 – 1441.

[82] 袁明,黄政仁,董绍明,等. 温度脉冲方法制备碳/碳化硅复合材料界面的微观结构与性能研究[J]. 无机材料学报,2007,22(2): 305 – 310.

[83] Tang S F, Deng J Y, Wang S J, et al. Fabrication and characterization of a ultra-high-temperature carbon fiber-reinforced ZrB$_2$ – SiC matrix composite [J]. Journal of the American Ceramic Society, 2007, 90(10): 3320 – 3322.

[84] Tang S F, Deng J Y, Wang S J, et al. Fabrication and characterization of C/SiC composites with large thickness, high density and near-stoichiometric matrix by heaterless chemical vapor infiltration[J]. Materials Science and Engineering: A, 2007(465): 290 – 294.

[85] Shimoda K, Park J S, Hinoki T, et al. Microstructural optimization of high-temperature SiC/SiC composites by NITE process [J]. Journal of Nuclear Materials, 2009 (386 – 388): 634 – 638.

[86] Shimoda K, Hinoki T, Kishimoto H. Enchanced high-temperature performances of SiC/SiC composites by high densification and crystalline structure [J]. Composites Science and Technology, 2011(71): 326 – 332.

[87] Park J S, Kohyama A, Hinoki T, et al. Efforts on large scale production of NITE – SiC/SiC composites[J]. Journal of Nuclear Materials, 2007(367 – 370): 719 – 724.

[88] Kishimoto H, Ozawa K, Hashitomi O, et al. Microstructural evolution analysis of NITE SiC/SiC composite using TEM examination and dual-ion irradiation[J]. Journal of Nuclear Materials, 2007(367 – 370): 748 – 752.

[89] Isobe K, Yarnanishi T, Konishi S. Tritium permeation behavior m SiC/SiC composites [J]. Fusion Engineering and Design, 2010(85): 1012 – 1015.

[90] Popper P. The preparation of dense self-bonded silicon carbide[C]. London: Proceedings of the Special Ceramics, 1960.

[91] Suyama S, Kameda T, Itoh Y. Development of high-strength reaction-sintered silicon carbide [J]. Diamond and Related Materials, 2003(12): 1201 – 1204.

[92] Lee S P, Jin J O, Park J S, et al. High temperature characterization of reaction sintered SiC based materials[J]. Journal of Nuclear Materials, 2004(329 – 333): 534 – 538.

[93] Lee S P, Katoh Y, Park J S. Microstructural and mechanical characteristics of SiC/SiC compoties with modified – RS process [J]. Journal of Nuclear Materials, 2001 (289): 30 – 36.

[94] Lee S P, Park J S, Katoh Y. Process, microstructure and flexural properties of reaction sintered

Tyranno SA/SiC composites[J]. Journal of Nuclear Materials, 2002(307 - 311): 1191 - 1195.

[95] Lee S P, Yooh H K, Park J S, et al. Reaction sintering process of tyranno SA/SiC composites and their characterization[J]. Fusion Engineering and Design, 2002(61 - 62): 717 - 722.

[96] Morscher G N, Dicarlo J A, Kiser J D. Effects of fiber architecture on matrix cracking for melt-infiltrated SiC/SiC composites[J]. International Journal of Applied Ceramic Technology, 2010, 7(3): 276 - 290.

[97] Morscher G N, Hurst J, Brewer D. Intermediate-temperature stress rupture of a woven Hi-Nicalon, BN-interphase, SiC-matrix composite in air[J]. Journal of the American Ceramic Society, 2000, 83(6): 1441 - 1449.

[98] Gowayed Y, Ojard G, Miller R, et al. Correlation of elastic properties of melt infiltrated SiC/SiC composites to in situ properties of constituent phases[J]. Composites Science and Technology, 2010(70): 435 - 441.

[99] Morscher G N. Tensile creep of melt-infiltrated SiC/SiC composites with unbalanced sylramic-iBN fiber architectures[J]. International Journal of Applied Ceramic Technology, 2010, 8(2): 1 - 12.

[100] Bhatt R T, Hurst J B, Gyekenyesi J Z. Silicon effects on properties of melt infiltrated SiC/SiC composites[C]. Florida: 24th Annual Conference on Composites, Advanced Ceramics Materials and Structures, 2000.

[101] Weigel N, Kroplin B, Dinkler D. Micromechanical modeling of damage and failure mechanisms in C/C - SiC[J]. Computational Materials Science, 1999(16): 120 - 132.

[102] 陈俊凌, 梁荣庆, 何也熙, 等. HT - 7U 装置第一壁抗热冲击 SiC 厚膜涂层研究[J]. 真空与低温, 2000, 6(4): 207 - 212.

[103] 陈俊凌, 李建刚, 辜学茂. HT - 7U 第一壁材料在 HT - 7 装置中的辐照实验研究[J]. 核聚变与等离子体物理, 2002, 22(2): 105 - 200.

[104] 付志强, 唐春和, 梁彤祥. 用化学气相反应法在石墨基体上制备 SiC 涂层[J]. 原子能科学技术, 2005(39): 79 - 82.

[105] 李翠艳, 黄剑锋, 卢靖, 等. 气相 SiO 反应渗透制备生物形态 SiC 多孔陶瓷[J]. 陕西科技大学学报, 2008, 26(2): 38 - 41.

[106] Qian J M, Wang J P, Jin Z H. Preparation and properties of porous microcellular SiC ceramics by reactive infiltration of Si vapor into carbonized basswood[J]. Materials Chemistry and Physics, 2003(82): 648 - 653.

[107] Zhou Q, Dong S M, Zhang X Y. Fabrication of Cf/SiC composites by vapor silicon infiltration [J]. Journal of the Arnrican Ceramic Society, 2006, 89(7): 2338 - 2340.

[108] Zhou Q, Dong S M, Ding Y S, et al. Three-dimensional carbon fiber-reinforced silicon carbide matrix composites by vapor silicon infiltration [J]. Ceramics International, 2009 (35): 2161 - 2169.

[109] Messner R P, Chiang Y. Liquid-phase reaction-bonding of silicon carbide using alloyed silicon-molybdenum melts[J]. Journal of the American Ceramic Society, 1990, 73(5): 1193 - 1200.

[110] Singh M. A reaction forming method for joining of silicon carbide-based ceramics[J]. Scripta Materialia, 1997, 37(8): 1151 – 1154.

[111] Esfehanian M, Guenster J, Heinrich J G, et al. High-temperature mechanical behavior of carbon-silicide-carbide composites developed by alloyed melt infiltration[J]. Journal of the European Ceramic Society, 2008(28): 1267 – 1274.

[112] Meier S, Heinrich J G. Processing-microstructure-properties relationships of $MoSi_2$-SiC composites[J]. Journal of the European Ceramic Society, 2002(22): 2357 – 2363.

[113] 李世波,徐永东,张立同. 碳化硅纤维增强陶瓷基复合材料的研究进展[J]. 材料导报, 2001,15(1): 45 – 49.

[114] 宋麦丽,傅利坤. SiC 先驱体——聚碳硅烷的应用研究进展[J]. 中国材料进展,2013, (32)4: 243 – 248.

[115] 范雪骐,陈来,吴市,等. 聚甲基硅烷/二乙烯基苯的交联和裂解[J]. 材料科学与工程学报,2007,24(6): 920 – 922.

[116] 邢欣,李效东,郭爱青,等. 聚甲基硅烷稳定性的研究[J]. 硅酸盐学报,2004,32(4): 402 – 406.

[117] 陈朝辉,等. 先驱体转化陶瓷基复合材料[M]. 北京: 科学出版社,2012.

[118] 陈俊. 服役温度下 C/SiC 复合材料力学性能实验系统研制及测试分析[D]. 湘潭: 湘潭大学,2016.

[119] Liu W C, Wei Y L, Deng J Y, et al. Carbon-fiber-reinforced C – SiC binary matrix composites [J]. Carbon, 1995, 33(4): 441 – 447.

[120] Krenkel W, Berndt F. C/C – SiC composites for space applications and advanced friction systems[J]. Materials Science and Engineering: A, 2005, 412(1 – 2): 177 – 181.

[121] 肖鹏,熊翔,张红波,等. C/C – SiC 陶瓷制动材料的研究现状与应用[J]. 中国有色金属学报,2005,15(5): 667 – 674.

[122] 甘永学. 纤维增强陶瓷基复合材料的研究及其在航空航天领域的应用[J]. 宇航材料工艺,1994,24(5): 1 – 5.

[123] 傅恒志. 未来航空发动机材料面临的挑战与发展趋向[J]. 航空材料学报,1998,18(4): 52 – 61.

[124] 张智,郝志彪,闫联生. C/C – SiC 复合材料制备方法及应用现状[J]. 炭素,2008,2: 29 – 35.

[125] 崔园园,白瑞成,孙晋良,等. 熔融渗硅法制备 C/C – SiC 复合材料的研究进展[J]. 材料导报,2011,25(1): 31 – 36.

[126] 曹柳絮. PIP 及 RMI 法制备 C/C – SiC 复合材料过程及其性能[D]. 长沙: 中南大学,2014.

第5章
复相陶瓷基复合材料与
燃烧室超高温结构

5.1 概述

纤维增强碳化硅基陶瓷在 1 650℃ 以下具有良好的高温性能和高温抗氧化性能[1-3]，能够用于超燃冲压发动机的非燃烧区结构热防护。在温度超过 2 000℃ 的燃烧室环境中，单靠 SiC 基体无法满足综合服役性能要求[4,5]，需要引入超高温陶瓷相来进一步提升复合材料的抗烧蚀性能[6]。通常是将超高温陶瓷(UTHC)与 SiC 同时引入，形成 UHTC-SiC 复相陶瓷改性基体。利用复相陶瓷中各组元间氧化行为的协同作用可以实现宽温域抗氧化[7-14]：如 ZrB_2 陶瓷，在 700℃ 开始氧化，800~900℃ 在材料表面就会形成致密的 B_2O_3 膜，可以有效阻挡氧化性气氛的向内扩散；当温度超过 1 000℃ 时，B_2O_3 挥发性显著增强，至 1 300℃ 以上时，生成的 B_2O_3 全部挥发，氧化产物为多孔固相 ZrO_2，氧化性气氛可以经过固体颗粒间的间隙以气相扩散的方式到达底层 ZrB_2 材料表面，进而发生化学反应。因此，ZrB_2 单相陶瓷在高温下的抗氧化性能急剧降低。而对于 ZrB_2-SiC 复相陶瓷来说，在 1 000℃ 以上时，B_2O_3 显著挥发的温度区间正好是 SiC 氧化生成 SiO_2 膜的温度区间，由于 SiO_2 是一种致密的氧化性气氛阻挡膜，因此可以实现 ZrB_2-SiC 复相陶瓷抗氧化温度的大幅度提高。

超高温陶瓷通常为 Zr、Hf、Ta 等难熔金属的硼化物、碳化物及氮化物，其中又以 ZrC、ZrB_2、HfC、HfB_2 最为适用[12, 15-17]。由于氧化产物的协同作用，ZrB_2-SiC 和 HfB_2-SiC 等陶瓷在不同温度区域下具有良好的抗氧化性，为此人们对 C/C-Hf(Zr)B_2-SiC、C/Hf(Zr)B_2-SiC、C/C-Hf(Zr)C-SiC 和 C/Hf(Zr)C-SiC 复相陶瓷复合材料进行了开发和深入研究[18-55]，为突破超燃冲压发动机高温结构与热防护技术奠定了材料基础。

5.2 超高温陶瓷复合材料烧蚀过程分析

对于超高温陶瓷基复合材料,仅采用超高温烧蚀试验方式来研究材料的烧蚀行为和烧蚀机理极为困难。在试验研究的基础上,根据超高温烧蚀过程特点和复合材料的烧蚀特性,综合复合材料与考核环境之间的热物理和热化学耦合作用,利用传质学、传热学、流体力学和化学反应动力学等基本理论,建立陶瓷基复合材料的烧蚀过程动力学模型,对陶瓷基复合材料制备和服役过程进行建模和数值模拟,不但有助于深化理解烧蚀过程及其机理,预测材料的烧蚀行为,而且可以分析材料在一些试验条件难以模拟的服役环境中的烧蚀机理,因而对缩短陶瓷基复合材料的研制周期、提升陶瓷基复合材料的研发能力和水平具有指导意义。

5.2.1 陶瓷基复合材料的烧蚀过程

当复合材料开始烧蚀时,表面裸露的 C 相会生成气态产物流失,留下气孔,该气孔必须由陶瓷相氧化后的体积膨胀填充,以形成致密的氧化膜。表面形成致密氧化膜,是复合材料具有优异烧蚀性能的最基本条件。如果陶瓷相氧化后的氧化物无法填充 C 相氧化留下的孔洞以及复合材料原有的气孔,或复合材料表面形成新的气孔,则复合材料的烧蚀性能会急剧下降。该状况可发生在以下情况中:① 复合材料气孔率过高,陶瓷基体氧化后的体积膨胀不足以填充材料内部的气孔;② C 相的体积分数过大,表层 C 相氧化后留下的孔洞无法由陶瓷相氧化物的体积膨胀填充;③ 陶瓷相的体积膨胀过小,无法填充 C 相氧化留下的孔洞及复合材料原有的气孔;④ 陶瓷相氧化物的挥发、冲刷、升华等现象导致表层氧化膜完整性遭到破坏,造成复合材料表面氧化膜形成新的贯穿性孔洞。

陶瓷基复合材料在烧蚀过程中的结构变化如图 5.1 所示,主要可分为氧化膜、反应界面层和未反应复合材料。根据表面氧化膜的形貌的不同,大致可分为致密氧化膜、多孔氧化膜和氧化膜被冲蚀掉(或称为无氧化膜)三种情况,多孔氧化膜又可分为有贯穿孔洞的情况和无贯穿孔洞的情况。本节中,致密氧化膜和多孔氧化膜均指氧化膜与下层复合材料结合强度较高,无较大切向宏观移动速率的情况。无氧化膜指氧化膜从主体气流中接受动量导致有很大的平行于主体气流方向的宏观移动速率,复合材料表层氧化物一生成即被冲蚀掉的情况;或者复合材料表层氧化物的饱和蒸汽压极大,一生成即挥发/升华的情况。另外,当致密氧化膜及多孔氧化膜与下层复合材料的结合强度不足以抵消主体气流传递的动量,致密氧化膜及多孔氧化膜也会有切向移动速率,这时氧化膜将有发生冲蚀或机械冲蚀的趋势,从而有向无氧化膜演变的趋势。

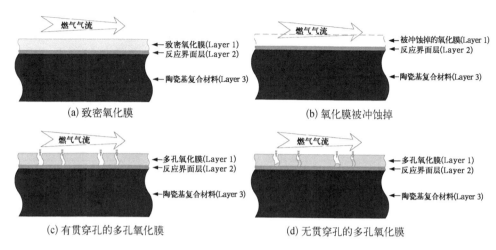

图 5.1　陶瓷基复合材料烧蚀过程中的结构示意图

　　本节中,主体气流中的能量、质量和动量经复合材料表面氧化膜、反应界面层至未反应复合材料的过程称为正向传输过程,反之,由未反应复合材料经反应界面层、表面氧化膜至主体气流的过程称为反向传输过程。在传质方面,正向传输过程为各种氧化性气体通过对流和气相扩散方式由主体气流传质到氧化物膜表面(针对致密氧化膜和多孔氧化膜)或反应界面层表面(针对氧化膜被冲蚀掉的情况),再经多孔介质中的传质(针对有贯穿孔洞的多孔氧化膜)或多孔介质中的传质和凝固相扩散(针对无贯穿孔洞的多孔氧化膜)至反应界面层;反向传输过程为气相产物(CO、B_2O_3、SiO 等)或高饱和蒸汽压的挥发性产物(SiO_2)由反应界面层经氧化物膜到达主体气流中,并随气流流失。

5.2.2　烧蚀过程中的热化学现象

　　当陶瓷基复合材料开始发生烧蚀现象后,在各层中会有不同的化学反应发生。在反应界面层中,未反应的复合材料会与传质至反应界面层的氧化性气氛发生化学反应:C 纤维和热解炭会氧化生成气态产物 CO,SiC 基体会发生活性氧化生成挥发性产物 SiO 或发生惰性氧化生成固态或液态的 SiO_2,超高温陶瓷基体会氧化生成固相产物 ZrO_2 或 HfO_2 及气态产物 CO 或 B_2O_3。若氧化性气氛为 O_2,则反应界面层中会发生的化学反应如下:

$$C + (s) + O_2(g) \longrightarrow CO(g) \tag{5.1}$$

$$SiC(s) + O_2(g) \longrightarrow SiO(g) + CO(g) \tag{5.2}$$

$$SiC(s) + O_2(g) \longrightarrow SiO_2(l) + CO(g) \tag{5.3}$$

$$ZrB_2(s) + O_2(g) \longrightarrow ZrO_2(s) + B_2O_3(g) \tag{5.4}$$

$$ZrC(s) + O_2(g) \longrightarrow ZrO_2(s) + CO(g) \tag{5.5}$$

$$HfB_2(s) + O_2(g) \longrightarrow HfO_2(s) + B_2O_3(g) \tag{5.6}$$

$$HfC(s) + O_2(g) \longrightarrow HfO_2(s) + CO(g) \tag{5.7}$$

反应界面层生成的气态产物会经过表层复相氧化膜传质到本体气流中。在此过程中,SiO 会与向内传质至氧化膜内的氧化性气氛进一步发生反应,生成凝固态 SiO_2;CO 也有可能发生进一步的氧化生成 CO_2。若以 O_2 为氧化性气氛,则反应方程式为

$$SiO(g) + O_2(g) \longrightarrow SiO_2(l) \tag{5.8}$$

$$CO(g) + O_2(g) \longrightarrow CO_2(g) \tag{5.9}$$

在本体气流和氧化膜间的界面处,未反应掉的气态产物 CO 和 SiO 会进一步氧化成 CO_2 和 SiO_2。SiO_2 会随着温度的升高而具有越来越高的饱和蒸汽压,因此在高温下挥发性大幅度增加。

5.2.3 烧蚀过程中的热物理现象

1. 正向传输过程

1) 主体气流的正向传输过程

(1) 能量传输。在超燃冲压发动机燃烧室等服役环境中,燃气流温度高于复合材料表面温度,热量由燃流主体向材料表面进行传递,包括对流传热、传导传热和辐射传热。主体气流中的能量守恒由式(5.10)给出[56-59]:

$$\rho c_p \frac{\partial T}{\partial t} + \nabla \cdot (-k_T \nabla T + \rho c_p TU + q_v) = Q \tag{5.10}$$

式中,ρ 为主体气流的密度(kg/m^3);c_p 为主体气流的比热容[$J/(kg \cdot K)$];T 为温度(T);t 为时间(s);k_T 为主体气流的导热系数[$W/(m \cdot K)$];Q 为热源项(W/m^3);U 为气体的速度矢量;q_v 为气体辐射能流密度(W/m^2),由气体发射率、玻尔兹曼常数和温度的四次方决定。对于热源项来说,气态产物 CO 和 SiO 的进一步氧化成 CO_2 和 SiO_2,SiO_2 的挥发等热物理和热化学现象均会对热源项造成影响。

(2) 质量传递。主体气流向复合材料表层氧化膜的质量传递,主要包括各种氧化性气体经过边界层向复相氧化膜表面的输运过程,包括对流传质和扩散传质。主体气流中各氧化性气体的质量守恒由式(5.11)给出[60, 61]:

$$\frac{\partial C^i}{\partial t} + \nabla \cdot (-D^i \nabla C^i + C^i U) = R^i \tag{5.11}$$

式中, C^i 为第 i 种氧化性气氛在主体气流中的摩尔浓度 (mol/m^3); D^i 为第 i 种氧化性气氛在主体气流中的扩散系数 (m^2/s); R^i 为单位时间单位体积内主体气流中第 i 种氧化性气氛的生成速率 $[mol/(m^3 \cdot s)]$。

（3）动量传递。主体气流中的动量守恒方程和连续性方程为:

$$\rho \frac{\partial \boldsymbol{U}}{\partial t} - \nabla \cdot \eta [\nabla \boldsymbol{U} + (\nabla \boldsymbol{U})^{\mathrm{T}}] + (\boldsymbol{U} \cdot \nabla \rho) \boldsymbol{U} + \nabla P = 0 \qquad (5.12)$$

$$\nabla \cdot (\rho \boldsymbol{U}) = 0 \qquad (5.13)$$

式中, η 为主体气流的黏度 $[kg/(m \cdot s)]$; P 为气体压力 (Pa)。

2）氧化膜中的正向传输过程

当氧化膜被主体气流冲蚀或者完全挥发掉时,本应氧化膜占据的空间由主体气流占据,此时被冲蚀掉的氧化膜可与主体气流合并处理,并由主体气流中的守恒方程控制。当氧化膜为致密或者多孔状时,氧化膜中的传输过程如下所述。

（1）能量传递。致密氧化膜中的能量传递以传导传热为主。多孔氧化膜的孔隙内部会有一定的速度分量,因而也会有一定的对流传热。氧化膜中的能量守恒方程为

$$\rho_1 c_{p1} \frac{\partial T}{\partial t} + \nabla \cdot (-k_{T1} \nabla T + \rho_1 c_{p1} T \boldsymbol{U}_1) = Q_1 \qquad (5.14)$$

式中, ρ_1 为氧化膜的密度 (kg/m^3); c_{p1} 为氧化膜的比热容 $[J/(kg \cdot K)]$; k_{T1} 为氧化膜的热导率 $[W/(m \cdot K)]$; Q_1 为热源项 (W/m^3),表征氧化膜中由于化学反应等因素产生或消耗的热量, $\boldsymbol{U}_1$ 为氧化膜中的速度矢量 (m/s),对于致密氧化膜, $\boldsymbol{U}_1 = 0$。下角标 1 表示氧化膜。在氧化膜中,SiC 活性氧化生成的 SiO 会在氧化膜内与向内扩散的氧化性物质发生进一步氧化生成 SiO_2;氧化膜表层与气相接触的 SiO_2 由于温度高因此饱和蒸汽压大,会有很强的挥发倾向;生成的 ZrO_2 或 HfO_2 固体同样会有一定的蒸汽压,也有一定的升华倾向。上述现象均会对热源项 Q_1 产生影响。

（2）质量传递。如果复合材料表面生成的氧化膜是致密的,则氧化膜内的传质是通过固相扩散或液相扩散（统称为凝固态扩散）进行。如果生成的氧化膜中存在多孔状贯穿孔洞,则传质优先通过多孔通道内的气相扩散进行。由于气相扩散系数往往比凝固相扩散系数大几个数量级,因而一旦氧化膜存在贯穿性孔洞而不完全致密,即会存在氧化性气氛的气相扩散通道,氧化性气氛到达反应界面层的速率便会大幅度提升,复合材料的烧蚀性能因而会快速下降。如果氧化膜中不存在贯穿性孔洞时,即靠近主体气流的表层氧化膜为多孔状而靠近反应界面层的下层氧化膜为致密,传质过程的控制方程可综合上述两种情况下的传质方程而得。

致密氧化膜中的质量守恒方程为

$$\frac{\partial C_1^i}{\partial t} + \nabla \cdot (- D_1^i \nabla C_1^i) = R_1^i \tag{5.15}$$

式中，C_1^i 为第 i 种氧化性气氛在致密氧化膜中的摩尔浓度（mol/m^3）；D_1^i 为第 i 种氧化性气氛在致密氧化膜中的凝固态扩散系数（m^2/s）；R_1^i 为单位时间单位体积内在致密氧化膜中第 i 种氧化性气氛的生成速率[mol/(m$^3 \cdot$ s)]。

对于有贯穿孔洞的多孔氧化膜来说，各种氧化性气体不但会通过固相/液相向内扩散，而且会通过气相扩散的方式在多孔通道中向内传质。由于气相扩散的传质速率要远远大于固相/液相扩散的扩散速率，因而模型中只需考虑氧化性气氛在多孔性贯穿孔洞通道内的传质，质量守恒方程为

$$\frac{\partial C_{\text{por}}^i}{\partial t} + \nabla \cdot (- D_{\text{eff}}^i \nabla C_{\text{por}}^i + C_{\text{por}}^i \boldsymbol{U}_1) = R_{\text{por}}^i \tag{5.16}$$

式中，C_{por}^i 为第 i 种氧化性气体在多孔氧化膜中的摩尔浓度（mol/m^3）；D_{eff}^i 为第 i 种氧化性气体在多孔氧化膜中的有效扩散系数（m^2/s）；$\boldsymbol{U}_1$ 为多孔氧化膜的速度矢量；R_{por}^i 为单位时间单位体积内在多孔氧化膜中第 i 种氧化性气体的生成速率[mol/(m$^3 \cdot$ s)]。

对于氧化性气体在多孔氧化膜中的扩散来说，与多孔介质的结构参数密切相关，一般可由式（5.17）表示：

$$D_{\text{eff}}^i = \frac{\varepsilon}{\tau} D \tag{5.17}$$

式中，ε 为氧化膜的孔隙率；τ 为曲折度因子。曲折度因子是一个经验系数，用来描述流体通过多孔介质的扩散路径的长度。一般认为 τ 随着孔隙率的减小而增加。

式（5.18）中的参数 D 包含 Fick 扩散和 Knudsen 扩散，可由式（5.18）给出：

$$\frac{1}{D} = \frac{1}{D_{\text{F}}} + \frac{1}{D_{\text{K}}} \tag{5.18}$$

式中，D_{F} 为 Fick 扩散系数（m^2/s）；D_{K} 为 Knudsen 扩散系数（m^2/s）；D_{F} 仅为温度的函数，而 D_{K} 与温度和孔径均相关：

$$D_{\text{K}} = \frac{2}{3} \left(\frac{8RT}{\pi M} \right)^{1/2} r \tag{5.19}$$

式中，r 为孔洞的特征半径（m）。

对于无贯穿孔的多孔氧化膜来说，上层氧化膜为多孔状而下层氧化膜为致密状，氧化性气氛在其中的传质控制方程可由式（5.15）和式（5.16）共同控制，上层多孔膜中的传质由式（5.16）决定，下层致密膜中的传质由式（5.12）决定。

（3）动量传递。如果氧化膜中固态氧化物占主导地位,氧化膜与下层复合材料的结合牢固,则主体气流中的动量不易传递到氧化膜上,即氧化膜的速度矢量非常小,基本上可以忽略不计。当氧化膜为液相或固相氧化物含量较少时,氧化膜在高温下呈流态,主体气流中的动量容易传递到流态氧化膜中,流速等于 0 的分界线会侵入流态氧化膜内甚至到达氧化膜/反应区的界面上。此时流态氧化膜有平行于主体气流的速度矢量,氧化膜会产生宏观可观察的位移,即产生冲蚀现象。严重的冲蚀会导致未氧化的复合材料直接暴露在氧化性主体气流中,从而导致复合材料的抗烧蚀性能大幅度下降。

流态氧化膜内的动量守恒方程和连续性方程为

$$\rho_1 \frac{\partial \boldsymbol{U}_1}{\partial t} - \nabla \cdot \eta_1 [\nabla \boldsymbol{U}_1 + (\nabla \boldsymbol{U}_1)^{\mathrm{T}}] + (\boldsymbol{U}_1 \cdot \nabla \rho_1) \boldsymbol{U}_1 + \nabla P_1 = 0 \quad (5.20)$$

$$\nabla \cdot (\rho_1 \boldsymbol{U}_1) = 0 \quad (5.21)$$

式中,ρ_1 为流态氧化膜的密度($\mathrm{kg/m^3}$);η_1 为流态氧化膜的黏度$[\mathrm{kg/(m \cdot s)}]$;$\boldsymbol{U}_1$ 为流态氧化膜的速度矢量($\mathrm{m/s}$);P_1 为流态氧化膜的压力(Pa)。

由动量守恒方程式(5.20)可知流态氧化膜产生的切向速度与其黏度和密度相关。温度越高则 SiO_2 等流态相的黏度越小,ZrO_2 或 HfO_2 含量越低则密度越小,均会导致流态氧化膜获得较大的剪切力和切向速度。氧化膜内流速的升高导致冲蚀或机械冲刷现象变得严重。

如果固相组分含量增多但其空间结构较简单的话,液相产物依然会通过冲蚀或挥发的方式快速流失,导致下层复合材料发生氧化,致使上层固体氧化膜的黏附力下降。上层氧化膜黏附力的下降,会导致在主体气流冲刷下突然获得一定的动量,导致表层氧化膜的机械剥蚀。相反,如果氧化膜中固相组分能够形成复杂网络结构的话,会对 SiO_2 的挥发起到很大的阻碍作用,氧化膜会与下层复合材料间始终存在较强的结合力。此时主体气流只会对氧化膜中的固相粒子在其生成位置附近产生微扰而不会产生较大的宏观可观察位移,流速等于 0 的分界线会牢牢固定在固液氧化膜和主体气流的界面上。

若氧化膜中为多孔状时,氧化性气氛在多孔介质中的动量传递可用描述多孔介质中流体黏性流动的相关定律表示。Brinkman 方程可以视为 Darcy 定律的扩展,不仅包括了描述黏性流动的项及流体的剪应力对动量传递的贡献,并且引入流速为空间变量的函数。氧化性气体在多孔氧化膜中的动量传递用 Brinkman 方程及相应的连续性方程表示[62-64]:

$$\rho_1 \frac{\partial \boldsymbol{U}_1}{\partial t} - \nabla \cdot \eta_1 [\nabla \boldsymbol{U}_1 + (\nabla \boldsymbol{U}_1)^{\mathrm{T}}] - \left(\frac{\eta_1}{\kappa_{\mathrm{por}}} \boldsymbol{U}_1 + \nabla P_1 \right) = 0 \quad (5.22)$$

$$\nabla \cdot (\rho_1 U_1) = 0 \tag{5.23}$$

式中，κ_{por} 为多孔氧化膜的渗透率（m^2）。

3）反应层内的正向传输现象

反应层内发生的热物理现象以传热和传质为主，动量传输可以忽略。

（1）能量传输。反应界面层中的能量传输以热传导为主，反应层中的能量守恒方程为

$$\rho_2 c_{p2} \frac{\partial T}{\partial t} + \nabla \cdot (-k_{T2} \nabla T) = Q_2 \tag{5.24}$$

式中，ρ_2 为反应界面层的密度（kg/m^3）；c_{p2} 为反应界面层的比热容[$J/(kg \cdot K)$]；k_{T2} 为反应界面层的热导率[$W/(m \cdot K)$]；Q_2 为反应界面层中的热源项（W/m^3），表征反应界面层中由于化学反应等因素产生或消耗的热量；下角标 2 指代反应界面层。复合材料中各组元在反应界面层中的氧化反应都会涉及能量的变化，均会对热源相 Q_2 产生影响。

（2）质量传递。反应界面层为表面氧化层和下层未氧化复合材料之间的一层消耗氧化性气氛的过渡层。氧化性气氛会在反应界面层中消耗殆尽，不会进一步向未反应复合材料进行扩散传质。但氧化层中的反应会导致反应界面层与复合材料间的分界面不断向复合材料内部侵蚀，即随着服役时间的延长，未反应复合材料的厚度会不断减小，即复合材料整体烧蚀量会不断加大。

反应层中的质量守恒方程为

$$\frac{\partial C_2^i}{\partial t} + \nabla \cdot (-D_2^i \nabla C_2^i) = R_2^i \tag{5.25}$$

式中，C_2^i 为第 i 种氧化性气氛在反应界面层中的摩尔浓度（mol/m^3）；D_2^i 为第 i 种氧化性气氛在反应界面层中的扩散系数（m^2/s）；R_2^i 为单位时间单位体积内在反应界面层中第 i 种氧化性气氛的生成速率[$mol/(m^3 \cdot s)$]。

反应界面层内的氧化性气氛的浓度是决定复合材料消耗速率核心因素之一。

4）复合材料内的正向传输过程

未反应的复合材料内部的传输过程以热量传输为主，可以忽略质量传输和动量传输。未烧蚀复合材料内部的能量守恒方程为

$$\rho_3 c_{p3} \frac{\partial T}{\partial t} + \nabla \cdot (-k_{T3} \nabla T) = Q_3 \tag{5.26}$$

式中，ρ_3 为复合材料的密度（kg/m^3）；c_{p3} 为复合材料的比热容[$J/(kg \cdot K)$]；k_{T3} 为复合材料的热导率[$W/(m \cdot K)$]；Q_3 为复合材料中的热源项[$kg/(m \cdot T^3)$]，表征

复合材料层中产生或消耗的热量;下角标 3 指代未反应的复合材料。

方程(5.10)~方程(5.26)表征了主体气流中的热量、动量和质量经氧化膜、反应界面层和复合材料的正向传输过程。

2. 反向传输过程

反向传输过程主要包括复合材料氧化生成的挥发性气态产物经过氧化膜向主体气流的质量传输过程。

1) 反应界面层的反向传质过程

反应层中反应产物反向扩散的质量守恒方程为

$$\frac{\partial C_2^j}{\partial t} + \nabla \cdot (-D_2^j \nabla C_2^j) = R_2^j \tag{5.27}$$

式中,C_2^j 为第 j 种气态氧化产物在反应界面层中的摩尔浓度(mol/m³);D_2^j 为第 j 种气态氧化产物在反应界面层中的扩散系数(m²/s);R_2^j 为单位时间单位体积内在反应界面层中第 j 种气态氧化产物的生成速率[mol/(m³·s)]。对于 C 纤维增强锆铪系超高温陶瓷来说,j 可为 CO、B_2O_3 及 SiO。若反应界面层温度极高,SiO_2 过高的饱和蒸汽压会导致其极易挥发,则 j 亦可为 SiO_2。

2) 氧化层中的反向传质过程

若复合材料表面生成致密氧化膜,则氧化膜中气态氧化产物反向扩散的质量守恒方程为

$$\frac{\partial C_1^j}{\partial t} + \nabla \cdot (-D_1^j \nabla C_1^j + C_1^j \boldsymbol{U}_1) = R_1^j \tag{5.28}$$

式中,C_1^j 为第 j 种氧化产物在氧化膜中的摩尔浓度(mol/m³);D_1^j 为第 j 种氧化产物在氧化膜中的扩散系数(m²/s);R_1^j 为单位时间单位体积内在氧化膜中第 j 种气态氧化产物的生成速率[mol/(m³·s)]。对于 C 纤维增强锆铪系超高温陶瓷来说,j 可为 CO、B_2O_3 及 SiO。如果反应层和氧化膜间界面处的蒸汽压过大,会在氧化膜表面生成可观测的气泡。

对于有贯穿孔洞的多孔氧化膜来说,各种氧化产物不但会通过固相/液相向外扩散,而且会通过气相扩散的方式在贯穿性多孔通道中向外传质。由于气相扩散的传质速率要远远大于固相/液相扩散的扩散速率,因而模型中只需考虑各种气态氧化产物在多孔通道内的传质。各种气态氧化产物在有贯穿孔洞的多孔氧化膜中的质量守恒方程为

$$\frac{\partial C_{\text{por}}^j}{\partial t} + \nabla \cdot (-D_{\text{eff}}^j \nabla C_{\text{por}}^j + C_{\text{por}}^j \boldsymbol{U}_1) = R_{\text{por}}^j \tag{5.29}$$

式中,C_{por}^{j}为第j种气态氧化产物在贯穿性多孔氧化膜中的摩尔浓度(mol/m³);D_{eff}^{j}为第j种气态氧化产物在贯穿性多孔氧化膜中的有效扩散系数(m²/s);R_{por}^{j}为单位时间单位体积内贯穿性多孔氧化膜中第j种气态氧化产物的生成速率[mol/(m³·s)]。对于C纤维增强锆铪系超高温陶瓷来说,j可为CO、B_2O_3及SiO。当服役温度足够高时,SiO_2在固相网络结构中的挥发也必须考虑,即j可为CO、B_2O_3、SiO及SiO_2。

对于无贯穿孔洞的多孔氧化膜来说,方程(5.28)和方程(5.29)共同控制着质量传输过程。在靠近反应界面层的致密氧化膜中的传质过程由方程(5.28)决定,靠近主体气流的贯穿性多孔氧化膜中的传质过程由方程(5.29)决定。

3）主体气流中的反向传质过程

主体气流中挥发性或气相反应产物反向扩散的质量守恒方程为

$$\frac{\partial C^{j}}{\partial t} + \nabla \cdot (-D^{j}\nabla C^{j} + C^{j}\boldsymbol{U}) = R^{j} \tag{5.30}$$

式中,C^{j}为第j种挥发性或气相反应产物在主体气流中的摩尔浓度(mol/m³);D^{j}为第j种挥发性或气相反应产物在主体气流中的扩散系数(m²/s);R^{j}为单位时间单位体积内在氧化膜中第j种挥发性或气相反应产物的生成速率[mol/(m³·s)]。对于C纤维增强锆铪系超高温陶瓷来说,j可为CO_2、B_2O_3或SiO。当烧蚀温度足够高,气体流速较大时,复合材料表面生成的液相SiO_2相会有很大的饱和蒸汽压,SiO_2的挥发越发明显此时j可为CO_2、B_2O_3、SiO及SiO_2。

除了上述主要的热物理化学现象外,还会发生固相颗粒间的烧结、固相氧化物在高饱和蒸汽压下的升华、氧化产物间的反应及分解、氧化产物间的熔解等现象,本模型未加以考虑。

5.2.4　复合材料烧蚀厚度的变化方程

随着烧蚀过程的进行,反应界面层不断向复合材料内部侵蚀,未反应的复合材料的厚度δ是烧蚀时间的函数。

由于化学反应速度随温度呈指数变化而气相扩散速率随温度通常呈幂指数变化,温度的升高对化学反应速度的影响远大于对气相扩散速率的影响。因而对于氧化膜被完全冲蚀掉的情况,复合材料的烧蚀受氧化性气氛气相传质到反应界面层的传质速率控制。在超高温环境中,由于气相传质速率大并且化学反应速率极快,因而氧化膜被冲蚀掉就意味着复合材料的烧蚀性能急剧下降。

在超燃冲压发动机环境等极高服役温度下,不管氧化性气氛是通过固相扩散还是液相扩散到达反应界面层,相比于化学反应速度来说,均是相对较慢的。因此,当表面形成致密氧化膜时,复合材料的烧蚀受氧化性气氛通过致密氧化膜的凝固相扩散控制。

对于氧化膜为多孔状的情况,各氧化性气氛通过多孔氧化膜的气相(有贯穿孔洞)或气相/凝固相扩散(无贯穿孔)控制着复合材料的烧蚀过程,是一种介于致密氧化膜和无氧化膜之间的一种过渡状况。当多孔氧化膜中存在贯穿孔洞或固相网络结构简单时,氧化膜的孔隙结构相应简单,气相扩散通道的曲折度小时,复合材料烧蚀性能较差;当多孔氧化膜中不存在贯穿孔洞或固相网络结构复杂时,氧化膜的孔隙结构相应复杂,气氛传质过程的阻力变大,复合材料的烧蚀性能相对较好。

1. 无氧化膜

当氧化膜被完全冲蚀掉或无氧化膜时,烧蚀过程由气相传质控制。若假设复合材料的氧化反应为一级反应,则反应速率 $r^k[\mathrm{mol}/(\mathrm{m}^2 \cdot \mathrm{s})]$ 可由式(5.31)表示:

$$r^k = K^k C^i \tag{5.31}$$

式中,r^k 为复合材料烧蚀过程中第 k 个反应的反应速率常数(m/s);C^i 为反应界面层中氧化性气体的摩尔浓度(mol/m³),可由上述传递方程联立求解确定。

反应速率常数 K 可近似表示成 Arrhenius 形式:

$$K^k = k_0^k \exp\left(\frac{-E_r^k}{RT}\right) \tag{5.32}$$

式中,k_0^k 为针对第 k 个化学反应的指前因子(m/s);E_r^k 为第 k 个化学反应的表观反应活化能(J/mol)。

将式(5.32)代入式(5.31)中,则复合材料烧蚀过程中第 k 个反应的反应速率可用式(5.33)表示:

$$r^k = k_0^k C^i \exp\left(\frac{-E_r^k}{RT}\right) \tag{5.33}$$

式中,E_r^k、k_0^k 的值均可通过实验测得。

反应速率 r^k 视为单位时间内,单位复合材料表面积上第 k 个化学反应对应的反应物的消耗量或产物的增加量,因而烧蚀过程中复合材料被消耗掉的厚度为

$$\delta = \sum_k \frac{\lambda^k M^k k_0^k C^i}{\rho^k} \exp\left(\frac{-E_r^k}{RT}\right) t \tag{5.34}$$

式中,λ^k 为第 k 个化学反应方程的系数,表征每摩尔氧化性气体所能够消耗掉的复合材料的对应组元。ρ^k 和 M^k 分别为第 k 个化学反应中所对应的复合材料组元的密度(kg/m³)和摩尔质量(kg/mol),t 为烧蚀时间(s),求和符号表明对所有化学反应所消耗的复合材料的求和。

由式(5.34)可求出气相传质控制时不同状态下复合材料的烧蚀率。由式

(5.34)可以看出,当复合材料表面生成的氧化膜被完全冲蚀掉后,复合材料的线烧蚀率与烧蚀时间呈线性变化的关系,反应界面层中氧化性气氛的浓度和反应速率为复合材料线烧蚀率的主要决定因素。由于高温状态下反应速率极大,并且气体经过气相传质到达反应界面层的传质速率也较大,因而线性烧蚀模式时复合材料的线烧蚀率极大。

2. 致密氧化膜

当复合材料表面存在致密氧化膜时,烧蚀过程由氧化性气氛在致密氧化膜中的凝固相扩散控制。

设在某一时刻 t,致密氧化膜的厚度为 δ,经过 dt 时间,通过氧化膜单位截面的第 i 种氧化性气体的物质的量为 dn^i,则有

$$\frac{dn^i}{dt} = -D_1^i \frac{dC_1^i}{d\delta^i} \qquad (5.35)$$

式中,D_1^i 为第 i 种氧化性气体在氧化膜内的扩散系数(m^2/s);$d\delta^i$ 为第 i 种氧化性气体所引起的氧化膜的厚度变化(m)。

由化学反应式可知每生成 1 mol 固相氧化物所消耗的第 i 种氧化性气体的摩尔量,因而有

$$dn^{ik} = \frac{\rho_k d\delta^i}{\lambda^k M^k} \qquad (5.36)$$

式中,n^{ik} 为第 k 个化学反应消耗掉的第 i 种氧化性气体的摩尔量,即有 $dn^{ik} = \sum_k dn^{ik}$。

若仅考虑稳态扩散,有

$$\frac{dC_1^i}{d\delta^i} = \frac{C^i}{\delta} \qquad (5.37)$$

式中,C^i 为主体气流中第 i 种氧化性气体的摩尔浓度(mol/m^3)。

综合式(5.35)~式(5.37),得

$$\frac{d\delta^i}{dt} = \frac{\lambda^k M^k D_1^i C^i}{\rho_k \delta} \qquad (5.38)$$

式中,仅考虑固相或液相氧化物所引起的氧化膜的厚度变化。虽然气相产物会消耗氧化性气体,但不引起氧化膜厚度的变化。

假设初始条件为 $t=0$ 时 $z=0$,

$$\delta^i = \sqrt{\frac{2\lambda^k M^k D_1^i C^i}{\rho_k}t} \tag{5.39}$$

对所有反应物求和可得第 i 种氧化性气氛引起的总的氧化膜厚度变化：

$$\delta = \sum_i \sqrt{\frac{2\lambda^k M^k D_1^i C^i}{\rho_k}t} \tag{5.40}$$

由复合材料的各组元体积分数、密度和反应物的密度可求得复合材料氧化后生成氧化膜的体积膨胀率,设为 α,则可求得单位时间内复合材料的消耗厚度：

$$\delta = \frac{\sum_i \sqrt{\frac{2\lambda^k M^k D_1^i C^i}{\rho_k}t}}{\alpha} \tag{5.41}$$

式(5.41)中,氧化性气氛在致密氧化膜中的扩散系数 D_1^i 可用 Arrhenius 关系近似表示为

$$D_1^i = D_0^i \exp\left(\frac{-Q^i}{RT}\right) \tag{5.42}$$

式中,D_0^i 和 Q^i 为第 i 种氧化性气氛在致密氧化膜中扩散所对应的指前因子(m^2/s)和表观扩散活化能(J/mol)。

由式(5.41)可以求出凝固相扩散控制时不同状态下复合材料的烧蚀率。由式(5.40)可知,当复合材料表面生成致密氧化膜时,复合材料的线烧蚀率与烧蚀时间呈抛物线变化的关系,氧化性气氛经致密氧化膜至反应界面层中的摩尔浓度是复合材料线烧蚀率的主要决定因素。较之于气相传质,氧化性气氛经过凝固相的扩散速率大幅降低,因而抛物线烧蚀模式时复合材料的烧蚀性能极佳。

3. 多孔氧化膜

(1) 多孔氧化膜中存在贯穿孔洞。当多孔氧化膜中存在贯穿孔时,氧化性气氛优先通过这些贯穿孔的气相传质到达反应界面层中进而发生底层复合材料的氧化,氧化性气氛通过贯穿孔道的传质速度控制着复合材料的烧蚀过程,复合材料消耗掉的厚度可由无氧化层的情况修正求得

$$\delta = \sum_k \frac{\lambda^k M_{\text{por}}^k k_0^k C_2^i}{\rho_{\text{por}}^k}\exp\left(\frac{-E_r^k}{RT}\right)t \tag{5.43}$$

式中,下角标 por 表征多孔氧化膜中的物性参数;C_2^i 为第 i 种氧化性气氛经多孔介质后到达反应界面层的摩尔浓度(mol/m^3)。

（2）多孔氧化膜中不存在贯穿孔洞。当多孔氧化膜中不存在贯穿孔洞时，多孔氧化膜由表层贯穿孔和下层致密氧化膜组成。氧化性气氛首先通过气相传质而后通过凝固相扩散到达反应界面层中，复合材料的烧蚀模式介于线性烧蚀和抛物线烧蚀之间，氧化性气氛通过下层致密氧化膜的凝固相扩散速率控制着复合材料的烧蚀过程，复合材料消耗掉的厚度可由致密氧化层的情况修正求得：

$$\delta = \frac{\sum_i \sqrt{\dfrac{2\lambda^k M_k D_1^i C_{\text{por}}^i}{\rho_k} t}}{\theta \alpha} \tag{5.44}$$

式中，C_{por}^i 为第 i 种氧化性气氛到达多孔介质中下层致密氧化膜处的摩尔浓度（mol/m³）；θ 为下层致密氧化膜的厚度与多孔氧化膜总厚度的比例系数。下层致密氧化膜占比越小，θ 越小，复合材料消耗的厚度越大。

5.2.5　边界条件和初始条件

对于能量守恒方程，在燃流入口处，可设热流密度为一定值：

$$q \cdot n = q_0 \tag{5.45}$$

在燃流出口处，可设对流传热控制着热量传递，即通过该边界传导引起的热通量为 0：

$$- k_T \nabla T \cdot n = 0 \tag{5.46}$$

在材料背温面处，可根据温度测量，设定温度为某一定值，该值可随烧蚀过程而变：

$$T = T_0(t) \tag{5.47}$$

对于致密氧化层和多孔氧化层来说，在氧化层与主体气流的界面处，由于氧化层对主体气流的辐射吸收，可设

$$q \cdot n = \varepsilon \sigma (T_{\text{amb}}^4 - T^4) \tag{5.48}$$

式中，ε 为氧化层的表面吸收率；σ 为玻尔兹曼常数 [W/(m² · K⁴)]；T_{amb} 为主体气流的平均温度（K）。

对于质量守恒方程来说，在各层间的公共边界上，质量通量保持连续。例如在主体气流和多孔氧化膜的界面处，有

$$n \cdot (-D \nabla C + CU) = n \cdot (-D_{\text{eff}} \nabla C + CU_1) \tag{5.49}$$

对于动量守恒方程,在多孔氧化层和主体气流的公共边界上,速度和压力值应保持连续:

$$U = U_1, \ P = P_1 \tag{5.50}$$

在 $t = 0$ s 时,可设氧化膜厚度为 0、各氧化产物的摩尔浓度为 0,各氧化性气氛的摩尔浓度可根据燃气环境而定。

上述正向传输控制方程、反向传输控制方程、复合材料烧蚀厚度的变化方程结合合理的边界条件和初始条件,组成了陶瓷基复合材料烧蚀过程的数学模型,将上述方程迭代耦合求解,可得到不同状态下复合材料的烧蚀动力学变化规律。

由该模型可知,烧蚀过程是个极端复杂的动力学过程,主体气流的流速和热流密度、各氧化性气氛的分压,氧化膜的黏度、密度、热导率、热容和辐射吸收系数,反应界面层的热导率、热容和密度,未反应复合材料的热导率、热容和密度,氧化性气氛及挥发性反应产物在氧化膜和反应界面层中的扩散系数等多种因素都会对复合材料的烧蚀动力学过程产生影响。

当复合材料开始发生烧蚀现象后,复合材料与燃气气流间会发生一系列的热物理现象和热化学现象。包括发生在燃流本体与氧化物层间的能量传递、质量传递和动量传递,发生在氧化物层与反应层间的质量传递和能量传递,发生在反应层与未反应复合材料间的能量传输,氧化性气氛由本体气流经氧化物层向反应层的传质过程,挥发性气态产物由反应层经氧化物层向本体气流的反向传质过程,以及各层内部和界面处的热化学反应等。上述各种热物理、热化学现象间的耦合作用,决定着陶瓷基复合材料服役过程的烧蚀动力学特征。动量传递决定了不同位置的流速快慢,直接影响对流传热和对流传质的过程,也影响表层氧化膜的切向流动速度;热量传递决定了复合材料不同位置的温度高低,温度的高低极大地影响着复合材料、氧化性气氛及挥发性产物的各种物性参数的大小,各相的黏度、密度、扩散系数、热导率、热容等物性参数以及化学反应过程的反应速率常数均为温度的函数,因而传热过程会影响到动量传递、质量传递和化学反应过程;化学反应会不但会产生氧化产物和消耗氧化性气体从而对质量传递产生影响,还会由于化学反应放热或吸热而对能量传递产生影响;质量传递决定着各层中氧化性气氛和氧化反应产物的浓度,因而影响着界面反应速度进而影响能量传递和动量传递过程。根据以上分析可知,陶瓷基复合材料的超高温烧蚀过程是一个多物理化学场耦合的复杂的动力学过程,多个物理场之间必须耦合考虑,才能理解陶瓷基复合材料烧蚀过程中各种热物理热化学现象的复杂相互关系。

由该模型可知,在某一特定烧蚀状态中,不同复合材料会因为自身材料组成不同而出现不同结构的表层氧化膜,从而出现不同的烧蚀模式。当复合材料表面原位生成的氧化膜为致密状态时,氧化性气氛通过致密氧化膜的固相/液相扩散速率控制着烧蚀过程,烧蚀动力学过程遵循抛物线规律。当氧化膜被完全冲蚀掉时,氧化性气氛通过气相扩散至反应界面层的速率控制着烧蚀过程,烧蚀动力学过程遵循线性规律。当氧化膜为多孔状并存在贯穿孔洞时,氧化性气氛通过多孔氧化膜的气相扩散控制着烧蚀过程;当多孔氧化膜汇总不存在贯穿孔洞时,氧化性气氛通过下层致密氧化膜的凝固相扩散控制着烧蚀过程;两种情况下,烧蚀动力学过程介于抛物线规律和线性规律之间。

除了上述提及的几种情况外,复合材料烧蚀过程中还经常遇到机械剥蚀的情况。对于超高温复相陶瓷基复合材料来说,表层复相氧化膜中液相 SiO_2 挥发后,下层氧化膜中的 SiO_2 相会经由上层多孔固相氧化膜向主体气流中的扩散而流失。当复相氧化膜中 SiO_2 流失殆尽后,氧化性气氛经由多孔氧化膜中的气相扩散即可到达下层未反应复合材料,导致下层复合材料的氧化。当下层复合材料氧化到一定程度后,上层固相多孔氧化膜与复合材料间的黏附力大幅度降低,导致多孔固相氧化膜会突然从主体气流中获得动量而发生整体机械剥蚀的现象。出现机械剥蚀后,下层复合材料直接暴露于氧化性气氛中,复合材料又开始发生下一个"无氧化膜→致密氧化膜→多孔氧化膜→氧化膜机械剥蚀"的循环。因而,对于表层氧化膜发生机械剥蚀的情况,可以视为复合材料表面周期性出现致密氧化膜、无贯穿孔的多孔氧化膜、有贯穿孔的多孔氧化膜和无氧化膜的循环情况,可综合考虑本节所建立模型时考虑的四种情况进行分析。

另外,对于 SiC 陶瓷基复合材料来说,随着烧蚀状态的提升,原先致密的 SiO_2 膜会由于 SiO_2 相的流失而变成完全没有氧化膜。因而对于 SiC 陶瓷基复合材料来说,随着烧蚀状态的提升,烧蚀动力学过程有从抛物线烧蚀模式向线性烧蚀模式演化的趋势。对于超高温复相陶瓷基复合材料来说,随着烧蚀状态的提升,原先致密的氧化膜会由于 SiO_2 相的流失而变成多孔氧化膜或完全没有氧化膜;原先无贯穿孔洞的多孔氧化膜会由于 SiO_2 相的流失而逐渐产生贯穿孔洞,进而发生机械剥蚀,从而再次进入致密氧化膜、无贯穿孔洞的多孔氧化膜、有贯穿孔洞的多孔氧化膜、无氧化膜的循环烧蚀中。由此可见,对于超高温复相陶瓷基复合材料来说,随着烧蚀状态的提升,烧蚀动力学过程有在线性烧蚀模式、混合烧蚀模式和抛物线烧蚀模式间不断循环演变的趋势。

5.3   燃烧室超高温复相陶瓷基复合材料

对于超高温复相陶瓷基复合材料来说,基体的组成和微结构不但影响复合材料的力学性能和热物理性能,而且在很大程度上决定了复合材料的高温烧蚀性能。一般认为,超高温陶瓷相与 SiC 相的尺寸越小,分散越均匀,则材料的抗烧蚀性能越好。相对于超高温陶瓷相与 SiC 相在复合材料内部呈微米级分布的常规情况来说,如果超高温陶瓷相与 SiC 相能在复合材料内部呈纳米级均匀分布,则改性后的复合材料的烧蚀性能必然会有很大的提升。因而,纳米级均匀弥散的超高温复相陶瓷基体制备技术就成为研制超高温下使用的高性能热结构复合材料的核心技术之一。

本节介绍中国科学院过程工程研究所、中国航天科技集团四院 43 所和中国航天科工集团三院 31 所的联合研究团队多年来在 $ZrC-SiC$、$ZrB_2-ZrC-SiC$ 和 $HfB_2-HfC-SiC$ 亚微米和纳米复相超高温陶瓷基复合材料方面的部分合作研究结果。研究团队在自主研发的溶于弱极性有机溶剂的新型超高温陶瓷有机前驱体基础上,实现了 PCS 与超高温陶瓷前驱体的分子级共溶和共融熔。例如,以新型 $ZrB_2-ZrC-SiC$ 共溶前驱体为浸渍剂,采用 PIP 法可以在一次循环过程中将 ZrB_2 相、ZrC 相和 SiC 相同时引入复合材料中,通过浸渍热解工艺的合理控制,可实现 ZrB_2 相、ZrC 相和 SiC 相在复合材料内部呈现出亚微米甚至纳米级均匀弥散分布的特征,超高温陶瓷相的特征尺寸为 50~200 nm。如图 5.2 所示,在 $ZrC-SiC$ 复相陶瓷基复合材料中,ZrC 与 SiC 的体积比为 4∶3,黑色部分为碳纤维和热解炭,灰色连续分布的部分为 SiC 相,白色离散分布的部分为 ZrC 相。如图 5.3 所示,在 $ZrB_2-ZrC-SiC$ 复相陶瓷基复合材料中,ZrB_2、ZrC 与 SiC 的体积比为 2∶1∶2,黑色部分为碳纤维和热解炭,灰色部分为 SiC 相,白色部分为含 Zr 相,包括 ZrB_2 和 ZrC 相。

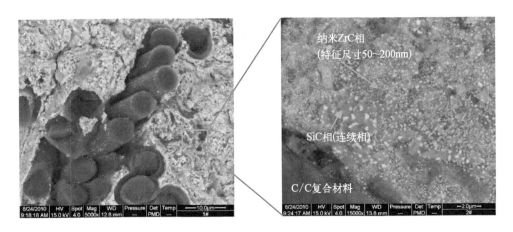

图 5.2　ZrC - SiC 复相陶瓷基复合材料

与固相法引入的 ZrB_2 及 ZrC 颗粒相比,采用新型 $ZrB_2-ZrC-SiC$ 陶瓷前驱体引入的 ZrB_2、ZrC 相的尺寸仅为传统方法引入的超高温陶瓷颗粒尺寸的 $1/20~1/10$,如图 5.3 所示,因而 ZrB_2、ZrC 相与 SiC 相的接触面积为传统方法的 $100~400$ 倍(与直径平方之比成反比),超高温陶瓷相的体积仅为传统方法引入的超高温陶瓷颗粒体

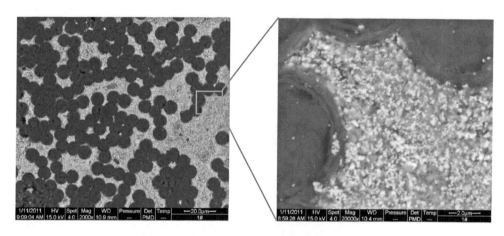

图 5.3 ZrB$_2$-ZrC-SiC 复相陶瓷基复合材料

积的 1/1 000~1/8 000(与直径立方之比成正比)。换言之,在新型 ZrB$_2$-ZrC-SiC 纳米复相陶瓷的改性基体中,可以看成传统方法的每个 ZrB$_2$/ZrC 颗粒分成 1 000~8 000 个颗粒而后均匀分布在 SiC 相中,因此 ZrB$_2$ 相、ZrC 相与 SiC 相的协同抗氧化抗烧蚀作用有了很大的提升。

5.3.1 C/C-ZrC-SiC 复相陶瓷基复合材料

要想获得抗烧蚀性能优异、力学性能良好、密度低、综合服役性能突出的新型超高温陶瓷基复合材料,材料的组成和结构设计必须满足以下要求。

(1) 为了获得较好的力学性能,具有高强度、高韧性,同时克服单纯陶瓷脆性大的缺陷,设计复合材料中必须含有增强增韧相,目前最常见的方法就是采用纤维增韧制备陶瓷基复合材料。而在众多的增韧纤维中,碳纤维是最为普遍也是目前应用较成熟的陶瓷基复合材料增强体。

(2) 为了获得优异的抗烧蚀性能,设计复合材料必须还含有高熔点(3 000℃以上)、高硬度、抗氧化优异的耐超高温组成相。和 ZrB$_2$ 相比,ZrC 具有更高的熔点(高达 3 530℃),在高温条件下具有更优异的高硬度、耐冲刷、抗烧蚀等突出特性。近来也有将 ZrC-SiC 用作制备耐超高温抗烧蚀材料的研究报道,制得的 ZrC-SiC 复合材料表现出优异的抗烧蚀性能。为了开发出更多的耐高温抗烧蚀复合材料体系,因此拟将 ZrC 作为新型复合材料中的耐超高温陶瓷相。

目前将 ZrC 引入到复合材料中的方法主要有 ZrOCl$_2$ 溶液浸渍法、直接浸渗微粉法、陶瓷浆料涂刷粉末法等。采用 ZrOCl$_2$ 溶液浸渍转化效率很低,并且存在腐蚀设备等缺点;直接浸渗微粉法和浆料涂刷法是较为经济的方法,但是由于 ZrC 微粉的密度较大,料浆的悬浮性及浸渗均匀性难以保证,在碳纤维编织复合材料中,更加困难。采用液相浸渍有机前驱体(PIP)技术,可制备出 ZrC-SiC 复相陶瓷改性复合材料(C/C‐ZrC‐SiC 复合材料)。该方法具有以下优点:可解决固相粉末分散不均匀问题;复合材料中纤维的机械和热损伤程度较小;无压烧成;制备工艺简单,制品高温性能好;可对前驱体进行分子设计,制备出所需组成和结构的单相或复相陶瓷基体;复相陶瓷基体组成连续可调,基体微结构可实现纳米复相,大幅度增加材料抗烧蚀性能。

1. C/C‐ZrC‐SiC 复合材料的制备

C/C‐ZrC‐SiC 复合材料的制备主要包括三个步骤:第一步预制体编织;第二步是采用化学气相渗透制备低密度 C/C 材料,制备材料粗坯;第三步是采用前驱体浸渍裂解工艺使低密度 C/C 致密化,通过多次反复前驱体浸渍-裂解过程,最终得到致密的复合材料。复合材料的制备工艺路线如图 5.4 所示。

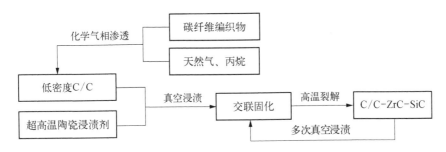

图 5.4　C/C‐ZrC‐SiC 复合材料的制备工艺

(1) CVI 制备低密度 2D C/C 复合材料。C/C 复合材料为本研究团队采用等温等压化学气相沉积技术制造。碳纤维预制体为 2D 针刺结构,碳纤维体积含量约为 17%。将预制体放入自行设计的 CVI 炉中,在惰性气氛保护下升到预定温度,将丙烷和天然气混合气体导入炉内,使之发生热解从而沉积炭于预制体内部,控制沉积时间,从而得到不同密度的炭/炭复合材料。反应工艺条件为:沉积室内压强为 10±0.5 kPa;反应温度为 950~960℃;气体流量 13 L/min(其中丙烷 2 L/min,天然气 11 L/min)。

(2) PIP 工艺制备 C/C‐ZrC‐SiC 复合材料。低密度 C/C 复合材料的孔隙率很高,因此必须经过反复前驱体浸渍-裂解过程生成大量的复相陶瓷基体来使材料致密化。致密化工艺中采用聚碳硅烷和聚锆氧烷混合物溶于二乙烯基苯中作为浸渍剂,浸渍压力采用真空浸渍,将有机锆和聚碳硅烷按照不同的比例混合,通过反复进行前驱体浸渍—120℃交联固化—1 500℃裂解过程来使预制体致密化,最终得到 ZrC 含量不同的 C/C‐ZrC‐SiC 复合材料。

2. ZrC 前驱体的组成与性质

表 5.1 为采用 XRF 分析得到的 ZrC 前驱体的元素组成。可以看出前驱体中主要由 Zr、O、C 元素组成,此外还含有 Hf、Si 等微量杂质元素。尽管前驱体中含有大量 O 元素,但元素 C 的摩尔分数远远大于 Zr 和 O 的摩尔分数,前驱体仍然富碳。

表 5.1　ZrC 前驱体的元素分析结果

元素	C	Zr	O	Hf	Si	Cl	I	Fe
质量分数/%	49.14	26.13	23.24	1.17	0.14	0.07	0.03	0.02

　　由于在 PIP 工艺中,浸渍效率不仅取决于前驱体的陶瓷产率,还取决于浸渍剂的浓度。在保证黏度足够低的条件下,浸渍剂的浓度越高,浸渍效率越高。ZrC 和 SiC 的前驱体的溶解度等物理性能进行考察,结果如表 5.2 所示。合成的 ZrC 前驱体在甲苯和二乙烯基苯中都具有良好的溶解性,使得采用混合前驱体溶液单次浸渍制备 ZrC – SiC 复相陶瓷成为可能。

表 5.2　ZrC 和 SiC 的前驱体的物理性能

前 驱 体	软化点 /℃	甲苯中的溶解度 (g/100 g 溶剂)	二乙烯基苯中的溶解度 (g/100 g 溶剂)
有机锆前驱体	170	241	123
PCS	180	365	216

3. ZrC 前驱体的裂解及粉体表征

（1）ZrC 前驱体的裂解。运用 TG – DSC 测试对 ZrC 前驱体的裂解过程进行了研究,图 5.5 为 ZrC 前驱体在 0～1 100℃范围内的热重-差热曲线。

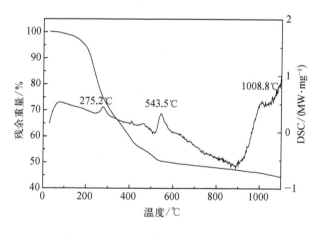

图 5.5　ZrC 前驱体的 TG – DSC 曲线

从中可以看出,ZrC 前驱体在 0～1 100℃的裂解过程大致可分为三个阶段。

第一阶段为 25℃～200℃,这个过程中体系失重很少（约 5%）,主要是产物中所含少量溶剂挥发所致,对应于差热曲线中 100℃ 左右的吸热峰。

第二阶段为 200～550℃,这个过程中体系失重很明显(约 45%),主要是体系发生分子链的断裂与重排,放出大量小分子气体。

第三阶段为>600℃。600～1 100℃ 区间内,失重约 6%,裂解产物中含有的少量氢和其他杂质分解完全,产物组成为自由碳和无定形态的[Zr(O,C)]相。温度超过 1 100℃ 后,裂解产物发生重排反应和碳热还原反应,释放出 CO 气体,生成 ZrO_2 和 ZrC 相,ZrO_2 和 ZrC 开始结晶并长大。

由图 5.5 可以发现合成的有机锆在 1 100℃ 热解后陶瓷产率仅为 45% 左右,陶瓷产率过低,这是由其结构特点决定的:① 前驱体中小分子在热解过程中容易逸出,造成失重;② 前驱体中氧含量很高,热解过程有大量气体分子逸出。

图 5.6 是在不同温度热处理 1 h 后 ZrC 前驱体裂解产物的 X 射线衍射(X-ray diffraction, XRD)图谱。从中可看出,1 000℃ 时裂解产物中无明显的衍射峰,呈无定形态。1 200℃ 时前驱体则转化为 ZrC 和单斜 ZrO_2 的混合物,其中 ZrO_2 含量较大,随着热解温度的升高,ZrO_2 含量逐渐降低。经过 1 400℃ 热处理后,前驱体已经完全转化为纯净的立方相 ZrC。对 ZrC 陶瓷前驱体在 1 400℃、Ar 气氛下裂解得到的产物,用电感耦合高频等离子体光谱(inductively coupled plasma, ICP)测定其元素含量,测试

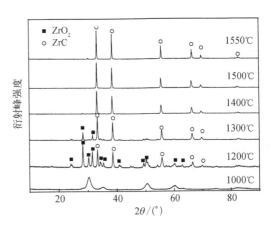

图 5.6　不同温度下 ZrC 前驱体裂解产物的 XRD 图谱

结果表明产物中元素 Zr 和 C 的含量分别为 86.43%、11.44%(质量分数),经计算得 $nZr/nC = 0.996$,符合 ZrC 对应的元素原子个数比。元素锆、碳两者总质量分数约为 97.88%,产物中还含有一定量的结合氧,氧元素可能是氧进入 ZrC 晶格,致使还有部分的氧元素残留。结合 XRD 测试,确定合成的有机锆热解后生成了 ZrC。

(2)ZrC 前驱体和 PCS 混合前驱体的裂解。聚碳硅烷(PCS)作为一种典型的代表性的 SiC 前驱体,主要结构单元为

$$\begin{array}{ccc} CH_3 & CH_3 & CH_3\ CH_3 \\ | & | & |\ \ | \\ -CH_2-Si-CH_2- & -CH_2-Si-CH_2- & -Si-Si- \\ | & | & |\ \ | \\ H & CH_2 & CH_3\ CH_3 \\ \\ SiC_3H & SiC_4 & SiC_xSi_{4-x} \end{array}$$

主要性质见表 5.3。通过将其和合成的有机锆共混,得到较为理想的前驱体,利用 PCS 的富碳,补充碳源,减少 ZrC 前驱体富氧造成的不利因素,制备出 ZrC – SiC 复相陶瓷。

表 5.3　实验用 PCS 的基本性质

主要成分结构	Mn	Mw	Mw/Mn	陶瓷产率/%	生物中碳硅原子比
SiC_4、SiC_3H、SiC_xSi_{4-x}	1 380	2 770	2.07	54	1.38

图 5.7 是不同热处理温度下 PCS 裂解产物的 XRD 图谱。从中可以看出,1 000℃热处理后 PCS 裂解产物中无明显的衍射峰,呈无定形态结构。温度升至 1 500℃热处理后聚碳硅烷已经完全转化为 α – SiC 和 β – SiC。随热处理温度升高,SiC 结晶化程度越来越高,同时发现裂解产物有 C 的衍射峰存在,这是 PCS 富碳造成的。

图 5.8 是不同温度热处理后混合前驱体(PCS∶有机锆 = 1∶1)裂解产物的 XRD 图谱。从中可看出,当热处理温度为 1 400℃时,混合前驱体已经转化为纯净的 ZrC – SiC 陶瓷,没有发现 C 或者其他物质的相存在,说明有机锆的加入可以抑制 PCS 单独裂解造成的产物富碳。

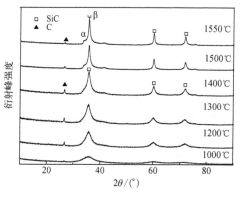

图 5.7　不同温度下 PCS 裂解
产物的 XRD 图谱

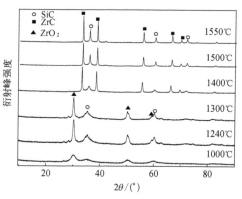

图 5.8　不同温度下混合前驱体[PCS∶有机锆 =
1∶1]裂解产物的 XRD 图谱

由于在 PIP 工艺中,浸渍效率很大程度上取决于前驱体的陶瓷产率,一种聚合物要用作陶瓷前驱体必须要具有较高的陶瓷产率。比较有机锆、PCS 和有机锆与 PCS 混合物的陶瓷产率(表 5.4)可知,混合物的陶瓷产率要高于前驱体单独裂解时的陶瓷产率。

表 5.4　不同温度下几种前驱体的陶瓷产率

事　　项	温度/℃				
	1 200	1 300	1 400	1 500	1 550
ZrC 前驱体陶瓷产率/%	49.70	33.89	29.11	27.79	23.08
PCS 陶瓷产率/%	65.94	63.34	58.07	54.98	52.10
混合前驱体计算陶瓷产率/%	57.82	48.62	43.59	41.39	37.59
混合前驱体实际陶瓷产率/%	63.37	60.89	47.89	46.01	41.42

　　表 5.5 为有机锆和 PCS 及其混合物裂解后用谢乐公式计算的粉体的晶粒尺寸。可以看出,前驱体共混后,热解生成的陶瓷颗粒尺寸均小于同温度下前驱体单独热解生成的颗粒尺寸。这说明混合前驱体热解生成复相陶瓷过程中,可以抑制 ZrC、SiC 彼此间晶粒长大。

表 5.5　不同温度下几种前驱体裂解后的晶粒尺寸对比

事　　项	温度/℃		
	1 400	1 500	1 550
ZrC 前驱体陶瓷化后 ZrC 陶瓷晶粒尺寸/nm	44.54	61.25	100.45
混合前驱体陶瓷化后 ZrC 陶瓷晶粒尺寸/nm	37.69	40.84	44.56
PCS 前驱体陶瓷化后 SiCk 陶瓷晶粒尺寸/nm	41.13	78.98	98.71
混合前驱体陶瓷化后 SiC 陶瓷晶粒尺寸/nm	35.24	54.81	61.69

4. 复合材料的组成和结构

　　图 5.9 为所制备的 C/C‑ZrC‑SiC 复合材料的 XRD 图谱,可看出经过 1 500℃ 热处理后,有机锆和聚碳硅烷已经分别完全反应转化为 ZrC、SiC。XRD 分析显示基体的主要物质为 ZrC、SiC 和 C,但是因为碳纤维石墨化程度较低,衍射峰不显著。评价材料的组成结构,不仅要考察材料中各组成的含量,还要考察材料中各组成的分布均匀性。

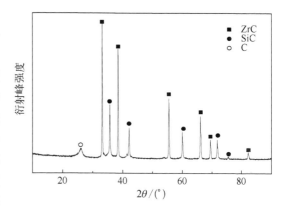

图 5.9　2D C/C‑ZrC‑SiC 材料的 XRD 图谱

　　C/C‑ZrC‑SiC 复合材料微观结构如图 5.10 所示。可以发现碳纤维首先被一层连续的热解炭包裹,这一层热解炭有助于保护纤维在材料制备过程中不受到损伤,更重要的是赋予复合材料优异的超高温抗蠕变和易加工性能。热解炭外层为连续致密的 ZrC‑SiC 复相陶瓷基体。紧密包裹的复相陶瓷基体有助于在烧蚀过程中形成复合氧化物保护层,提高碳纤维和热解炭的抗烧蚀能力。同时可以发现复相陶瓷的组成是在 SiC 基体中均匀弥散大量纳米级 ZrC 颗粒,这种赋存状态是由于共溶‑互溶硅锆前驱体的特征所决定的。

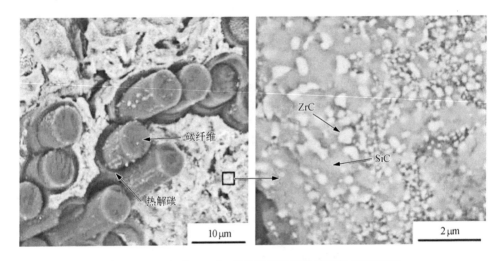

图 5.10　2D C/C‑ZrC‑SiC 材料断口的背散射 SEM 形貌

5. PIP 工艺过程与参数对材料力学性能的影响

（1）温度对浸渍剂溶液黏度的影响。浸渍液（溶液质量分数为 50%,溶剂为二乙烯基苯,溶质为 PCS 和有机锆按质量比为 1∶1 的混合物）黏度和温度的关系见图 5.11。

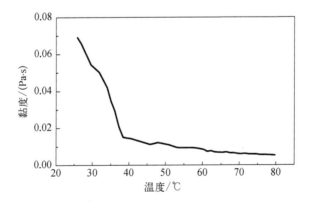

图 5.11　浸渍液黏度‑温度曲线

　　由图 5.11 可见,温度对浸渍剂黏度的影响是不容忽视的,随着温度的升高,溶液的黏度呈下降趋势。在低温区域,黏度对温度的变化十分敏感,其中从室温到 40℃左右黏度随温度升高急剧下降,在 40℃以上黏度受温度的影响则比较小。所以在以下实验中,浸渍剂的温度保持在 40~50℃。

　　(2) 裂解升温速率的影响。裂解过程对基体组成和结构、基体与纤维的界面结合、材料的后续浸渍都有很重要的影响,裂解升温速度对材料性能至关重要。选择三种不同的裂解升温速率:1℃/min、2℃/min、5℃/min,制备了 A、B、C 三组 C/C‑ZrC‑SiC 复合材料,研究不同裂解升温方式对材料性能的影响,结果如表 5.6 所示。随着裂解升温速率的提高,陶瓷基复合材料的弯曲强度降低,密度降低。采用 1℃/min 裂解升温速率制得的 C/C‑ZrC‑SiC 复合材料密度最大,开孔率最低,弯曲强度明显好于 5℃/min 升温速率制备的材料,而 2℃/min 升温速率制得的材料性能介于两者之间。

表 5.6　不同裂解升温速率制备的 C/C‑ZrC‑SiC 复合材料性能

样　品	加热速率/ (℃/min)	实体密度/ (g/cm³)	弯曲强度 /MPa	开气孔率/%
A	1	2.19	176	5.6
B	2	2.01	154	7.4
C	5	1.78	75	16.2

　　对于采用前驱体浸渍裂解法制备的陶瓷基复合材料而言,致密度直接影响着材料的性能。不同升温速率条件下的密度增长曲线如图 5.12 所示。从图中可以看出,随着裂解升温速率的降低,材料密度明显增加。

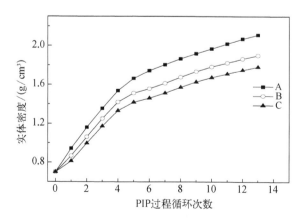

图 5.12　C/C‑ZrC‑SiC 复合材料的密度增长曲线

通过上述实验结果可以看出,以较慢的裂解升温速率制备的 C/C‒ZrC‒SiC 复合材料具有较好的力学性能。对于陶瓷基复合材料来讲,致密度增加,基体与纤维之间的载荷传递效果随之提高,纤维的增韧补强作用得以充分发挥,从而显著提高复合材料的强度。而致密度不高、孔隙缺陷增多是导致材料强度和性能下降的主要因素。在采用 PIP 法制备 C/C‒ZrC‒SiC 复合材料的过程中,前驱体在交联固化和高温裂解时,由于溶剂和低分子组分的挥发,导致基体体积收缩并出现发泡现象,使致密度下降并伴生裂纹和孔隙出现,影响材料的性能。而裂解升温速率降低可以减少前驱体裂解时发泡并且提高陶瓷产率。在本实验中,以 5℃/min 升温裂解时混合前驱体陶瓷产率为 34.7%,而 1℃/min 升温裂解时前驱体陶瓷产率提高到 46.0%。由于发泡的减少和陶瓷产率的提高,导致裂解升温速率较低的试样密度较大,开孔率很小,基体致密度高,因此相应的力学性能较好。

(3) 不同浸渍剂组成的影响。浸渍剂组成确定了复合材料中 ZrC、SiC 的含量,是获得力学性能良好、抗烧蚀性能优异的 2D C/C‒ZrC‒SiC 复合材料的关键。将有机锆和聚碳硅烷按照不同的比例混合,根据混合前驱体中有机锆的质量分数由高到低的顺序分别记为 ZR‒80、ZR‒75、ZR‒66、ZR‒50、ZR‒33、ZR‒25、ZR‒0(数字表示混合前驱体中有机锆占有机锆和聚碳硅烷总量的质量分数)。反复进行前驱体浸渍、裂解过程来使预制体致密化,最终得到致密化程度不同、ZrC 含量不同的 2D C/C‒ZrC‒SiC 复合材料。复合材料中各组分的体积分数,见表 5.7。

表 5.7　制备的 C/C‒ZrC‒SiC 复合材料的组成与性质

样　品	实体密度/ (g/cm^3)	V_{ZrC}/ vol%	V_{SiC}/ vol%	V_{Cf}/ vol%	V_C/ vol%	开气孔率 /%
ZR‒0	2.14	0	55.04	17.65	23.52	3.79
ZR‒25	2.00	3.19	47.62	17.65	24.84	6.5
ZR‒33	2.02	5.77	44.71	17.65	24.4	7.12
ZR‒50	2.14	9.55	40.34	17.65	24.65	7.64
ZR‒66	2.18	14.02	31.02	17.65	24.50	12.61
ZR‒75	2.19	17.45	24.79	17.65	23.82	16.29
ZR‒80	2.21	19.38	20.45	17.65	23.52	18.92

从表 5.7 中可以看出,随着混合前驱体中有机锆含量的增加,制得材料中 ZrC 的含量亦相应随之增加,当混合前驱体中有机锆聚合物的含量提高到 80% 时,制得试样 ZR‒80 中 ZrC 的体积分数达到 19.38% 左右。同时可以看出,在相同浸渍次数以及热处理条件下,随着浸渍剂中有机锆含量的增加,材料的孔隙率也明显增加。不含 ZrC

的试样 ZR - 0 的孔隙率只有 3.79% 左右,而 ZrC 含量最高的 ZR - 80 试样孔隙率高达 18.92%,可见 ZrC 的引入可提高复合材料的孔隙率,通过增加 PIP 循环次数可以制备更高密度和更低气孔率的复合材料。分析原因,是因为有机锆聚合物的陶瓷产率约为 28%,而聚碳硅烷的陶瓷产率达到 55%,所以在同等浸渍次数下,ZrC 含量高的样品致密度增加得较为缓慢,导致材料的孔隙率较高。但是也可以看到孔隙率较高的样品的密度没有明显下降,这是因为材料中 ZrC 的密度(6.9 g/cm³)远高于 SiC 的密度(3.2 g/cm³),经过 11 次浸渍,ZR - 80 试样的密度达到 2.21 g/cm³。

图 5.13 为材料的力学性能和 ZrC 体积分数之间的关系,由图可见,材料的弯曲强度以及断裂韧性均随着材料中 ZrC 含量的提高而降低。作为结构复合材料,在增强体碳纤维的含量和状态以及界面相同的条件下,基体致密度对材料的力学性能起决定性的作用,当材料承担载荷时基体中微孔可形成应力集中源,导致材料力学性能急剧下降。从表 5.7 中可知同等浸渍次数下,ZrC 含量高的样品孔隙率也会增加,其中 ZR - 80 试样的孔隙率高达 18.92%。增加 PIP 次数,还可以制备出更低气孔率、更高力学性能的复合材料。

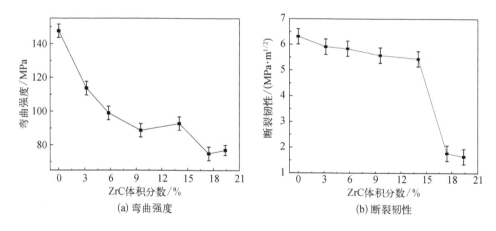

(a) 弯曲强度　　(b) 断裂韧性

图 5.13　2D C/C - SiC - ZrC 的力学性能与 ZrC 体积分数之间的关系

总之,在材料设计时,不仅要提高材料中 ZrC 的含量,还要考虑浸渍效率等其他因素,才能充分发挥复合材料可设计的优势。

图 5.14 为 C/C - SiC 和 C/C - ZrC - SiC 复合材料的断裂载荷-位移曲线。对于 C/C - SiC 复合材料,在达到最大载荷之前,载荷-位移曲线呈非线性快速增大,当达到最大载荷后,载荷并未急速减小,而是呈现波折、台阶式的缓慢下降趋势,说明试样为明显的韧性断裂,具有假塑性断裂特征。但在 C/C - SiC 基体内引入 ZrC 相后,材料的断裂模式发生了明显的变化,当载荷达到最大值后便迅速下降,载荷-位移曲线未出现过渡平台区,试样呈现出脆性断裂特征,最大断裂位移明显降低,仅为 0.5 mm。

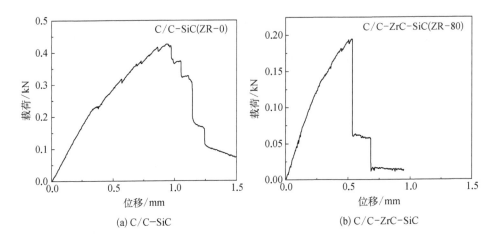

图 5.14　C/C‐SiC 和 C/C‐ZrC‐SiC 复合材料的断裂载荷-位移曲线

　　图 5.15 为复合材料试样的微观断口形貌图。宏观发现 C/C‐SiC 复合材料断口极不规则,呈典型的锯齿状断口处纤维拔出多而长,且被拔出的纤维形貌完整,与基体分界明显,说明碳纤维与基体形成了弱的界面结合。这种较弱的界面结合使得材料在弯曲变形时,易产生脱黏和纤维拔出,在缓解裂纹尖端应力集中同时还能吸收大量能量,大大地提高了材料的断裂韧性。图 5.15(b) 为 C/C‐ZrC‐SiC(ZR‐80)复合材料试样断口的 SEM 照片,对比图 5.15(a) 可以发现,C/C‐ZrC‐SiC 复合材料断口相对平整,碳纤维发生了整齐脆断,纤维拔出长度较短,长度仅有几十微米且数量较少,进一步说明该试样为脆性断裂方式。此外,拔出的纤维表面还黏结着大量的陶瓷基体,说明基体与纤维结合较强,之间形成了牢固的界面结

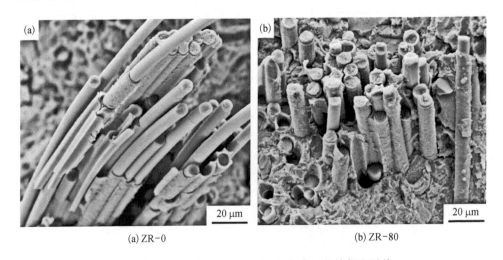

图 5.15　C/C‐SiC 和 C/C‐ZrC 复合材料的断口形貌

合。在复合材料承受弯曲载荷过程中,由于碳纤维与基体结合较强,裂纹不易在界面发生偏转,应力在界面处无法松弛,纤维上将产生大量应力集中,较高的冲击能量将直接作用于纤维上,从而导致纤维发生整齐脆断,致使材料呈现典型的脆性断裂特征。

(4) 不同 C/C 预制体密度的影响。选择四种不同密度的 C/C 预制体,即 0.38 g/cm³、0.50 g/cm³、1.04 g/cm³、1.31 g/cm³,制备了 A、B、C、D 四组 C/C-ZrC-SiC 复合材料,考察了不同的预制体密度对制得复合材料性能的影响。表 5.8 为制备的复合材料的密度和组成,图 5.16 为复合材料力学性能测试结果。

表 5.8 采用不同密度预制体制备的 C/C-ZrC-SiC 复合材料的组成与性质

样 品	密度/ (g/cm³)	V_{Cf}/ vol%	V_C/ vol%	V_{ZrC}/ vol%	V_{SiC}/ vol%	开气孔率 /%
A	1.96	17.65	4.63	25.65	36.64	15.41
B	2.1	17.65	11.57	24.07	34.38	12.33
C	1.88	17.65	43.76	12.73	18.19	7.66
D	1.82	17.65	59.78	7.71	11.01	3.85

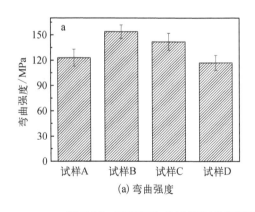
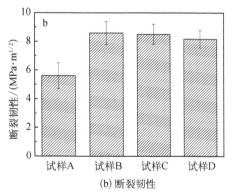

(a) 弯曲强度　　　　　　　　　　　(b) 断裂韧性

图 5.16 不同密度 C/C 预制体得到的 C/C-ZrC-SiC 材料的力学性能

从图 5.16 可以看出,采用不同密度的 C/C 预制体制备的 C/C-ZrC-SiC 复合材料性能相差较大,由初始密度为 0.50 g/cm³ 的 C/C 预制体制备的材料力学性能最好,弯曲强度和断裂韧性分别为达到 154 MPa 和 8.59 MPa·m$^{1/2}$,初始密度为 1.31 g/cm³ 的 C/C 预制体制备的材料性能最差。材料的力学性能随着 C/C 预制体密度的增加呈现出先升后降的趋势。随着 C/C 预制体密度的增加,材料中 ZrC-SiC 复相陶瓷基的含量逐渐下降,对 C/C-ZrC-SiC 材料的弯曲强度影响较小。

这是因为在碳纤维体积分数相同的情况下,材料密度越高,则单根纤维之间以及纤维束与纤维束之间的结合强度就越高,材料内部承受外部载荷面积变大,复合材料的强度就越高。另一方面,由于浸渍过程中液体在毛细管中的流动状态通常认为是层流,由 Darcy 定律可得浸渍的阻力与浸渍液的黏度和毛细管半径的平方之比成正比。当浸渍液黏度一定时,预制体的密度越大,气孔就越小,阻力就越大,这样就很容易在复合材料内部形成较大的封闭气孔,又会导致材料强度的下降。

而初始密度为 0.38 g/cm³ 的 C/C 较密度为 0.50 g/cm³ 的 C/C 预制体所制备的材料力学性能有所下降,一方面是由于材料的致密化程度不高,另一方面可能是由于材料中热解炭含量较低,未能对碳纤维形成有效的保护,在反复浸渍-高温裂解的过程中,纤维损伤严重,最终导致纤维强度较低。

对 A 和 B 两种复合材料的断面进行了观察,见图 5.17。从图中可以发现:试样 B(预制体密度为 0.50 g/cm³)的断口有相当多的纤维和纤维束拔出,拔出纤维的长度达几十微米,说明试样 B 纤维和基体之间形成比较理想的结合界面,后续的浸渍裂解对纤维的损伤不大。此时界面能有效地传递载荷,纤维起到承载的作用。可通过裂纹转向和分叉、纤维和基体的界面脱黏、纤维的断裂、纤维从基体拔出等耗能增韧机制,发挥纤维增韧、补强作用。而试样 A 由于沉积时间较短,未能对碳纤维形成有效的保护,导致材料在长时间的高温处理过程中,纤维和基体之间扩散、反应,形成强结合界面,这也证实了上面的推测。

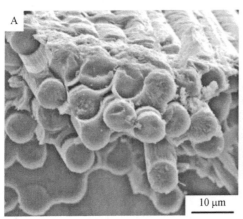
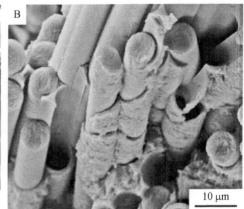

图 5.17   试样 A 和 B 断口 SEM 形貌

同时发现实验中材料的强度值相差较大,这可能是由于试样尺寸偏小,而预制体是以大束纤维作为增强体,且取样随机,实际上每个试样内部有效纤维的含量和分布是不同的,导致材料强度有一定的离散性。上述研究表明,密度为 0.50 g/cm³ 的 C/C 预制体材料,经过 ZrC - SiC 基体致密化处理后,材料的力学性能较好。

6. C/C‒ZrC‒SiC 复合材料的等离子烧蚀性能

下面对 C/C‒ZrC‒SiC 复合材料的抗烧蚀性能进行研究。试验条件为：电弧电压(65±5)V,电弧电流(440±10)A,加热器功率约 30 kW,氩气压力 40 MPa,氩气流量 0.6 L/min,氢气压力 2 MPa,氢气流量 0.4 L/min,喷嘴直径 8 mm,烧蚀温度 2 200℃。采用 300 s 烧蚀后的质量烧蚀率和线烧蚀率表征材料的抗烧蚀性能。图 5.18 是烧蚀实验过程中的温升/降曲线。

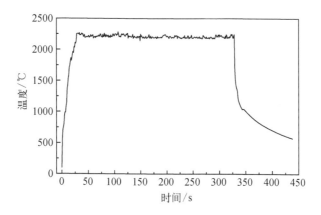

图 5.18　C/C‒ZrC‒SiC 材料的烧蚀实验温度曲线

（1）不同浸渍剂组成的影响。不同组分的 2D C/C‒ZrC‒SiC 复合材料的组成与性质见表 5.7。具有不同 ZrC 含量的材料试样在 2 200℃下经过 300 s 等离子炬烧蚀,其宏观照片见图 5.19。容易看出样品 ZR‒75 烧蚀后宏观形貌较好,基体

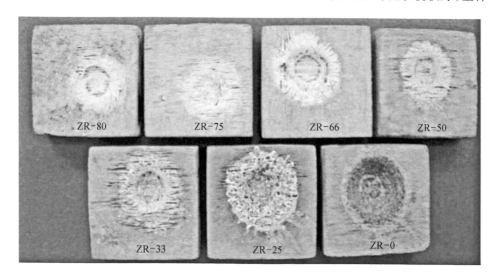

图 5.19　不同组分的 2D C/C‒ZrC‒SiC 复合材料烧蚀后的形貌

保持完整,没有发生碎裂,表面基本平整,只在烧蚀中心出现一个浅浅的凹面,表面覆盖着一层白色物质。其他几种复合材料表面均可发现明显的烧蚀坑,尤其是不含 ZrC 的 C/C‑SiC 复合材料(ZR‑0)烧蚀损失最为严重。

不同 ZrC 体积分数的 C/C‑ZrC‑SiC 复合材料的抗烧蚀性能如图 5.20 所示。当 ZrC 的体积分数由零提高到 5.77% 左右时,试样的质量烧蚀率由 6.25 mg/s 降低到 2.98 mg/s,线烧蚀从 15.97 μm/s 降低到 5.52 μm/s,之后烧蚀率随着 ZrC 体积分数的提高继续降低,但降低的幅度趋缓。当材料中 ZrC 的体积分数达到 17.45% 左右时,质量烧蚀率和线烧蚀率降到最低,分别为 1.77 mg/s 和 0.55 μm/s,其中线烧蚀率仅为 C/C‑SiC 材料的 1/29。之后随着 ZrC 体积分数的上升,烧蚀率又略有升高。

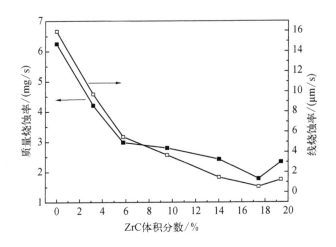

图 5.20 不同 ZrC 含量的 C/C‑ZrC‑SiC 复合材料的抗烧蚀性能

分析上述烧蚀实验结果的原因:首先,就基体而言,SiC 基体的熔点只有 2 600℃ 左右,并且在 2 000℃ 以上发生蠕变和软化;而 ZrC 具有熔点高(3 540℃)、耐高温和高硬度的优异性能,在 2 200℃ 的考核环境中仍能保持一定强度。因此,增加基体中 ZrC 的含量有助于提高材料的抗高速气流冲刷、机械剥蚀能力。其次,在大气环境中考核复合材料抗烧蚀性能的好坏不仅取决于复合材料各组分的熔点、硬度和高温环境下的强度,还受到复合材料各组分的抗氧化性能影响。对于 C/C‑ZrC‑SiC 材料而言,在本试验中试样表面温度达到 2 200℃,此条件下 ZrC 氧化生成的 ZrO_2 和 SiC 的氧化产物 SiO_2 能形成玻璃态熔融物,基体中合适的 ZrC 含量有助于形成黏度适中的玻璃态物质,均匀的铺展在试样表面,能很好地阻挡氧向材料内部扩散保护材料内部结构不被氧化破坏,这对提高复合材料的抗烧蚀性能十分重要,因此提高 ZrC 含量助于提高材料的抗烧蚀能。

但是材料抗烧蚀性能不是受 ZrC 含量单一因素制约,孔隙率及其分布对烧蚀影响很大,一般认为烧蚀材料的孔隙率应小于 10 %,而且要尽可能小一些,因为开孔会造成材料的局部优先被侵蚀,闭孔中残留的气体在高温时产生的压力足以使材料产生局部破坏,使材料的表面和次表面更容易被烧蚀。所以 ZrC 含量及孔隙率最高的 ZR-80 样品其烧蚀率较 ZR-75 略有上升,综合分析认为 ZrC 体积分数约为 17% 已经可以满足抗烧蚀性能的需要。

(2) 不同 C/C 预制体密度的影响。本研究选择了四种不同的预制体密度,即 0.38 g/cm³、0.50 g/cm³、1.04 g/cm³ 和 1.31 g/cm³,制备了 A、B、C、D 四组 C/C-ZrC-SiC 复合材料,考察了不同的预制体密度对制得的复合材料抗烧蚀性能的影响(本实验浸渍剂中有机锆和聚碳硅烷之比为 3:1,裂解升温速率为 2℃/min,浸渍 12 个周期),复合材料组成与性质见表 5.8。四种材料在 2 200℃ 下经过 300 s 等离子炬烧蚀后,其宏观照片见图 5.21。

图 5.21　不同密度 C/C 预制体得到的 C/C-ZrC-SiC 材料等离子烧蚀后的形貌

易看出不同密度的预制体制备的四种复合材料表面形貌差距较大。试样 A 和试样 B 表面较平整,试样 C 表面形成一个明显的凹坑,试样 D 烧蚀最为严重,材料整体结构已经被破坏。这是由于材料中随着预制体密度的增加,基体中热解炭含量增加,ZrC-SiC 陶瓷含量减少,高温下形成的 ZrO_2-SiO_2 熔融态物质的量很少,在气流作用下被吹向周围,熔融态物质无法在试样烧蚀表面形成很好的保护层,从而材料表层的碳纤维和热解炭迅速氧化烧蚀,烧蚀中形成的孔洞进一步为氧气向基体内部扩散提供了通道,造成试样的烧蚀率继续上升。

不同密度预制体制备的 C/C-ZrC-SiC 复合材料的抗烧蚀性能如图 5.22 所示。随着预制体密度的降低,复合材料抗烧蚀性能显著提高。采用密度为 1.31 g/cm³ 的

C/C 制备的材料的质量烧蚀率、线烧蚀率分别为 11.88 mg/s 和 18.92 μm/s。当预制体密度降低到 0.50 g/cm³ 时，复合材料的烧蚀率急剧降低，分别为 1.56 mg/s 和 0.54 μm/s。之后烧蚀率随着预制体密度的降低继续降低，但降低的幅度趋缓。当预制体密度降低到 0.38 g/cm³ 时，质量烧蚀率和线烧蚀率降到最低，仅为 1.12 mg/s 和 0.27 μm/s。

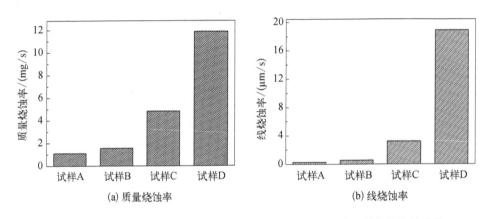

(a) 质量烧蚀率   (b) 线烧蚀率

图 5.22　不同密度 C/C 预制体制备的 C/C‑ZrC‑SiC 复合材料的抗烧蚀性能

（3）烧蚀机理分析。为进一步分析 C/C‑ZrC‑SiC 复合材料具有良好抗烧蚀性能的原因，对抗烧蚀性能最佳的试样 ZR‑75 烧蚀后形貌进行了分析。通过 XRD 分析（图 5.23）可以看出，白色玻璃态物质的主要成分为 ZrO_2，由于 SiO_2 在此温度范围为非晶相，难以通过 XRD 将 SiO_2 物相识别出。图 5.24 为 ZR‑75 试样烧蚀后的显微形貌，按照烧蚀区域的不同，将烧蚀表面分为烧蚀中心和烧蚀边缘两部分。

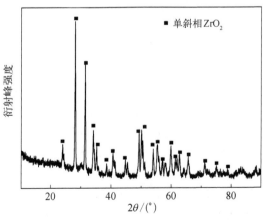

图 5.23　样品 ZR‑75 烧蚀中心的 XRD 分析

　　烧蚀中心区域 [图 5.24(a)] 看不到裸露的碳纤维,烧蚀面连续致密,但表面凹凸不平,说明此处烧蚀最为严重。由于烧蚀中心对应焰流中心,材料表面的温度在此处最高(约 2 250℃),由于等离子火焰的发生气体为氩气和氢气混合物,大气中的氧气很难扩散进入高速高压的等离子体火焰中心区域,氧气浓度较低,烧蚀过程中 SiC 与大气中的 O_2 发生反应生成 SiO、SiO_2,碳纤维和热解炭氧化生成 CO、SiO、CO 气体的放出以及部分 SiO_2 在高速气流冲刷下被带走,留下了大量的烧蚀坑。ZrC 熔点高(3 540℃),高温下难于熔化,能够承受等离子炬冲刷。其氧化产物 ZrO_2 同 SiC 氧化产物 SiO_2 相比,具有低饱和蒸汽压,高溶解热(ZrO_2,215.4 kJ/mol;SiO_2,8.82 kJ/mol),因此能够承受高温烧蚀而不会大量汽化流失。从图 5.24(a) 可见,有致密的组织覆盖在基体,用能谱仪(energy dispersive spectrometer, EDS)结合 XRD 分析显示该物质为 ZrO_2 - SiO_2 玻璃态混合物。结合 ZrO_2 - SiO_2 二元相图

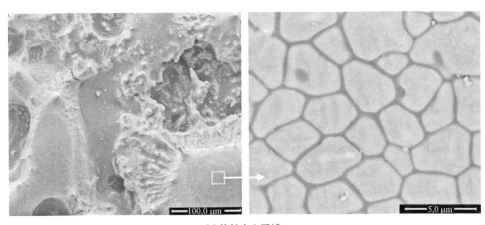

(a) 烧蚀中心区域

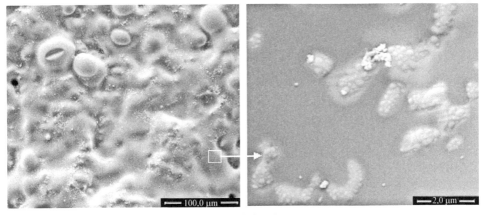

(b) 烧蚀边缘区域

图 5.24　试样 ZR - 75 烧蚀后的表面形貌

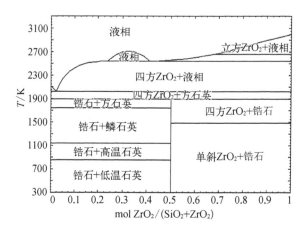

图 5.25　ZrO₂- SiO₂二元相图

（图 5.25），分析认为在超高温环境中，ZrO_2会部分熔融在液态的 SiO_2 中，形成黏稠的玻璃态混合物牢牢附着在材料表面，封填表面的开气孔，阻止氧化性气氛渗入基体，这也是材料具有优良抗烧蚀性能的原因。同时 ZrO_2 在熔化过程中能够吸收大量热量，从而降低试样表面温度，减弱等离子焰的烧蚀。

　　图 5.24(b) 为烧蚀试样表面边缘微观形貌，由于边缘区域偏离焰心，相对中心区域温度低，流速慢，压力小，对材料的烧蚀较轻。从图 5.24(b) 可见，试样边缘部分表面较完整，同样出现明显玻璃态物质。能谱结合 XRD 分析表明白色的相是 ZrO_2，呈雪花状规则分布，灰色的区域是 SiO_2，它填充在似骨架的 ZrO_2 中，并将孔洞弥合，形成致密连续保护层，阻止了对下层基体的烧蚀。部分 SiO_2 在冷却过程中，在液态表面张力和热应力作用下收缩，形成不规则的近球形。

　　图 5.26 为材料烧蚀中心的截面形貌，可以看出样品 ZR-75 烧蚀中心的表面有约 100 μm 的致密覆盖层将基体与外界完全隔开，形成了以 ZrO_2 为骨架，ZrO_2- SiO₂玻璃相弥合其中的结构，颗粒弥散的高熔点氧化物相具有很高的黏度，能够大幅度降低氧向材料内扩散的速率，从而保护材料不被烧蚀。同时发现表层有部分 ZrO_2 形成定向排列的柱状结构，即柱状晶涂层。其形成的原因可能是降温过程中 ZrO_2 从复合氧化物 ZrO_2- SiO₂中过饱和析出形成的。由于 ZrO_2 是一种典型的热障涂层材料，热导率仅 2.3 W/(m·K)，柱状晶结构一般只能通过电子束物理气相沉积(electron beam - physical vapor deposition, EB - PVD)才能制造，它能够有效地阻止外部热量向材料内部扩散，同时具有良好的抗热震剥离性能，是目前制备高性能航空发动机叶片热障涂层的关键材料。高温复合材料表面生长的柱状晶 ZrO_2 同样能够起到隔热的作用，降低材料内部温度，进一步提高复合材料的抗高温性能和延长使用寿命。

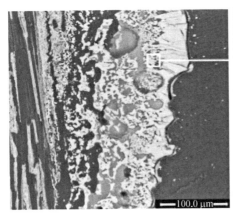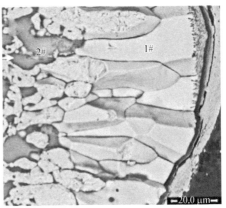

图 5.26　样品 ZR - 75 烧蚀后剖面微观结构

5.3.2　ZrB₂ - ZrC - SiC 复相陶瓷基复合材料

1. Zr - Si - B - C 前驱体

（1）Zr - Si - B - C 前驱体表征。有机聚合物在空气中的稳定性是判断其作为陶瓷前驱体使用的重要因素。在空气中保持稳定的前驱体可以保证储存和使用过程中的安全，而且可以减少制备陶瓷材料过程中氧的引入量，从而制得高性能的陶瓷材料。取少量 ZrC 和 ZrB₂ 前驱体分别放入不同烧杯，置于空气中，放置数周。结果表明，两种前驱体的颜色和质量均未发生变化，说明它们在空气中十分稳定。

由于在 PIP 工艺中，浸渍效率不仅取决于前驱体的陶瓷产率，还取决于浸渍剂溶液的浓度。在保证黏度足够低的前提下，浸渍剂的浓度越高，浸渍效率则越高。本节考察了 ZrC 前驱体、ZrB₂ 前驱体和 PCS 的溶解度等物理性质，结果如表 5.9 所示。合成的 ZrC 前驱体和 ZrB₂ 前驱体在二甲苯和二乙烯基苯（DVB）中均具有良好的溶解性，使得采用复合陶瓷前驱体溶液单次浸渍制备 ZrB₂ - ZrC - SiC 复相陶瓷成为可能。

表 5.9　ZrC 前驱体、ZrB₂ 前驱体和聚碳硅烷的主要物理性质

前驱体	颜　色	软化点/℃	溶解度/（g/100 g 溶剂）	
			在二甲苯中	在二乙烯基苯中
ZrC 前驱体	棕色	170	241	123
ZrB₂ 前驱体	棕色	200	221	115
聚碳硅烷	白色	180	365	216

为了考察前驱体的元素成分含量,利用 X 射线荧光光谱仪以及元素分析仪对其进行了成分分析。结果如表 5.10 所示,可以发现,ZrC 前驱体主要由 Zr、C、O 和少量的 H 元素组成,尽管该前驱体中含有大量 O 元素,但是 C 元素的摩尔分数远大于 Zr 和 O 元素的摩尔分数,该前驱体富碳,且可在热解过程中将 O 元素带走。ZrB_2 前驱体主要由 Zr、C、O、B、N 和 H 元素组成,B/Zr 摩尔比例大于 2。PCS 主要由 Si、C 和 H 元素组成,该前驱体富碳。

表 5.10   ZrC 前驱体、ZrB_2 前驱体、聚碳硅烷和含硼前驱体的元素成分含量

组成	Xr	Si	O	N	C	B	H
ZrC 有机前驱体/wt%	29.8	—	26.4	—	37.9	—	5.9
ZrB_2 有机前驱体/wt%	24.6	—	21.7	7.6	33.7	6.0	6.4
聚碳硅烷/wt%	—	51.9	—	—	40.0	—	8.1
含硼前驱体/wt%	—	—	—	34.4	29.9	27.2	8.5

(2) Zr - Si - B - C 前驱体的裂解。为了研究前驱体的裂解过程,对 ZrC 前驱体、ZrB_2 前驱体和 PCS 进行傅里叶变换红外线光谱(Fourier transform infrared spectroscopy, FTIR)分析。结果如图 5.27 所示,其中(a)为 ZrB_2 前驱体,(b)为 ZrC 前驱体,(c)为 PCS。对于 ZrC 和 ZrB_2 前驱体,$3\,250\ cm^{-1}$ 对应于—OH 的吸收峰位置,表明两种前驱体中仍有少量 1,4 丁二醇在制备过程中未能参与反应而残留;$1\,720\ cm^{-1}$ 及 $1\,610\ cm^{-1}$ 对应 C =O 的伸缩和弯曲振动吸收峰,这归因于产物中所引入的 Hacac 配体;$1\,200\sim1\,400\ cm^{-1}$ 对应 C—C 及 1,4 丁二醇引入的 C—H 的弯曲振动吸收峰;$2\,930\ cm^{-1}$ 对应 C—H 的伸缩振动吸收峰。因此 ZrC 和 ZrB_2 前驱体都含有—OH、C =O、C—C 和 C—H 官能团等。对于 ZrB_2 前驱体,$960\ cm^{-1}$ 对应于—NH_2 的伸缩振动吸收峰,这是由于在裂解过程中生成了 NH_3,表明 ZrB_2 前驱体中还含有 N—H 官能团。对于 PCS,从图中可以发现其主要含有 Si—CH_3($2\,950\ cm^{-1}$、$2\,900\ cm^{-1}$、$1\,410\ cm^{-1}$、$1\,250\ cm^{-1}$ 及 $840\ cm^{-1}$)、Si—CH_2—Si($1\,020\ cm^{-1}$)和 Si—H($2\,100\ cm^{-1}$)等结构单元。

为了进一步考察前驱体的裂解过程,对 ZrB_2 前驱体、ZrC 前驱体、PCS 以及复合陶瓷前驱体进行热重分析(thermal gravimetry analysis, TG)测试。复合陶瓷前驱体是由所制备的复合陶瓷前驱体溶液经过减压蒸馏法除去溶剂而制得。TG 测试条件为:室温~$1\,100$℃,升温速率为 10℃/min,氩气气氛保护。测试结果如图 5.28 所示,其中 a 为 ZrB_2 前驱体;b 为 ZrC 前驱体;c 为 PCS 前驱体;d 为复合陶瓷前驱体。

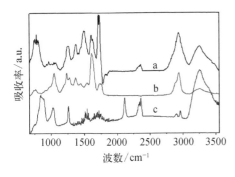

图 5.27　不同前驱体的红外光谱图

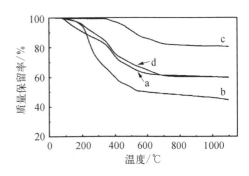

图 5.28　不同前驱体的热解曲线

可以发现,在此测试条件下 ZrB_2 前驱体、ZrC 前驱体、PCS 以及复合陶瓷前驱体的质量分别减少了 40.5%、55.6%、19.1% 和 39.9%。ZrB_2 与 ZrC 前驱体的陶瓷产率均不高,分别为 59.5% 和 44.4%,这是由它们的结构特点所决定的:① 前驱体中的小分子在热解过程中易逸出,造成失重;② 前驱体中氧含量较高,热解过程中有大量气体分子生成并逸出。前驱体在室温~1 100℃范围内裂解过程大致可分为 3 个阶段:

a) 室温~150℃:在此过程中 ZrB_2 前驱体和 ZrC 前驱体体系失重很少(小于5%),主要是由所制备前驱体中残留的少量溶剂挥发所致;

b) 150~600℃:体系失重很明显(ZrB_2 前驱体失重约 35%,ZrC 前驱体约45%),主要是体系发生分子链的断裂与重排,放出大量小分子气体;

c) 600~1 100℃:ZrB_2 前驱体和 ZrC 前驱体体系失重较少(ZrB_2 前驱体失重约6%,ZrC 前驱体约4%),裂解产物中含有的少量氢分解完全。ZrB_2 前驱体的产物组成为自由碳和无定形态的[$Zr(O,C,B)$]相。当温度超过1 100℃,裂解产物发生重排反应和碳热还原反应,释放出 CO 气体,生成 ZrO_2 和 ZrB_2 相,ZrO_2 和 ZrB_2 开始结晶并长大,预计在1 100℃以上前驱体还会继续失重,产物逐步转化为 ZrB_2。ZrC 前驱体的产物组成为自由碳和无定形态的[$Zr(O,C)$]相。当温度超过1 100℃,裂解产物发生重排反应和碳热还原反应,释放出 CO 气体,生成 ZrO_2 和 ZrC 相,它们开始结晶并长大,热力学上碳热还原 ZrO_2 生成 ZrC 的温度为1 594℃,因此在1 100℃以上前驱体还会继续失重,这可能是因为碳热还原反应还未完成所致。

图 5.29 为在氩气保护、不同温度条件下热处理 2 h 后 ZrC 前驱体裂解产物的XRD 图谱,其中:(a) 1 000℃,(b) 1 200℃,(c) 1 300℃,(d) 1 400℃,(e) 1 500℃。从中可看出,在 1 000℃ 时裂解产物的衍射峰不明显,有少量的四方氧化锆($t-ZrO_2$)生成。在1 200℃时,除了 $t-ZrO_2$,裂解产物中还出现了 ZrC 相和单斜氧化锆($m-ZrO_2$),其中氧化锆的含量较大。随着裂解温度的升高,产物中 $t-ZrO_2$ 逐渐消失,$m-ZrO_2$ 含量逐渐减少。经过1 400℃热处理后,前驱体已完全转化为立方

相 ZrC。对 ZrC 前驱体在 1 400℃裂解得到的产物进行电感耦合高频等离子体光谱（ICP）测试，元素含量结果表明产物中元素 C 和 Zr 的质量分数分别为 11.44wt%和 86.43wt%，经计算可知 nC/nZr 为 1.005，符合 ZrC 对应的元素原子个数比。元素 C、Zr 两者总质量分数约为 97.87%，产物中含有一定量的结合氧，可能是氧进入 ZrC 晶格所致。结合 XRD 测试，确定合成的前驱体在高温裂解后生成 ZrC。

为了深入分析 ZrB₂ 前驱体的裂解过程，对其在不同温度下热处理 2 h 后所得的产物进行 XRD 分析，结果如图 5.30 所示，其中：（a）1 000℃，（b）1 200℃，（c）1 300℃，（d）1 400℃，（e）1 500℃。可以发现，在 1 100℃裂解后，产物中含有一定量的 t‑ZrO₂，此时晶体形态尚不明显，并且未检测到结晶 B₂O₃ 和 C，表明这些物相可能以无定形态存在。随着裂解温度的升高，在 1 300℃时，前驱体裂解生成六方相 ZrB₂、t‑ZrO₂ 和少量的 m‑ZrO₂。当在 1 500℃热处理后，产物中仅发现 ZrB₂，而无 ZrO₂。推测可知，ZrO₂ 在高温裂解过程中充当中间相，并且在 1 500℃热处理过程中完全转化为 ZrB₂。

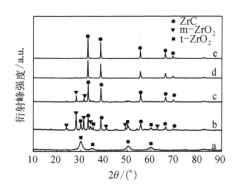

图 5.29　不同热处理温度下 ZrC 前驱体裂解产物的 XRD 图谱

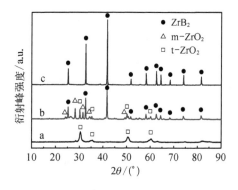

图 5.30　不同热处理温度条件 ZrB₂ 前驱体裂解产物的 XRD 图谱

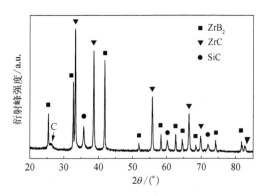

图 5.31　复合陶瓷前驱体在氩气经 1 500℃热处理 2 h 生成复相陶瓷的 XRD 图谱

复合陶瓷前驱体是由 ZrB₂ 前驱体、ZrC 前驱体和 PCS 分别溶解于二甲苯，再将三种前驱体溶液以一定比例混合，达到共溶状态，再通过减压蒸馏法除去溶剂而制成。为了考察复合陶瓷前驱体在氩气保护气氛下经 1 500℃热处理后生成复相陶瓷的相组成，对其在热处理转变后的复相陶瓷进行 XRD 分析。图 5.31 为复相陶瓷的 XRD 图谱，可以发现，生成的复相陶瓷中含有六方相 ZrB₂、立方相 ZrC、立方相 SiC 以及少量的 C,其中 C 是由复合前驱体裂解而生成。因此这证实了复合陶瓷前驱体在 1 500℃热处理过程中完全转化为 ZrB_2-ZrC-SiC 复相陶瓷。

在 PIP 工艺中,浸渍效率在很大程度上取决于前驱体的陶瓷产率,一种有机聚合物要用作陶瓷前驱体须具有较高的陶瓷产率。ZrB_2 前驱体、ZrC 前驱体、PCS 和复合陶瓷前驱体(ZrB_2 前驱体:ZrC 前驱体:PCS = 1:1:1,wt%)的陶瓷产率如表 5.11 所示,复合陶瓷前驱体的陶瓷产率高于三者复合前驱体的理论陶瓷产率(38.2%)。分析原因,可能是在裂解过程中复合陶瓷前驱体发生协同效应,利用 PCS 富碳的特点,补充碳源,可减少 ZrB_2 和 ZrC 前驱体富氧所带来的不利因素,通过三种陶瓷前驱体复合可以调节热解产物的硅碳比、锆碳比和锆硼比,从而提高陶瓷产率。

表 5.11　经 1 500℃热处理后陶瓷前驱体的陶瓷产率

有机前驱体	ZrB_2 前驱体	ZrC 前驱体	PCS	复合陶瓷前驱体
陶瓷产率/%	29.7	27.8	55.0	42.1

2. C/C-ZrB_2-ZrC-SiC 复合材料的制备工艺设计

采用 CVI 结合 PIP 工艺制备 2D C/C-ZrB_2-ZrC-SiC 复合材料,制备工艺流程图如图 5.32 所示。复合材料的制备主要包括三个步骤:采用 CVI 工艺制备低密度 C/C 材料,作为材料粗坯;制备复合陶瓷前驱体;采用 PIP 工艺将复相陶瓷基体引入低密度 C/C,通过反复浸渍-裂解过程实现致密化,最终制得复合材料。

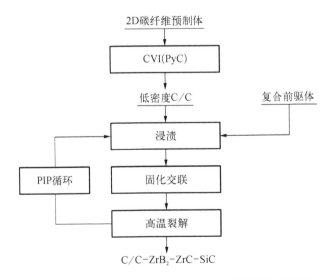

图 5.32　C/C-ZrB_2-ZrC-SiC 复合材料的制备流程图

（1）CVI工艺制备低密度C/C材料。采用等温等压化学气相沉积技术制备低密度C/C材料。碳纤维预制体是二维针刺结构，纤维体积含量为17.6%。将预制体置于自行设计的CVI炉中，在惰性气氛保护下升至设定温度，以丙烷和天然气混合气体为气源导入炉内，使气体发生热解生成热解炭而沉积于预制体内部，控制不同的沉积时间，从而制得不同密度的C/C复合材料。反应工艺条件为：沉积室压强为10 ± 0.5 kPa，反应温度为950~960℃，气体流量为13 L/min（其中丙烷2 L/min，天然气11 L/min）。

（2）制备复合陶瓷前驱体。所用陶瓷前驱体包括SiC陶瓷前驱体、超高温ZrB_2陶瓷前驱体和ZrC陶瓷前驱体，其中SiC陶瓷前驱体为聚碳硅烷，后两者均为本研究团队研制的有机锆聚合物。复合陶瓷前驱体是一种复合物，是由三种陶瓷前驱体分别溶解于二甲苯中（溶液的浓度均为50.0wt%），再将ZrB_2前驱体、ZrC前驱体和聚碳硅烷溶液以一定比例混合（28.7wt%∶50.9wt%∶20.4wt%），达到共溶状态，配制而成的复合前驱体溶液。

（3）PIP工艺制备$C/C-ZrB_2-ZrC-SiC$复合材料。低密度C/C材料孔隙率高，在反复前驱体浸渍-裂解过程中将复相陶瓷基体引入材料中并使其致密化。采用复合陶瓷前驱体溶液作为浸渍剂，利用浸渍剂对低密度C/C在真空条件下浸渍2 h，继而在120℃固化交联1 h，接着将样品置于热处理炉中，在氩气保护条件下以2℃/min的升温速率升温至1 500℃进行高温裂解，并保持2 h，继而冷却至室温。通过多次前驱体浸渍—固化交联—高温裂解过程来实现材料的致密化。当密度增加小于2%时，循环过程完成，制备得到不同热解炭含量的$C/C-ZrB_2-ZrC-SiC$复合材料。

3. 复合材料的致密化过程

采用CVI法制备了三种不同密度的C/C复合材料，密度分别为0.51 g/cm³、0.68 g/cm³和0.88 g/cm³，以ZrB_2前驱体、ZrC前驱体和PCS配制的复合陶瓷前驱体为浸渍剂，利用三种低密度C/C通过PIP法制备相应的A、B和C三组$C/C-ZrB_2-ZrC-SiC$复合材料，考察了不同密度的C/C在PIP工艺中的致密化过程。如图5.33所示，在浸渍初期，复合材料的密度随浸渍次数的增加而呈线性增长，随着PIP循环次数的增加，复合材料密度增大的幅度逐渐变缓，当进行16次PIP循环后，复合材料的密度趋于稳定。A、B组的致密化趋势颇为相似，而C组材料的密度增速明显小于前两者，且所制备的复合材料的密度也较前两者低。分析原因，可能是密度为0.88 g/cm³的C/C复合材料中的热解炭含量较大，而为PIP法浸渍复合陶瓷基体留下的空间较小，从而减缓材料的密度增速。

4. 复合材料的微结构结构

图5.34所示为通过CVI工艺所制备的中间产物低密度C/C复合材料以及结合PIP工艺所制备的最终产物$C/C-ZrB_2-ZrC-SiC$复合材料。

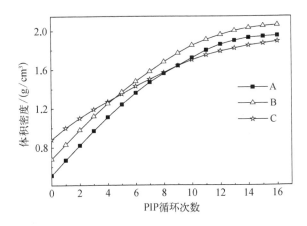

图 5.33　复合材料在致密化过程中的密度随 PIP 循环次数的变化曲线

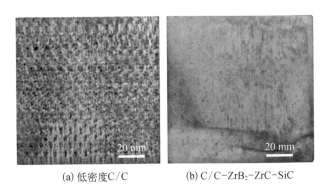

(a) 低密度 C/C　　　　　　　(b) C/C-ZrB$_2$-ZrC-SiC

图 5.34　复合材料的宏观形貌图

　　从宏观形貌图中可以看出,低密度 C/C 的孔隙清晰可见,均匀分布于纵横交错的碳纤维中,它是由二维碳纤维针刺预制体通过 CVI 工艺在纤维表面沉积一层热解炭而制得。C/C-ZrB$_2$-ZrC-SiC 复合材料已经实现致密化,复合材料表面较为平整,其中的纤维均被复相陶瓷基体紧紧包裹,它是由低密度 C/C 经过多次浸渍-裂解过程而致密化所制得。

　　复合材料的微观形貌图如图 5.35 所示,其中,(a)为低倍图,(b)为高倍图(插图为碳纤维、热解炭和基体的分布)。在低倍图中,复相陶瓷 ZrB$_2$-ZrC-SiC(灰色区域)均匀分布于纵横交错的碳纤维(黑色区域)之间,其中残留有少量的孔隙,这归因于所浸渍的复合陶瓷前驱体在高温裂解过程的裂解和收缩以及在基体形成后难以继续进行有效的浸渍。复合材料中碳纤维、热解炭和基体的分布如高倍图所示,碳纤维的表面由一层厚度约为 0.5 μm 的热解炭所包裹,而这层热解炭有助于保护纤维在材料制备过程中不受损伤,并且在复合材料承受载荷时起传递和阻断作用,有利于提升材料的力学性能,还可以赋予材料优异的超高温抗蠕变性能。热解炭外围为连续致密的 ZrB_2-ZrC-SiC 复相陶瓷,复相陶瓷均匀分布而充当复合材料的基体。因此,热解炭、碳纤维和复相陶瓷基体紧密结合而构成了 C/C-ZrB_2-ZrC-SiC 复合材料。

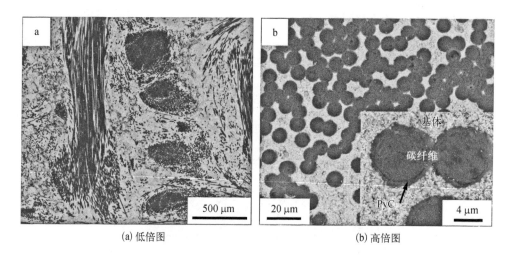

(a) 低倍图   (b) 高倍图

图 5.35   复合材料截面的 SEM 背散射形貌

通过 SEM 结合 EDS 元素分析进一步研究复合材料基体的微观结构。如图 5.36(a)所示,ZrB_2-ZrC-SiC 复相陶瓷基体均匀分布,其中包含白色颗粒和灰色相物质。结合能谱分析图 5.36(b)、(c),可知,SiC 分布于灰色区域中,白色颗粒中含有 ZrB_2 和 ZrC,分析结果与 XRD 图谱完全吻合。在 C/C-ZrB_2-ZrC-SiC 复合材料的基体中,ZrB_2 和 ZrC 颗粒均匀地弥散在 SiC 连续相中,形成了 ZrB_2-ZrC-SiC 复相陶瓷基体。

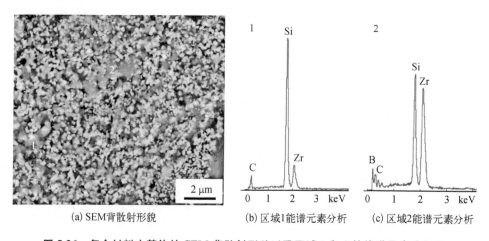

(a) SEM背散射形貌   (b) 区域1能谱元素分析   (c) 区域2能谱元素分析

图 5.36   复合材料中基体的 SEM 背散射形貌以及区域 1 和 2 的能谱元素分析图

　　此外,图 5.37 还展示了复合材料中基体的能谱面扫描图。可知,元素 Si 和 Zr 皆均匀地遍布于整个基体中。可以推测,ZrB_2、ZrC 颗粒与 SiC 紧密地结合在一起,可在高温氧化环境中产生协同效应,有利于提高复合材料的抗氧化性能和抗烧蚀性能。由于能谱分析不能精确地检测轻质元素(包括元素 B 和 C),此处则未给出元素 B 和 C 的面扫描图。

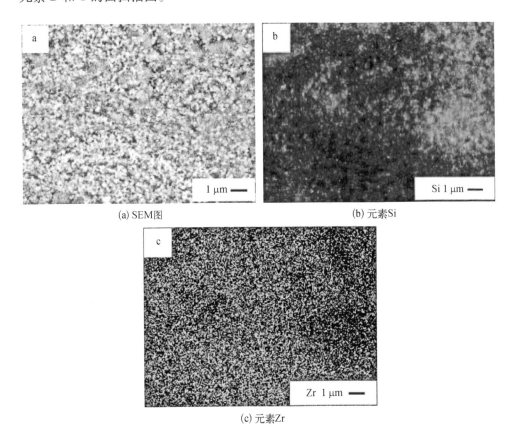

(a) SEM图　　　　　　　　　　　　(b) 元素Si

(c) 元素Zr

图 5.37　复合材料基体的 SEM 能谱图

　　为了深入表征复合材料中基体的微观结构,对其进行了透射电镜分析。如图 5.38 所示,深灰色颗粒分布在浅灰色絮状物中,粒径为 $10 \sim 100$ nm,并伴有团聚现象。结合能谱分析,浅灰色物质中含有元素 Si 和 C,这是由于基体中生成了 SiC。深灰色颗粒中含有元素 B、C 和 Zr,这归因于 ZrB_2 和 ZrC 的形成。该结果与 XRD 分析结果完全吻合。在复合材料中,SiC 相均匀遍布于基体中,形成了连续相,ZrB_2 和 ZrC 纳米颗粒均匀弥散在基体中。

　　复合材料中基体的透射电子显微镜(transmission electron microscope, TEM)高分辨图见图 5.39,其中插入了快速傅里叶变换图。图 5.39(a)证实了六方相 ZrB_2 纳

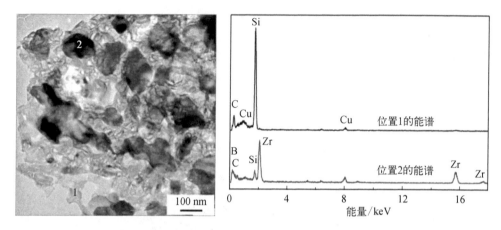

图 5.38　复合材料中基体的 TEM 图以及区域 1 和 2 的能谱元素分析图

米晶的存在,$d_{0\,002}$ 为 0.216 nm。在图 5.39(b)中,图像证实了 ZrC 纳米晶的存在,表明在热处理过程中析出了 ZrC 纳米晶,d_{200} 为 0.233 nm,这与 ZrC 相吻合,快速傅里叶变换图显示了面心立方 ZrC 晶带轴[001]的衍射花样。图 5.39(c)为 SiC 晶体的高分辨图,其中显示了立方相 SiC 晶带轴[011]的衍射花样。结果表明,在高温裂解过程中复合陶瓷前驱体裂解生成了 ZrB$_2$、ZrC 和 SiC 晶体。

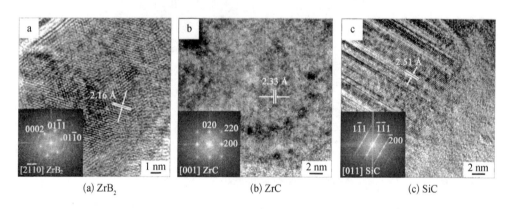

图 5.39　复合材料中基体的 TEM 高分辨图

　　综上所述,与一般采用的毫米级或微米级 ZrB$_2$ 和 ZrC 颗粒相比,粒径小于 100 nm 的 ZrB$_2$ 和 ZrC 颗粒有利于显著提高复合材料基体中各相的比表面积和陶瓷活性,并在超高温氧化环境应用时产生强烈的协同效应。因此,可以推测本章所制备的新型 C/C‑ZrB$_2$‑ZrC‑SiC 复合材料具有优异的超高温抗烧蚀性能。

　　5. 复合材料力学性能

　　(1)复合材料的弯曲强度。图 5.40 为复合材料的弯曲强度和弯曲模量测试结果。从中可以看出,不同热解炭含量的 C/C-ZrB₂-ZrC-SiC 复合材料的弯曲强度相差较大,复合材料的弯曲强度和弯曲模量均随着热解炭含量的增加而呈现先上升后下降的变化趋势。试样 B 表现出最大的弯曲强度,达到 127.9 MPa。试样 A 的弯曲强度较低,一方面是由于该组复合材料的孔隙率较大,致密化程度不高;另一方面可能是由于复合材料中热解炭含量较低,未能对碳纤维形成有效的保护,在反复浸渍-高温裂解的过程中,碳纤维损伤严重,导致纤维强度降低。试样 B 则具有高的弯曲强度,然而随着热解炭含量进一步增大,试样的弯曲强度又呈下降趋势,这可能是由于复合材料中复相陶瓷基体的含量降低,对复合材料的力学性能贡献减小。在碳纤维体积分数相同的情况下,复合材料密度越高,则单根纤维之间以及纤维束之间的结合强度就越高,复合材料内部承受外部载荷面积越大,复合材料的强度就越高。另外,由于浸渍过程中液体在毛细管中的流动状态通常认为是层流,由 Darcy 定律可得浸渍的阻力 P 与浸渍液的黏度和毛细管半径的平方之比(η/γ^2)成正比。当浸渍液黏度一定时,预制体的密度越大,气孔则越小,阻力则越大,这样就很容易在复合材料内部形成较大的封闭气孔,也可能导致复合材料强度的下降。

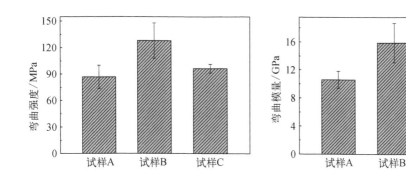

图 5.40　不同热解炭含量的 C/C-ZrB₂-ZrC-SiC 复合材料的弯曲强度和弯曲模量

（2）复合材料的断裂韧性。图 5.41 为复合材料的断裂韧性测试结果。从中可以看出,三组复合材料的断裂韧性变化趋势与弯曲强度变化趋势相似,C/C-ZrB₂-ZrC-SiC 复合材料的断裂韧性随着热解炭含量的增加而呈现先上升后下降的趋势。试样 B 表现出最高的断裂韧性,达到 6.23 MPa·m$^{1/2}$。试样 A 的断裂韧性较低,一方面是由于该组复合材料的致密化程度不高;另一方面是由于复合材料

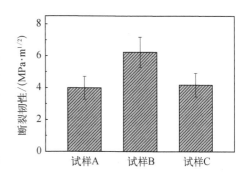

图 5.41　不同热解炭含量的 C/C-ZrB₂-
ZrC-SiC 复合材料的断裂韧性

中热解炭含量较低,未能对碳纤维形成有效的保护,碳纤维在反复浸渍-高温裂解的过程中损伤严重,导致纤维强度降低。试样 B 则表现出良好的断裂韧性,但是随着热解炭含量进一步增大,试样的断裂韧性又呈下降趋势,这可能是由于复合材料中复相陶瓷基体的含量降低,对复合材料的力学性能贡献减小。

为了考察试样 B 具有优异力学性能的原因,对其断裂载荷与位移关系进行分析。如图 5.42 所示,在初始阶段,载荷-位移曲线呈线性增长;达到最大载荷之前,载荷-位移曲线呈非线性快速增长;当达到最大载荷后,载荷并未急速减小,而呈现出波折、台阶式的缓慢下降趋势,说明材料失效形式为韧性断裂,具有假塑性断裂特性。复合材料的断口极不规则,结合试样 B 的微观断口形貌图(图 5.43),可知试样断口呈锯齿状,断口处纤维拔出多而长,且被拔出的纤维形貌完整,与基体分解明显。说明碳纤维与基体在材料制备过程中形成了弱的界面结合,这种弱界面结合使得材料在承受载荷发生弯曲变形时,易产生脱黏和纤维拔出,在缓解裂纹尖端应力集中的同时还能吸收大量能量,大幅度提高材料的断裂韧性。

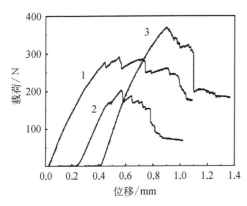

图 5.42　C/C - ZrB$_2$ - ZrC - SiC 复合材料
（试样 B)的断裂载荷-位移曲线

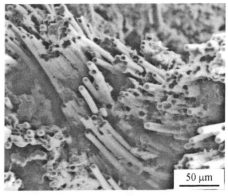

图 5.43　C/C - ZrB$_2$ - ZrC - SiC 复合
材料断口形貌图

6. 复合材料热物性

C/C - ZrB$_2$ - ZrC - SiC 复合材料属无机非金属材料,它是一种多相非均质混合物,材料中含有石墨片层结构,石墨片层上存在可以运动的由共轭电子组成的高活性的离域大 Π 键,而石墨片层之间又是弱于非金属共价键的范德华作用力。物质的结构决定其性质,这些结构特点决定了该材料特殊的热物理性能。因此对于C/C - ZrB$_2$ - ZrC - SiC复合材料来说,导热机理应该是介于金属材料和非金属材料之间,既有声子导热,又有电子导热。

图 5.44 中可知,C/C - ZrB$_2$ - ZrC - SiC 复合材料的比热容随温度的升高而呈非线性增大,而增加的幅度逐渐变缓,在 1 200℃时达到 1.91 kJ/(kg · K),可以推测

当温度继续升高时,材料的比热容会继续增大,但增加幅度明显减缓。同时由于试样存在一定孔隙率,实际密度小于理论密度,所以比热容的实验值略小于理论值。

比热容是材料储热能力的标度,与测试方向无关。图 5.45 的实验结果证实了 $C/C-ZrB_2-ZrC-SiC$ 复合材料的比热容与测试方向无关,图中平行和垂直于纤维方向比热容的微小差异是由实验误差引起的。

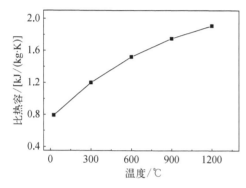 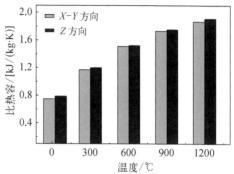

图 5.44　$C/C-ZrB_2-ZrC-SiC$ 复合材料的比热容随温度的变化关系　　图 5.45　$C/C-ZrB_2-ZrC-SiC$ 复合材料的比热容与碳纤维方向的关系

热扩散率是表征物体在加热或冷却过程中各部分温度趋于一致的速率,其物理意义是在发生瞬间传热时的温度分布速度,即表示温度梯度随时间的变化。它是在非稳定传热过程中决定热交换强度的主要指标。影响热扩散率的因素主要有材料的晶体结构、密度和温度。

图 5.46 为 $C/C-ZrB_2-ZrC-SiC$ 复合材料的热扩散率随温度的变化曲线,可见热扩散率随温度的升高而降低。温度升高会增加温度均一化的难度,因此热扩散率随着温度的升高而呈降低趋势。复合材料的热扩散率不但与其化学组成、分子结构、晶体类型相关,而且与晶粒之间的连通状态有关。图中碳纤维的取向与热传导方向一致时热扩散率较高,这是因为 $C/C-ZrB_2-ZrC-SiC$ 复合材料中的碳纤维具有皮芯结构,与热解炭相比,沿轴向的葱皮状石墨片层结构具有较高的连通性。

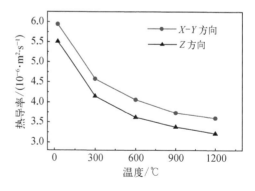

图 5.46　$C/C-ZrB_2-ZrC-SiC$ 复合材料的热扩散率随温度变化曲线

图 5.47 中当碳纤维的取向与热传导方向一致时复合材料的热导率高,这是因

为碳纤维的晶体间连通性比热解炭和陶瓷基体高。图 5.48 为 C/C - ZrB₂ - ZrC - SiC 复合材料的局部断口形貌,由图可知,沿碳纤维方向的连通性高,而在垂直于碳纤维方向,纤维之间有孔隙存在,热传导的通道被阻断,因此热导率低。

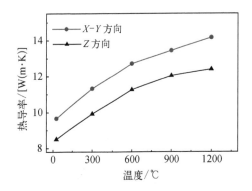

图 5.47   C/C - ZrB₂ - ZrC - SiC 复合材料的热导率随温度变化曲线

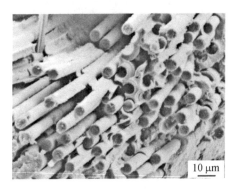

图 5.48   C/C - ZrB₂ - ZrC - SiC 复合材料断口 SEM 形貌

C/C - ZrB₂ - ZrC - SiC 复合材料中的热解炭是围绕碳纤维呈葱皮状结构生长,所以热解炭的石墨片层与碳纤维的轴向平行,碳纤维及环绕纤维生长的热解炭将成为热传导的有效通道。因此沿碳纤维方向热传导由于连通性好,声子导热增强,而且由于热解炭的乱层石墨结构中石墨微晶片层同纤维轴向平行,而石墨片层间有离域大 Π 键中高活性的电子存在,所以电子导热也增强。因此 C/C - ZrB₂ - ZrC - SiC 复合材料的导热性能各向异性。

采用热膨胀仪测定材料的热膨胀系数。测试条件为:室温~1 300℃,升温速率为 10℃/min,氩气气氛保护。试样尺寸为 3 mm×3 mm×10 mm,测试方向与纤维排列延伸方向一致。

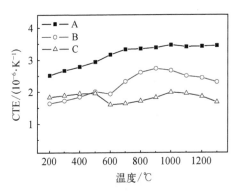

图 5.49   不同热解炭含量的 C/C - ZrB₂ - ZrC - SiC 复合材料的热膨胀系数与温度的关系

C/C - ZrB₂ - ZrC - SiC 复合材料的热膨胀系数(coefficient of thermal expansion, CTE)与温度的关系如图 5.49 所示,从中可以看出,不同热解炭含量的 A、B 和 C 组复合材料 CTE 大小有所不等,但随温度变化的趋势基本类似,分别可以以 500℃ 和 700℃ 为分界点,将曲线分为低温段和高温段两部分。在低温段,随着温度的升高,3 组复合材料的 CTE 不断增大,在分界点达到峰值后急剧减小;在高温段,A、B 和 C 组曲线分别在 800℃、

600℃和600℃附近降到谷值后继续上升,在 1 000℃左右达到峰值后下降,并伴有微小的波动。

由于碳纤维、热解炭与陶瓷基体的 CTE 均不相同(碳纤维轴向 CTE 为 $0.93\times10^{-6}/K$,热解炭的 CTE 为 $2.1\times10^{-6}/K$,ZrB_2 的 CTE 为 $6.6\times10^{-6}/K$,ZrC 的 CTE 为 $6.73\times10^{-6}/K$,SiC 的 CTE 为 $4.5\times10^{-6}/K$),因此 $C/C-ZrB_2-ZrC-SiC$ 复合材料的 CTE 由各组分共同决定。复合材料从制备温度(1 500℃)冷却至室温时,碳纤维和热解炭的 CTE 远小于复合陶瓷基体,使纤维在轴向受压应力、基体受拉应力,界面处存在很大的残余热应力,最终导致大量垂直于纤维轴向的基体微裂纹产生,为复合材料的热膨胀提供了自由空间。

在低温段,随着温度的升高,残余热应力逐渐释放,在此过程中,复合陶瓷基体的 CTE 不断上升,使复合材料 CTE 缓慢增大,基体成为主要控制因素。当温度升至分界点时,基体裂纹基本愈合,CTE 达到低温段峰值。A 组低温段峰值较 B 组和 C 组更晚出现是由于 A 组热解炭含量低、陶瓷基体含量高而存在更多的残余热应力。在高温段,裂纹愈合,残余热应力大量释放,基体和横向碳纤维的径向 CTE 大于纵向碳纤维的轴向,此时基体和横向纤维变为受压应力,而纵向碳纤维受拉应力,这就限制了基体和横向纤维的膨胀,使复合材料 CTE 呈下降趋势,直至出现波谷。随着拉应力的不断增大,纤维与基体之间界面发生脱黏,甚至出现局部纤维断裂,从而释放复合材料内部因纵向纤维束缚而积存的应力,减弱纤维的束缚作用,使复合材料的膨胀曲线上升,并于 1 000℃达到高温段峰值。接着,复合材料内应力在纤维束间重新分布,碳纤维在高温下发生轴向负膨胀现象,使复合材料的热膨胀再次受到纵向纤维的约束。并且基体中 SiC 在 1 100℃后 CTE 降低,也导致复合材料的 CTE 下降,并不断发生纤维与基体界面脱黏和应力重新分布过程。可知,在高温段,复合材料 CTE 的变化主要取决于纵向碳纤维的轴向热膨胀和界面的热应力。通过 A、B 和 C 组试样之间的对比,可知随着热解炭含量升高,复相陶瓷基体含量降低,复合材料的 CTE 逐渐减小,这是由于碳纤维和热解炭的 CTE 远小于复相陶瓷基体。

7. 复合材料的抗烧蚀性能

(1) 等离子体烧蚀试验。本节通过等离子体烧蚀试验对 $C/C-ZrB_2-ZrC-SiC$ 复合材料的抗烧蚀性能进行研究。试验条件为:电弧电压 ~65 V,电弧电流 ~440 A,加热器功率 ~30 kW,氩气压力 ~40 MPa,氩气流量 ~0.6 L/min,氢气压力 ~2 MPa,氢气流量 ~0.4 L/min,烧蚀温度分别为 1 800℃、2 000℃和 2 200℃,烧蚀时间为 1 000 s。通过烧蚀前后试样的质量和厚度变化来计算线烧蚀率和质量烧蚀率,用以表征复合材料的抗烧蚀性能。图 5.50 为烧蚀试验过程中红外测温仪所监测的试样表面的温度曲线。

为了将所制备的 $C/C-ZrB_2-ZrC-SiC$ 复合材料(试样 B)与 C/C - SiC 复合材

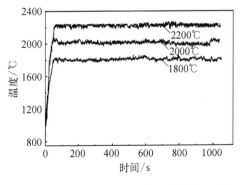

图 5.50　C/C - ZrB₂ - ZrC - SiC 复合材料的烧蚀试验温度曲线

料进行对比,还采用相同工艺(CVI 结合 PIP 工艺)制备了与试样 B 具有相同碳纤维与热解炭含量的 C/C - SiC 复合材料用于对比实验。复合材料烧蚀后的表面形貌及截面的烧蚀厚度图见图 5.51,C/C - ZrB₂ - ZrC - SiC 复合材料表面的纤维被氧化,且表面生成了一层白色氧化物。在 2 000℃及以下烧蚀时,材料几乎近零烧蚀,试样保持完整,无裂纹或碎裂现象。随着烧蚀温度的升高,烧蚀程度加剧,在 2 200℃ 烧蚀 1 000 s 后,试样

表面的纤维被氧化留下一道道纤维痕迹,仍无裂纹及碎裂现象出现,试样中心出现了小烧蚀坑,烧蚀深度为 1.67 mm,表面由一层致密的氧化物保护层所覆盖,该保护层阻止了复合材料的进一步氧化,从而使复合材料表现出优异的抗烧蚀性能。而 C/C - SiC 复合材料在更短的烧蚀时间内(300 s)却呈现出较大凹坑,烧蚀深度达 3.54 mm。

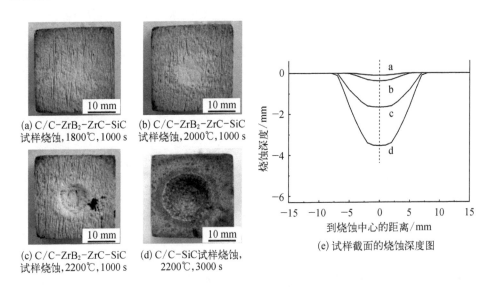

(a) C/C-ZrB₂-ZrC-SiC 试样烧蚀,1800℃,1000 s

(b) C/C-ZrB₂-ZrC-SiC 试样烧蚀,2000℃,1000 s

(c) C/C-ZrB₂-ZrC-SiC 试样烧蚀,2200℃,1000 s

(d) C/C-SiC试样烧蚀,2200℃,3000 s

(e) 试样截面的烧蚀深度图

图 5.51　烧蚀后形貌及试样截面的烧蚀深度图

C/C - ZrB₂ - ZrC - SiC 复合材料的线烧蚀率和质量烧蚀率如图 5.52 所示,在 2 000℃及以下烧蚀时,复合材料表现出非常低的线烧蚀率和质量烧蚀率。在 1 800℃烧蚀时,复合材料的线烧蚀率和质量烧蚀率分别为 $1.09×10^{-4}$ mm/s 和 $1.19×10^{-3}$ g/s。复合材料的线烧蚀率随烧蚀温度的升高而逐渐增大,分析原因,可能是

由于表面生成的部分 SiO_2 在更高温度($2\,200℃$)下被高速气流所带走。在 $2\,200℃$ 烧蚀时,复合材料的线烧蚀率和质量烧蚀率分别为 $1.67×10^{-3}$ mm/s 和 $1.66×10^{-3}$ g/s。将其与在 $2\,200℃$ 烧蚀 300 s 的 C/C‒SiC 复合材料进行对比,C/C‒SiC 复合材料的线烧蚀率和质量烧蚀率测试结果分别为 $1.18×10^{-2}$ mm/s 和 $5.72×10^{-3}$ g/s。因此,与 C/C‒SiC 复合材料对比,C/C‒ZrB_2‒ZrC‒SiC 复合材料在 $2\,200℃$ 烧蚀时的线烧蚀率和质量烧蚀率分别降低了 85.8% 和 71.0%,表现出优异的超高温抗烧蚀性能。

　　为了研究 C/C‒ZrB_2‒ZrC‒SiC 复合材料具有优异抗烧蚀性能的原因,对烧蚀试样表面氧化物进行了 XRD 分析,如图 5.53 所示。可知,白色氧化物的主要成分是 ZrO_2,XRD 未检测出 SiO_2 相,是由于 SiO_2 在此温度范围内为非晶相。在 $1\,800℃$ 烧蚀后氧化产物中还含有 $ZrSiO_4$,这不是因为 $ZrSiO_4$ 在此烧蚀温度下未分解(一般而言,$ZrSiO_4$ 的分解温度为 $1\,200\sim1\,700℃$),而是由于在降温过程中氧化产物 ZrO_2 与 SiO_2 反应生成。

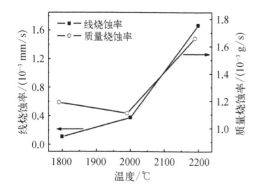

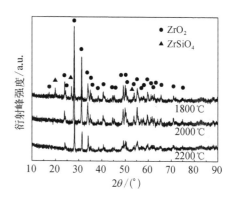

图 5.52　C/C‒ZrB_2‒ZrC‒SiC 复合材料烧蚀 $1\,000$ s 的线烧蚀率和质量烧蚀率曲线

图 5.53　C/C‒ZrB_2‒ZrC‒SiC 复合材料在不同温度下烧蚀后的表面 XRD 图谱

　　为了研究 C/C‒ZrB_2‒ZrC‒SiC 复合材料的烧蚀机理,考察了复合材料在 $2\,200℃$ 烧蚀后的微观形貌。如图 5.54 所示,按照烧蚀区域的不同,将烧蚀表面分为烧蚀中心和烧蚀边缘两个区域。

　　在烧蚀中心区域,烧蚀最为严重,表面的碳纤维被完全氧化,烧蚀表面凹凸不平,但烧蚀面连续致密。由于烧蚀中心对应于等离子焰流中心,试样表面在此处的温度最高,在烧蚀过程中碳纤维和热解炭被氧化生成 CO 气体逸出,ZrB_2 被氧化生成的 B_2O_3 在高温下转变为气态而挥发,SiC 与大气中的 O_2 发生反应生成 SiO 和 SiO_2,部分 SiO_2 在高速气流冲刷作用下被带走,在烧蚀中心留下了大量烧蚀坑。由于 ZrB_2 和 ZrC 的熔点极高($3\,040℃$,$3\,540℃$),难熔化,能够有效承受等离子炬冲刷,它们的氧化产物 ZrO_2 与 SiC 氧化产物 SiO_2 相比,具有低饱和蒸气压、高溶解热

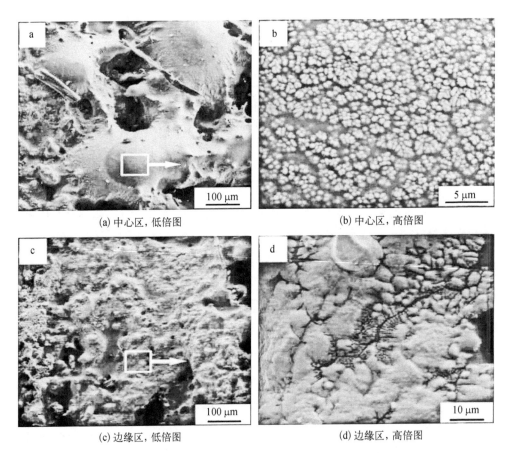

(a) 中心区, 低倍图　　　　　　　　　　(b) 中心区, 高倍图

(c) 边缘区, 低倍图　　　　　　　　　　(d) 边缘区, 高倍图

图 5.54　C/C‒ZrB₂‒ZrC‒SiC 复合材料在 2 200℃烧蚀后表面 SEM 背散射图

(ZrO_2, 215.4 kJ/mol; SiO_2, 8.82 kJ/mol), 因此能够承受超高温烧蚀而不会大量汽化。由图 5.54(b) 可知, 试样表面生成致密的组织覆盖在基体上, 通过 EDS 结合上述 XRD 分析, 可知该物质为 ZrO_2‒SiO_2 玻璃态混合物, 白色物相 ZrO_2 呈雪花状均匀地分布于玻璃态灰色物相 SiO_2 中。结合 ZrO_2‒SiO_2 二元相图, 分析认为在超高温环境中, 部分 ZrO_2 会熔融于液态 SiO_2 中, 形成黏稠的玻璃态混合物而牢牢黏附于材料表面, 封填表面的气孔, 阻止氧化性气氛渗入基体, 从而保护内部基体, 同时 ZrO_2 在熔化过程中能够吸收大量热量而降低试样表面温度, 减弱等离子炬的烧蚀。因此, 复合材料具有优异的抗烧蚀性能。

　　在烧蚀边缘区域, 烧蚀表面较完整, 同样出现明显玻璃态物质覆盖在基体上, 通过 EDS 结合上述 XRD 分析可知, 白色物相 ZrO_2 呈雪花状充当骨架作用, 灰色物相 SiO_2 填充在 ZrO_2 骨架中, 并将孔洞弥合, 形成连续致密的氧化物保护层, 阻止等离子炬对内部基体的进一步烧蚀。

　　图 5.55 为复合材料在不同温度下烧蚀后的截面微观形貌,通过 EDS 元素分析可知表面生成的混合氧化物中皆含有 Zr、Si 和 O 元素,图中的白色氧化物为 ZrO_2,灰色氧化物为 SiO_2。从截面微观形貌图中可以看出,复合材料表面生成了一层致密覆盖层将基体与外界完全隔绝,并且氧化物覆盖层的厚度和氧化物所覆盖的面积随着烧蚀温度的升高而减小。具体而言,在 1 800℃烧蚀后氧化产物所形成覆盖层的厚度接近 200 μm,当烧蚀温度升高,熔融态 SiO_2 因蒸气压增大而逐渐挥发或被高速气流冲刷所带走,在 2 200℃烧蚀后,氧化物覆盖层的厚度减至 120 μm。该氧化物覆盖层是以 ZrO_2 为骨架,ZrO_2 - SiO_2 玻璃相弥合其中的结构,由于颗粒弥散的高熔点氧化物相具有很高的黏度,能够大幅度降低氧化性气氛向材料内部扩散的速率,从而保护材料不被烧蚀。ZrO_2 具有很低的热导率[2.3 W/(m·K)],能够有效地阻止外部热量向材料内部扩散,同时具有良好的抗热震剥离性能,进一步提高复合材料的耐高温性能,并且延长使用寿命。而对于用于对比实验的 C/C - SiC

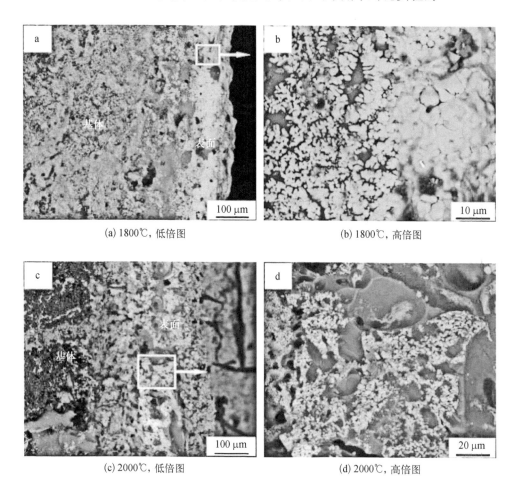

(a) 1800℃,低倍图　　　　　　　　　　(b) 1800℃,高倍图

(c) 2000℃,低倍图　　　　　　　　　　(d) 2000℃,高倍图

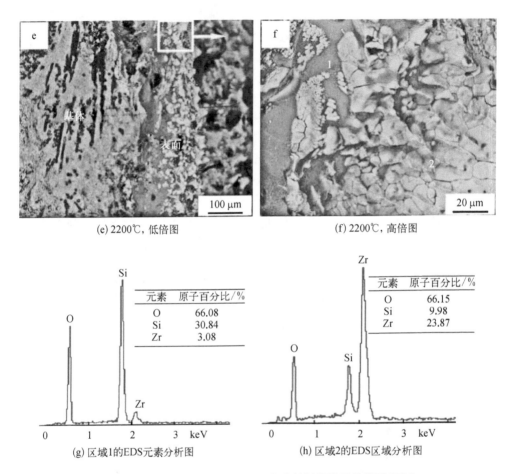

(e) 2200℃, 低倍图　　　　　(f) 2200℃, 高倍图

(g) 区域1的EDS元素分析图　　　　(h) 区域2的EDS区域分析图

图 5.55　C/C‐ZrB$_2$‐ZrC‐SiC 复合材料烧蚀后的截面 SEM 背散射图以及对应区域 1 和 2 的 EDS 元素分析图

复合材料,由于在超高温烧蚀过程缺乏 ZrO$_2$ 的保护,C/C‐SiC 复合材料表现出较差的超高温抗烧蚀性能。

(2) 电弧风洞烧蚀试验。本节通过电弧风洞烧蚀试验测试 C/C‐ZrB$_2$‐ZrC‐SiC 复合材料的抗烧蚀性能和抗热震性能。试验条件为:气流温度为 1 900~1 950℃;气流马赫数为 0.6;总压为 0.5 MPa;总焓为 2.61 MJ/kg;试样尺寸为 100 mm×100 mm×6 mm;试样表面温度为 1 800~1 850℃。烧蚀时间为 600 s。

C/C‐ZrB$_2$‐ZrC‐SiC 复合材料经电弧风洞烧蚀前后的宏观形貌如图 5.56 所示,烧蚀后试样保持完整,未出现结构变化,没有裂纹出现,可知复合材料在测试过程中能承受住急剧升温以及迅速冷却的巨大温度变化,表现出良好的抗热震性能。复合材料表面生成了一层白色的氧化物,并且在表面可以发现气流冲刷所留下的痕迹。通过烧蚀前后试样质量和厚度的变化,可计算出试样的线烧蚀率和质量烧蚀率分别为 $3.0×10^{-4}$ mm/s 和 $5.2×10^{-4}$ g/s,复合材料表现出非常优异的抗烧蚀性能。

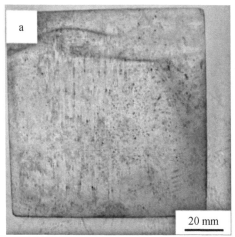 

(a) 烧蚀前宏观形貌   (b) 烧蚀后宏观形貌

图 5.56 C/C‒ZrB$_2$‒ZrC‒SiC 复合材料电弧风洞

图 5.57 为试样经电弧风洞烧蚀后的显微形貌,按照烧蚀区域的不同,将烧蚀表面分为烧蚀中心与边缘两部分。烧蚀表面未发现裸露的碳纤维,烧蚀面连续致密。在烧蚀中心,表面凹凸不平,出现大量孔洞,烧蚀情况最为严重。在烧蚀过程中表面的碳纤维和热解炭被完全氧化而放出 CO 气体,复相陶瓷基体氧化生成的 CO、B_2O_3 和部分 SiO_2 在高温高速气流下挥发或被冲刷走,形成了大量的烧蚀孔洞。逸出的气体不仅可以带走表面的热量而减弱气流的烧蚀,还与表面氧化产物 ZrO_2 和 SiO_2 相结合阻止氧渗入基体,从而保护基体。在烧蚀边缘区域,试样表面较平整,仅出现少量的孔洞,复合材料基体由一层 ZrO_2‒SiO_2 玻璃态混合物所覆盖,该保护层连续致密,阻止了烧蚀气流对内部基体的进一步烧蚀。

C/C‒ZrB$_2$‒ZrC‒SiC 复合材料的电弧风洞烧蚀结果与等离子烧蚀结果相吻合,材料均表现出优异的高温抗烧蚀性能。

(3) 复合材料的烧蚀机理。C/C‒ZrB$_2$‒ZrC‒SiC 复合材料的烧蚀过程包含了一系列的高温物理和化学过程。烧蚀机理主要包括化学侵蚀和物理剥离,化学侵蚀是指发生在材料表面与烧蚀气体的多相氧化反应,物理剥离主要指烧蚀过程中高速高压条件和烧蚀气体产生的剪切力导致复合材料表面物质的剥离或脱落。在烧蚀条件下,复合材料发生的化学反应如下:

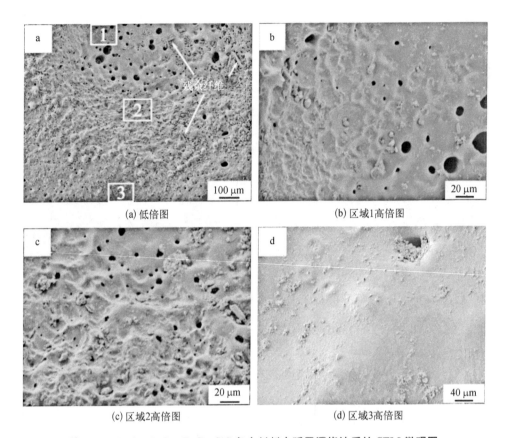

(a) 低倍图　　　　　　　　　　　　(b) 区域1高倍图

(c) 区域2高倍图　　　　　　　　　　(d) 区域3高倍图

图 5.57　C/C - ZrB$_2$ - ZrC - SiC 复合材料电弧风洞烧蚀后的 SEM 微观图

$$C(s) + 1/2O_2(g) \Longrightarrow CO(g) \tag{5.51}$$

$$SiC(s) + 3/2O_2(g) \Longrightarrow SiO_2(l) + CO(g) \tag{5.52}$$

$$SiC(s) + O_2(g) \Longrightarrow SiO(g) + CO(g) \tag{5.53}$$

$$ZrB_2(s) + 5/2O_2(g) \Longrightarrow ZrO_2(s) + B_2O_3(l) \tag{5.54}$$

$$B_2O_3(l) \Longrightarrow B_2O_3(g) \tag{5.55}$$

$$ZrO_2(s) + SiO_2(l) \Longrightarrow ZrSiO_4(l) \tag{5.56}$$

$$SiO_2(l) + B_2O_3(l) \Longrightarrow 硼硅酸盐玻璃(l) \tag{5.57}$$

$$ZrC(s) + 3/2O_2(g) \Longrightarrow ZrO_2(s) + CO(g) \tag{5.58}$$

　　复合材料表面的复相陶瓷基体暴露于烧蚀环境中,被迅速氧化生成 ZrO$_2$、SiO$_2$ 和 B$_2$O$_3$,B$_2$O$_3$ 由于沸点(1 860℃)低于烧蚀温度而迅速挥发或被烧蚀气流带走,并且吸收热量以及降低试样表面的烧蚀温度。同时,大量气体产物(如 CO、SiO 和

B_2O_3)逸出而在表面形成了众多的烧蚀孔洞。

复合材料在烧蚀过程中形成了包含 ZrO_2 和 SiO_2 相的复杂覆盖层结构,多孔的 ZrO_2 是由反应(5.54)和反应(5.58)而生成,ZrO_2 由于具有高达 2 715℃ 的熔点,而形成了充当基底、为液相产物提供力学支撑的骨架。由于 SiO_2 的熔点为 1 600 ~ 1 725℃,根据反应(5.52),生成的液相 SiO_2 润湿 ZrO_2 骨架,形成一道有效的屏障阻止氧的渗入。因此,此过程形成了以 ZrO_2 为骨架,ZrO_2-SiO_2 玻璃相弥合其中的氧化物覆盖层,阻止氧向复合材料内部扩散,保护复合材料基体不被进一步氧化。综上所述,在烧蚀初期,复合材料烧蚀率由表面的 C、SiC、ZrB_2、ZrC 与氧的化学反应所控制;继而,烧蚀过程转变为由外部氧通过连续致密的玻璃态覆盖层向内部渗入的氧扩散率以及玻璃保护层的蒸发过程所控制。

(4) C/C-ZrB_2-ZrC-SiC 复合材料的自愈合抗氧化原理。碳材料的自愈合抗氧化,可以通过弥散在基体中的非氧化物陶瓷颗粒氧化成膜来实现。当碳/陶瓷类复合材料处于高温氧化性环境中时,表面的碳首先被氧化并且形成由陶瓷颗粒组成的脱碳层,随着温度继续升高以及反应时间的延长,脱碳颗粒层的厚度逐渐增大;表面的陶瓷颗粒通过两方面作用使氧气向材料内部的扩散通量减小,一是陶瓷颗粒氧化后体积膨胀以及熔融后对复合材料的浸润使气体扩散的孔径减小、扩散系数下降;二是陶瓷颗粒在氧化过程中消耗向复合材料内部扩散的氧,减缓碳基体氧化速率。图 5.58 为碳/陶瓷类复合材料自愈合抗氧化示意图。

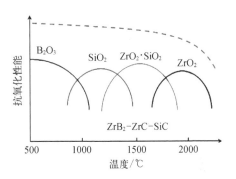

图 5.58　碳/陶瓷类复合材料自愈合抗氧化示意图

在碳/陶瓷类复合材料中,陶瓷相含量、颗粒尺寸、氧化温度和氧化时间等都是影响其抗氧化性能的重要因素。如果复合材料表面的碳被氧化后,陶瓷颗粒孔隙较大,远远超过氧气分子的平均自由程,氧气则在孔隙内作分子扩散,扩散系数与孔径大小有关,并随着温度升高而呈增大趋势。如果颗粒孔隙与氧气分子的平均自由程接近,氧气则在孔隙内作 Knudsen 扩散,扩散系数大幅度减小,使复合材料的氧化进入自愈合保护阶段。然而,碳/陶瓷类复合材料并不是在所有温度区间均具有自愈合行为,例如,SiC 在 1 000℃ 以下氧化生成 SiO_2 的速率很小,难以形成抗氧化保护膜。因此,本节设计 ZrB_2-ZrC-SiC 三元复相陶瓷基体用于制备 C/C-ZrB_2-ZrC-SiC 纳米复相陶瓷基复合材料来实现宽温域的协同抗氧化和抗烧蚀。

C/C-ZrB_2-ZrC-SiC 复合材料在高温氧化环境中的自愈合抗氧化过程是通过以下几个步骤实现:① 复合材料表面的碳被氧化或气化而形成由复合陶瓷组

成的脱碳层;② 在脱碳层中发生氧气向内部的分子扩散以及气体产物(如 CO)的逸出;③ 复合陶瓷基体的大量氧化,以及自身颗粒体积膨胀,使颗粒层孔隙减小,而颗粒层中氧气浓度降低;特别是 ZrB_2 陶瓷相氧化后生成黏度较小的 B_2O_3,引起脱碳层颗粒致密化,使氧气由分子扩散转变为 Knudsen 扩散,扩散系数大幅度降低,并随着孔径的减小而减小;④ 氧化产物 B_2O_3 与 SiO_2 熔融形成液态玻璃薄膜,熔融 SiO_2 与 ZrO_2 反应形成玻璃态 $ZrSiO_4$,覆盖在复合材料的表面,氧气进一步由 Knudsen 扩散转变为物质内的原子扩散过程,由于氧在玻璃态陶瓷中的扩散系数极小(1 000℃时,在熔融 SiO_2 中为 $6×10^{-14}$ cm^2/s),从而实现自愈合抗氧化。

5.3.3　HfB_2‐HfC‐SiC 复相陶瓷基复合材料

1. 碳化铪前驱体

(1) 碳化铪前驱体(precursor of hafnium carbide, PHC)的结构表征与性质。采用红外光谱仪对所合成的碳化铪前驱体 PHC 的结构进行了表征,结果见图 5.59。如图所示,3 500~3 650 cm^{-1} 对应于—OH 的吸收峰位置,表明前驱体产物中仍有少量残余的 1,4-丁二醇未能参与反应;1 637 cm^{-1} 及 1 557 cm^{-1} 对应于 C ＝O 的振动吸收峰,这是由产物中引入的 Hacac 配体所带来的;1 200~1 500 cm^{-1} 对应于 C—C 及引入的 1,4-丁二醇中 C—H 的弯曲振动吸收峰;1 036 cm^{-1} 及 912 cm^{-1} 处的峰对应于 Hf—O—C 中 O—C 的吸收峰;641 cm^{-1} 对应于 Hf—O 的吸收峰。因此,PHC 含有的主要官能团分别为—OH、C ＝O、C—C、C—H、Hf—O—C 等。

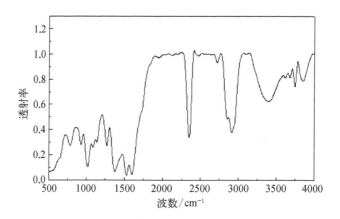

图 5.59　碳化铪前驱体 PHC 的红外光谱图

本报告对 PHC 和 PCS 的溶解度等物理性能进行考察,结果如表 5.12 所示。合成的 PHC 在甲苯和二甲苯中都具有良好的溶解性,并且可以与 PCS、聚萘二酸丁醇酯(polybutylene naphthalate, PBN)在苯族溶剂中互溶,使得采用混合前驱体溶液浸渍制备复合材料成为可能。

表 5.12　碳化铪 PHC 和聚碳硅烷 PCS 的物理性能

前驱体	颜色	软化点/℃	甲苯中的溶解度 /(g/100 g 溶剂)	二甲苯中的溶解度 /(g/100 g 溶剂)
碳化铪前驱体	棕色	160	223	245
聚碳硅烷	白色	180	345	370

　　（2）碳化铪前驱体 PHC 的热解及粉体表征。衡量一种聚合物是否能作为陶瓷前驱体使用,其在空气中的稳定性非常重要。在空气中稳定的前驱体能够保证贮存及使用过程中的安全,且可以减少材料制备过程中氧的引入量,得到高性能的陶瓷及复合材料。取少量碳化铪前驱体 PHC 放在烧杯中,空气中放置数周,颜色不变,质量不变,说明合成的 PHC 在空气中十分稳定。

　　运用热重分析法对碳化铪前驱体 PHC 的热解过程进行了研究,图 5.60 为 PHC 在 50~1 100℃ 的热重分析 (TG)-微分热重分析（derivative thermal gravity, DTG）曲线。从中可以看出, PHC 在0~1 100℃的裂解过程大致可分为三个阶段:

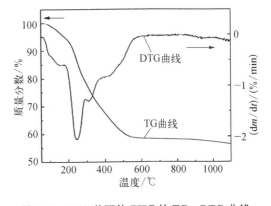

图 5.60　HfC 前驱体 PHC 的 TG‑DTG 曲线

　　第一阶段为室温~180℃,这个过程中体系失重很少（约 5%）,速率也不大,主要是因为产物中所含少量溶剂的挥发。

　　第二阶段为 180~580℃,这个过程中体系失重很明显（约 40%）,主要是因为体系发生了分子链的断裂与重排,从而放出大量小分子气体。这个阶段前驱体的失重很快,并在 240℃ 时失重速率达到最大值。

　　第三阶段为>580℃。580~1 100℃失重约 6%（质量分数）,之前裂解产物中残留的少量氢和其他杂质分解完全,最终裂解产物为自由碳和无定形态的 $[Hf(O, C)]$ 相。温度超过 1 100℃后,裂解产物开始发生重排反应和碳热还原反应,释放出 CO 气体,生成 HfO_2 和 HfC 相,随温度的增加它们开始结晶并长大。热力学上碳热还原 HfO_2 生成 HfC 的标准温度为 1 624℃,预计 1 100℃以后前驱体还会继续失重,这可能是由于碳热还原反应未进行完全。

　　由图 5.60 可以发现合成的 PHC 在 1 100℃ 热解后陶瓷产率仅为 56% 左右,陶瓷产率过低,这是由其结构特点决定的:① 前驱体在热解过程中发生分子链的断裂与重排,释放出大量小分子气体;② 前驱体中氧含量很高,热解过程会有大量气体分子逸出,造成失重。

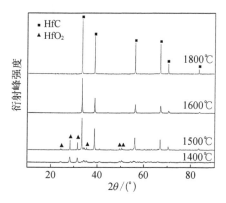

图 5.61　不同温度下 HfC 前驱体 PHC 裂解产物的 XRD 谱图

图 5.61 是在不同温度热处理 2 h 后 HfC 前驱体 PHC 裂解产物的 XRD 图谱。从中可看出,1 400℃时裂解产物开始出现有 HfC 峰,此时产物中主要为单斜 HfO_2。经过 1 500℃热处理后,HfC 峰明显增强,此时的裂解产物为 HfC 和单斜 HfO_2 的混合物。经过 1 600℃热处理后,可以看到,单斜 HfO_2 相开始消失,此时前驱体已经完全转化为纯净的立方 HfC。1 800℃热处理得到的 HfC 衍射峰更强,晶粒尺寸更大。对 PHC 在 1 600℃、氩气下裂解得到的产物,用电感耦合高频等离子体光谱(ICP)测定其元素含量,测试结果表明产物中元素 Hf 和 C 的含量分别为 92.34%、6.21%(质量分数),经计算得 $n(Hf)/n(C) = 0.996$,符合 HfC 对应的元素原子个数比。元素锆、碳二者总质量分数约为 98.55%,产物中还含有一定量的结合氧,可能是其进入了 HfC 晶格,致使还有部分氧元素残留。结合 XRD 测试,确定合成的 PHC 热解后生成了 HfC。

图 5.62 为制备得到的 PHC 及其在 1 600℃裂解产物 HfC 的宏观形貌图,可以看到,前驱体 PHC 为红棕色固体粉末,有半透明性,而其裂解产物 HfC 则为有金属光泽的黑色粉末。

(a) PHC　　　　　　　　　　　(b) HfC

图 5.62　前驱体 PHC 及其 1 600℃裂解产物 HfC 的宏观形貌图

图 5.63 是 PHC 经 1 600℃ 热处理后粉体的扫描电镜（SEM）和透射电镜图（TEM）。由图 5.63（a）中可以看出，HfC 颗粒为不规则的菱形，大小为几十个纳米。由于前驱体在裂解过程中有大量气体挥发，使 HfC 粉体之间产生了比较大的间隙。图 5.63（b）为前驱体裂解粉体 HfC 的 TEM 照片，可以发现小颗粒 HfC 相互黏附在一起，并均匀分布在大颗粒周围，与大颗粒混合在一起致有使 HfC 颗粒长大的趋势。

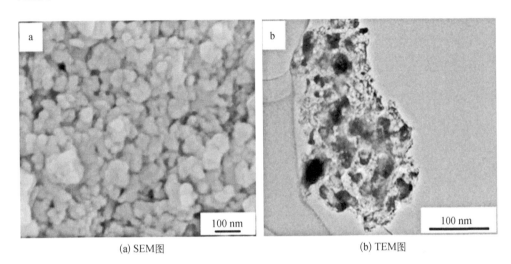

(a) SEM图　　　　　　　　(b) TEM图

图 5.63　前驱体 PHC 经 1 600℃ 热处理后粉体的 SEM 和 TEM 图

2. 复合材料的制备

以除水二甲苯为溶剂，分别按照质量比例为 8.2：1.4：1、9.0：0.7：1、4.5：0.35：1 配制三种不同的 PHC/PCS/PBN 混合前驱体溶液（质量分数为 60%），并标记为 HSB1、HSB2 和 HSB3。以此三种 PHC/PCS/PBN 混合前驱体溶液为浸渍液，采用 CVI 结合 PIP 工艺制备二维针刺 C/C － HfB$_2$－HfC － SiC 复合材料，三种复合材料分别标记为 C/C － HSB1、C/C － HSB2 和 C/C － HSB3。制备工艺流程图如图 5.64 所示。先采用 CVI 工艺制备低密度 C/C 材料作为预制体，然后采用 PIP 工艺将混合前驱体浸渍到预制体中，再将浸渍好的预制体烘干并高温热处理，将复相陶瓷基体引入至预制体内部。为得到致密的复合材料，反复 21 次浸渍-裂解过程。

复合材料在制备过程中的密度随 PIP 循环次数的变化曲线如图 5.65 所示，在浸渍初期，复合材料的密度随浸渍次数的增加而呈线性增长，随着 PIP 循环次数的增加，复合材料密度增大的幅度逐渐变缓，当进行 20 次 PIP 循环后，复合材料的密度趋于稳定。

材料的性能、组成和微结构三者之间联系紧密。因此，复合材料的性能取决于

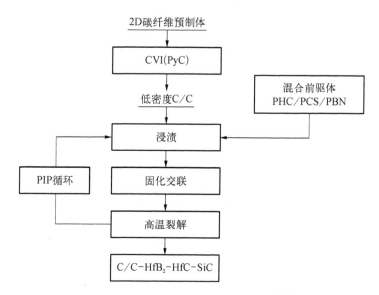

图 5.64   C/C‑HfB$_2$‑HfC‑SiC 复合材料的制备流程图

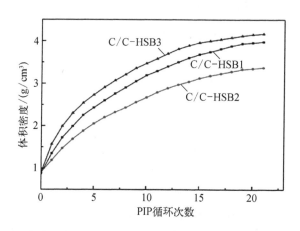

图 5.65   复合材料在制备过程中的密度随 PIP 循环次数的变化曲线

材料的微观组成结构,而材料的组成结构又取决于材料的工艺,因此准确表征复合材料的组成与微结构对材料性能研究至关重要。选用的碳纤维预制体中纤维的体积含量 V_{CF} 为 17.6%,根据 C/C‑HfB$_2$‑HfC‑SiC 复合材料制备工艺的特点,假设碳纤维及热解炭的理论密度为 1.7 g/cm^3,二甲苯的残碳率忽略不计,后续的致密化过程中热解炭以及碳纤维物理化学性能稳定,质量不变,试样体积不变。结合各陶瓷成分的陶瓷产率,从而根据下式分别计算出热解炭的体积分数 V_{PyC}、HfB$_2$ 的体积分数 V_{HfB_2}、HfC 的体积分数 V_{HfC} 和 SiC 的体积分数 V_{SiC}:

$$V_{PyC} = \left(\frac{m_0}{V\rho_{PyC}} - V_{CF} \right) \times 100\% \tag{5.59}$$

$$V_{HfB_2} = \frac{(m - m_0)\left[\eta_{HB}W_{HB}/(\eta_{HB}W_{HB} + \eta_{HC}W_{HC} + \eta_{PCS}W_{PCS}) \right]}{V\rho_{HfB_2}} \times 100\% \tag{5.60}$$

$$V_{HfC} = \frac{(m - m_0)\left[\eta_{HC}W_{HC}/(\eta_{HB}W_{HB} + \eta_{HC}W_{HC} + \eta_{PCS}W_{PCS}) \right]}{V\rho_{HfC}} \times 100\% \tag{5.61}$$

$$V_{SiC} = \frac{(m - m_0)\left[\eta_{PCS}W_{PCS}/(\eta_{HB}W_{HB} + \eta_{HC}W_{HC} + \eta_{PCS}W_{PCS}) \right]}{V\rho_{SiC}} \times 100\% \tag{5.62}$$

式中,m_0 为浸渍前试样的初始质量;m 为反复浸渍裂解后试样的质量;W 为前驱体占复合前驱体溶液质量分数(本实验为 60%);η 为各陶瓷组分的陶瓷产率(HfB_2:35.0%,HfC:38.5%,PCS:55.0%);ρ 为各陶瓷组分的密度(HfB_2:10.5 g/cm^3,HfC:12.7 g/cm^3,SiC:3.02 g/cm^3);V 为试样体积。下标 HB、HC 和 PCS 分别对应于 HfB_2 前驱体、HfC 前驱体和 PCS(注:将 PHB/PBN 混合前驱体按一定比例折算为 HfB_2 前驱体)。

三组不同成分含量的 C/C - HfB_2 - HfC - SiC 复合材料组成如表 5.13 所示,可以看出,三组复合材料的热解炭含量相近,均为 35% 左右。样品 C/C - HSB3 的密度最高,达到 4.17 g/cm^3,这是因为其复相陶瓷基体中,HfB_2/HfC 组分比例相对较高,SiC 陶瓷组分的比例较低,因此总体复合材料的密度较高。样品 C/C - HSB1 的密度较 C/C - HSB2,这是因为样品 C/C - HSB1 中的孔隙率最低,仅为 12.60%。

表 5.13　不同前驱体配比的 C/C - HfB_2 - HfC - SiC 复合材料各成分的组成

样品	实体密度/(g/cm^3)	V_{CF}/vol%	V_{PyC}/vol%	V_{HfB_2}/vol%	V_{HfC}/vol%	V_{SiC}/vol%	开气孔率/%
C/C - HSB1	3.98	17.60	34.23	12.14	11.56	11.87	12.60
C/C - HSB2	3.37	17.60	36.12	5.14	12.33	11.61	17.20
C/C - HSB3	4.17	17.60	35.20	6.12	19.17	6.31	15.60

3. 复合材料的结构表征

混合前驱体 PHC/PCS/PBN 所制备的 C/C - HfB_2 - HfC - SiC 复合材料(C/C - HSB1)的 XRD 图谱如图 5.66 所示,可看出经过 1 600℃ 热处理后,混合前驱体已经

分别反应转化为 HfB$_2$、HfC 和 SiC。XRD 分析显示基体的主要物质为 HfB$_2$、HfC、SiC 和 C,并含有微量的 HfO$_2$,但是因为 PHC 前驱体自身的氧含量较高,裂解的过程中碳化还原及硼热还原不完全,导致有一定的氧元素残留。

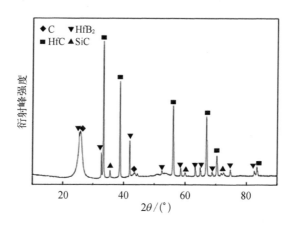

图 5.66   C/C‑HfB$_2$‑HfC‑SiC 复合材料(C/C‑HSB1)的 XRD 谱图

图 5.67 所示为通过 CVI 工艺所制备的预制体(低密度 C/C 复合材料)以及采用 PIP 工艺所制备的最终产物 C/C‑HfB$_2$‑HfC‑SiC 复合材料(C/C‑HSB1)。从宏观形貌图中可以看出,预制体中的孔隙清晰可见,均匀分布于纵横交错的碳纤维中,它是由二维碳纤维针刺材料通过 CVI 工艺在纤维表面沉积一层热解炭而制得。C/C‑HfB$_2$‑HfC‑SiC 复合材料(C/C‑HSB1)已经实现致密化,材料表面较为平整,内部的纤维均被复相陶瓷基体紧紧包裹,它是由低密度 C/C 预制体经过混合前驱体的多次浸渍-裂解过程而致密化所制得的。

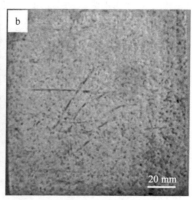

(a) 低密度C/C预制体   (b) C/C‑HfB$_2$‑HfC‑SiC(C/C‑HSB1)

图 5.67   复合材料的宏观形貌图

　　通过 SEM 结合 EDS 能谱分析研究复合材料及其复相陶瓷基体的微观结构,如图 5.68 所示,在复合材料中,灰色的复相陶瓷基体 HfB_2 - HfC - SiC(如区域 A)比较均匀分布于纵横交错的 C/C 预制体(黑色区域)之间。复合材料中除了碳纤维、热解炭和复相陶瓷基体外,还有少量的孔隙(如区域 D),这是因为在高温裂解过程中,浸渍在复合材料内的混合前驱体发生裂解和体积收缩,以及在复相陶瓷基体形成后难以继续进行有效的浸渍。复相陶瓷基体的微观结构如图 5.68(b)、(c)所示,由于混合前驱体中加入了 PBN,抑制了在裂解过程中分散相含 Hf 粒子的聚集长大,因此复相陶瓷的基体中,白色的含 Hf 分散相粒子大小为几十个纳米,均匀地分散在连续相中。从能谱图 5.68(d)可以看到,复相陶瓷基体中主要有 Hf、Si、C、B 等元素,并且含有少量的氧,结合 XRD 图谱可知,复合材料中的复相陶瓷基体主要成分为 HfB_2、HfC、SiC 和 C,并含有微量的 HfO_2。

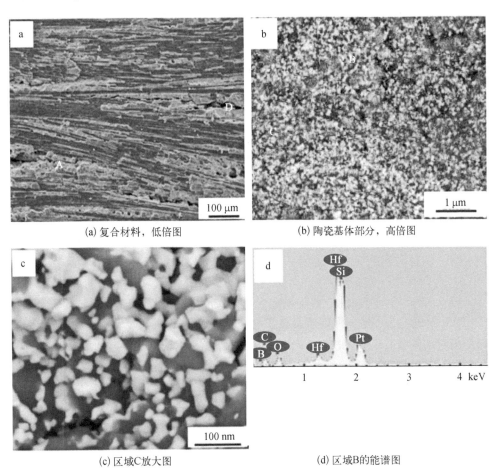

(a) 复合材料,低倍图　　　　　　　　(b) 陶瓷基体部分,高倍图

(c) 区域C放大图　　　　　　　　(d) 区域B的能谱图

图 5.68　C/C - HfB_2 - HfC - SiC 复合材料及其复相陶瓷基体的 SEM 背散射图与能谱图

为了深入表征复相陶瓷基体的微观结构,对其进行了透射电镜分析。如图 5.69 所示,深灰色颗粒分布在浅灰色絮状物中,大小为几十个纳米,并伴有一定的团聚现象。结合能谱分析可以发现,浅灰色物质中含有元素 Si 和 C,这是因为基体中生成了 SiC。深灰色颗粒中含有元素 B、C 和 Hf,这归因于 HfB$_2$ 和 HfC 的形成。该结果与 XRD 分析结果完全吻合。在复合材料中,SiC 相均匀遍布于基体中,形成了连续相,含 Hf 相(HfB$_2$ 和 HfC)分散相粒子以几十纳米大小的尺寸均匀分散在复相陶瓷基体中。

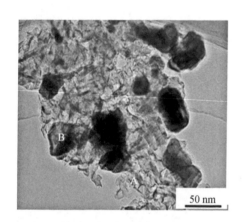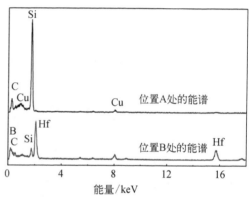

图 5.69 C/C‑HSB1 中复相陶瓷基体的 TEM 图与区域 A、B 的能谱元素分析图

综上所述,与一般采用的毫米级或微米级 HfB$_2$ 和 HfC 粒子制备得到的复相陶瓷基体相比,大小为几十个纳米的 HfB$_2$ 和 HfC 粒子有利于显著提高复合材料复相陶瓷基体中各组分相的比表面积和陶瓷活性,并在超高温氧化环境应用时产生强烈的协同效应。因此,可以推测本章所制备的新型 C/C‑ZrB$_2$‑ZrC‑SiC 复合材料具有优异的超高温抗烧蚀性能。

4. 复合材料的性能测试

图 5.70 为复合材料的弯曲强度和弯曲模量测试结果。从中可以看出,三组 C/C‑HfB$_2$‑HfC‑SiC 复合材料的弯曲强度和模量相差较大,复合材料的弯曲强度和弯曲模量均随着孔隙率的降低而增加,随着浸渍次数的增加而增加。其中试样 C/C‑HSB1 由于具有最低的孔隙率(12.6%),在浸渍裂解 21 次后表现出最大的弯曲强度(209.03 MPa)和弯曲模量(20.72 GPa),而试样 C/C‑HSB2 由于其孔隙率较大(17.2%),弯曲强度和模量均较低,分别为 175.20 MPa 和 15.21 GPa。在复合材料中孔隙率越低,则单根纤维之间以及纤维束之间的结合强度就越高,复合材料内部承受外部载荷面积越大,因此复合材料的强度就越高。另外,由于混合前驱体浸渍过程中浸渍液在毛细管中的流动状态通常可认为是层流,由 Darcy 定律可得浸渍的阻力 P 与浸渍液的黏度和毛细管半径的平方之比(η/γ^2)成正比。当浸渍液

黏度一定时,预制体的孔隙率越小,阻力则越大,这样就很容易在复合材料内部形成较大的封闭气孔,也可能导致复合材料强度的下降。

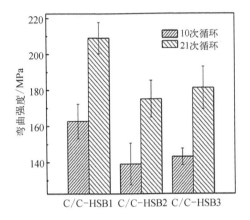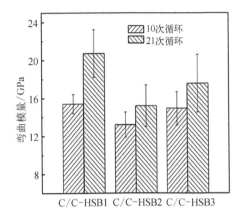

图 5.70　三组复合材料不同浸渍裂解次数的弯曲强度和弯曲模量

图 5.71 为复合材料的断裂韧性测试结果。从中可以看出,三组复合材料的断裂韧性变化趋势与弯曲强度变化趋势相似,C/C - HfB$_2$ - HfC - SiC 复合材料的断裂韧性随着复合材料孔隙率的减少而增加。试样 C/C - HSB1 表现出最高的断裂韧性,在浸渍裂解 21 次后达到 9.76 MPa·m$^{1/2}$。试样 C/C - HSB2 的断裂韧性较低,为 6.82 MPa·m$^{1/2}$,主要是由于复合材料中孔隙率较大。此外,复合材料的断裂韧性随着浸渍裂解的次数增加而增加,这也是由于浸渍次数的增加,提高了复合材料中复相陶瓷基体的含量,降低了孔隙率。

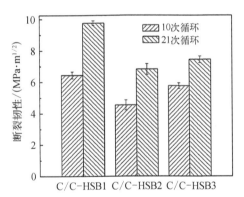

图 5.71　三组复合材料不同浸渍
裂解次数的断裂韧性

为了考察试样 C/C - HSB1 具有优异力学性能的原因,测试其断裂载荷与位移曲线。如图 5.72 所示,三条曲线为 C/C - HSB1 的三组试样 21 次浸渍裂解后的断裂载荷与位移曲线。在初始阶段,载荷-位移曲线呈线性增长;达到最大载荷之前,载荷-位移曲线呈非线性快速增长;当达到最大载荷后,载荷并未急速减小,而呈现出波折、台阶式的缓慢下降趋势,说明材料失效形式为韧性断裂,具有假塑性断裂特性。由图 5.73 可知,复合材料的断口极不规则,结合试样 B 的微观断口形貌图,可知试样断口呈锯齿状,断口处纤维拔出多而长,且被拔出的纤维形貌完整,与基体分解明显。说明碳纤维与基体在材料制备过程中形成了弱的界面结合,这种弱界面结合使得材料在承受载荷发生弯曲变形时,易产生脱黏和纤维拔出,在缓解裂纹尖端应力集中的同时还能吸收大量能量,大幅度提高材料的断裂韧性。

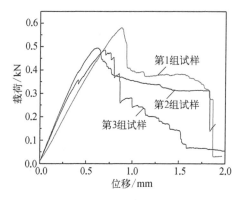

图 5.72　C/C - HfB$_2$ - HfC - SiC 复合材料(试样 C/C - HSB1)的断裂载荷-位移曲线

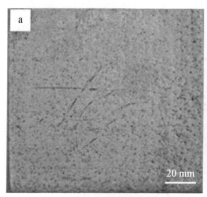

图 5.73　C/C - HfB$_2$ - HfC - SiC 复合材料(试样 C/C - HSB1)的断口形貌图

5. 复合材料的电弧风洞烧蚀试验

下面将通过电弧风洞烧蚀试验测试 C/C - HfB$_2$ - HfC - SiC 复合材料的抗烧蚀和抗热震性能。试验条件为:气流温度为 2 500 K,气流马赫数为 0.6,总压为 0.5 MPa,试样尺寸为 100 mm×100 mm×6 mm,测试过程中气流中加水,烧蚀时间为 600 s。

C/C - HfB$_2$ - HfC - SiC 复合材料(试样 C/C - HSB1)经电弧风洞烧蚀前后的宏观形貌如图 5.74 所示,烧蚀后试样保持完整,没有裂纹出现,可知复合材料在测试过程中能承受住急剧升温以及迅速冷却的巨大温度变化,表现出良好的抗热震性能。复合材料表面生成了一层白色的氧化物,并且在表面可以发现气流冲刷所留下的痕迹。

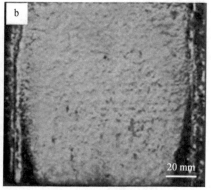

(a) 电弧风洞烧蚀前　　　　　　　　(b) 电弧风洞烧蚀后

图 5.74　C/C - HfB$_2$ - HfC - SiC 复合材料(试样 C/C - HSB1)的宏观形貌

通过烧蚀前后试样质量变化,可计算出试样的质量烧蚀率为 $3.3×10^{-6}$ g/(s·cm²),线烧蚀率小于 $1.7×10^{-4}$ mm/s,复合材料表现出非常优异的抗烧蚀性能。

　　试样经电弧风洞烧蚀后,按照烧蚀区域的不同,将烧蚀后的表面分为烧蚀中心与边缘两部分,两部分的显微形貌分别如图 5.75 和图 5.76 所示。在烧蚀中心部分(图 5.75),表面出现了大量的孔洞和气泡,这是由于烧蚀中心处温度最高,烧蚀表面处的碳纤维和热解炭被氧化而放出 CO 气体,以及复相陶瓷基体氧化生成的 CO、B_2O_3 和部分 SiO_2 在高温高速气流下挥发或被冲刷走,形成了大量的烧蚀孔洞。这些在烧蚀过程中逸出的气体不仅可以带走表面的热量而减弱气流的烧蚀,从而保护基体。HfC 及 HfB_2 的氧化产物 ZrO_2 同 SiC 氧化产物 SiO_2 相比,具有低饱和蒸汽压、高熔融蒸发热,因此能够承受高温烧蚀而不会大量汽化流失。结合 HfO_2-SiO_2 二元相图,分析认为在超高温环境中,部分 HfO_2 与熔融的 SiO_2 反应形成黏稠的玻璃态共熔体牢牢附着在材料表面[图 5.75(c)],封填表面的开气孔,阻止氧化性

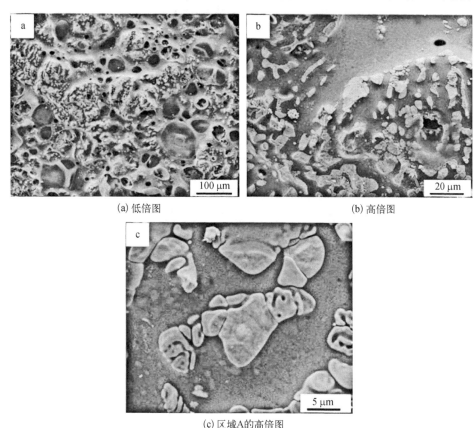

(a) 低倍图　　　　　　　　　　　　　(b) 高倍图

(c) 区域A的高倍图

图 5.75　C/C-HfB_2-HfC-SiC 复合材料(试样 C/C-HSB1)
电弧风洞烧蚀后中心区域的表面形貌

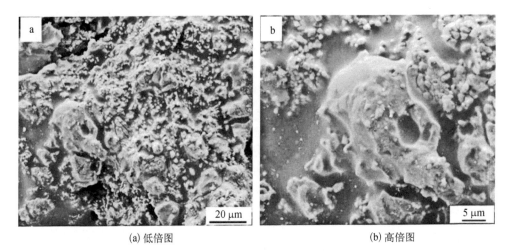

(a) 低倍图   (b) 高倍图

图 5.76　C/C‑HfB₂‑HfC‑SiC 复合材料(试样 C/C‑HSB1)
电弧风洞烧蚀后边缘区域的表面形貌

气氛深入基体,这也是材料具有优良抗烧蚀性能的原因。同时 HfO_2 在熔化过程中能够吸收大量热量,从而降低试样表面温度,减弱风洞烧蚀对材料表面的损伤。

综上所述,C/C‑ZrB₂‑ZrC‑SiC 复合材料(试样 C/C‑HSB1)在电弧风洞烧蚀中表现出十分优异的高温抗烧蚀性能。

6. C/C‑HfB₂‑HfC‑SiC 复合材料的烧蚀机理

C/C‑HfB₂‑HfC‑SiC 复合材料的烧蚀过程包含了一系列高温物理与化学过程。烧蚀机理主要包括物理剥离与化学侵蚀,物理剥离主要指在烧蚀过程中高速高压的烧蚀气体产生的剪切力所导致复合材料表面物质的剥离或脱落,化学侵蚀是指发生在材料表面与烧蚀气体的多相化学反应。在烧蚀条件下,复合材料发生的化学反应如下:

$$C(s) + 1/2O_2(g) \Longrightarrow CO(g) \tag{5.63}$$

$$SiC(s) + 3/2O_2(g) \Longrightarrow SiO_2(l) + CO(g) \tag{5.64}$$

$$SiC(s) + O_2(g) \Longrightarrow SiO(g) + CO(g) \tag{5.65}$$

$$HfB_2(s) + 5/2O_2(g) \Longrightarrow HfO_2(s) + B_2O_3(l) \tag{5.66}$$

$$B_2O_3(l) \Longrightarrow B_2O_3(g) \tag{5.67}$$

$$HfO_2(s) + SiO_2(l) \Longrightarrow HfSiO_4(l) \tag{5.68}$$

$$SiO_2(l) + B_2O_3(l) \Longrightarrow 硼硅酸玻璃(l) \tag{5.69}$$

$$HfC(s) + 3/2O_2(g) \Longrightarrow HfO_2(s) + CO(g) \tag{5.70}$$

$C/C-HfB_2-HfC-SiC$ 复合材料表面的复相陶瓷基体由于暴露在烧蚀环境中，被迅速氧化生成 HfO_2、SiO_2 和 B_2O_3，其中的 B_2O_3 由于沸点(1 500℃)低于烧蚀温度而迅速蒸发并被烧蚀气流带走，蒸发的同时吸收了大量的热量并使烧蚀表面的温度得到降低。同时，大量的气体产物(如 CO、SiO 和 B_2O_3)逸出并在表面形成了众多的烧蚀气泡与孔洞。复合材料在烧蚀过程中形成了包含 HfO_2 和 SiO_2 相的复杂覆盖层结构，多孔的 HfO_2 是由反应(5.66)和反应(5.70)生成，HfO_2 由于具有高达 2 810℃ 的熔点，从而在烧蚀表面形成了充当基底、为液相产物提供力学支撑的骨架。而 SiO_2 的熔点只有 1 600~1 725℃，根据反应(5.66)，烧蚀过程中生成的 SiO_2 熔化为液态并润湿 ZrO_2 骨架，形成一道有效的屏障阻止氧的进一步渗入。因此，此过程形成了以 HfO_2 为骨架，HfO_2-SiO_2 玻璃相弥合其中的氧化物覆盖层，阻止氧向复合材料内部的进一步扩散，有效地保护了复合材料基体，使其不被进一步氧化。综上所述，在烧蚀初期，复合材料的烧蚀过程由材料表面的 C、SiC、HfB_2、HfC 与氧的化学反应所控制；随后，烧蚀过程转变为由外部氧通过连续致密的玻璃态覆盖层向内部复合材料渗入的氧扩散速率以及玻璃保护层的蒸发速率所控制。

7. $C/C-HfB_2-HfC-SiC$ 复合材料的自愈合抗氧化机理

碳纤维增强复合材料的自愈合抗氧化，可以通过弥散在基体中的非氧化物陶瓷颗粒氧化成膜来实现。当碳纤维增强陶瓷基复合材料处于高温氧化性环境中时，材料表面的炭预制体首先被氧化并且形成由陶瓷基体颗粒组成的脱碳层，随着温度继续升高以及反应时间的延长，脱碳层的厚度逐渐增大；材料表面的陶瓷基体颗粒通过两方面途径使氧气向材料内部的扩散速率减小，一是陶瓷基体颗粒氧化后体积膨胀，或者其熔融后对复合材料的浸润使气体扩散的孔径减小、扩散系数下降；二是陶瓷基体颗粒在自身氧化过程中消耗了向复合材料内部扩散的氧，从而减缓了炭预制体的氧化速率。图 5.77 为碳纤维增强陶瓷基复合材料自愈合抗氧化模型示意图。

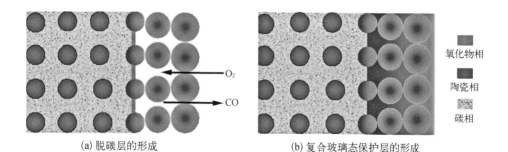

(a) 脱碳层的形成　　　　　　(b) 复合玻璃态保护层的形成

图 5.77　碳纤维增强陶瓷基复合材料自愈合抗氧化模型示意图

在碳纤维增强陶瓷基复合材料中,陶瓷基体含量、颗粒尺寸、氧化温度和氧化时间等都是影响其抗氧化性能的重要因素。复合材料表面的炭预制体被氧化后,如果陶瓷基体颗粒间孔隙较大,远远超过氧气分子的平均自由程,那么氧气在孔隙内作分子扩散,此时扩散系数与孔径大小有关,并随着温度升高而呈增大趋势。如果颗粒间孔隙与氧气分子的平均自由程接近,那么氧气在孔隙内作 Knudsen 扩散,此时扩散系数大幅度减小,使复合材料的氧化进入自愈合保护阶段。然而,碳纤维增强陶瓷基复合材料并不是在所有温度区间均具有自愈合行为,例如,陶瓷基体 SiC 在 1 000℃以下氧化生成 SiO_2 的速率很小,难以形成抗氧化保护膜。因此,本文设计 HfB_2-HfC-SiC 三元复相陶瓷基体用于制备 C/C-HfB_2-HfC-SiC 纳米复相陶瓷基复合材料来实现宽温域的协同抗氧化和抗烧蚀。

C/C-HfB_2-HfC-SiC 复合材料在高温氧化环境中的自愈合抗氧化是通过以下几个步骤实现:① 复合材料表面的炭预制体被氧化而形成由复相陶瓷基体组成的脱碳层;② 在脱碳层中发生氧气向复合材料内部的分子扩散以及气体产物(如 CO)的逸出;③ 复相陶瓷基体的大量氧化,以及自身颗粒体积膨胀,使颗粒间的孔隙减小。HfB_2 陶瓷相氧化后生成黏度较小的 B_2O_3,引起脱碳层颗粒致密化,颗粒间的孔隙减小,最终使氧气由分子扩散转变为 Knudsen 扩散,扩散系数大幅降低,并随着孔径的减小而减小;④ 高温下,氧化产物 B_2O_3 与 SiO_2 熔融并形成液态玻璃薄膜,熔融 SiO_2 与 HfO_2 反应形成玻璃态 $HfSiO_4$,覆盖在复合材料的表面,因此,氧气由 Knudsen 扩散进一步转变为物质内的原子扩散过程,由于氧在玻璃态陶瓷中的扩散系数极小(1 000℃时,在熔融 SiO_2 中为 $6×10^{-14}$ cm^2/s),从而实现了复合材料的自愈合抗氧化。

5.3.4　ZrC-SiC 纳米复相陶瓷基复合材料

陶瓷基复合材料中基体的微结构与组成是影响材料性能的两个重要因素,一般认为,超高温陶瓷相与 SiC 相的尺寸越小,分散越均匀,则材料抗热物理和热化学冲击的效果越好。相对于 SiC 和超高温陶瓷相呈微米级、亚微米级分布的常规情况来说,如果 SiC 和超高温陶瓷基体相能在复合材料内部呈纳米级均匀分布,则复合材料在极端热物理化学环境中的性能依然有提升的空间。本小结以中国科学院过程工程研究所最新研制的新型聚锆硼碳硅烷为有机前驱体,采用前驱体浸渍热解工艺将 SiC-ZrC 纳米复相陶瓷基体引入三维编织 SiC 纤维预制体内部,制备了 SiC-ZrC 纳米复相陶瓷基复合材料,并对复合材料的微结构和力学性能进行了表征。

1. 复合材料制备

实验所用纤维为国防科学技术大学提供的 KD-Ⅱ型 SiC 纤维,由宜兴新立织造有限公司采用三维四向法编织成 SiC 纤维预制体,预制体中纤维的体积分数为 31%。实验所用陶瓷有机前驱体为本实验室自行研制的新型聚锆硅烷前驱体,该新型前驱体的分子式中不含氧,茂锆与碳硅烷以化学键结合的形式存在。首先采用化学气相沉积技术在 SiC 纤维表面沉积一层热解炭界面层,操作工艺如下:丙烷为碳源,沉积温度为 950℃,总压 10 KPa,气体流量 4 L/min,界面层厚度 250~300 nm。而后采用 CVI 工艺制备一层 SiC 界面层,厚度为 300~350 nm,工艺如下:以氢气为载气,氩气为稀释气体,利用鼓泡法将 MTS 引入沉积炉内,氢气和 MTS 的流量比为 10∶1,沉积温度为 1 000℃,压力为 5 kPa。最后以聚锆硅烷为前驱体,二甲苯为溶液,采用加压浸渍的方法,将有机前驱体引入复合材料的孔隙中,而后通过大气环境中 110℃ 交联和高温热解得到 SiC‐ZrC 纳米复相陶瓷基体。热解工艺为:氩气气氛,热解温度 1 200℃,保温时间 2 h,升温速率 2℃/min。重复上述 PIP 过程多次,直到得到的 SiCf/SiC‐ZrC 复合材料的开气孔率≤5%。

2. 微结构与力学性能

经过 CVI 工艺制备热解炭界面和 SiC 界面以及 12 次 PIP 过程制备陶瓷基体后,3D SiCf/SiC‐ZrC 复合材料的密度达到 2.156 g/cm³,显微结构如图 5.79 所示。在前驱体浸渍热解过程中,随着浸渍过程的进行,复合材料倾向于外部优先逐步封孔,进而向内部孔隙的填充越来越难,因而会在纤维束之间形成一定的特征尺寸为 200~300 μm 的残留大孔。在纤维束内部的单丝纤维间存在少量的特征尺寸为 1~10 μm 的残留小孔,因而难以达到完全的致密化。由于纤维束内部的致密化过程在前几次 PIP 过程中即可完成,此时前驱体进入纤维束内部孔隙较为容易,因而纤维束内部浸渍效果良好,如图 5.78(a)所示。由图 5.78(b)可以看出,在每根 SiC 单丝纤维的表面均匀覆盖着一层化学气相沉积热解炭界面层,界面层的厚度为 250~260 nm;在热解炭界面层外部,均匀包裹着一层厚度约为 300 nm 的 CVD SiC 层,该层的主要目的是缓和热解炭界面层在后续的 PIP 过程中发生热化学损伤。图 5.79 为复合材料的面扫描图,从中可以看出基体相是由 Zr、Si、C 三种元素组成。由

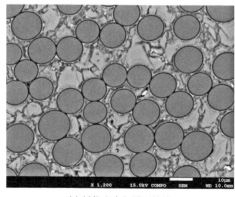

(a) 纤维束内部微观结构

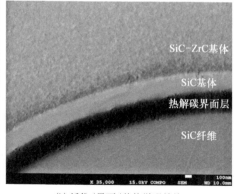

(b) 纤维/界面/基体微观结构

图 5.78 SiCf/SiC‐ZrC 纳米复相陶瓷基复合材料的显微结构照片

图 5.80 的 TEM 照片可知,ZrC 均匀分散在 SiC – ZrC 复相陶瓷基体中,ZrC 颗粒的特征尺寸为十几纳米。

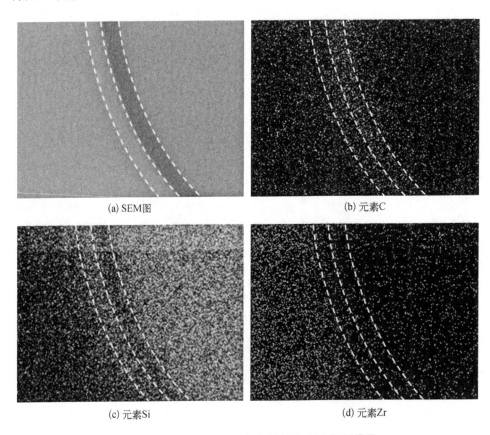

(a) SEM图

(b) 元素C

(c) 元素Si

(d) 元素Zr

图 5.79　SiCf/SiC – ZrC 复合材料的 EDS 面扫描图

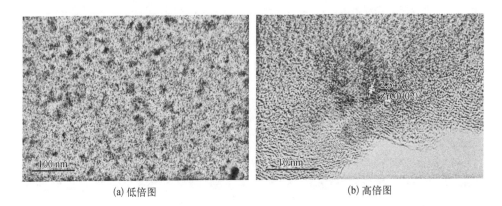

(a) 低倍图

(b) 高倍图

图 5.80　SiC – ZrC 纳米复相陶瓷基体的 TEM 照片

图 5.81 所示为 SiCf/SiC‑ZrC 纳米复相陶瓷基复合材料三点弯曲断裂曲线。从图中可以看出,达到最大载荷之前,载荷‑位移曲线呈非线性快速增长;当达到最大载荷后,载荷并未急速减小,而呈现出缓慢下降趋势,复合材料的断裂过程具有典型的韧性断裂特征,表明制备的热解炭界面层保证了纤维与基体之间合适的界面结合强度,能够有效传递载荷并缓解纤维与基体之间的应力集中。复合材料在 6 次 PIP 后,尽管密度仅为 $1.863\ \mathrm{g/cm^3}$,弯曲强度只有 $286.2\pm35.2\ \mathrm{MPa}$,但同样表现出典型的线性和非线性两个阶段,当载荷达到最大值后以非线性应变而不是线性应变的方式缓慢降低,同样是一种典型的类似金属材料的假塑性断裂行为。当复合材料经过 12 次 PIP 后,最终的抗弯强度为 $495.2\pm71.6\ \mathrm{MPa}$。随着浸渍热解次数的增加,材料内部的孔隙率降低、密度增大,复合材料内部单丝纤维之间以及纤维束之间的结合强度就越高,复合材料内部承受外部载荷面积越大,因此复合材料的强度就越高。所研制的 SiCf/SiC‑ZrC 纳米复相陶瓷基复合材料的断裂韧性为 $16.9\pm2.05\ \mathrm{MPa\cdot m^{1/2}}$,断裂功为 $16.70\pm2.02\ \mathrm{kJ\cdot m^{-2}}$,相比较而言,SiC 块体陶瓷材料的断裂韧性通常仅为 $3\sim5\ \mathrm{MPa\cdot m^{1/2}}$。

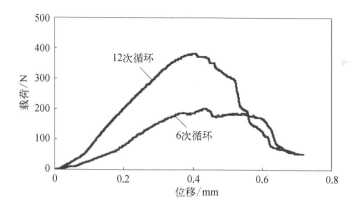

图 5.81　SiCf/SiC‑ZrC 纳米复相陶瓷基复合材料的典型载荷‑位移曲线

图 5.82 所示为 SiCf/SiC‑ZrC 纳米复相陶瓷基复合材料的断口形貌。从图中可以看出,复合材料的断口极不规则,有显著的纤维束拔出[图 5.82(a)、(b)]和纤维拔出[图 5.82(c)、(d)]的现象,断口处纤维拔出多而长,且被拔出的纤维形貌完整,与基体分解明显。上述现象亦说明 SiC 纤维与 SiC‑ZrC 复相陶瓷基体间在材料制备过程中形成了适当的弱界面结合,能够保证基体中的裂纹优先沿着热解炭界面层扩展,使得复合材料在承受载荷发生弯曲变形时,易产生脱黏和纤维拔出,在缓解裂纹尖端应力集中的同时会吸收大量能量,因而大幅度提高了复合材料的断裂韧性。

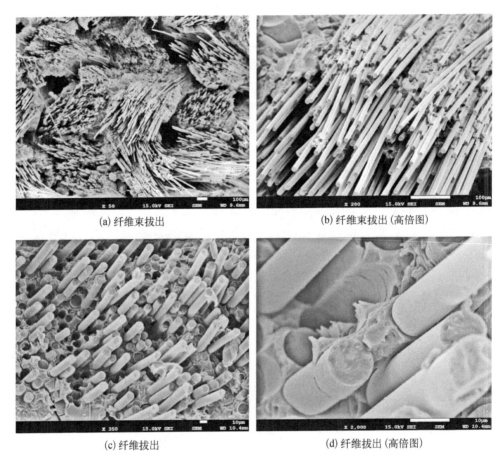

(a) 纤维束拔出　　　　　　　　　　　　(b) 纤维束拔出 (高倍图)

(c) 纤维拔出　　　　　　　　　　　　　(d) 纤维拔出 (高倍图)

图 5.82　SiCf/SiC‒ZrC 纳米复相陶瓷基复合材料的断口形貌

　　从表 5.14 中可以看出不同预制体结构对最终复合材料力学性能的影响。以 3D、2.5D 和针刺结构预制体为增强体,经过 12 次 PIP 过程,最终制得复合材料的密度分别为 2.16、2.23 和 1.98 g/cm³。复合材料典型载荷‒位移曲线如图 5.83 所示。从图中可以看出,不同预制体结构对复合材料的强度、断裂韧性甚至是断裂模式都有很大的影响。3D 复合材料具有最佳的力学性能(弯曲强度为 495.2±71.6 MPa,断裂韧性为 16.9±1.05 MPa·m$^{1/2}$),而针刺复合材料具有最弱的力学性能(弯曲强度为 253.9±32.1 MPa,断裂韧性为 5.13±0.33 MPa·m$^{1/2}$)。另外,值得注意的是,尽管 2.5D 复合材料中纤维体积分数和密度较高,但其力学性能(弯曲强度为 436.0±57.0 MPa,断裂韧性为 13.7±0.82 MPa·m$^{1/2}$)弱于 3D 复合材料。3D 和 2.5D 复合材料均具有假塑性断裂的行为。

表 5.14　具有不同预制体结构的 SiCf/SiC－ZrC 纳米复相陶瓷基复合材料

复　合　材　料	预制体结构	纤维体积分数	密度（g/cm³）	开气孔率/%	抗弯强度/MPa	断裂韧性/(MPa·m¹ᐟ²)
SiCf/SiC－ZrC 纳米复相陶瓷基复合材料	3 维预制体	31.0%	2.156	3.51	495.2±71.6	16.9±1.05
	2.5 维预制体	44.3%	2.230	4.92	436.0±57.0	13.7±0.82
	针刺毡预制体	19.1%	1.989	4.75	253.9±32.1	5.13±0.33

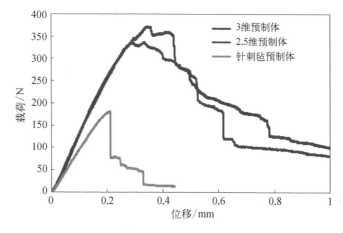

图 5.83　不同预制体增韧的 SiCf/SiC－ZrC 纳米复相陶瓷基复合材料断裂曲线

　　图 5.84 所示为不同预制体增强的复合材料断口形貌示意图。从图中可以看出,复合材料中均存在纤维束拔出的增韧机制,但纤维拔出在 3D 和 2.5D 复合材料中非常明显而在针刺毡复合材料中不明显。

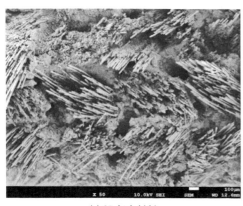

(a) 3D 复合材料　　　　　　　　　　　　(b) 3D 复合材料 (高倍图)

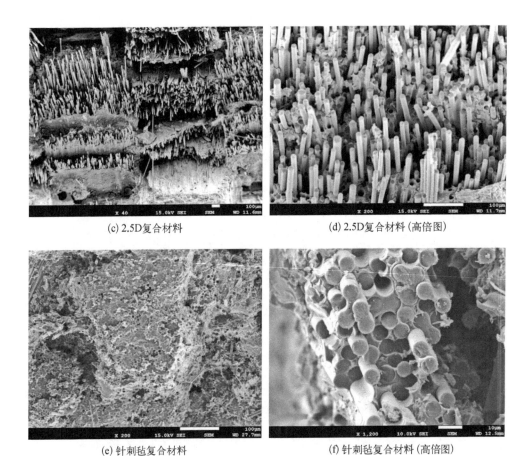

(c) 2.5D复合材料 　　　　　　　　(d) 2.5D复合材料(高倍图)

(e) 针刺毡复合材料 　　　　　　　(f) 针刺毡复合材料(高倍图)

图5.84　SiCf/SiC‑ZrC 纳米复相陶瓷基复合材料断口形貌

5.3.5　超高温复相陶瓷基复合材料烧蚀性能的对比研究

1. ZrC‑SiC 复相陶瓷基复合材料

图 5.85 所示为 ZrC‑SiC 复合材料的典型微观结构照片。图中黑色部分为碳纤维和热解炭基体,灰色连续部分为 SiC 基体,白色离散部分为 ZrC 基体。从图 5.85 中可以看出,ZrC‑SiC 复相陶瓷基体呈现出纳米均匀弥散分布的特征, ZrC 基体相的特征尺寸为 50~200 nm。一般认为,超高温陶瓷相与 SiC 相的尺寸越小,分散越均匀,则复相陶瓷的抗烧蚀性能越好。纳米/亚微米 ZrC 颗粒均匀分散到 SiC 相中,这种特有的微结构对提高复合材料的抗烧蚀和抗氧化性能极为有利。采用等离子烧蚀实验,该复合材料在 2 200℃时的线烧蚀率为 0.52 μm/s, 远低于 C/SiC 复合材料对比样的线烧蚀率(15.97 μm/s)。复合材料烧蚀后的表面微观形貌见图 5.86。

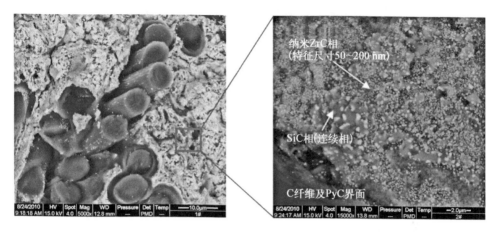

图 5.85　ZrC‐SiC 复相陶瓷基复合材料 SEM 照片

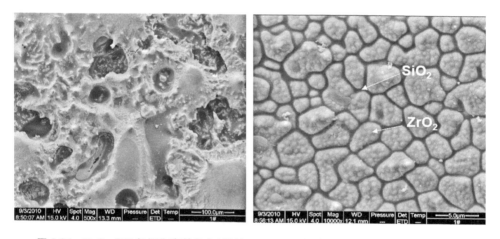

图 5.86　ZrC‐SiC 复相陶瓷基复合材料经 2 200℃大气等离子烧蚀后的表面微观形貌

　　从图 5.86 可以看出,烧蚀后复合材料表面原位生成了一层致密的 ZrO_2‐SiO_2 复相氧化物膜。在该烧蚀环境中,ZrO_2 为固相,SiO_2 为液相。实时生成的固相 ZrO_2 与液相 SiO_2 协同作用,形成了既抗冲蚀(固相 ZrO_2 钉扎作用)又抗氧化(液相 SiO_2 填充孔洞、弥合缺陷作用)的致密氧化物保护层,极大地提升了复合材料的超高温烧蚀性能。

　　虽然 ZrC‐SiC 复相陶瓷基复合材料在大气等离子考核中烧蚀性能较好,但在高温电弧风洞考核后发现,复合材料的烧蚀性能急剧下降,2 200 K 时的线烧蚀率为9.8 μm/s。这主要是由于表面复相氧化膜的完整性遭到了破坏。复合材料在烧蚀过程中,由于 C 相的氧化在复合材料表面留下的孔洞以及复合材料原有的气孔必须由陶瓷相氧化的体积膨胀立即补充,形成致密的氧化膜才防止复合材料发生进一步的烧蚀。在等离子烧蚀环境中,由于等离子焰流垂直于试样表面,因而烧蚀中心主体气流流速慢,SiO_2 的流失主要靠气相扩散的方式传质到低流速的主体气流中,因而 SiO_2 流失的速率低,$ZrC-SiC$ 基体氧化后生成的 ZrO_2-SiO_2 复相陶瓷膜的完整性保持良好。而在电弧风洞环境中,由于气流平行于材料表面,主体气流流速快,对流传质对 SiO_2 流失逐渐起到主导作用,因而 SiO_2 的流失速度相对于在等离子环境中大幅度增加。对于 $ZrC-SiC$ 复相陶瓷基体来说,由于 ZrC 氧化后体积膨胀小而 SiO_2 快速流失,因而导致生成的复相陶瓷膜很难完全填充 C 相氧化后留下的孔洞,逐渐造成复合材料表面氧化膜中形成较大的贯穿性孔洞。贯穿性孔洞不但有利于 SiO_2 的流失,而且可以作为氧化性气氛的气相扩散通道从而到达下层复合材料表面。下层复合材料的氧化又导致表层氧化膜与复合材料间的黏附力下降,最终导致表层氧化膜因气流的机械冲刷而脱落,因而 $ZrC-SiC$ 基复合材料在电弧风洞中的烧蚀率大幅度增加。

2. $ZrB_2-ZrC-SiC$ 复相陶瓷基复合材料

图 5.87 所示为 $ZrB_2-ZrC-SiC$ 复相陶瓷基复合材料的典型微观结构照片,图中黑色部分为碳纤维和热解炭基体,灰色连续部分为 SiC 基体,白色离散部分为 ZrB_2 和 ZrC 基体。从图 5.87 中可以看出,$ZrB_2-ZrC-SiC$ 复相陶瓷基体同样呈现出纳米均匀弥散分布的特征,ZrB_2 和 ZrC 基体相的特征尺寸为 $100\sim300\ nm$。亚微米级的 ZrB_2 和 ZrC 颗粒均匀分散到 SiC 相中,这种特有的微结构对提高复合材料的抗烧蚀和抗氧化性能极为有利。在等离子烧蚀实验中,该复合材料在 $2\ 200\,^\circ\!C$ 时的线烧蚀率为 $1.32\ \mu m/s$,略低于 $ZrC-SiC$ 复相陶瓷基复合材料的线烧蚀率。$ZrB_2-ZrC-SiC$ 复相陶瓷基复合材料烧蚀后的表面微观形貌见图 5.88。

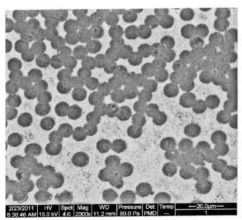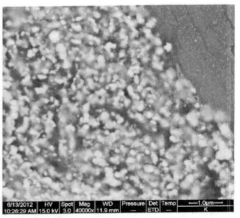

图 5.87 $ZrB_2-ZrC-SiC$ 复相陶瓷基复合材料 SEM 照片

从图 5.88 可以看出,烧蚀后复合材料表面原位生成了一层结构完整的 ZrO_2-SiO_2复相氧化物膜。在两相分布均匀区域为致密氧化膜,而在富含 SiO_2 的区域存在着一些气孔。气孔的产生是由于 ZrB_2氧化生成的 B_2O_3 在考核温度下的饱和蒸汽压非常高,具有很高的自发挥发的倾向。B_2O_3的挥发会对复合材料表面生成的致密复相膜产生扰动,导致下层复合材料有机会进一步发生氧化,因此在等离子烧蚀环境中 ZrB_2 – ZrC – SiC 基复合材料比 ZrC – SiC 基复合材料的烧蚀性能略差。但在高温电弧风洞考核后发现,ZrB_2 – ZrC – SiC 复合材料在 2 200 K 的线烧蚀率仅为 0.33 $\mu m/s$,比 ZrC – SiC 复合材料的烧蚀性能大幅度提升。图 5.89 为 ZrB_2 – ZrC – SiC 复合材料经电弧风洞烧蚀后的表面形貌。由图 5.89 可以看出,ZrB_2 – ZrC – SiC 基复合材料表面原位生成了致密的氧化膜,但氧化膜中存在大小不等的孔洞和裂纹。与 ZrC – SiC 基复合材料相比较而言,相同条件的电弧风洞实验中,ZrB_2相的加

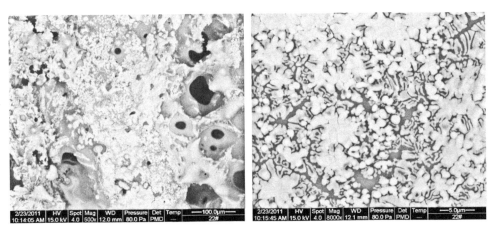

图 5.88　ZrB_2 – ZrC – SiC 复相陶瓷经 2 200℃大气等离子烧蚀后的烧蚀中心表面微观形貌

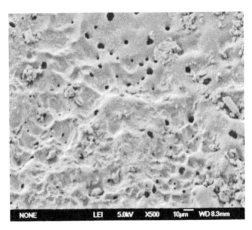

图 5.89　ZrB_2 – ZrC – SiC 复相陶瓷经2 200 K高温风洞考核后的烧蚀中心表面氧化膜微观形貌

入增大了氧化后氧化膜的体积膨胀,复合材料表面生产的复相氧化膜更容易填充 C 相氧化后残留的孔洞。虽然生成的 B_2O_3 相会快速挥发,但由于 ZrO_2 相在复合材料表面的分布已经覆盖了 C 相残留的孔洞,因而氧化膜的整体完整性相对较好,ZrO_2 的空间网络结构的复杂程度也较大,即 SiO_2 相挥发所经历的气相扩散路径的曲折度更大。

对于 ZrB_2 - ZrC - SiC 基复合材料来说,SiO_2 相的挥发可由 SiO_2 在 ZrO_2 空间网络结构中的传质表示,即可用多孔介质中的传质连续方程表示:

$$\frac{\partial C}{\partial t} + \nabla \cdot (-D_{eff} \nabla C + C\boldsymbol{U}) = R \qquad (5.71)$$

式中,C 为 SiO_2 的摩尔浓度(mol/m^3);D_{eff} 为 SiO_2 在 ZrO_2 多孔网络中的有效扩散系数(m^2/s);$\boldsymbol{U}$ 为 SiO_2 在预制体中的速度矢量(m/s);R 为 SiO_2 的反应速率项[$mol/(m^3 \cdot s)$],表示单位时间内、单位体积中生成的 SiO_2 的摩尔质量。

流体在多孔介质中的扩散与多孔介质的结构参数密切相关,一般可由式(5.72)表示:

$$D_{eff} = \frac{\varepsilon}{\tau} D \qquad (5.72)$$

式中,ε 为氧化膜中 ZrO_2 的体积分数;τ 为曲折度因子。曲折度因子是一个经验系数,用来描述流体通过多孔介质的扩散路径的长度。

由式(5.71)和式(5.72)可知,扩散路径的曲折度增加会直接降低 SiO_2 相的扩散系数,从而降低 SiO_2 相的流失速率,因此复杂的 ZrO_2 空间网络结构对 SiO_2 相的流失起到明显的限制作用。由以上分析可知,在 ZrC - SiC 复合材料内部引入 ZrB_2 相之后,复合材料的高温电弧风洞烧蚀性能显著提升。

但当高温电弧风洞的考核温度由 2 200 K 提升到 2 300 K 时,ZrB_2 - ZrC - SiC 基复合材料的抗烧蚀性能严重下降,线烧蚀率由 0.33 μm/s 大幅度增加至 5.3 μm/s。图 5.90 为 2 300 K 电弧风洞考核后的氧化膜表面形貌。从中可以看出,ZrO_2 与 SiO_2 分相严重,表明亚微米 ZrB_2/ZrC 原位生成的 ZrO_2 有很强的烧结活性。在电弧风洞考核中,通过对流传质的方式带走的挥发性物质的现象显著增强,气流对结合力弱的固态氧化锆也会有扰动作用,促使 ZrO_2 颗粒相互靠近,最终也促进 ZrO_2 固相颗粒的烧结。ZrO_2 相的严重烧结导致 ZrO_2 的复杂空间网络结构消失,因而对 SiO_2 流失的约束作用大幅度下降,最终导致 SiO_2 相挥发严重,因而在材料烧蚀中心表面存在不同尺度的气泡。ZrO_2 相的复杂空间网络结构的消失及 SiO_2 的加速流失导致了 ZrB_2 - ZrC - SiC 基复合材料表面的 ZrO_2 - SiO_2 复相保护膜的失效,最终导致复合材料烧蚀量大幅度增加。

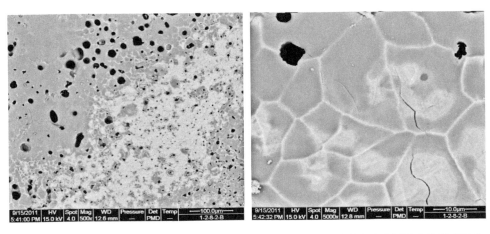

图 5.90　ZrB_2-ZrC-SiC 复相陶瓷经 2 300 K 高温风洞考核后的烧蚀中心表面氧化膜微观形貌

3. HfB_2-HfC-SiC 复相陶瓷基复合材料

图 5.91 所示为 HfB_2-HfC-SiC 复相陶瓷基复合材料的典型微观结构照片,图中黑色部分为碳纤维和热解炭基体,灰色连续部分为 SiC 基体,白色离散部分为 HfB_2 和 HfC 基体。从图 5.91 中可以看出,HfB_2-HfC-SiC 复相陶瓷基体同样呈现出纳米均匀弥散分布的特征,HfB_2 和 HfC 基体相的特征尺寸为 100~300 nm。亚微米 HfB_2 和 HfC 颗粒均匀分散到 SiC 相中,这种特有的微结构对提高复合材料的抗烧蚀和抗氧化性能极为有利。该复合材料具有极佳的超高温烧蚀性能。采用高温电弧风洞烧蚀,该复合材料在 2 300 K 时的线烧蚀率仅为 0.17 μm/s,远低于相同条件下 ZrB_2-ZrC-SiC 复合材料的线烧蚀率。HfB_2-HfC-SiC 复合材料烧蚀后的表面复相氧化膜的微观形貌见图 5.92。

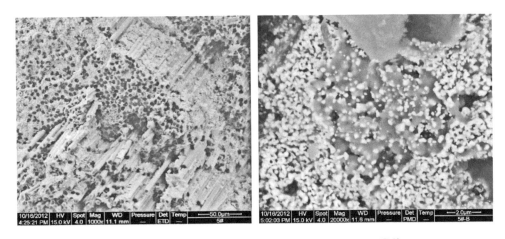

图 5.91　HfB_2-HfC-SiC 复相陶瓷基复合材料 SEM 照片

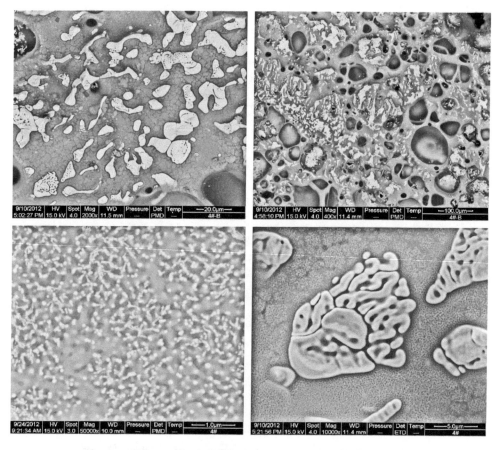

图 5.92　HfB_2 - HfC - SiC 复相陶瓷经 2 300 K 高温风洞考核后的烧蚀中心表面氧化膜微观形貌

从图 5.92 可以看出,烧蚀后复合材料表面原位生成的致密 HfO_2 - SiO_2 复相氧化膜得以完好保存。氧化膜表面虽然存在一些气泡,但气泡的底部同样为致密氧化膜。在该烧蚀环境中,HfO_2 为固相,SiO_2 为液相。由图 5.92 和图 5.90 的对比可知,在 2 300 K 的电弧风洞环境中烧蚀,HfO_2 的空间网络结构明显比 ZrO_2 的空间网络结构复杂得多。由图 5.92 可以看出,HfO_2 - SiO_2 复相氧化膜中,不但存在尺度在几个微米至几十微米的 HfO_2 烧结体,而且还存在尺度在几十纳米到几百纳米的 HfO_2 颗粒,而液相 SiO_2 填充着 HfO_2 相间的孔洞。在 HfO_2 - SiO_2 复相氧化膜中,HfO_2 的空间网络结构涵盖着从几十纳米至几十微米的多个尺度范围,如此复杂的空间网络结构使得 SiO_2 相挥发所经历的气相扩散路径的曲折度大幅度增加。因此,原位生成 HfO_2 的复杂空间网络结构不但对氧化膜具有极强的钉扎作用,而且对 SiO_2 的流失起到了极好的抑制作用,最终导致 HfB_2 - HfC - SiC 复相陶瓷基复合材料具有极其优异的电弧风洞烧蚀性能。相比较 ZrO_2 - SiO_2 氧化膜, HfO_2 - SiO_2 氧化膜的空间网络结构能够在更高的温度下保持整体结构完整,这是 HfO_2 比 ZrO_2 的熔点更高造成的。由于复合材料中 HfB_2/HfC 及 ZrB_2/ZrC 为亚微米/纳米级,原位生成的 HfO_2 和 ZrO_2 相均为亚微米/纳米级。对于纳米陶瓷颗粒来说,在低于熔点之下即具有烧结活性,并且温度越靠近熔点,其烧结活性越高。因此,尽管高温电弧风洞烧蚀温度远低于 HfO_2 和 ZrO_2 的熔点,但两者均会有烧结现象发生。并且 ZrO_2 的熔点低于 HfO_2 的熔点,导致在相同烧蚀条件下 ZrO_2 的烧结活性强于 HfO_2。因此,在 2 300 K 的电弧风洞考核条件下, ZrO_2 更易于烧结而 HfO_2 更能有效保持其复杂的空间网络结构,因而 HfO_2 对 SiO_2 的流失能够起到更好的钉扎和阻碍作用。

4. 小结

在各种不同测试环境和测试条件下,陶瓷基复合材料表面原位生成的氧化物膜的整体完整性,是保障复合材料具有优异烧蚀性能的基本条件。对于 SiC 基复合材料来说,原位生成的 SiO_2 膜在低温低速弱冲刷的环境中可为完整氧化膜。随着温度的升高, SiO_2 饱和蒸汽压变大,同时黏度变小,两者都促使 SiO_2 膜从燃气主体气流中获得动量,并且温度越高, SiO_2 的流速越快, SiO_2 流失变得越容易,从而复合材料的烧蚀性能下降越多。此时需引入超高温陶瓷相,即在原位生成氧化膜中引入固相质点,以达到支撑和钉扎的作用,形成固/液两相复合氧化膜。对于 ZrC - SiC 基复合材料来说,在 2 200℃大气等离子烧蚀条件下,原位生成的复相氧化膜的整体完整性保持良好,因而材料的抗烧蚀性能良好;而在 2 200 K 电弧风洞考核中,复相氧化膜的整体完整性遭到破坏,因而材料抗烧蚀性能下降明显。

对于超高温复相陶瓷基复合材料来说,在表面氧化物膜整体保持完整的前提下,液态氧化物的流失速度是决定复合材料表面氧化物膜的完整性的核心因素之一。而原位生成的固态氧化物的空间网络结构的复杂程度是决定液相氧化物流失难易程度的核心控制因素。固相氧化物的空间结构越复杂,则对 SiO_2 相流失的制约作用越大,即在有限使用条件下 SiO_2 相能够支撑的时间越长,因而固液两相氧化膜能够在更长的时间内保持结构完整性。对于 ZrB_2 - ZrC - SiC 来说,在 2 200℃大气等离子烧蚀条件和 2 200 K 电弧风洞考核环境中,均能够保持 ZrO_2 复杂空间网络结构的完整性,因而上述两种考核中的均有优异的抗烧蚀性能。

氧化膜中固相氧化物的空间网络结构的复杂性主要受两方面因素的影响:其一,超高温陶瓷的颗粒越细、分布越均匀,则生成的固相氧化物的结构越复杂。其二,生成的固相氧化物熔点越高,则同等条件下烧结扩散的活性越低,固相氧化膜便能在越高的温度下保持空间网络结构的稳定性和复杂性,因而复合材料的抗烧蚀性能越好。对于 ZrB_2 - ZrC - SiC 基复合材料来说,当电弧风洞考核的温度由 2 200 K 升高至 2 300 K 时,原位生成的 ZrO_2 相发生烧结现象,无法保持其复杂的空间网络结构,因而复合材料的抗烧蚀性能显著下降。而对于 HfB_2 - HfC - SiC 复合材料来说,在该考核条件下,HfO_2的烧结活性低于ZrO_2,原位生成的HfO_2的空间网络结构的复杂性和完整性依然能够保持良好,因此HfB_2-HfC-SiC基复合材料对SiO_2相流失的阻碍作用能够保持良好,因而HfB_2-HfC-SiC基复合材料的烧蚀性能更好。

5.4　燃烧室与尾喷管超高温结构

5.4.1　燃烧室结构

1. 燃烧室结构方案

图5.93所示为某超燃冲压发动机的燃烧室,壁厚为15 mm,由C/C-ZrC-SiC复合材料制造而成。燃烧室段间采用法兰螺栓连接,紧固件采用抗氧化处理的Nb521螺栓和螺母,段间密封结构为柔性石墨,螺栓最大拧紧力矩与密封垫压缩率需要控制。

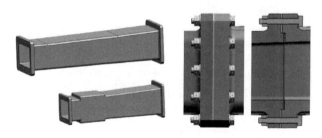

图5.93　燃烧室本体及密封结构

为了提高燃烧室局部(温度超过2 300℃、强冲刷)抗烧蚀与抗氧化能力,采用碳纤维细编穿刺镶块(C/C-HfC-SiC)结构,每块镶块分别通过3个复合材料螺杆和螺母固定在燃烧室本体结构上,见图5.94。

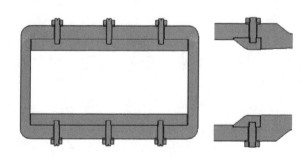

图5.94　凹槽镶块结构方案

2. 燃烧室构件检测

燃烧室构件质量评估主要通过整体结构耐压试验、CT 扫描,以及随炉平板样件强度检测与电弧风洞烧蚀验证试验:

(1) 采用水压试验检验其强度要求,压力≥1.0 MPa 时,最大应变为 1 912 μ[①],不大于要求值 2 200 μ,满足要求;

(2) 对燃烧室结构进行了 CT 检测,采用等间距切片检查方法,有效厚度内不存在分层,均未发现缺陷,质量满足要求;

(3) 用尺寸 100 mm×100 mm、与燃烧室本体厚度一致、随本体燃烧室一起成型的平板样件,采用随炉抽样的方式,进一步评估燃烧室的强度性能和烧蚀试验验证。

随炉试样件力学性能测试结果见表 5.15。

表 5.15　燃烧室本体随炉样件性能检测结果

序号	项　目	技术指标	测试标准	实测值
1	产品体积密度/(g/cm^3)	≥2.1(RT)	JB/T8133.14 – 1999	2.2
2	面内拉伸强度/MPa	≥70(RT)	GJB 6475 – 2008	73.5
3	面内拉伸模量/GPa	≥30(RT)	Q/GB97A – 2008	30.7
4	面内压缩强度/MPa	≥200(RT)	Q/GB97A – 2008	389
5	面内弯曲强度/MPa	≥150(RT)	Q/GB97A – 2008	224
6	层间剪切强度/MPa	≥15(RT)	Q/GB97A – 2008	29.6
7	热导率/(W/m·K)	—	Q/G261 – 2012	4.300(RT)
8	比热容/[J/(g·K)]	—	Q/G261 – 2012	0.673(RT)
9	线膨胀系数/(10^{-6}/℃)	—	Q/G260 – 2012	0.684(RT)

通过电弧风洞模拟 $Ma6$ 飞行状态燃烧室环境条件,常见的试验状态见表 5.16,试验后要求测试平板的最大线烧蚀深度≤0.20 mm,大部分区域要求实现近"零"烧蚀,即最大线烧蚀深度<0.1 mm。

表 5.16　随炉平板试验状态参数

Ma	T_t/℃	P_t/MPa	P_s/MPa	氧含量/wt%	水含量/wt%	时间/s
6	2 300	0.8	0.4	~22	≥10	≥1 000

---

① 　1 μ = 10^{-6}。

5.4.2   尾喷管结构

如图5.95所示,为发动机喷管。壁面为5~20 mm 的不等厚度结构,前段材料为 C/C - HfC - SiC,中段材料 C/C - ZrC - SiC、后段 C/SiC。随炉样件测试的力学性能如表5.17所示。尾喷管组件整体开展水压试验,如表5.18所示,水压试验分整体试验和前段试验,要求整体试验时水压0.15 MPa 情况下最大应变不超过2 200 μ、前段水压0.35 MPa 情况下最大应变不超过2 200 μ。具体水压结果见表5.18。尾喷管组件在研制过程中,对不同状态的尾喷管组件产品进行了 CT 检测。粗加工后对尾喷管本体进行 CT 检测,距离法兰面按照50 mm 为间隔,等间距切片检查,要求有效厚度内不允许存在分层。

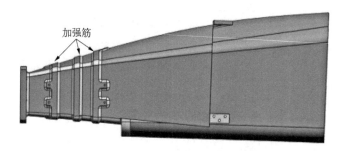

加强筋

图 5.95   复合式复相陶瓷基复合材料尾喷管

表 5.17   材料性能测试表

序号	项　　　目	技 术 指 标	实测值
1	产品体积密度/(g/cm³)	≥1.9(RT)	1.96
2	面内拉伸强度/MPa	≥110(RT) ≥90(1 600℃空气气氛)	158 201
3	面内拉伸模量/GPa	≥35(RT)	35.2
4	面内压缩强度/MPa	≥200(RT) ≥180(1 000℃空气气氛)	341 278
5	面内弯曲强度/MPa	≥200(RT) ≥180(1 450℃空气气氛)	273 187
6	面内剪切强度/MPa	≥50(RT)	82.1
7	层间剪切强度/MPa	≥15(RT)	31.4

表 5.18　水压试验应变数据

水压试验（压力）	最大应变
整体试验（0.15 MPa）	1 544 μ
前段试验（0.35 MPa）	839 μ

5.4.3　高温结构试验验证

为了对燃烧室超高温承载一体化、局部镶块强化、多功能一体化隔热、测量装置连接结构、附件安装与连接密封等结构进行综合验证,需要开展高温全程发动机直连试验。目前来看,纤维增强超高温结构耐温水平在 $Ma6$ 左右,因此考核试验状态一般选取 $Ma6$、高度 25 km 对应的发动机工作状态来开展,详见表 5.19。

表 5.19　试验状态参数（模拟燃烧室进口）

马赫数	流量 Q_a/(kg/s)	总压 P_{t2}/MPa	总温 T_{t2}/℃	最高总温 T_{t2}/℃
6	5.8	1.88	1 645	2 300（计算）

如图 5.96 表示的试验过程中的情况。图 5.97 为试验后本体结构,未出现明显裂纹。镶块加强结构、段间连接等均可靠,锁紧螺钉无烧蚀,未出现螺钉松动情况,测压结构完好。燃烧室Ⅲ段出口内表面微烧蚀,最大线烧蚀深度不大于 1 mm,局部部位厚度微增加,为高温气流冲刷后少量氧化物堆积物。

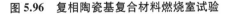

图 5.96　复相陶瓷基复合材料燃烧室试验　　　图 5.97　试验后燃烧室结构

试验温度测量分别采用 B、K、W-B 型热电偶分别对宽边和窄边外壁面、补强结构外壁面、隔热层内部、隔热材料外壁面进行测量,获取燃烧室各段及隔热结构内部热环境条件。发动机隔热层内部及隔热背面的温度较低,均为 K 型热电偶实时采集数据。停车后隔热上宽面背温小于 150℃,侧壁温低于 300℃,并有较大的裕度,根据温升趋势判断,发动机隔热结构温度在设计范围内,满足总体指标要求。

本次试验燃烧室沿程安装了 5 个测压点,其中 I 段上壁面 3 处,II 段上壁面 2 处,在 Psc1 和 Psc5 测压装置监测动态压力曲线。燃烧室外壁面不同区域的温度如图 5.98 所示。具体测压结构如图 5.99 所示,利用螺纹连接和柔性石墨垫实现与燃烧室的连接与密封。

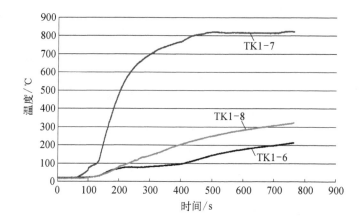

图 5.98 燃烧室外壁面不同区域的温度

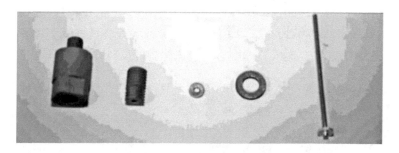

图 5.99 测压装置结构示意

本次试验共两处发动机分段连接结构,分别是发动机燃烧室 I 段与试验喷管连接、燃烧室 I 段与燃烧室 II 段连接,均采用 Nb521 螺杆连接,单个 Nb521 螺母 + 锁丝锁紧,试验后各分段连接螺栓密封结构完好,没有松动。

综上,燃烧室超高温承载一体化、连接密封和隔热等结构,在完成模拟 $Ma6$ 长时间综合直连式试验后,主体结构完整、内壁面烧蚀量较小、密封可靠、隔热等效果好,表明主体材料 C/C - ZrC - SiC、局部增强材料采用 C/C - HfC - SiC 的燃烧室结构方案是可行的。

参考文献

［1］Naslain R. Design, preparation and properties of non-oxide CMCs for application in engines and nuclear reactors：An overview［J］. Composites Science and Technology, 2004, 64（2）: 155 - 170.

［2］张立同,成来飞,徐永东. 新型碳化硅陶瓷基复合材料的研究进展［J］. 航空制造技术, 2003,1: 24 - 32.

［3］张立同,成来飞. 连续纤维增韧陶瓷基复合材料可持续发展战略探讨［J］. 复合材料学报, 2007,2(24): 1 - 6.

［4］董绍明,周海军,胡建宝,等. 浅析极端环境下服役陶瓷基复合材料的构建［J］. 中国材料进展,2015,3(10): 742 - 750.

［5］段刘阳,罗磊,王一光. 超高温陶瓷基复合材料的改性和烧蚀行为［J］. 中国材料进展, 2015,34(10): 762 - 769.

［6］张伟刚. 碳/碳复合材料的宽温域自愈合抗氧化［J］. 中国材料进展,2011,30(11): 25 - 31.

［7］Monteverde F, Bellosi A. Oxidation of ZrB_2-based ceramics in dry air［J］. Journal of the Electrochemical Society,2003, 150(11): 552 - 559.

［8］Fahrenholtz W. The ZrB_2 volatility diagram［J］. Journal of the American Ceramic Society, 2005, 88(12): 3509 - 3512.

［9］Rezaie A, Fahrenholtz W, Hilmas G. Evolution of structure during the oxidation of zirconium diboride-silicon carbide in air up to 1 500℃［J］. Journal of The European Ceramic Society, 2007, 27(6): 2495 - 2501.

［10］Opila E, Halbig M. Oxidation of ZrB_2 - SiC［J］. Ceramic Engineer Science Proceduce, 2001, 22 (3) 221 - 228.

［11］Hu P, Wang G, Wang Z. Oxidation mechanism and resistance of ZrB_2 - SiC composites［J］. Corrosion Science, 2009, 51: 2724 - 2732.

［12］Opeka M, Talmy I, Zaykoski J. Oxidation-based materials selection for 2 000 ℃ plus hypersonic aerosurfaces：Theoretical considerations and historical experience［J］. Journal of Materials Science, 2004, 39(19): 5887 - 5904.

［13］Monteverde F, Guicciardi S, Bellosi A. Advances in microstructure and mechanical properties of zirconium diboride based ceramics［J］. Materials Science and Engineering A, 2003, 346(1 - 2): 310 - 319.

［14］Fahrenholtz G, Hilmas E. Refractory diborides of zirconium and hafnium［J］. Journal of the American Ceramic Society, 2007, 90(5): 1347 - 1364.

［15］Levine S, Opila E, et al. Evaluation of ultra-high temperature ceramics for aeropropulsion use ［J］. Journal of The European Ceramic Society, 2002, 22(14 - 15): 2757 - 2767.

［16］Han J, Hu P, Zhang X, et al. Oxidation-resistant ZrB_2 - SiC composites at 2 200℃［J］. Composite Science and Technology, 2008, 68(3 - 4): 799 - 806.

［17］张幸红,胡平,韩杰才,等. 超高温陶瓷基复合材料的研究进展［J］. 科学通报,2015,3(60): 257 - 266.

[18] 张国军,刘海涛,邹冀,等. 硼化锆陶瓷生命周期中的化学反应[J]. 科学通报,2015,3(60)：276-286.

[19] Lespade P, Richet N, Goursat P. Oxidation resistance of HfB$_2$-SiC composites for protection of carbon-based materials[J]. Acta Astronautica, 2007, 60(10-11)：858-864.

[20] 魏玺,戈敏,于守泉,等. HfB$_2$-HfC-SiC 复相陶瓷改性 C/C 复合材料的电弧风洞烧蚀性能研究[C]. 苏州：第13届全国新型炭材料学术研讨会,2017,10：24-27.

[21] Zhang W, Xie C, Wei X, et al. MAX phase and ultra-high temperature ceramics for extreme environments[M]. Hershey：IGI Global, 2013.

[22] Bronsonw A, Chessa J. An evaluation of vaporizing rates of SiO$_2$ and TiO$_2$ as protective coatings for ultrahigh temperature ceramic composites[J]. Journal of the American Ceramic Society, 2008, 91：1448-1452.

[23] Zeng Y, Wang D, Xiong X, et al. Ablation-resistant carbide Zr0.8Ti0.2C0.74B0.26 for oxidizing environments up to 3 000℃[J]. Nature Communication, 2017 (8)：15836.

[24] Corral E L, Walker L S. Improved ablation resistance of C-C composites using zirconium diboride and boron carbide[J]. Journal of The European Ceramic Society, 2010, 30：2357-2364.

[25] Tang S, Deng J, Wang S, et al. Ablation behaviors of ultra-high temperature ceramic composites [J]. Materials Science and Engineering A, 2007, 465(1-2)：1-7.

[26] Lespade P, Richet N, Goursat P. Oxidation resistance of HfB$_2$-SiC composites for protection of carbon-based materials[J]. Acta Astronautica, 2007, 60(10-11)：858-864.

[27] Li X, Shi J, Zhang G, et al. Effect of ZrB$_2$ on the ablation properties of carbon composites[J]. Materials Letters, 2006, 60 (7)：892-896.

[28] 王其坤,胡海峰,陈朝辉,等. 前驱体转化法制备 2D C/SiC-ZrB$_2$复合材料及其性能[J]. 复合材料学报,2009,26(1)：108-112.

[29] Gao X, Liu L, Guo Q, et al. The effect of zirconium addition on the microstructure and properties of chopped carbon fiber/carbon composites[J]. Composites Science and Technology, 2007, 67 (3-4)：525-529.

[30] He H, Zhou K, Xiong X, et al. Investigation on decomposition mechanism of tantalum ethylate precursor during formation of TaC on C/C composite material[J]. Materials Letters,2006, 60 (28)：3409-3412.

[31] 李淑萍,李克智,郭领军,等. HfC 改性 C/C 复合材料整体喉衬的烧蚀性能研究[J]. 无机材料学报,2008,23(6)：1155-1158.

[32] Wang Y, Zhu X, Zhang L, et al. Reaction kinetics and ablation properties of C/C-ZrC composites fabricated by reactive melt infiltration[J]. Ceramics International, 2011, 37(4)：1277-1283.

[33] 崔红,苏君明,李瑞珍. 添加难熔金属碳化物提高 C/C 复合材料抗烧蚀性能的研究[J]. 西北工业大学学报,2000,18(4)：669-673.

[34] Li H, Zhang L, Cheng L, et al. Ablation resistance of different coating structures for C/ZrB$_2$-

SiC composites under oxyacetylene torch flame[J]. International Journal of Applied Ceramic Technology, 2009, 6(2): 145 – 150.

[35] Shen X, Li K, Li H, et al. Microstructure and ablation properties of zirconium carbide doped carbon/carbon composites[J]. Carbon, 2010, 48: 344 – 351.

[36] Wang Y, Liu W, Cheng L, et al. Preparation and properties of 2D C/ZrB$_2$ – SiC ultra high temperature ceramic composites [J]. Materials Science and Engineering A, 2009, 524: 129 – 133.

[37] 陈玉峰,洪长青,胡成龙,等. 空天飞行器用热防护陶瓷材料[J]. 现代技术陶瓷,2017,38(5): 311 – 387.

[38] 童长青,成来飞,刘永胜等. 2D C/SiC – ZrB$_2$ 复合材料的烧蚀性能[J]. 航空材料学报, 2012, 32(2): 69 – 74.

[39] Feng Q, Wang Z, Zhou H, et al. Microstructure analysis of Cf/SiC – ZrC composites in both fabrication and plasma wind tunnel testing processes[J]. Ceramics International, 2014, 40(1): 1199 – 1204.

[40] Wang Y, Xu Y, Wang Y, et al. Effects of TaC addition on the ablation resistance of C/SiC[J]. Materials Letters, 2010, 64: 2068 – 2071.

[41] 魏玺,李捷文,张伟刚. HfB$_2$ – HfC – SiC 改性 C/C 复合材料的超高温烧蚀性能研究[J]. 装备环境工程,2016,13(3): 12.

[42] Zhang W, Xie C, Ge M, et al. MAX phase and ultra-high temperature ceramics for extreme environments[M]. Hershey: IGI Global, 2013.

[43] 张鹏. 反应熔渗法制备 Cf/(HfC+MC)复合材料机理及其性能研究[D]. 长沙: 国防科学技术大学,2011.

[44] Li C, Li K, Li H, et al. Ablation resistance and thermal conductivity of carbon/carbon composites containing hafnium carbide[J]. Corrosion Science, 2013, 75: 169 – 175.

[45] Li S, Li K, Li H. et al. Effect of HfC on the ablative and mechanical properties of C/C composites[J]. Materials Science and Engineering A, 2009, 517: 61 – 67.

[46] Wang Y, Zhu X, Zhang L, et al. C/C – SiC – ZrC composites fabrication reactive melt infiltration with Si0.87Zr0.13 alloy[J]. Ceramics International, 2012, 38(5): 4337 – 4343.

[47] Hu H, Wang Q, Chen Z, et al. Preparation and characterization of C/SiC – ZrB$_2$ composites by precursor infiltration and pyrolysis[J]. Ceramics International, 2010, 36(3): 1011 – 1016.

[48] Li Q, Dong S, Wang Z, et al. Fabrication and properties of 3D Cf/ZrC – SiC composites using ZrC precursor and polycarbosilane[J]. Journal of the American Ceramic Society, 2012, 38(7): 6041 – 6045.

[49] Yan C, Liu R, Cao Y, et al. Preparation and properties of 3D needle-punched C/ZrC – SiC composites by polymer infiltration and pyrolysis process[J]. Ceramics International,2014 (40): 10961 – 10970.

[50] 武海棠. 易加工超高温陶瓷复合材料的制备与性能研究[D]. 北京: 中国科学院过程工程研究所,2011.

［51］谢昌明. 整体抗氧化超高温复合材料研究［D］. 北京：中国科学院过程工程研究所，2012.

［52］陈玉峰，洪长青，胡成龙，等. 空天飞行器用热防护陶瓷材料［J］. 2017，38（5）：311－387.

［53］武海棠. 易加工超高温陶瓷复合材料的制备与性能研究［D］. 北京：中国科学院过程工程研究所，2011.

［54］谢昌明. 整体抗氧化超高温复合材料研究［D］. 北京：中国科学院过程工程研究所，2012.

［55］李捷文. 混合有机前驱体制备陶瓷基复合材料的热解与分相研究［D］. 北京：中国科学院过程工程研究所，2015.

［56］Bird B，Stewart W E，Lightfoot E N. Transport phenomena［M］. New York：John Wiley&Sons，1960.

［57］杨世铭，陶文铨. 传热学［M］. 北京：高等教育出版社，1987.

［58］赵镇南. 传热学［M］. 北京：高等教育出版社，2002.

［59］俞佐平，陆煜. 传热学［M］. 北京：高教出版社，1995.

［60］李汝辉. 传质学基础［M］. 北京. 北航院出版社，1987.

［61］王绍亭，陈涛. 动量、热量与质量传递［M］. 天津：天津科学技术出版社，1986.

［62］邓英尔，刘慈群，黄润群，等. 高等渗流理论与方法［M］. 北京：科学出版社，2004.

［63］刘尉宁. 渗流力学基础［M］. 北京：石油工业出版社，1985.

［64］孔祥言. 高等渗流力学［M］. 合肥：中国科学技术大学出版社，1999.

第 6 章
高温涂层及应用

　　高温涂层是将具有某种功能的异质材料,以薄膜或涂层的方式复合于高温部件表面,使其具有抗高温、耐腐蚀、耐磨损、隔热及导电等功能,在航空、航天、能源等领域有广泛应用。涂层技术是一种通过物理、化学方法,在基体表面形成一定厚度、一定强度、有防护或其他特殊功能涂层的工艺技术。它对零件外形及尺寸敏感性较低、耗时较短、制备成本较低等优点,且形成的涂层既可以满足超高温下使用要求,又不会对基体自身的高温力学性能和机械性能产生较大的影响,已经成为目前航空燃气涡轮发动机防隔热效果显著的热防护手段[1-4]。在过去几十年里,随着航空燃气涡轮发动机大推力、高效率、低油耗和长寿命的要求不断提高,使发动机涡轮进口温度不断攀升,一方面推动了高温合金技术的进步,另一方面也极大地促进了高温涂层在涡轮叶片等表面的使用,其技术不断得到研究与发展。近年来,不同类型的涂层,如超高温陶瓷基复合材料表面的抗氧化烧蚀涂层、金属材料构件表面的热障涂层及高发射率涂层等,也已经在超燃冲压发动机热防护技术研究中得到使用,对发动机结构的耐高温水平有明显作用。

6.1　热障涂层

6.1.1　概述

　　20 世纪 50 年代以来,高温涂层已经从传统的铝化物、单层涂层发展到多层的热障涂层。我国的高温涂层研究共经历了 4 个发展时期。第一代涂层:在 20 世纪 60 年代研制应用了镍铝化物扩散涂层。第二代涂层:20 世纪 70 年代以后研制的真空蒸镀-扩散渗铝、高温无机料浆铝化物涂层、高温铝-硅涂层和铝-铝涂层等都在航空发动机上得到了广泛的应用。第三代涂层:20 世纪 80 年代发展了可以调整涂层成分,能在更高温度下起到高温抗氧化作用的 MCrAlY 包覆涂层,它克服了传统铝化物涂层与基体之间互相制约的弱点。第四代涂层: 20世纪 90 年代初利用物理气相沉积研制陶瓷热障涂层(Y_2O_3 部分稳定的 ZrO_2 涂层)[5-7],通过薄薄一层涂层起到显著的隔热效果。目前,高温涂层体系分类如图 6.1 所示。

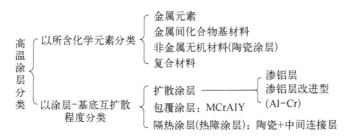

图 6.1　高温涂层体系分类

　　热障涂层的主要作用是在高温燃气与合金部件基体之间提供一个低热导率的热导屏蔽层。它的厚度通常只有 $100 \sim 500 \ \mu m$,但却能够在合金表面带来 $100 \sim 300\,^{\circ}\!C$ 的温降。这使得在不提高合金表面温度的前提下提高燃气温度,从而提高发动机的热效率;其次,它还能对火焰喷射造成的瞬间局部热冲击提供防护,缓和局部过高的温度梯度。

　　如图 6.2 所示,热障涂层的应用使得航空发动机的燃气温度有了显著的提高[6],而且其提高幅度超过了铸造技术三十多年从铸造合金到单晶合金的发展而带来的温度提升。由此可见,相对于其他技术开发,热障涂层材料的研制具有更重要的现实意义。表 6.1 为早期 TBCs 的发展历程。

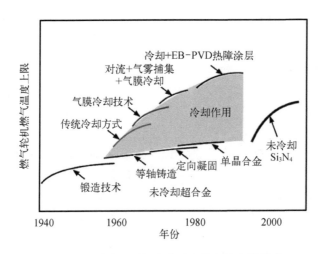

图 6.2　热障涂层对航空发动机燃气温度的影响

表 6.1 早期 TBCs 发展历程

TBC	年 份	黏 结 层	陶 瓷 层	涂 层 结 构
早期燃烧器涂层	1963	火焰喷涂 Ni - Al	APS - MgSZ	陶瓷/黏结层
早期燃烧器涂层	1973	APS Ni - Cr/Al	APS - MgSZ	陶瓷/黏结层
早期燃烧器涂层	1974	APS CoCrAl	APS - MgSZ	梯度涂层
早期燃烧器涂层	1980	APS NiCoCrAlY	APS - MgSZ	陶瓷/黏结层
第一代	1982	APS NiCoCrAlY	APS 7YSZ	陶瓷/黏结层
第二代	1984	APS NiCoCrAlY	APS 7YSZ	陶瓷/黏结层
第三代	1987	LPPS NiCoCrAlY	EB - PVD 7YSZ	陶瓷/黏结层

注：APS - MgSZ 表示大气等离子烧结 MgO 稳定 ZrO_2；LPPS 表示低压等离子烧结；EB - PVD 表示电子束物理气相沉积。

6.1.2 热障涂层体系的结构

热障涂层主要有 3 种结构形式[7]：双层、多层、梯度结构，如图 6.3 所示。

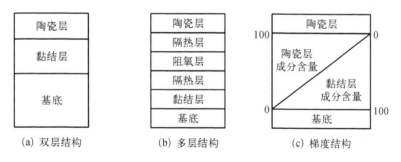

(a) 双层结构   (b) 多层结构   (c) 梯度结构

图 6.3 热障涂层主要结构形式

双层结构制备工艺简单，这是热障涂层采用的主要结构形式，但黏结层与陶瓷层的热膨胀系数在界面跃变较大，在热载荷下，将在涂层内部产生较大的应力，热震性能难以得到进一步提高。图 6.4 所示，航空发动机涡轮叶片的热障涂层 TBCs 是一种典型的双层结构，表面是隔热陶瓷层，中间是抗氧化黏结层，下面是合金基体。

多层结构有效地阻止涂层氧化，在高温工作环境中可进一步阻止外部的腐蚀气体侵蚀基体。为了减少陶瓷层与黏结层的热膨胀系数不同而引起的涂层内应力，提高涂层的结合强度和热震性能，在基体和陶瓷层之间设计具有热应力缓和功能的梯度涂层。

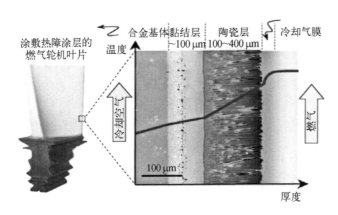

图 6.4　航空发动机叶片及其涂层截面示意

1. 黏结层

黏结层是合金基体与陶瓷层之间的一个 70~150 μm 厚的合金层,它的存在起到了缓解基体与陶瓷层的热不匹配的作用,同时也提高了基体的抗氧化能力,极大程度上决定着热障涂层的脱落失效速度。黏结层通常为 NiCrAlY、NiCoCrAlY 或者 CoNiCrAlY 金属黏结层。

2. 陶瓷层

陶瓷层一般由热导率低、抗热蚀性能好的陶瓷材料制成,是热障涂层体系中起到热绝缘作用的最主要部分。由图 6.4 中代表各处温度变化的蓝线可知,在热障涂层正常工作条件下,大部分温度梯度是落在陶瓷层上的。由此可看出,陶瓷层材料的研究,特别是具有更低热导率的材料的探索研究,对热障涂层的发展具有十分重要的意义。此外,陶瓷层是直接与高温燃气相接触的,它还要承受燃气中外来粒子的高速冲击、磨损以及高温化学环境的热腐蚀、热冲击。同时陶瓷层又与黏结层相接触,使其还应当具备与黏结层之间良好的热匹配和化学相容性。

6.1.3　热障涂层材料的性能要求

由上面的热障涂层结构分析可知,热障涂层陶瓷层材料既要满足隔热降温的作用,也要满足与整个体系其他部分的相容性,并且还需要满足一定的力学要求[8-20]。

1. 高熔点

由于陶瓷层直接与发动机的高温燃气相接触,其表面能达到 1 200℃ 以上,要求陶瓷层材料必须具有高的熔点,才能在正常工作环境下保持固定的形貌。目前研究或使用的热障涂层陶瓷层材料的熔点一般在 2 000℃ 以上。

2. 良好的高温相稳定性

材料发生相变时,通常会伴有一些物理、化学性质的改变,容易造成热障涂层体系的失效。例如,相变造成体积的改变,会使材料内部产生应力集中或者微裂纹,容易引起涂层的开裂甚至剥落。因此,要求选择的陶瓷层材料在室温到工作温度范围内具有良好的相稳定性,没有相变发生。

3. 低热导率

低热导率是热障涂层实现热防护功能的最关键性能。降低热障涂层热导率可以进一步提升其隔热效果,增大陶瓷层两侧的温降,显著降低金属基体的表面温度。据估算,陶瓷层材料热导率降低 50%,可使合金基体表面温度降低 55℃,这个温度值相当于过去二十多年单晶镍基超合金的发展所带来的耐温水平提高。

陶瓷层材料热导率的降低,一方面用同样厚度的涂层达到更高的温降,可减轻发动机高温合金部件的热负荷,增加其使用寿命;另一方面,可用更薄的涂层达到同样温降要求,增加涂层使用寿命。使用低热导率陶瓷层材料,可以提高发动机热效率,提高其使用寿命。

4. 良好的热膨胀匹配性及抗氧化性

热障涂层的脱落并非由单一裂纹突然扩展产生,而是由涂层中多条微裂纹扩展连通而产生的。热障涂层在使用过程中,金属黏结层与陶瓷层之间存在温度、热膨胀系数差异,产生较大的热应力,导致在黏结层表面凸起处的陶瓷层首先产生微裂纹,从而在表面凸起部位与陶瓷层之间生成热氧化物(thermally grown oxide, TGO)层,随温度升高和时间的延长,其厚度达到一定值后,裂纹就扩展到金属黏结层表面凹处,导致陶瓷层的开裂、剥落。热膨胀不匹配和金属黏结层氧化导致涂层剥落,是热障涂层失效的主要方式之一。

减小涂层热应力最有效的措施就是减小陶瓷层与黏结层之间热膨胀系数的差异。通常所用的黏结层合金 NiCoCrAlY 的热膨胀系数可达 17.5×10^{-6} K^{-1}(RT~1 000℃),而陶瓷材料的热膨胀系数一般都较低,现役热障涂层陶瓷材料的 7wt%YSZ 和 8 wt%YSZ(等离子喷涂)的热膨胀系数分别为 11×10^{-6} K^{-1}和 10.7×10^{-6} K^{-1} (RT~1 000℃)。因此,在探索新型热障涂层陶瓷层材料时,不仅要考虑热导率的因素,还要尽量选择热膨胀系数不小于现役 YSZ 陶瓷的材料,以减小体系内的热失配,延长热障涂层的使用寿命。

5. 良好的耐环境腐蚀性

热障涂层的耐腐蚀问题来源于储存环境,环境中含有的氯、硫等元素会进入热障涂层的孔隙中与金属黏结层反应,从而造成金属黏结层材料的腐蚀,降低热障涂层的结合强度。此外,燃烧过程中产生的某些燃气成分也对陶瓷层材料有一定的腐蚀作用。

6. 低弹性模量以及较高的硬度和韧性

热障涂层陶瓷层在工作条件下,产生各种应力,包括热循环过程中产生的内应力、各层热膨胀失配造成的热应力以及外部燃气冲击产生的外应力等。这些应力集中所造成的应变极易产生或者扩展涂层内部的微裂纹,从而造成涂层的失效。这要求陶瓷层材料必须具有较高的应力应变容忍度。影响热障涂层应力应变容忍度的因素主要包括陶瓷层的形貌、气孔率以及材料的弹性模量。其中前两者取决于热障涂层的喷涂工艺,而弹性模量取决于材料本身,是选择热障涂层陶瓷材料的重要参数。低弹性模量可以使涂层在承受相同应力的条件下产生相对小的应变,从而减小涂层损伤,延长涂层循环寿命。

7. 低烧结率

在长时间的高温循环使用过程中,涂层材料会发生烧结现象,使得气孔率降低,涂层结构致密化,进而使得弹性模量增加,热导率上升,应力应变容忍度下降,显著降低了涂层的热防护效果和使用寿命。因此,选择热障涂层陶瓷材料还得要求材料在高温下的传质扩散能力要低,烧结速率小,能够长时间保持涂层显微形貌的稳定性。

由上面的性能要求总结可以看出,热障涂层工作的严苛环境以及其内部的结构特点对陶瓷层材料的选择提出了各种各样的性能要求,很难找到一种材料完全符合要求,这也是这么多年研究者做了大量工作仍未找到真正可以在实际应用中替代现役 YSZ 的原因。要想取得突破,首先,必须充分了解 YSZ 能够成为目前为止最成功的热障涂层陶瓷材料的各个方面的原因;其次,在材料选择中必须提高材料的综合性能,避免由于某种性能缺失而造成的"短板效应",在保证热导率、热膨胀系数等主要性能提高的同时,通过材料及工艺设计减小或者避免其他性能缺点。

6.1.4　热障涂层陶瓷材料的研究现状

自从 20 世纪 60 年代美国国家咨询委员会(美国国家航空航天局的前身)第一次将氧化钙稳定的氧化锆作为陶瓷层材料应用于 X15 试验喷气式飞机后,广大研究者对新型热障涂层陶瓷层材料的开发进行了一系列深入的探索[21]。

为了寻找具有优异隔热性能的热障涂层材料,哈佛大学 Clarke 教授、清华大学潘伟教授、北京理工大学王全胜教授、中国科学院金属研究所常新春研究员、中国科学院过程工程研究所朱永平研究员、中国科学院上海硅酸盐研究所陶顺衍研究员等课题组做了大量的基础研究工作,对低热导率氧化物陶瓷的晶体结构特点形成了一些规律性认识:① 单位体积内原子数较多,晶胞参数较大,形成超点阵结构,空间对称性差,所含离子配位数高,同时某些原子形成复杂结构,如岛状、链状、环状、片状、架状、多面体及多种结构混合等;② 混乱度高,原子排列无序度大或部分无序排列,晶体趋向于非晶态;③ 增加化合物中元素种类,使原子间相互作用复杂化,选取原子质量较大、同时原子之间质量差较大的材料;④ 原子间结合力弱,方向性差,弹性模量低,德拜温度低,尽可能在晶体中形成金属键和离子键,尽量避免强共价键,通过削弱原子间的相互作用,可以降低声子传输的速度;⑤ 引入缺陷和晶格畸变,较大的缺陷离子空位浓度,同时尽量避免缺陷之间相互缔合等。

选择低热导率的材料需要同时尽可能多地满足上述条件,一般而言稀土元素原子质量较大,可在同一种晶体中形成高低不同的配位数,同时增加元素组元,可适当提高单位体积内的原子密度,并由于原子质量、半径不同引起每个原子的振动频率不同,从而阻碍声子传播。根据以上准则,国内外无数的研究人员对热障涂层材料的探索付出了巨大的努力,到目前为止人们发现了许多潜在的 TBC 材料体系。

1. 现役陶瓷层材料——氧化钇稳定的氧化锆(YSZ)体系[22-25]

在所有陶瓷材料中,ZrO_2 陶瓷以其高熔点、低热导率、高热膨胀系数等优良性能成为热障涂层陶瓷层材料的首要选择。ZrO_2 在 1 170℃ 会发生从单斜相向四方相的晶型转变,同时伴随着 4%~6% 的体积变化,在热循环过程中,陶瓷内部会产生很大的应力集中,产生微裂纹,造成涂层失效。作为热障涂层陶瓷层材料,ZrO_2 抗热震性很差,不适合直接应用。通常的解决办法是在 ZrO_2 中掺入一种或几种一定含量的稳定剂,这些稳定剂的阳离子半径通常与 Zr 离子接近,可进入 ZrO_2 晶格形成置换型固溶体,从而阻止晶型的转变。目前研究较多的稳定剂有 MgO、CaO、Y_2O_3、CeO_2、Sc_2O_3、In_2O_3 等。

在 ZrO_2 众多的稳定剂中,Y_2O_3 被证明是最适合的。热障涂层的陶瓷层早期多用 MgO、CaO 作为稳定剂,这两种氧化物的掺入的目的是将立方相区产生的温度条件降至室温,使得立方相在工作温度范围内稳定存在,但这种"稳定"效果并不稳定,在一定温度下 ZrO_2 仍会从立方萤石相转变为单斜相。这两种材料的工作温度上限仅为 950℃,对于热障涂层的应用而言明显过低。而相比而言,YSZ 具有更好的相稳定性和抗热震性。1976 年 NASA 将 YSZ 体系材料应用于燃气轮机叶片,标志着热障涂层的正式实用化。自此以后,YSZ 作为现役热障涂层陶瓷层材料发展至今,成为目前为止研究最多、应用最广泛的热障涂层陶瓷层材料。

YSZ 材料根据 Y_2O_3 的含量分为部分稳定 YSZ 和全稳定 YSZ。对于热障涂层而言,并非 Y_2O_3 含量越高越好。据 NASA 研究表明,6wt%~8wt% Y_2O_3 稳定的 ZrO_2 的热循环性能最好。这个成分范围内的 YSZ 材料具有一系列优异的性能:① 高熔点(约 2 700℃);② 较低的热导率[完全致密材料在 1 000℃ 下热导率为 2.3 W/(m·K)],主要因为 Y_2O_3 的掺入使得晶体内部具有较高的缺陷浓度;③ 较高的热膨胀系数(约 $11×10^{-6}$ K^{-1}),可以缓解与黏结层之间的热膨胀失配;④ 相对较好的耐热蚀性,优于 MgO、CaO 稳定的 ZrO_2;⑤ 较高的应力应变容忍度(喷涂后弹性模量约 50 GPa)、良好的韧性;⑥ 低密度(约 6.4 g/cm^{-3}),可减轻叶片重量,提高热能发动机推重比;⑦ 高硬度(约 14 GPa),利于抵抗热冲击和外来粒子撞击。

但是 YSZ 材料在应用中同样存在一些问题。首先,高温相稳定性问题仍然未能完全解决。Y_2O_3 含量范围为 6wt% ~ 8wt% 的 YSZ 材料通常是以一种亚稳的 t' 相存在，相较于 MgO、CaO 稳定的 ZrO_2 相稳定性大大提高，但在较高温度下（>1 200℃），YSZ 仍会从 t' 相转变为四方（t）和立方（c）混合相，进而冷却转变为单斜（m）相。这一系列相变过程带来的体积变化会在涂层内部产生裂纹，进而导致涂层失效。因此，YSZ 的长期使用温度极限约为 1 200℃，这也成为限制 YSZ 发展的主要障碍。其次，YSZ 的烧结速率会随温度升高而加快。研究表明，YSZ 涂层制备过程中产生的微量 SiO_2 杂质会显著提高高温下涂层的烧结速率，这样一方面会导致气孔率减小、弹性模量增大，从而增加涂层内应力，缩短涂层使用寿命；另一方面，也会引起热导率的升高，增加金属基体的表面温度。此外，完全致密的 YSZ 材料在 1 000℃下热导率为 2.3 W/(m·K)，相对于更好地保护基体金属、提高工作温度的目标，这一数值尚显偏高。

2. 改进的掺杂氧化锆体系

针对 YSZ 在应用中出现的诸多问题，许多研究者在 YSZ 基础上尝试通过不同稳定剂单掺或共掺 ZrO_2 来改善其性能[26-45]。

三价氧化物中，Stecura 研究了 Yb_2O_3 稳定的 ZrO_2，通过 1 120℃下炉冷循环测试发现，其循环寿命优于 YSZ，最优成分范围为 12.4wt% ~ 14.7wt%，从摩尔分数来看与 YSZ 最优成分范围相近。但是喷涂后涂层中成分很复杂，失效方式也与 YSZ 相近，关于这种成分无后续报道。Gd_2O_3 也曾尝试作为替代稳定剂。实验结果说明，掺杂 Gd_2O_3 可以明显降低烧结速度，并在一定程度上降低热导率，但是却使相稳定性有所降低，t' 相更容易转变为四方（t）和立方（c）相。而 Jones 等发表了一系列 Sc_2O_3 与 Y_2O_3 共同掺杂 ZrO_2 的文章，1 400℃测试证实 Sc_2O_3 与 Y_2O_3 共掺杂使得材料的相稳定性显著提高，且 7wt%［Sc_2O_3-(10mol% ~ 20mol%) Y_2O_3］稳定的 ZrO_2 材料的抗熔融钒酸盐侵蚀的能力比传统 YSZ 材料高 5.10 倍。此外，Sc_2O_3 掺杂还能在一定程度上降低材料热导率。但 Sc_2O_3 与 Y_2O_3 共掺 ZrO_2 材料的抗烧结能力较差。另外，Al_2O_3 通常被当作掺杂剂加入 YSZ 以提高材料硬度、结合强度和抗氧化能力，同时保持弹性模量和韧性基本不变；其与 YSZ 组成的梯度涂层具有更好的抗热蚀性和更长的热循环寿命。

由于 Hf 与 Zr 元素同属ⅣB 族，具有相近的离子半径，原子质量却比 Zr 大近一倍，所以，HfO_2 掺杂 ZrO_2 可以在晶格内产生质量差变化，减小材料热导率。同时 HfO_2 相变时的体积变化也比 ZrO_2 小一半，因此，其抗热震性也应该比较好。Winter 等通过在 YSZ 中掺杂 HfO_2 证明，掺杂 HfO_2 确实能降低材料热导率。而且其他研究表明，HfO_2-Y_2O_3 材料抗烧结能力比较强。但是 Ibagazene 等的研究却表明，YSZ 的热循环性能随着 HfO_2 掺杂量的增加而降低，这是因为掺杂 HfO_2 使得 YSZ 更容易由 t' 相转变为四方（t）和立方（c）混合相，同时掺杂 HfO_2 也使 YSZ 材料的弹性模量显著升高。

另一种四价氧化物 CeO_2 由于具有比 YSZ 更低的热导率和更高的膨胀系数而被人们广泛研究。Brandon 等研究发现,当 ZrO_2 中掺杂 CeO_2 含量大于 25wt%时,陶瓷的相稳定性比较好。对于 25wt% CeO_2 掺杂的 ZrO_2,在 1 500℃热处理 100 h 后,仍保持四方相(t);1 600℃热处理 100 h 仅有 13%的单斜相(m)。Sodeoka 等则详细研究了 CeO_2-ZrO_2 体系涂层(CeO_2 含量范围为 0~70mol%,即相当于 0~76.5wt%)的热物理及机械性能。结果表明,涂层热导率随着 CeO_2 含量增加降低到仅 0.5 W/(m·K)(涂层相对密度约 90%),而热膨胀系数增加到 $12.5×10^{-6}$ K^{-1}。此外,还有研究者在 YSZ 中掺杂一定量的 CeO_2,发现其热循环性能优于 YSZ。他们将原因归结为:① CeO_2 掺杂的 YSZ 的涂层中几乎没有四方相(t)到单斜相(m)的相变;② 热导率低,热防护效率高,黏结层氧化产生 TGO 造成的热应力也相对比较小;③ 热膨胀系数大,热膨胀失配造成的热应力小。但是 CeO_2 蒸气压高,元素扩散速度比较快,高温下存在 Ce^{3+}/Ce^{4+} 转变,且高温下涂层烧结速率加快,致密度增加,热导率急剧升高。

Raghavan 等尝试利用五价氧化物 Nb_2O_5/Ta_2O_5 与三价氧化物 Y_2O_3 共同掺杂 ZrO_2,巧妙设计成分,通过改变 Nb_2O_5/Ta_2O_5 与 Y_2O_3 比例来调整材料中替代型点缺陷和氧空位的浓度,进而研究两者对热导率的影响,缺陷方程式如式(6.1)所示:

$$xZ_2O_5 + yY_2O_3 \rightarrow 2xZ'_{Zr} + 2yY'_{Zr} + (5x + 3y)O_0 + (y - x)V''_0 \qquad (6.1)$$

式中,Z 代表 Nb/Ta。研究表明,当 $x = y$ 时,材料中只有替代型缺陷,无氧空位,此时,材料保持单一四方相(t),热导率与 8wt%YSZ 相似,且 Nb/Ta 质量差对热导率影响不大;而当 $y > x$ 时,材料中既存在替代型缺陷又存在氧空位,但此时材料分解为四方相(t)和立方相(c),其热导率也与 8wt%YSZ 相差不多。

此外,Zhu 等还研究了多种稀土氧化物共同掺杂氧化锆的情况,其研究成分主要为 ZrO_2-Y_2O_3-Nd_2O_3(Gd_2O_3,Sm_2O_3)-Yb_2O_3(Sc_2O_3)。这种多种稀土氧化物的掺杂会在涂层中形成纳米相缺陷团簇结构,从而加剧了声子散射,使热导率显著降低;同时缺陷团簇迁移比较困难,从而提高了材料的抗烧结能力和高温相稳定性(c 相)。

3. 稀土锆酸盐结构体系

这是一大类具有相似结构的化合物,其化学通式可写作 $A_2B_2O_7$,其中 A 为稀土元素,B 为某种四价元素[46-69]。从晶体学角度,烧绿石结构亦可看作是一种存在"有序缺陷"的萤石结构,而具有萤石结构的这类化合物中也存在相同浓度的氧空位,两者的根本区别在于氧空位缺陷及阳离子排列的有序与否。

$La_2Zr_2O_7$ 是近年来研究最早、最多的稀土烧绿石结构化合物。它具有比 YSZ 陶瓷更低的杨氏模量、更低的热导率和更好的高温相稳定性。然而,随后的热稳定性测试却表明,$La_2Zr_2O_7$ 涂层的热循环寿命相较于 YSZ 并未提高,很大程度上归因于其相对较低的热膨胀系数和较差的断裂韧性。此后研究表明,一定含量的 CeO_2 掺杂可提高 $La_2Zr_2O_7$ 的热膨胀系数;而掺杂 Nd_2O_3、Eu_2O_3 或 Gd_2O_3 则可显著降低其热导率,其中掺杂 30wt% Gd_2O_3 时陶瓷热导率可降至约 0.9 W/(m·K)（800℃,致密度>95%）。

此后,其余镧系稀土锆酸盐化合物 $Ln_2Zr_2O_7$ 也陆续有研究报道。在镧系稀土锆酸盐体系中,根据离子半径比值规则,轻稀土部分(Ln＝La-Gd)保持着烧绿石结构,而对于 Gd 以后的稀土锆酸盐则为萤石结构。该系列化合物文献报道的热物理性能总结如表 6.2 所示。由表中可以看出,稀土锆酸盐体系的热导率比 7wt%～8wt%YSZ 低 30% 以上,而且排除不同文献中测试方法及样品致密度的影响后,其热导率随成分及结构的变化不大。而该体系热膨胀系数与 8YSZ 相当或略低,特别是 $La_2Zr_2O_7$ 相对偏低,需要进一步提高。此外,稀土锆酸盐还存在与 TGO 层材料 Al_2O_3 的化学稳定性差以及高温下热辐射传导明显等问题。近年来,人们在稀土锆酸盐化合物体系的双稀土掺杂、多稀土掺杂以及非化学计量比等改进方法上进行了大量研究,从一定程度上进一步改善了稀土锆酸盐的热物理性能。

表 6.2　稀土烧绿石/萤石结构化合物及 8YSZ 的热物理性能

化合物	热导率/[W/(m·K)]	热膨胀系数/(10^{-6} K^{-1})
$La_2Zr_2O_7$	1.56(800℃)	9.1(30～1 000℃)
$Nd_2Zr_2O_7$	1.6(700℃) 1.25(800℃)	10.64(100～1 200℃)
$Sm_2Zr_2O_7$	1.5(700℃)	10.8
$Gd_2Zr_2O_7$	1.6(700℃) ~1.2(700℃,92.3%)	11.6
$Dy_2Zr_2O_7$	1.34(800℃)	10.8(1 000℃)
$Er_2Zr_2O_7$	1.49(800℃)	10.7(1 000℃)
$Yb_2Zr_2O_7$	1.58(800℃)	10.4(1 000℃)
$La_2Ce_2O_7$	0.6(1 000℃,67%)	12.3(300～1 200℃)
$Nd_2Ce_2O_7$	1.57(700℃,92.7%)	11.57(100～1 200℃)
YSZ	2.3(7YSZ,700℃)	10.7(8YSZ,20～1 000℃)

曹学强等研究了具有萤石结构的 $La_2Ce_2O_7$ 材料作为热障涂层的可能性。研究发现,尽管在 180～300℃ $La_2Ce_2O_7$ 陶瓷存在一个热膨胀系数的急剧下降甚至负膨胀的现象,但是其在高温下的热膨胀系数达到了约 $14×10^{-6}$ K^{-1},已经接近黏结层

合金的热膨胀系数（$13\times10^{-6}\sim16\times10^{-6}$ K^{-1}）。$La_2Ce_2O_7$的高热膨胀系数主要归因于高温下 Ce^{4+}/Ce^{3+} 之间的转变，而负热膨胀现象可能是化学键中氧离子的横向振动引起的。此外，$La_2Ce_2O_7$材料还具有较低的热导率[0.6 $W/(m\cdot K)$，1 000℃，致密度67%]和良好的高温相稳定性。但是大气等离子喷涂得到的 $La_2Ce_2O_7$ 涂层却存在高温下烧结速度加快的问题，其在 1 280℃之上会发生严重烧结，而进一步研究表明，通过掺杂一定量的 ZrO_2 可以提高材料的抗烧结能力。其中，$La_2(Zr_{0.7}Ce_{0.3})_2O_7$具有最低的烧结能力和最低的热导率。此后，马文等研究发现在 $La_2Ce_2O_7$ 中掺杂 WO_3、Ta_2O_5 或者加入过量的 CeO_2，可以提高其在 400℃以下的热膨胀系数，显著抑制低温负膨胀现象；同时通过 EB－PVD 方法喷涂得到了具有良好的热循环性能的 $La_2Ce_2O_7$涂层。此外，研究者还研究了 Nd_2O_3－CeO_2以及 Sm_2O_3－CeO_2体系，结果发现这些体系具有与 $La_2Ce_2O_7$相似的热物理性能。

稀土烧绿石/萤石结构的化合物还有很多，Schelling 等通过分子动力学模拟的方法计算了大量具有该结构的化合物的热物理性能，为进一步的热障涂层陶瓷层材料的选择与研究提供了理论指导。

4. 其他结构化合物体系

1）稀土磷酸盐体系

稀土磷酸盐[70-84]根据稀土离子半径分为独居石和磷钇矿两种相似的晶体结构，其界线在 Gd 和 Tb 之间，即镧系元素中半径较大的 La～Gd 元素磷酸盐形成独居石结构，而 Tb 以后的元素则形成磷钇矿结构。两种结构均由交互的磷氧四面体和稀土离子与氧的多面体组成，其中独居石中磷氧四面体存在明显的偏转，稀土元素的配位数为 9，且和周围氧离子作用键较弱；而磷钇矿结构对称性较高，磷氧四面体排列规整，稀土元素的配位数为 8，且和周围氧离子作用键较强。两者结构的不同导致热导率的差异，独居石结构热导率明显低于磷钇矿。据报道，磷钇矿结构 RPO_4（R＝Y、Er、Yb 或者 Lu）的热物理性质相似，室温热导率均在 12.0 $W/(m\cdot K)$ 左右（致密度≥98%），1 000℃的热膨胀系数均在 6.0×10^{-6} K^{-1}左右；而独居石结构的 $CePO_4$室温和 500℃下热导率分别为 3.08 和 1.81 $W/(m\cdot K)$，200℃和 1 300℃下的热膨胀系数分别为 9×10^{-6} K^{-1} 和 11×10^{-6} K^{-1}。

具有独居石结构的 $LaPO_4$是研究较多的稀土磷酸盐。它具有较高的熔点（2 070℃）、较低的热导率[1.8 $W/(m\cdot K)$，700℃]和较高的热膨胀系数（10.5×10^{-6} K^{-1}，1 000℃）。此外，它还具有良好的化学稳定性，能够有效抵抗硫、钒等氧化物的侵蚀，且与 TGO 层 Al_2O_3 之间化学稳定性好。但是 $LaPO_4$是固溶度较小的线性化合物，微小的非化学计量比偏移即可使熔融温度由 2 070℃转变为富 La 一侧的 1 580℃或者富 P 一侧的 1 050℃，使得 $LaPO_4$难以进行等离子喷涂，也很难在高温下使用。此外，$LaPO_4$与 TGO 层的结合性比较差，这也限制了其作为陶瓷层材料的应用。

2）磁铅石结构化合物 $LaMgAl_{11}O_{19}$（LHA）

$LaMgAl_{11}O_{19}$ 具有磁铅石型晶体结构，在该结构中，每四个最紧密堆积的尖晶石层挨着一个 LaO_3 层，形成一种六方相与立方相晶体层的混合。在其中，LaO_3 层代表一个晶体学镜面，La^{3+} 离子占据一个氧的位置。由于整个结构采用最紧密堆积，晶体内的空位含量极少，因此能有效地抑制氧离子的扩散。从显微结构上看，$LaMgAl_{11}O_{19}$ 陶瓷通常是片层状结构，可有效降低材料热导率。据报道，其涂层的热导率范围为 $0.8 \sim 2.6$ W/（m·K）。此外，$LaMgAl_{11}O_{19}$ 还具有良好的抗烧结能力和高温相稳定性，并且其热膨胀特性与 TGO 层 Al_2O_3 相近，可减少两者之间的热失配。热循环测试表明等离子喷涂的 $LaMgAl_{11}O_{19}$ 具有与 8YSZ 相当的热循环寿命，尽管涂层在高温下有两次严重的收缩。

3）石榴石结构化合物 $Y_3Al_xFe_{5-x}O_{12}$

Padture 等研究了 $Y_3Al_xFe_{5-x}O_{12}$（$x = 0$、0.7、1.4 和 5.0）体系材料的热导率，认为其中的 $Y_3Al_5O_{12}$（YAG）材料具有作为热障涂层陶瓷层材料的可能。这种材料具有良好的高温力学性能、相对较低的热导率[3.2 W/（m·K），$1\,000℃$]、优异的相稳定性和热稳定性。更重要的是在相同温度下 YAG 陶瓷的氧扩散能力比 YSZ 低 10 个数量级，可以有效抵抗燃气氧化气氛中氧对黏结层的氧化，延长涂层使用寿命。但是，其相对较低的热膨胀系数（9.1×10^{-6} K^{-1}）和略低的熔点（$1\,970℃$）一定程度上限制了其应用。此后，有研究者对 YAG/YSZ 复合涂层进行了研究，即在 YSZ 陶瓷表面喷涂了一薄层（$10\ \mu m$）YAG，发现 YAG 涂层的存在降低了热导率，且显著减缓了黏结层的氧化速度。其本身具有良好的相稳定性，并提高了界面附近 YSZ 涂层的相稳定性，只是在高温下有一定程度的烧结和再结晶现象。

4）磷酸锆钠结构化合物 $NaZr_2P_3O_{12}$（NZP）

NZP 系列材料是结构相似的一大类化合物的总称，其结构通式为 $[M^{I}][M^{II}][A_2^{IV}][B_3^{V}]O_{12}$。$NaZr_2P_3O_{12}$ 是其中最典型的成分，也是该系列材料命名的来源。在 $NaZr_2P_3O_{12}$ 结构中，M^{I} 和 M^{II} 为部分被 Na 占据的间隙位置，A 为 Zr 元素占据的位置，B 为 P 元素占据的位置，形成 ZrO_6 八面体与 PO_4 四面体连接而成的三维网络结构。该体系化合物通常具有极低的热膨胀系数，但是由于结构中各位置均有为数众多的替代离子，使得研究者能够通过改变 M^{I}、M^{II}、A 和 B 元素来调控其热膨胀系数。通过材料设计可得到热膨胀系数范围相当大的一系列材料，并且可减小材料热膨胀各向异性。另据报道，$(Ca_{1-x}Mg_x)Zr_4(PO_4)_6$ 材料具有比 ZrO_2 低的热导率和密度以及近乎为零的热膨胀系数。在进行 $1\,500℃$ 空淬试验后发现，材料的强度没有降低，表明该材料具有优异的抗热震性。但该体系化合物的热膨胀系数始终较低，限制了该体系材料在热障涂层上的应用。另外，在 YSZ 中添加 NZP 系列材料 $Ca_{0.5}Sr_{0.5}Zr_4P_6O_{24}$ 的研究亦未得到理想效果。

5）钙钛矿结构锆酸盐

Vaßen 等对钙钛矿结构化合物 $SrZrO_3$ 和 $BaZrO_3$ 进行了研究。结果发现，这两种化合物具有极高的熔点（2 800℃和2 690℃）以及比 YSZ 略低的热膨胀系数（$10.9×10^{-6}$ K^{-1} 和 $7.9×10^{-6}$ K^{-1}）。但是 $SrZrO_3$ 在~730℃时存在相变，并伴随着体积膨胀，而 $BaZrO_3$ 则具有较差的热稳定性和化学稳定性，均容易造成涂层失效，使得这一体系化合物难以用作热障涂层陶瓷层材料。

6）高氧缺陷浓度铝酸盐 Ba_2LnAlO_5 体系

清华大学万春磊教授等研究了一种具有高氧缺陷浓度的铝酸盐 Ba_2LnAlO_5（Ln=Dy、Er、Yb）体系。这一体系化合物具有很高的氧空位浓度（1/6个氧空位），远高于 YSZ，甚至高于稀土锆酸盐（1/8个氧空位）。结果表明，这一体系材料具有极低的热导率[~1.1 W/（m·K），1 000℃]，较高的热膨胀系数（$11.8×10^{-6}$~$12.0×10^{-6}$ K^{-1}，1 300℃）以及较低的弹性模量，是具有应用潜力的热障涂层陶瓷材料。目前尚无进一步研究。

7）稀土钽酸盐 $ReTa_3O_9$ 和 Re_3TaO_7 体系

截至目前，还尚未有材料能完全取代 YSZ 在热障涂层方面的应用。上述多种化合物在热导率方面超越了当前使用的 YSZ 材料，但其综合性能无法与 YSZ 相比，原因是 YSZ 不仅具有较好的热学性质，而且具有较好的韧性优势。在热障涂层要求的高温使用环境下，氧化锆的相变增韧机制难以发挥相关作用，但有报道表明，四方氧化锆的另一个性质——铁弹性是其在高温下韧性优良的主要原因。铁弹性是铁弹体的一种特性，铁弹体即是指晶体在没有机械应力作用时，它有两种或者两种以上（偶数个）状态（取向状态），借助外加机械应力能由一种状态转变到另一种状态，这里所指的任意二种状态在晶体结构上是相同的或是对映结构体，并且在没有机械应力时，它们的应变张量是不同的。综上所述，提高材料高温韧性（材料本征性质）目前较有效的办法就是设法找到更优越的铁弹体。陶瓷热障涂层材料也必须具有良好的高温相稳定性或者相变过程中无明显的体积变化。Clarke 教授课题组同 Levi 教授等综合以上关于热障涂层材料性能的要求，对稀土钽酸盐作为新型热障涂层材料的可能性进行了研究，提出了钽酸钇（$YTaO_4$）铁弹体有望作为新型热障涂层材料，国内昆明理工大学的冯晶教授也对稀土钽酸盐用于下一代热障涂层方面做了相关基础研究和实验室探索，并获得了部分涂层性能。但因稀土碳酸盐原材料成本较高，制约了其进一步研究和应用。

6.1.5 热障涂层的热物理性能

在热障涂层陶瓷层材料的众多性能中，热导率和热膨胀系数是最重要的性能指标[85-101]。认识固体热传导和热膨胀的规律以及影响因素，可以为陶瓷层材料的选择提供理论基础。

1. 固体热传导理论简介

热量的传导方式根据能量载体的不同,分为分子传导、电子(载流子)传导、声子传导和光子传导。对于大多数陶瓷氧化物材料,在中高温范围内,热量传递主要是由声子(即晶格振动)的相互作用来实现的。在德拜的理论中,认为声子的相互作用与气体的动力学模型相似,其对应热导率 k 可由式(6.2)表示:

$$k = \frac{1}{3} c_V \cdot \bar{v} \cdot l \qquad (6.2)$$

式中,c_V 为比定容热容;$\bar{v}$ 为声子运动的平均速度;l 为声子的平均自由程。

由公式(6.2)可以看出,直接影响材料热导率的因素有三个: 材料的体积热容、声子运动的平均速度和声子的平均自由程。

晶体材料的摩尔比定容热容 $c_{v,m}$ 通常根据德拜模型可表示为

$$c_{v,m} = 9R \left(\frac{T}{\Theta_D}\right)^3 \int_0^{\frac{\Theta_D}{T}} \frac{\xi^4 e^\xi}{(e^\xi - 1)^2} d\xi \qquad (6.3)$$

式中, $\Theta_D = \frac{\hbar \omega_m}{k_B}$ 为德拜温度,ω_m 为声子最大频率;$\xi = \frac{\hbar \omega}{k_B T}$,$\omega$ 为声子振动频率;R、$\hbar$、k_B 分别为气体常数、狄拉克常量和玻尔兹曼常数。

德拜比热模型在低温下可近似为 $c_{v,m} = \frac{12\pi^4}{15} R \left(\frac{T}{\Theta_D}\right)^3 \propto T^3$,与 T^3 成正比,而在较高温度(大于 Θ_D 时)下,则基本不随温度变化,近似等于常数 $3R$。由于 $c_V = \frac{c_{v,m}}{V_{mol}} = \frac{c_{v,m}\rho}{M}$,所以选取摩尔体积较大,即分子量大而密度相对较小的材料,可降低体系高温下的体积热容。

声子平均速度 $\bar{v}$ 主要与材料的弹性模量(杨氏模量)E 和密度 ρ 有关,在一定泊松比范围内可近似表示为

$$\bar{v} = A \sqrt{\frac{E}{\rho}} \qquad (6.4)$$

式中,A 为常数,数值为 0.87 ± 0.02。由此,可看出选取弹性模量低、密度大的材料可降低声子在材料中的平均速度。

声子的平均自由程 l 的大小通常有两个声子散射过程决定: 声子-声子间的相互作用引起的散射;声子与晶体中的各种缺陷(空位、杂质原子、间隙原子、位错、堆垛层错、晶界、磁畴等)相互作用引起的散射。

2. 声子散射过程机理及其对热导率的影响

1) 声子-声子间相互作用引起的散射

如果把晶格热振动看作是严格的线性振动,晶格上各质点按各自频率独立做简谐振动,各声子之间无相互作用,没有碰撞与能量交换,那么声子在晶体内的传播是畅通无阻的,晶体热阻为零,其平均自由程应达到理论最大值:晶粒尺寸。但是,在实际晶体中,晶格的振动是非简谐的,声子之间存在相互作用,使得声子的平均自由程减小、材料热导率降低。这种声子间相互作用(Umklapp 过程或倒逆过程)是材料本征热导率的来源。

在较高温度(大于 $\varTheta_D$ 时)下,声子间散射的本征平均自由程可表示为

$$l_i(T, \omega) = \frac{\mu a^3 v \omega_D}{2\gamma^2 k_B N^{1/3} T \omega^2} \tag{6.5}$$

式中,μ 为剪切模量;v 为声子横波速度;ω 为声子振动频率;ω_D 为声子的德拜频率;γ^2 为 Grüneisen 非简谐参数;N 为分子内原子数;a^3 为平均原子体积。由式(6.5)可以看出,声子本征平均自由程正比于 $T^{-1}\omega^{-2}$,即随着温度的升高,声子平均自由程按 T^{-1} 规律减小,但也有一定极限,通常在高温下,最小平均自由程等于几个晶格间距。

由于 $v = \sqrt{\dfrac{\mu}{\rho}}$,$a^3 = \dfrac{M}{N_A N \rho}$,$\omega_D = \left(\dfrac{6\pi^2 v^3}{a^3}\right)^{\frac{1}{3}}$,代入式(6.5)可得

$$l_i(T, \omega) = \frac{(6\pi^2)^{\frac{1}{3}}}{2\gamma^2} \frac{\mu^2 V_m^{\frac{2}{3}}}{k_B N \rho T \omega^2} \tag{6.6}$$

式中,M 为分子量;V_m 为单位分子对应的晶胞体积。

由式(6.6)可以看出,除温度影响外,选取密度大、单位晶胞体积小、晶胞内原子数多、剪切模量低的材料可显著减小声子本征平均自由程。

对比由比定容热容、声子平均速度和声子的平均自由程三个因素得出的材料选择原则,我们发现由比定容热容得出的结论与后两者在某些方面存在矛盾之处。为此,我们计算了材料的本征热导率,以进一步确定材料的选择原则。

如前所述,在高温下,材料的比定容热容 c_V 与温度无关,仅与声子频率 ω 有关,可近似为

$$c_V = \frac{9 k_B \omega^2}{N a^3 \omega_m^3} \tag{6.7}$$

式中,ω_m 为声子最大频率,$\omega_m = \dfrac{\omega_D}{N^{\frac{1}{3}}}$。

将式(6.6)、式(6.7)代入式(6.2),并在 $0 \sim \omega_m$ 频率范围内积分,得到其本征热导率为

$$k_i = \frac{1}{3} \int_0^{\omega_m} \chi c_V \cdot v \cdot l_i \mathrm{d}\omega = \left[\frac{3\chi}{2(6\pi^2)^{\frac{1}{3}} \gamma^2} \right] \cdot \left(\frac{\mu^{\frac{3}{2}} V_m^{\frac{1}{3}}}{N \rho^{\frac{1}{2}}} \right) \cdot \frac{1}{T} \qquad (6.8)$$

式中,χ 为可调整参数。

对比式(6.6)与式(6.8)可以看出,材料的本征热导率的影响因素与声子平均自由程的影响因素相近,因此,可以说声子平均自由程是确定本征热导率的主要因素,进一步减小声子平均自由程,对于降低材料热导率至关重要。

同时,式(6.8)还可以转换为

$$k_i = \left[\frac{3\chi N_A^{\frac{1}{2}}}{2(6\pi^2)^{\frac{1}{3}} \gamma^2} \right] \cdot \left(\frac{\mu^{\frac{3}{2}}}{N^{\frac{1}{6}} N_V^{\frac{5}{6}} M^{\frac{1}{2}}} \right) \cdot \frac{1}{T} \qquad (6.9)$$

式中,N_A 为阿伏伽德罗常数;N_V 为单位体积内的原子数。

从式(6.9)可以更加明显地看出,选取分子量大、单位分子和单位体积内原子数多、剪切模量小的材料,可显著降低材料的本征热导率。

2) 声子与各种缺陷间相互作用引起的散射

由于实际晶体并不是均质的完美晶体,声子在传播过程中,与晶体中各种缺陷相互作用,也会引起散射,从而引起声子平均自由程的减小和材料的热导率的降低。在低温下,这种散射效应会随着温度升高而加剧。但在较高温度(大于 $1/2\Theta_D$ 时)下,其对声子平均自由程和热导率的影响通常与温度无关,这是因为随着温度升高,声子平均自由程接近点缺陷的线度,而当温度继续升高,其对应散射效应也不会再有明显变化,变得与温度无关。

在材料的各种缺陷中,只有点缺陷直接与材料的选择有关,其余缺陷均由涂层的喷涂工艺等技术手段决定,且通常对热导率影响并不明显,在此不予讨论,本节只讨论点缺陷对声子平均自由程和热导率的影响。根据 Klemens 的研究,点缺陷对声子平均自由程的贡献 l_p 可由式(6.10)、式(6.11)表示:

$$l_p = \frac{4\pi v^4}{a^3 \Xi} \omega^{-4} \qquad (6.10)$$

$$\frac{1}{l} = \frac{1}{l_i} + \frac{1}{l_p} \qquad (6.11)$$

式中,$\Xi = \sum_i c_i S_i^2$,代表着点缺陷进入完美晶格产生的影响,它可以分成三部分:替代原子与基质原子的质量差别 S_1、替代原子与基质原子的结合力差别 S_2 以及点

缺陷周围产生的弹性应变场 S_3。它们可以分别表示为

$$S_1 = \frac{\Delta M}{M} \tag{6.12}$$

$$S_2 = -\sqrt{2}\,\frac{\Delta v^2}{v^2} \tag{6.13}$$

$$S_3 = -2\sqrt{2}\,Q\gamma\,\frac{\Delta R}{R} \tag{6.14}$$

并且有

$$S^2 = S_1^2 + (S_2 + S_3)^2 \tag{6.15}$$

在上述公式中，c_i 为点缺陷 i 的浓度；M、R 分别分子平均原子量和平均原子半径；ΔM、ΔR 为缺陷原子量、原子半径与 M、R 的差值；$\dfrac{\Delta v^2}{v^2}$ 表示缺陷造成的晶体弹性系数的变化；γ 为结合键的平均非简谐性常数，通常由热膨胀数据获得；Q 为缺陷近邻原子的结构因子。当近邻连接键的非简谐性与晶体内其余连接键一致时，Q 取值为 4.2；当近邻连接键有所缺失时，取值为 3.2。

由于上述公式中 $\dfrac{\Delta v^2}{v^2}$ 部分有时很难估计，并且 S_3 部分考虑过于简略，Abeles 对上述公式进行了改进，其公式可表示为

$$\Xi = \sum_i c_i \left\{ \left(\frac{\Delta M_i}{M} \right)^2 + \Psi \left[\frac{(R_i' - R)}{R} \right]^2 \right\} \tag{6.16}$$

$$\Psi = 8(2 + Q\gamma)^2 \left[\frac{(1 + \sigma)E_i}{2E(1 - 2\sigma) + (1 + \sigma)E_i} \right]^2 \tag{6.17}$$

式中，R_i' 为杂质原子在原晶格内的半径；E_i、E 分别为杂质原子和基质原子的弹性模量；σ 为材料的泊松比。

含有点缺陷材料热导率的计算通常采用 Klemens 提出的方法。首先定义一个频率 ω_0，在该频率下，晶体内声子本征平均自由程 $l_i(\omega_0)$ 与缺陷造成的平均自由程 $l_p(\omega_0)$ 相等，则材料热导率 k 可表示为

$$k = k_i \frac{\omega_0}{\omega_m} \tan^{-1}\left(\frac{\omega_m}{\omega_0} \right) \tag{6.18}$$

根据式（6.5）和式（6.10），可以推导出：

$$\left(\frac{\omega_0}{\omega_m}\right)^2 = \frac{4\gamma^2 k_B N T}{3\pi\mu a^3 \Xi} \tag{6.19}$$

由上述公式可以看出,在能够掺杂进入晶格的前提下,尽量选择与基质原子质量、半径、弹性模量差别大的掺杂原子,这样可进一步减小声子平均自由程,降低材料热导率;而在保持材料结构及相稳定的前提下,尽量提高材料内点缺陷的浓度,亦能达到类似效果。

3. 极限热导率原则

除了上述传热机理分析得出的材料选择原则外,还有一个直接的判定标准,就是材料的极限热导率。通常,在绝缘固体材料中,声子散射随温度升高而加剧,声子平均自由程不断减小,当接近几个晶格间距,将不再减小;同时材料比热也到达其高温极限。此时,材料热导率将基本不再随温度下降,接近于材料热导率所能达到的极限值。通过估计材料的极限热导率,可以判断材料的热导率上的潜力,从而选择出具有低热导率的材料。

目前,估计极限热导率的方法有多种,如爱因斯坦模型、Cahill 模型、Clarke 模型等。其中,以 Clarke 模型最为简单、直观,下面将主要论述 Clarke 模型,并将其作为以后材料选择研究的重要判断标准。

根据式(6.2),Clarke 模型将其中三个因素做了极限近似假定,其中最小声子平均自由程以分子体积的立方根近似,声子速度由式(6.4)近似得到,比热则取材料的极限值,由此得到:

$$k_{\min} \to \frac{1}{3} \cdot \frac{3RN\rho}{M} \cdot 0.87\sqrt{\frac{E}{\rho}} \cdot \left(\frac{M}{N_A N\rho}\right)^{\frac{1}{3}} = 0.87 k_B N_A^{\frac{2}{3}} \frac{N^{\frac{1}{3}}\rho^{\frac{1}{6}}E^{\frac{1}{2}}}{M^{\frac{2}{3}}} \tag{6.20}$$

式中,M 为分子量,N 为分子中原子数,ρ 为材料密度,E 为杨氏模量,均为材料比较容易得到的物理特性,因此,可以很方便地估计材料的极限热导率,从而为材料选择提供指导。

4. 固体材料热膨胀机理

一般情况下,固体材料的体积或长度会随着温度的升高而增大,这就是热膨胀现象。热膨胀现象的本质是晶体结构中质点间的平均距离随温度升高而增大。在理想的晶格振动中,质点在平衡位置两侧做简谐振动。温度升高只能增大振动的振幅,而不改变质点的平衡位置。也就是说质点间的平均距离是不随温度升高而改变,即按照简谐振动模型,晶体的大小和形状是不随温度变化的。这显然与实际情况不符,其原因是实际晶格振动中相邻质点间的相互作用力是非线性的,与此对应,质点在平衡位置两侧的势能变化也是不对称的。

如图 6.5 所示,质点的平衡位置为 r_0,其对应于理想晶体的结合能 D;而随着温度升高,体系的总能量也相应升高,如图中温度 T_1,T_2,$\cdots$对应于总能量 E_1,E_2,$\cdots$。以 T_2 温度为例,质点在 a、b 两点时体系的势能最高,动能为零,而由于势能曲线的不对称性,a、b 两点的中间位置并不在 r_0,而在 r_1,即相当于平均原子间距由 r_0 增大到 r_1。同理,随着温度升高,晶体的平均原子间距越来越大,从而造成了晶体的膨胀。

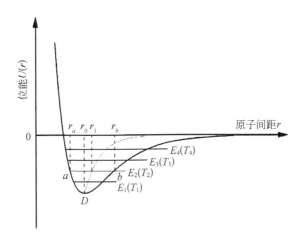

图 6.5　晶体中质点热振动非对称性示意图

5. 影响材料热膨胀的因素及材料选择

Ruffa 从 Morse 势能出发,近似推导出了材料线热膨胀系数的表达公式,如式(6.21)~式(6.23)所示:

$$\alpha(T) = \alpha_0(T) + \alpha_1(T) \tag{6.21}$$

$$\alpha_0(T) = \frac{3k_B}{2\varphi r_n D}\left(\frac{T}{\Theta_D}\right)^3 g_0(x_D) \tag{6.22}$$

$$\alpha_1(T) = \frac{3k_B}{2\varphi r_n D}\frac{k_B T}{2D}\left(\frac{T}{\Theta_D}\right)^3 g_1(x_D) \tag{6.23}$$

式中,$g_0(x_D) = \int_0^{x_D}\frac{x^4 e^x}{(e^x - 1)^2}dx$;$g_1(x_D) = \int_0^{x_D}\frac{x^5 e^x(1 + e^x)}{(e^x - 1)^3}dx$;$D$ 为晶体解离能(结合能),即相当于图 6.3 中的势垒深度;r_n 为平均原子间距;φ 为势垒宽度的倒数;Θ_D 为德拜温度,$x_D = \frac{\Theta_D}{T}$。

由上述公式可以看出,选取晶体结合能小、平均晶格间距小的材料,可提高材料热膨胀系数。然而,由于根据玻恩-朗德晶格能理论,晶体的结合能与晶格平均原子间距有如下关系(二元离子化合物):

$$D = N_A \frac{z_+ \, z_- \, e^2}{r_n} M \left(1 - \frac{1}{n} \right) \tag{6.24}$$

式中，z_+、z_-分别为正负离子的电荷数；e 为电子电量；r_n 为平均离子间距；M 为马德隆常数；n 为与离子的结构类型有关的玻恩指数。

因此，晶体结合能与平均晶格间距对热膨胀的影响有一个均衡的关系，实际材料研究中应予以注意。

此外，晶体中空位的引入也会增加材料的热膨胀系数；而在表观上，材料的热膨胀系数与熔点有近似反比关系，与热容趋势一致，近似平行。

6. 材料选择原则

根据上述机理分析，可以得到在热障涂层陶瓷层材料的选择研究过程中应予注意的一些原则：

（1）在材料体系的选择上，应选取分子量大、单位分子和单位体积内原子数多（即复杂的晶体结构）、弹性模量小（通常，相应的晶体结合能也小）的材料，以降低其本征热导率；同时，可利用 Clarke 模型估计材料极限热导率，对材料实际热导率作一个预判。

（2）在材料体系选定的前提下，通过掺杂手段在材料晶体结构中引入各种点缺陷，以进一步加强声子散射，降低材料热导率。在掺杂物质的选择方面，应选取可能产生与基质在原子质量、半径、键强方面差异较大点缺陷的离子。

（3）针对材料高热膨胀的性能要求，应选取晶体结合能小（即键强较弱）、原子间距小、空位浓度较高的材料。同时，可以通过掺杂在晶格中引入点缺陷，以松弛晶格，减小晶体键强。

（4）在热障涂层实际应用中，要求材料必须同时具有低热导率和高热膨胀系数，并且还要兼顾众多性能要求。影响这些性能的因素纷繁复杂，因此，在材料选择上需要在众多性能中寻求一个平衡点，以达到最佳的综合性能。

6.1.6　等离子喷涂热障涂层的高温氧化

热障涂层在高温下服役较长时间，其黏结层与基体将遇到高温氧化问题。等离子喷涂多孔的 ZrO_2 涂层，虽然比致密的 ZrO_2 具有较低的弹性模量，易于释放应力。但对氧化不起阻挡作用，黏结层与未加陶瓷层时具有相同的氧化速率。在热障涂层系统中黏结层发生氧化时会引起体积膨胀，促使裂纹在金属/陶瓷界面 ZrO_2 中萌生。当金属/陶瓷界面上形成 $3 \sim 5$ μm 氧化物时，足以使陶瓷层剥落网削。对于电子束物理气相沉积的热障涂层，由于沉积层为柱状晶组织，在陶瓷层微观组织中的柱状晶的微小间隙可以使整个涂层的弹性模量降低到零 2%此时裂纹在氧化铝与 MCrAlY 界面上产生，氧化铝与氧化钇仍黏结很牢。

1. ZrO₂ 热障涂层的抗氧化性

抗氧化性是热障涂层的重要评价指标。ZrO₂ 由于具有较低的热传导率和较高的热膨胀系数,成为热障涂层的首选材料,并且已经具有多年的高温服役经历。正方相结构的 ZrO₂ 具有优异的力学性能,可是高温下会向单斜结构转变,为了防止这种现象发生,在 ZrO₂ 中加入外来剂使生成立方形固溶体。下面介绍以 MgO 和 Y₂O₃ 为稳定剂的两种 ZrO₂ 热障涂层抗氧化性能。

1)氧化动力学

试样尺寸为 10 mm×10 mm×1 mm,基体材料采用镍基高温合金 GH128,黏结层为 100 μm 厚的 NiCrAlY(Ni-25Cl5Al-0.5Y)金属粉末,表面涂层为 200 μm 厚的 24wt%MO 稳定化的 ZrO₂(MgSZ)和 8wt.%Y₂O₃稳定化的 ZrO₂(YSZ)。

图 6.6 是两种热障涂层分别在 800℃、900℃和 1 000℃氧化 200 h 的动力学曲线。可以看到,三种温度氧化条件下 MgSZ 和 YSZ 热障涂层试样经初期的显著增重后,动力学曲线趋于平缓。其原因是两种热障涂层在高温条件下,通过选择氧化首先生成 Al₂O₃,它是一种非常致密的氧化膜,可以在氧与黏结层间起到阻碍原子扩散的作用,因此热障涂层在高温氧化过程中不仅是化学反应过程,也是物理扩散过程。一旦 Al₂O₃ 膜形成,氧化过程继续进行的速度将取决于两个因素:① 界面反应速度,包括 O₂/Al₂O₃界面及 Al₂O₃/

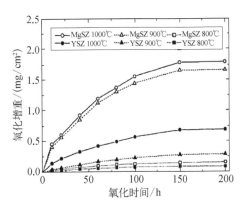

图 6.6　两种热障涂层在 800℃、900℃和 1 000℃空气中的氧化动力学曲线

黏结层界面上的反应速度;② Al 或 O₂ 在 Al₂O₃ 膜中的扩散速度,它既包括浓度梯度化学位引起的扩散,也包括电位梯度电位差引起的迁移扩散。当 Al 与 O₂ 的起始反应生成极薄的氧化膜时,对涂层氧化起主导作用的是界面反应速度,但随着氧化膜的生长增厚,扩散过程将逐渐起着越来越重要的作用,变为继续氧化的控制因素。随着氧化时间的增长,Al₂O₃ 膜也增厚,又由于 Al₂O₃ 的致密性使得或者是 O₂ 通过 Al₂O₃ 迁移到 Al₂O₃/黏结层界面并在那里与 Al 发生反应;或者 Al 穿过 Al₂O₃ 迁移到 O₂/Al₂O₃ 界面,并在此发生反应都越来越困难。因此两种热障涂层的氧化速度随着时间的增加将会越来越慢,但它的氧化增量是不断增加的,即涂层的氧化速度与氧化增量成反比。对比上面的动力学曲线可以看出:以 Y₂O₃ 为稳定剂的热障涂层的氧化增重较小,抗氧化能力较好。在整个氧化过程中,未发现涂层表面氧化膜剥落的现象,说明 TGO(热生长氧化物)黏附性非常好。图 6.6 中的氧化增重随时间的变化可用方程(6.25)来表示:

$$\Delta M^n = K_p t \qquad (6.25)$$

式中，M 为氧化质量增重；n 为幂指数；K_p 为氧化反应速度常数；t 为氧化时间。对方程（6.25）两边取对数，通过对试验数据的拟合，得到其速度指数 n 和氧化反应速度常数 K_p，结果如表 6.3 所示。

表 6.3 两种热障涂层在 200 h 内的氧化动力学参数

材料及状态	$\Delta M^n = K_p t$		
	n	K_p	t/h
MgSZ800℃	2.26	0.000 1	0~200
MgSZ900℃	1.96	0.018	0~200
MgSZ1 000℃	2.00	0.021	0~200
YSZ800℃	1.89	0.000 07	0~200
YSZ900C	2.12	0.000 6	0~200
YSZ1 000℃	2.35	0.003	0~200

YSZ 热障涂层比 MgSZ 热障涂层的氧化反应速度常数低。假设氧化是热激活过程，由下式可以算出氧化激活能。

$$K_p = A\exp(-Q/RT) \qquad (6.26)$$

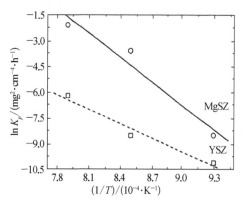

图 6.7 两种热障涂层的 $K_p - T$ 曲线

式中，A 是材料常数；R 是气体常数；Q 是氧化激活能。图 6.7 是两种热障涂层的 $K_p - T$ 曲线，对图 6.7 进行曲线拟合计算出 MgSZ 和 YSZ 热障涂层的氧化激活能分别为 319 kJ/mol、220 kJ/mol。MgSZ 热障涂层以混合氧化物为主，因此氧化机制相对复杂。YSZ 热障涂层的氧化激活能与 800~1 000℃渗铝涂层形成 $\theta - Al_2O_3$ 的氧化激活能（195 kJ/mol），以及 Chen 等在类似的 NiCrAlY 黏结层氧化范围用测量 TGO 厚度方法算出的氧化激活能（188 kJ/mol）十分接近。

2）热障涂层的相变和烧结

在常用的陶瓷材料中，ZrO_2 的热导率低、熔点高和化学稳定性好，具有很高的热反射率,综合性能是最好的。尤其是部分稳定的 ZrO_2 特有的微裂纹和相变增韧机制,使得抗热冲击性能非常好。但是单一的 ZrO_2 存在如下的晶型转变:

$$单斜 ZrO_2 \xrightleftharpoons{1\,170℃} 四方 ZrO_2 \xrightarrow{2\,370℃} 立方 ZrO_2$$

当 ZrO_2 中加入稳定剂构成二元系时,则使相变点降低并变成一个温度区间,如图 6.8 所示。用 X 射线衍射分析不同氧化温度或时间的试样可以研究陶瓷层的相稳定性。在衍射角 2θ 为 $27°\sim33°$ 之间的衍射区中存在正方相和单斜相的峰。两种热障涂层经过 900℃ 和 1 000℃ 高温氧化 200 h 后[图 6.9(a)、(b)],可以观察到单斜相的存在,通过式(6.27)简单的峰高比,可粗略估算 ZrO_2 单斜相含量(表 6.4)。

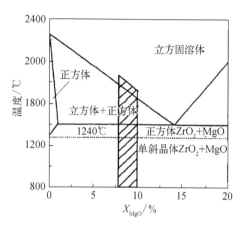

图 6.8 部分氧化锆陶瓷的相图

$$m\% = \frac{H_{m(\bar{1}11)}}{H_{m(\bar{1}11)} + H_{m(111)}} \tag{6.27}$$

式中,$H_{m(\bar{1}11)}$ 为单斜相 ZrO_2 的 $(\bar{1}11)$ 的峰高;$H_{m(111)}$ 为正方相 ZrO_2 的 (111) 峰高。

表 6.4 两种热障涂层氧化前后的显微硬度和单斜相含量

材料及其状态	表层显微硬度	单斜相浓度
MgSZ 氧化前	329.00	—
MgSZ 800℃氧化 200 h	603.00	0
MgSZ 900℃氧化 40 h	564.00	6.4%
MgSZ 900℃氧化 100 h	644.00	6.3%
MgSZ 900℃氧化 200 h	688.00	7.4%
MgSZ 1 000℃氧化 200 h	705.00	78%
YSZ 氧化前	319.00	—
YSZ 800℃氧化 200 h	364.00	0
YSZ 900℃氧化 40 h	332.00	7.1%
YSZ 900℃氧化 100 h	386.00	9.9%
YSZ 900℃氧化 200 h	419.00	8.4%
YSZ 1 000℃氧化 200 h	547.00	41%

由表 6.4 可知,两种热障涂层随着氧化温度的不断升高,单斜相的含量逐渐增多。这是因为随着温度的升高,ZrO_2 的体空位有很强的向表面缺陷处扩散的趋势,因此由于 Mg^{2+} 和 Y^{3+} 引入的空位随着氧化温度的升高易于向界面富集,而体内空位的增多一定程度上促进了 Mg^{2+} 和 Y^{3+} 扩散到界面与空位复合,导致界面空位减少。这将进一步促进体内空位向界面处扩散而体内空位减少,导致了氧化锆稳定性的减弱。MgSZ 热障涂层 1 000℃氧化 200 h 后,单斜相的含量已高达 78%,此时 ZrO_2 相是以单斜相晶型为主,说明涂层中的 ZrO_2 相发生了正方相到单斜相的转变,这一相变伴随着 3%~5% 的体积变化,会增加涂层的应力,使涂层失效。在相同氧化条件下 YSZ 比 MgSZ 热障涂层的单斜相含量低,陶瓷层 ZO_2 相仍以正方相为主要晶型,即相稳定性好。这是因为当在锆晶格中引入价态低于四价锆离子的正离子如 Y^{3+} 时,氧化锆晶格中会出现氧空位以达到材料内部的电荷平衡,表达式为

$$ZrO_2 + Y_2O_3 \longrightarrow ZrO_2 + 2Y_{Zr} + V_O + 3O_O \qquad (6.28)$$

式中,V_O 表示氧空位,由于 Y^{3+} 比 Z^{4+} 的半径大,Mg^{2+} 比 Z^{4+} 的半径小,Y^{3+} 产生的氧空位容易与 Z^{4+} 相连接,与锆相连的氧空位的增加有效减少了锆离子的配位数,使之配位数低于 8,而保持氧化锆的立方或四方机构,因此 YSZ 热障涂层的稳定剂更加有效地抑制了有害相变的发生,提高了涂层的抗高温氧化能力,进而延长了热障涂层的寿命。Wolfbn 认为 t 相向 m 相转变是马氏体型相变,是一种快速转变过程,主要与温度有关,而与时间关系不大。在本实验中 MgSZ 和 YSZ 热障涂层在 900℃高温氧化条件下[图 6.9(c)、(d)],随着氧化时间的增加,单斜相的含量变化不大。

以 ZrO_2 为基的陶瓷层,在氧化过程中会发生烧结现象,表层存在的微裂纹烧结在一起而变致密。同时,烧结现象可提高涂层的显微硬度和杨氏模量,进而增加涂层中的弹性能和导致涂层失效的驱动力。表 6.4 为两种热障涂层在氧化前后陶瓷表层的显微硬度值比较。从表 6.4 中可以看出在各温度下氧化 200 h 后,YSZ 热障涂层的陶瓷表层硬度较低,这说明在 800~1 000℃温度范围内,YSZ 热障涂层比 MgSZ 的表面微裂纹多,抗烧结性好,高温组织结构更稳定。氧化后 YSZ 表层的气孔率较高,有利于涂层保持隔热性能,和减少涂层内的热膨胀失配应力,使其容纳更多的应变。

3) 热生长氧化物(TGO)和元素分布

图 6.10(a)、(b)所示为两种热障涂层氧化前的陶瓷涂层表面形貌的扫描电子显微(SEM)照片。可见,陶瓷涂层表面上有黑白相间的区域,涂层表面凹凸不平还存在一定的气孔等热喷涂涂层的典型缺陷。由于陶瓷层把环境中的氧和结合层分离开,所以在氧到达黏结层前,氧先进入陶瓷层中,再通过陶瓷层扩散到达黏结层。氧进入陶瓷层分为两步:一是氧分子在陶瓷层表面吸附,并分解成氧原子;二是吸

附在表面的氧原子离化。等离子喷涂制备的 TBC,存在大量缺陷,使得氧通过 APS 形成的相互连接的微裂纹和孔隙形成的蜿蜒迂回的裂纹网,使得在陶瓷层和黏结层界面处的氧分压几乎和环境中的氧分压一样,因此陶瓷层对于氧来说,它是一个良导体。

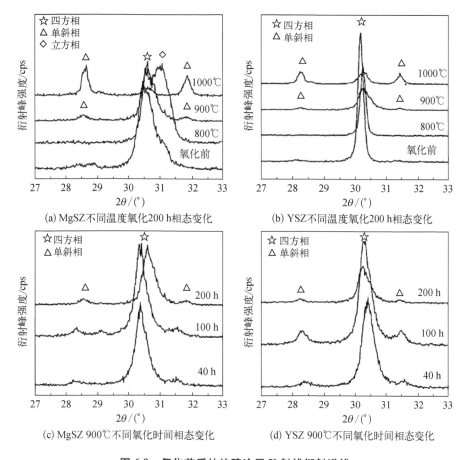

(a) MgSZ不同温度氧化200 h相态变化　　(b) YSZ不同温度氧化200 h相态变化

(c) MgSZ 900℃不同氧化时间相态变化　　(d) YSZ 900℃不同氧化时间相态变化

图 6.9　氧化前后的热障涂层 X 射线衍射谱线

图 6.10(c) 所示为 YSZ 涂层试样氧化前的截面组织形貌。由图可见:陶瓷层、黏结层及基底之间存在比较清晰的分界面,最外层为陶瓷层;第二层为黏结层,最内层为基底。涂层均呈层状结构,陶瓷层内部则存在许多孔隙。这是因为等离子喷涂时,熔化颗粒具有一定的速度撞击基材,从碰撞到展开、平铺、凝固成准圆状薄片的时间很短。每个颗粒都是单独经历了这个过程,之后才发生第二个颗粒的碰撞,而不会出现第二个颗粒撞击到前一个已发生碰撞却没有凝固的颗粒上的情形。这样就形成了由小薄片叠加而成层状结构的涂层。从碰撞到凝固的时间很短,熔化颗粒无法达到前一个已铺开的小薄片边角处,从而涂层中必出现孔隙。这些孔

隙包括：片层间不致密形成的孔隙；沉积粒子与气体介质作用形成的孔隙；沉积粒子与基底或刚沉积的颗粒发生溅射分裂成小颗粒，这些颗粒间的孔隙；小颗粒之间的小气泡等。由于黏结层合金熔点比较低，在喷涂过程中基本上全部熔化也形成了片层状组织形貌。从图中可以看出陶瓷层与黏结层的结合界面以及 NiCrAlY 层与基底之间的界面形成了结合良好的机械结合界面，依靠两种涂层间凹凸不平的表面形成的"钩锚"作用结合在一起。

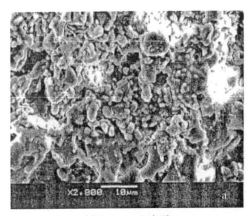

(a) ZrO$_2$+MgO 表面　　　　　　　　(b) ZrO$_2$+Y$_2$O$_3$表面

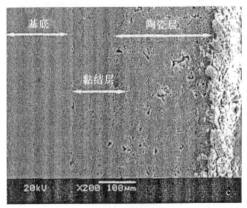

(c) ZrO$_2$+Y$_2$O$_3$截面

图 6.10　两种 TBC 系统未氧化的表面和截面形貌

　　两种热障涂层在 800℃氧化 20 h 后[图 6.11(a)、(b)]在陶瓷层和黏结层之间生成的热生长氧化物(TGO)经 EDS 分析表明，基本由 Al$_2$O$_3$ 组成[图 6.12(a)、(b)]。当两种热障涂层在 800℃高温氧化 100 h 后[图 6.11(c)、(d)]，生成的 TGO 厚度大约为 1.5 μm。两种 TBC 系统中，YSZ 热障涂层形成了较连续的 Al$_2$O$_3$，表明涂层具有较好的抗氧化性能。

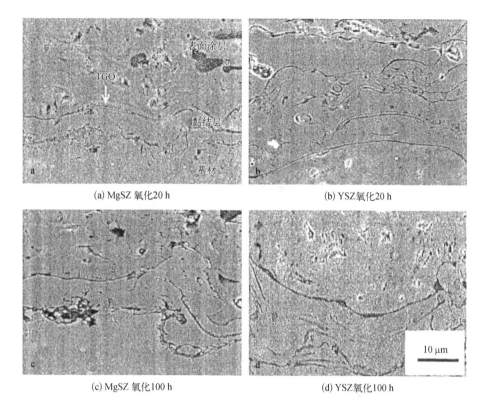

(a) MgSZ 氧化20 h

(b) YSZ氧化20 h

(c) MgSZ 氧化100 h

(d) YSZ氧化100 h

10 μm

图 6.11　两种热障涂层 800℃氧化后的截面 SEM 形貌

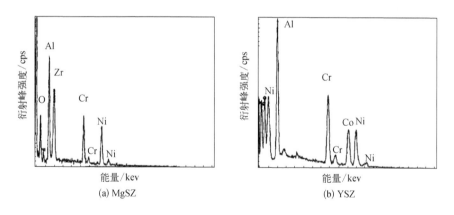

(a) MgSZ

(b) YSZ

图 6.12　两种热障涂层在 800℃氧化 20 h 后 TGO 的能谱分析

随着氧化时间增加到 200 h[图 6.13(a)、(b)],两种热障涂层生成的 TGO 厚度没有发生明显变化,这说明低温对热障涂层的氧化影响不大,界面生成连续氧化膜,有效地阻碍了外界空气与涂层金属的化学反应,经 EDS 分析表明,TGO 仍基本由 Al$_2$O$_3$组成[图 6.14(a)、(b)]。

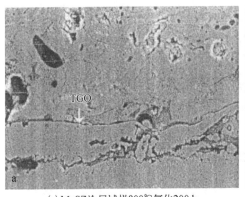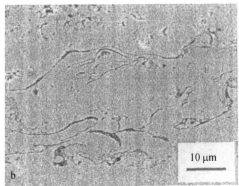

(a) MgSZ涂层试样800℃氧化200 h　　　　　　(b) YSZ涂层试样800℃氧化200 h

图 6.13　两种热障涂层氧化后的截面 SEM 形貌

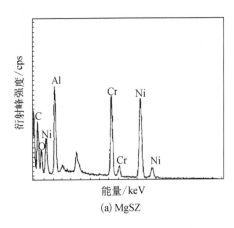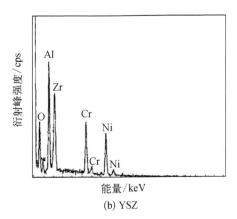

(a) MgSZ　　　　　　　　　　　　　　(b) YSZ

图 6.14　热障涂层在 800℃氧化 200 h 后 TGO 的能谱分析

　　为了分析氧化后黏结层中 Al 元素的分布情况,对两种涂层进行了面扫描(图6.15)。结果表明,氧化后铝元素聚集在黏结层中,YSZ 热障涂层中形成的氧化铝膜致密、连续、均匀,随着氧化过程的进行,钇向界面扩散与聚集,钇提高了氧化物层的铝离子等阳离子的向外扩散速度以及氧化层的扩散速度,而 MgSZ 热障涂层的氧化铝膜并不连续,无法有效地阻碍金属阳离子和氧阴离子的互扩散。

　　两种热障涂层 900℃氧化 20 h 后[图 6.16(a)、(b)],在陶瓷层和黏结层之间生成的热生长氧化物(TGO)层的平均厚度在 1.5 μm 左右。EDS 分析表明,TGO 基本由 Al_2O_3 组成[图 6.17(a)、(b)],这是因为铝和氧的亲和力比较强,容易发生铝的选择性氧化。一般来说,这种氧化膜非常薄而且致密,对于基体的保护性要好于其他的氧化物,且氧化速率更低,这是由于氧和铝在氧化铝膜中的扩散速度低,而且氧化铝具有很好的高温稳定性,阻止了高温氧化的进一步进行。当两种热障

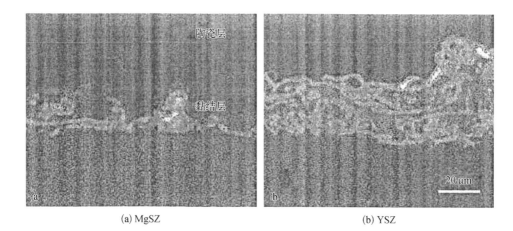

(a) MgSZ

(b) YSZ

图 6.15　800℃氧化 200 h 热障涂层后截面上 Al 元素 EPMA 面扫描结果

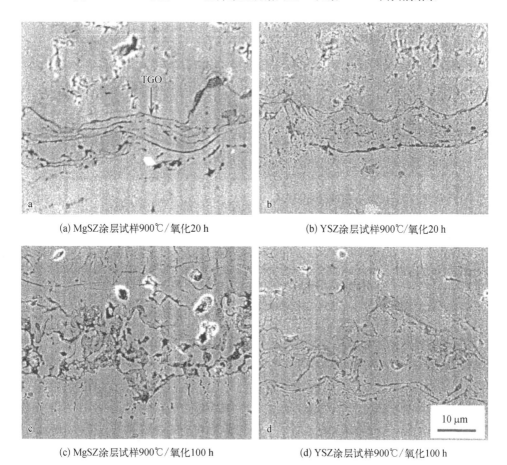

(a) MgSZ涂层试样900℃/氧化20 h

(b) YSZ涂层试样900℃/氧化20 h

(c) MgSZ涂层试样900℃/氧化100 h

(d) YSZ涂层试样900℃/氧化100 h

图 6.16　两种涂层氧化后的截面 SEM 形貌

涂层在 900℃高温氧化 100 h[图 6.16(c)、(d)],生成的 TGO 厚度大约为 2.5 μm。两种 TBC 系统都形成了连续的 Al_2O_3 膜,虽然 MgSZ 热障涂层中形成的 TGO 也是连续的,但同时也可观察到黏结层有比较严重的氧化现象。从图 6.16(c)中,可以看到热生长氧化物存在的三个区域:① 黏结层与陶瓷层的界面;② 一些分层部位;③ 在黏结层与基体的界面。很明显这种结构加速了黏结层的氧化,降低了涂层的抗氧化性能。

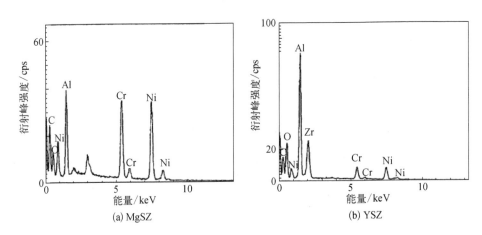

(a) MgSZ　　　　　　　　　　(b) YSZ

图 6.17　MgSZ 和 YSZ 热障涂层在 900℃氧化 20 h 后 TGO 的能谱曲线

当两种热障涂层 900℃高温氧化 200 小时后[图 6.18(a)、(b)],MgSZ 陶瓷层和黏结层之间形成灰色和黑色两层氧化物,其中灰色氧化物占多数,而 YSZ 材料只有黑色氧化物。EDS 分析表明[图 6.19(a)],MgSZ 涂层中形成的灰色氧化物主要是 Ni 和 Cr 的氧化物[包括 Cr_2O_3、NiO 和 $Ni(Cr, Al)_2O_4$ 的混合氧化物]。但是 YSZ 涂层的 TGO 主要由 Al 的氧化物组成[图 6.19(b)],生成的氧化物为 $\theta - Al_2O_3$。

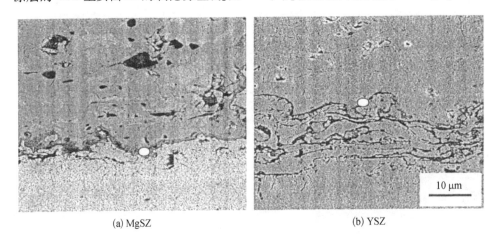

(a) MgSZ　　　　　　　　　　(b) YSZ

图 6.18　两种热障涂层 900℃氧化 200 h 后的截面 SEM 形貌

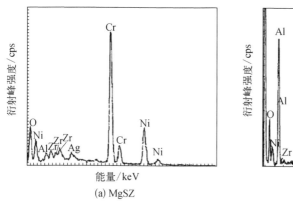
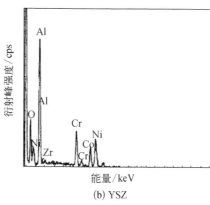

图 6.19　两种热障涂层 900℃氧化 200 h 后 TGO 的能谱

图 6.20 为 MgSZ 和 YSZ 热障涂层 900℃氧化 200 h 后截面 Al 元素的 EPMA 元素面扫描结果。尽管两种热障涂层采用相同热喷涂工艺和粉末的 NiCrAlY 黏结层,但是氧化后黏结层中 Al 的分布不同:YSZ 中 Al 的分布比 MgSZ 的连续和密集〔图 6.20(b)〕。这是 YSZ 材料抗氧化性好的主要原因之一。而 MgSZ 涂层氧化过程中形成的氧化铝膜不连续,黏结层中其他阳离子快速透过氧化铝层扩散到氧化层/陶瓷层的界面处,形成大量 Cr、Ni 的混合氧化物。混合氧化物的形成机理目前还不清楚,从氧化热力学和氧化动力学两方面考虑的话,由于 Al 与氧的亲和性较大。因此从热力学上应该优先形成铝的氧化物。但是在氧分压高和黏结层内铝贫化的条件下,在界面形成富 Ni 和富 Cr 的氧化物的速度较快。这些富 Ni、Cr 的氧化物使体积增加更快,在热障层/TGO/黏结层分界面很可能产生很大的应力,此表面应力使氧化物层与黏结层发生剥离,最终导致热障涂层失效。

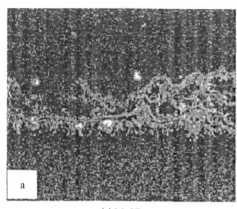
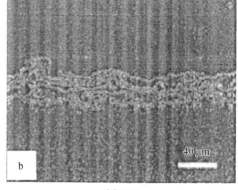

图 6.20　热障涂层 900℃氧化 200 小时后截面上 Al 元素的 EPMA 面扫描结果

图 6.21 和图 6.22 给出了两种热障涂层经 1 000℃ 氧化 20 h 后的截面 SEM 像和氧化产物的能谱分析结果。此时在黏结层/陶瓷层分界面形成的热生长氧化物厚度已达到 2 μm 左右，MgSZ 和 YSZ 热障涂层都生成了混合型的氧化物，Al_2O_3 和铱、镁的氧化物以及尖晶石相氧化物。

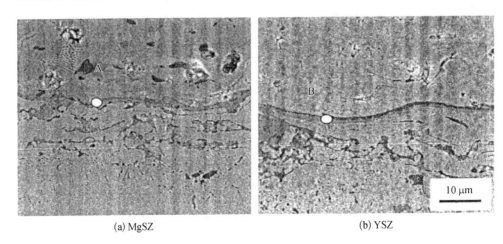

(a) MgSZ   (b) YSZ

图 6.21　两种热障涂层 1 000℃ 氧化后的截面形貌

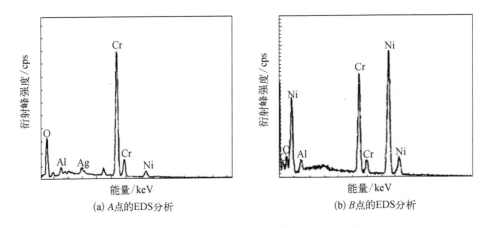

(a) A 点的 EDS 分析   (b) B 点的 EDS 分析

图 6.22　两种热障涂层氧化后 TGO 能谱分析

当氧化时间达到 200 h 时，两种热障涂层的截面 SEM 形貌如图 6.23 所示，Al、Cr、Ni 元素的 EPMA 面扫描结果如图 6.24 所示。可以发现 MgSZ 热障涂层的黏结层许多区域发生了比较严重的贫铝现象[图 6.24(a)]。根据图 6.22 试样的元素面扫描结果看出，生成的氧化物为 Al_2O_3，少量 $Ni(Al、Cr)_2O_4$ 尖晶石和富 Ni、Cr 的复杂氧化物。而 YSZ 热障涂层的黏结层内虽然没有发生严重的贫铝现象[图 6.24(b)]，但是氧化物层生成了大量的灰色氧化物。

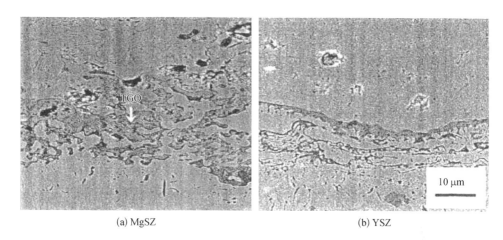

(a) MgSZ

(b) YSZ

10 μm

图 6.23　两种热障涂层 1 000℃氧化 200 h 后的截面 SEM 形貌

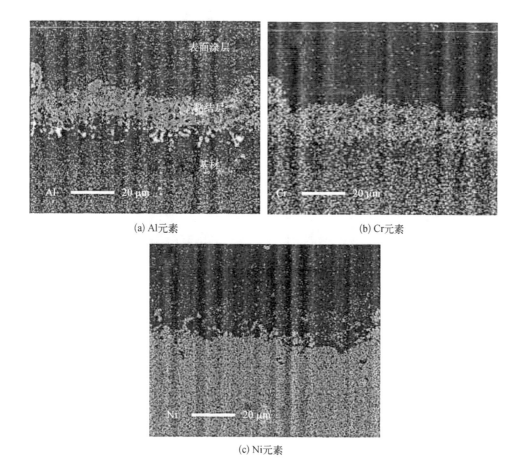

表面涂层

粘结层

基材

Al　20 μm

(a) Al元素

Cr　20 μm

(b) Cr元素

Ni　20 μm

(c) Ni元素

图 6.24　MgSZ 热障涂层 1 000℃氧化 200 h 后截面上 Al、Cr、Ni 元素的 EPMA 面扫描结果

　　图 6.25 为 YSZ 热障涂层氧化 200 h 后黏结层中各金属元素的面扫描结果,从图中可 以看出这些灰色的氧化物是镍和铬的氧化物。这是因为最初氧化生成的氧化物几乎只由铝的氧化物组成,随着氧化的不断进行,黏结层中的铝逐渐贫化,当黏结层中不足以提供完全生成 Al_2O_3 氧化膜所需的铝量时,层内的镍和铬就会氧化,形成镍和铬的氧化物。通过观察可以发现,在高温受热条件下,涂层中的 NiCrAlY 黏结层在氧化性气氛中通过外氧化物层中的空隙或裂纹渗入涂层内部引起氧化,氧化产物 Cr_2O_3、Al_2O_3 富集于外氧化物层与结合层的界面处,一方面阻止了氧化性气氛的进一步渗入,防止了基体金属的氧化;另一方面,经过较高温度的长时间作用,底层氧化物开始增厚,并沿着外氧化层中的空隙或裂纹生长,同时由于铝的贫化使黏结层内部的其他金属元素如镍和铬发生了大量氧化,使黏结层内部的许多区域出现了严重的内氧化行为,内氧化又加速了铝的贫化,形成更多的镍和铬以及尖晶石氧化物,这些热生长较快的氧化物产生了较大的热生长应力,最终导致涂层发生失效。

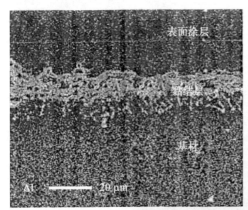
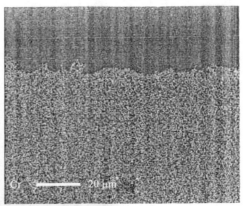
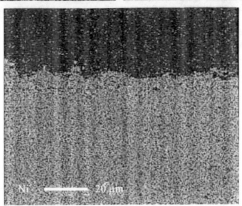

图 6.25　YSZ 热障涂层 1 000℃氧化 200 h 后截面上 Al、Cr、Ni 元素的 EPMA 面扫描结果

4）氧化机理研究

热障涂层的高温氧化是一个复杂的过程,宏观上看,可大致分为以下几个过程:① 氧的吸附阶段;② 氧在陶瓷层的扩散和氧化阶段;③ 黏结层合金选择性氧化形成极薄氧化铝和氧化铬保护膜阶段;④ 薄氧化膜生长阶段;⑤ 厚氧化膜生长阶段;⑥ 厚氧化膜破坏和再形成阶段。在 MgSZ 和 YSZ 热障涂层的陶瓷层中,有氧离子空位,相对来说,就是有金属原子过剩,其对氧的吸附是十分容易而且迅速的,而陶瓷层又是富含孔隙的,因此,第一过程和第二过程是短暂的,涂层吸附氧气后,迅速通过陶瓷层向内部扩散。

黏结层的合金在高温下氧化是一种选择性氧化,首先是 Y 和 Al 及 Cr 的氧化。Y 的存在可以改善合金的高温性能,改善氧化铝和氧化路膜的组织结构,使其更为致密,结构更为可靠。

随着时间的延长,涂层开始进入黏结层合金的选择性氧化阶段,此时为极薄氧化铝膜生长阶段,因为氧化物的形成速度十分快,所以其控制步骤取决于氧在陶瓷层的扩散速度。这和金属直接与空气接触时由金属离子和电子迁移速度控制的氧化不同,陶瓷层氧的传质过程动力学决定黏结层氧化动力学规律,一旦形成了氧化铝致密氧化膜,便进入薄氧化膜阶段,由于氧在氧化铝中的扩散明显低于在氧化膜中的扩散,因此氧在氧化铝膜的扩散为控制步骤,此时为双层扩散系统,其数学模型十分复杂。

薄氧化膜阶段完成后,界面附近的铝已基本耗尽,随之进入厚氧化膜形成阶段。由于在相应的界面上反应均很快,因而在局部处于热力学平衡状态。这样高温氧化行为变成是主要研究氧和金属在氧化膜内的转移速度,也就是说氧化膜中物质扩散为理想氧化反应的速度控制步骤,氧化膜越厚,物质在膜内的转移距离则越长,即氧化速度越慢。

此阶段为厚氧化膜生成阶段,金属在高温氧化中生成厚的氧化膜,当均匀、致密的氧化膜生成时,金属的氧化速度由氧化膜内的传质过程控制,通常表现为抛物线规律,但是由于变数很多,如在界面或在氧化物中存在大量的孔洞,沿晶界的短路扩散,应力作用下氧化膜的开裂与剥裂,氧化膜高温蒸发等,因此,氧化动力学有可能偏离抛物线规律。

6.1.7 热障涂层制备工艺

热障涂层的制备工艺[102-105]使用的方法有很多种,包括超声速火焰喷涂、等离子喷涂(PS)、电弧喷涂(AS)、电子束-物理气相沉积(EB-PVD)、爆炸喷涂、化学气相沉积、等离子喷涂-物理气相沉积、悬浮液等离子喷涂和激光重熔等方法。PS 和 EB-PVD 是目前应用最广泛的方法。

1. 等离子喷涂(PS)

等离子体喷涂(PS)是把金属或陶瓷粉末送入高温的等离子体火焰,利用等离子体焰流将喷涂材料加热到熔融或高塑性状态,在高速等离子体焰流的引导下,高速撞击工件表面。喷涂过程中,首先是喷涂材料被加热达到熔化或半熔化状态;然后是被气流推动加速向前喷射的飞行阶段;最后以一定的动能冲击基体表面,产生强烈碰撞展平成扁平层并瞬间凝固。最终形成的涂层是由无数变形粒子相互交错,呈波浪式堆叠在一起的层状组织结构。涂层与基体表面的结合以机械结合为主。

PS 主要有两种,即大气等离子喷涂(APS)和低压等离子喷涂(LPPS)。APS的特点是对涂层材料的要求宽松,沉积率高,操作简便,制备成本低,涂层的组织呈片层状,孔隙较多,孔隙率一般为 1%~7%,隔热性能较好,涂层的厚度一般为 300~1 000 μm。但是,涂层中较多的疏松与孔洞以及片层界面都可能成为导致涂层失效的裂纹源。LPPS 的特点是涂层结合强度高(≥80 MPa),孔隙较少,孔隙率基本低于 1%或低于 2%,但涂层的厚度薄,通常为 50 μm 以内,且隔热性能较低。

2. 电子束物理气相沉积(EB-PVD)

电子束物理气相沉积(EB-PVD)制备的热障涂层是用高能电子束加热并汽化陶瓷源,陶瓷蒸汽以原子形式沉积到基体上而形成的。在制备梯度热障涂层时,实现了金属黏结层与陶瓷层之间结构和成分的连续过渡。经过高温后续处理,使黏结层与陶瓷层之间形成扩散,从而消除了内界面。涂层组织为垂直于基体表面的柱状晶,柱状晶体与基体间属冶金结合,稳定性很好,且高温下柱状组织结构具有良好的应变承受能力,从而大大提高了涂层的抗热疲劳的性能;另外,涂层表面光滑无须再加工。但是,EB-PVD 的沉积速率较低,设备造价昂贵,涂层的制造成本较高,受元素蒸汽压影响,涂层的成分控制较困难,基体零件需要加热,且零件尺寸不能太大。

6.2 抗氧化烧蚀涂层

6.2.1 抗氧化烧蚀涂层的功能要求

抗氧化烧蚀涂层[105]是目前提高碳纤维增强陶瓷基复合材料和难熔合金材料抗高温氧化有效的手段,它可以大幅度提高碳纤维增强陶瓷基复合材料和难熔合金材料在氧化环境下的使用温度。抗氧化烧蚀涂层设计的基本原理是将内部材料与氧化性环境隔开。图 6.26 给出了在设计和开发碳纤维增强陶瓷基复合材料抗氧化涂层时应注意的诸影响因素[106-108]。从图中可以看出,可靠有效的长时间高温抗氧化涂层必须具有以下特性:① 涂层本身必须具有良好的表面稳定性,同时拥有很低的氧渗透率,限制氧气的渗透;② 考虑到涂层使用的实际环境,涂层要尽可能承受一定的压、拉应力和冲击力,有较好的耐腐蚀性,主要包括耐酸性、耐碱性、耐盐性、耐潮湿性等,以保证基底材料的使用性能;③ 涂层材料应具有较好的相结构稳定性,减少涂层中的应力和裂纹,防止涂层的早期失效;④ 涂层与复合材料之间、涂层各层之间要有良好的化学性能匹配,在高温下不发生不利于抗氧化性能实现的反应;⑤ 为了避免因涂层与基底材料的热膨胀系数不匹配而导致的脱落或开裂,涂层与复合

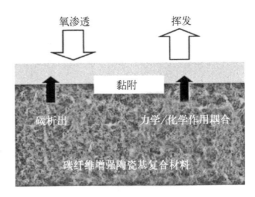

图 6.26　抗氧化烧蚀涂层性能
影响因素的示意图

材料之间以及涂层各层之间的热膨胀系数尽可能接近或实现负梯度;⑥ 涂层与基底材料之间具有较高的结合强度,多层涂层之间也要有良好结合,以免分层或者脱落;⑦ 涂层要均匀、致密、缺陷少,具有一定的自愈合能力,能封闭从氧化温度阈值(C/SiC 材料为 400℃)到最大使用温度区间产生的裂纹;⑧ 为防止涂层太快挥发,涂层材料要具有较低的蒸汽压,避免高温下自行退化和防止在高速气流中过分烧蚀;⑨ 涂层必须能阻止基体碳向外扩散,以避免涂层由于碳热还原而减少甚至失效。

6.2.2　抗氧化烧蚀涂层的结构设计

由于单层涂层结构有时很难兼顾所有性能。例如,机械磨损、热膨胀系数的差异及燃流冲击等因素会使得单一的抗氧化耐烧蚀涂层容易发生基体与涂层之间的开裂失效。因此针对不同的基体,不同的服役条件,涂层结构的设计与材料的选择需并驾齐驱。从理论上说,抗氧化烧蚀涂层必须具备如图 6.27 所示的六个功能层[109]。其中黏结层使涂层与基体结合紧密,相容性好;封填层能够部分或全部封填复合材料表面的缺陷,降低开气孔率;阻碳层的碳扩散率低,能够有效阻止碳通过涂层向外部扩散;阻氧层的氧扩散率低,有效阻挡氧介质通过涂层扩散进入复合材料;自愈合层在使用过程中即时封填涂层中由于热失配出现的裂纹;耐烧蚀层的饱和蒸气压低,防止涂层挥发损失,维持涂层的完整性。但是在实际生产过程中,为了简化工艺以及出于对热膨胀系数

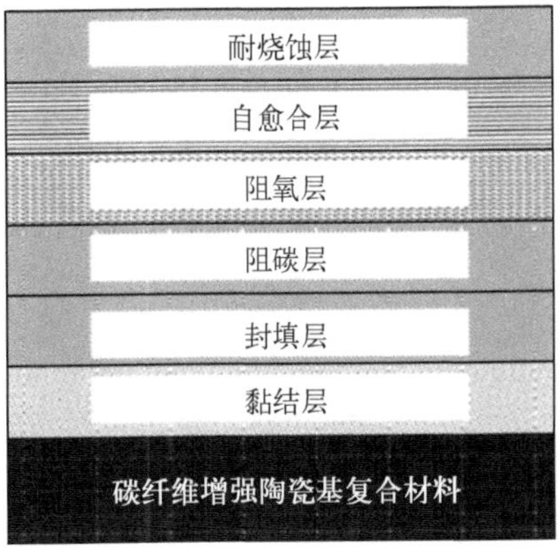

图 6.27　复合涂层功能单元示意图

匹配的考虑,这六个功能并不要求一对一地分配给每一物理结构层,应该尽量选择同时具备多功能的材料作为涂层材料组成。

现有的涂层结构设计主要包括双层、多层以及梯度涂层。双层涂层一般用 SiC 作为黏结层以缓解热应力,外层为耐高温氧化物、硼化物、碳化物、高温玻璃或高温合金等。如栾兴涛采用大气等离子工艺制备了 $ZrB_2/SiC/SiO_2$ 外层涂层和 $SiC - Al_2O_3$ 过渡层,在 1 800℃进行 600 s 烧蚀考核后,涂层质量烧蚀率仅为 $3.40×10^{-4}$ g/s。Aparicio 等在 C/SiC 复合材料表面制备了双层 SiC/硅酸钇涂层,并对其抗氧化性能进行了研究,该涂层具有较好的抗氧化能力,在 1 600℃静态空气中氧化 53 h 后失重仅为 3%。多层涂层体系从里至外可设计为黏结层、功能层和抗冲蚀层。抗冲蚀层的功能是阻挡氧气进入材料内部,抵抗气流冲蚀,其选用的材料一般蒸气压小于 0.133 3 MPa(1 650℃),常用的物质有 ZrB_2、ZrC、HfB_2、SiC、ZrO_2、HfO_2 等。功能层的作用是形成玻璃态可流动物质以封填涂层微裂纹,阻止氧的进入,材料一般采用玻璃相物质,如 B_2O_3、SiO_2、$MoSi_2$、P_2O_5、Al_2O_3、$10TiO_2 - 20SiO_2 - 70B_2O_3$ 等。黏结层的功能是黏结基底与涂层系统,降低涂层与基底间热膨胀系数不匹配的影响,阻挡基底材料组成元素向外扩散,选择黏结层材料的原则是与基体的相容性好,热膨胀系数尽可能一致。例如,Yao 等依次通过包埋、刷涂、CVD 等工艺在 C/C 基体上制备得到了 SiC/ZrB_2 - SiCf/SiC 三层涂层,厚度大约为 150 μm,分别作为黏结层、功能层和抗冲蚀层。因为该涂层应用于 C/C 基体上,所以制备一层 SiC 黏结层降低涂层与基底间热膨胀系数差异;但如果在较致密的 SiC 基体上制备涂层也可不制备这层 SiC 黏结层[110-112]。

梯度涂层的目的主要是为了解决涂层的热失配问题。郝菲采用高能等离子喷涂技术在 C/C 基体上制备了 ZrB_2/SiC 梯度涂层,在距氧乙炔枪口 50 mm 处氧化烧蚀 600 s 后,质量烧蚀率为 $3.89×10^{-4}$ g/s。Huang 等采用 PS 工艺在 SiC 内层的表面制备了梯度组分的硅酸钇复合涂层,通过调整喷涂粉体原料中 SiO_2 和 Y_2O_3 的配比来控制涂层成分,有效缓解了热膨胀失配,提高了涂层的结合力和抗氧化能力。Ren 等采用原位反应的方法在 C/C 复合材料表面制备了 ZrB_2- SiC 梯度涂层,该梯度涂层包括 ZrB_2- SiC 内层以及 ZrB_2- SiC - Si 外层,在 1 773 K 空气中氧化 207 h 失重率仅为 $4.56×10^{-3}$ g/cm^2[113-115]。

6.2.3　抗氧化烧蚀涂层体系

随着航天推进技术的不断发展,抗氧化抗烧蚀涂层使用温度的不断提高、服役工况更趋复杂,研究人员对各类材料的高温抗烧蚀性能进行了试验研究,并根据所获得的结果进行筛选,以期研发出适于制备在各种服役工况下热结构复合材料高温抗氧化烧蚀涂层的材料。对于碳纤维增强复合材料涂层而言,涂层材料必须具有良好的高温力学性能,高熔点以及低的热膨胀系数等。目前常用的耐烧蚀涂层材料主要集中于硼硅酸盐、硅酸盐玻璃、高熔点金属、硅化物、氧化物、硼化物及碳化物等[116]。

1. 玻璃涂层

玻璃涂层主要指硅酸盐玻璃、硼酸盐玻璃等,是一种中低温抗氧化抗烧蚀涂层,也是碳纤维增强复合材料中最早得到研究的涂层。玻璃涂层的抗氧化原理主要是借助玻璃在高温下的低黏度和较好的润湿性与自愈合性能来填补材料在服役过程中因失效或变形而产生的裂纹、孔洞等缺陷,从而隔离碳材料表面活性点,提高其抗氧化性能。此外,硼硅酸盐、硅酸盐玻璃等相对其他涂层具有较低的氧扩散系数,因此可以有效减少氧向基体的渗透[117, 118]。

目前,根据碳纤维增强热结构复合材料使用环境的不同,国内外学者相继开发了磷酸盐玻璃、硼酸盐玻璃、硅酸盐玻璃及改性硼硅酸盐复合玻璃等涂层来实现热结构复合材料在中低温的不同温度段的氧化防护。最早选用的玻璃材料是以 B_2O_3 为主要成分,例如 Buchanan 等曾在 C/C 表面制备了 B_2O_3 涂层以提高其抗氧化性能。随着涂层使用要求的提高,可选用的玻璃材料又有所增加,包括硼酸盐玻璃、硅酸盐玻璃、磷酸盐玻璃及复合玻璃材料等体系。但是,单独使用玻璃只能在较低温度(小于 800℃)下提供抗氧化烧蚀保护,无法满足较高温烧蚀条件下的使用要求。因此,目前玻璃材料只能作为复合材料涂层中的组分进行使用。如 Buchanan 等在 B_2O_3 中引入 Na_2O、K_2O、Al_2O_3、CaO 等成分,使得玻璃涂层抗氧化温度提升至 1 100℃,而 Kobayashi 等则采用 B_4C - SiC 粉末制备玻璃抗氧化涂层,结果表明可以在 1 200℃下为 C/C 提供有效的抗氧化防护[119–122]。

2. 贵金属涂层

许多金属如 Ir、W、Re、Hf、Mo 等具有高熔点(>2 000℃),高温下氧扩散系数低等优点,因此有可能作为高温抗氧化烧蚀的潜在材料。尤其是 Ir 金属,它具有高熔点(2 440℃)、低饱和蒸气压、低氧扩散系数(10～14 g·cm⁻¹·s⁻¹,2 200℃),并且在 2 280℃下不与碳反应,能有效阻止碳扩散,是非常有潜力的用于 1 800℃以上的抗氧化涂层[123]。

Sekigawa 等制备的 C/C 复合材料 $TiC/Ir/Y_2O_3$ 和 Ir - $C/Ir/Y_2O_3$ 复合涂层在 1 940℃、30 min 的氧化失重大于 6%,Sugahara 等制备的 C/C 复合材料 HfC/Ir/HfO_2 复合涂层的防氧化温度达到 1 900℃,Yamauchi 等研制的 C/C 复合材料 Ir - C/Ir/$SrZrO_3(Al_2O_3)$ 复合涂层在 2 000℃的防氧化时间为 17 min[124–126]。

Lee 等研发了 Ir - Al - Si 合金抗氧化烧蚀涂层,并在 1 550℃有氧气氛下对其抗氧化性能进行了考核,在持续工作 280 h 后,试样氧化失重为 7.29 mg/cm²。此外,利用一些金属高温氧化生成氧化物惰性保护膜的原理,可以选择制备对应的金属涂层,依靠高温致密氧化层提高金属的抗氧化耐烧蚀性能。Huang 等制备了 Cr - Al - Si 复合金属涂层,涂层在 1 500℃空气中氧化 200 h 质量增重 0.079%,氧化

生成的致密玻璃态 Cr_2O_3 - Al_2O_3 - SiO_2 复合氧化层起主要抗氧化作用。Terentieva 等采用等离子喷涂和爆炸喷涂法制备的 Mo - Si - Ti 合金涂层在 1 775℃大气环境氧化 2 h 后,涂层无明显变化,同时涂层在高温气流冲刷条件下也表现出很好的抗冲刷和抗热震性能[127-129]。

美国 NASA Lewis 研究中心和 Ultramet 公司制备了全金属 Re/Ir 喷管,并在 Ir 表面制备了抗冲刷的氧化钇稳定氧化锆涂层(YSZ),采用 H_2 和 O_2 推进剂进行的抗氧化抗热震的地面试车结果表明:RT~2 084℃点火 48 次、累积试车时间 40 560 s 或 2 200℃累积试车 36 000 s 喷管仍未失效。可见,Ir 是最具潜力的作为 C/C 复合材料 2 000℃以上超高温抗氧化抗热震涂层材料。国内研究人员也开展了抗氧化 Ir 涂层研究工作。胡昌义等采用氯化物化学气相沉积方法以及金属有机物化学气相沉积方法制备了全金属 Re/Ir 喷管,由于 Ir 涂层质量太差,喷管很快被烧穿,此外,全金属喷管还面临着结构重量过大导致飞行器有效载荷降低问题。陈照峰等采用辉光等离子表面冶金方法制备 W/Ir 双金属涂层作为 C/C 复合材料的抗氧化涂层,由于 W 与炭在 1 250℃以上生成低熔点脆性 W_2C 的固相反应,使涂层导热系数降低以及界面结合强度降低,导致 Ir 涂层失效[130-135]。

目前,制约难熔金属 Ir 作为 C/C 复合材料超高温防氧化抗热震涂层的瓶颈问题有四点:一是 Ir 涂层与 C/C 复合材料的结合力问题,Ir 的热膨胀系数为 C/C 复合材料的 6 倍,尽管 Ir 与炭是化学相容的,但是炭在 Ir 中的固溶度很低、难以发生互扩散,Ir 的本质特征决定其与 C/C 基体的结合强度较低,热震与高速气流冲刷条件下涂层极易剥落,采用难熔碳化物或 W 作为 Ir 与 C/C 基体的过渡层不但不能提高涂层结合强度还造成高温下的化学反应,导致 Ir 涂层失效,即使采用 Re 过渡层,仍需通过 C/C 基体表面处理提高机械结合强度以及互扩散热处理来进一步提高界面结合强度;二是 Ir 涂层的抗冲刷问题,Ir 的氧化产物 Ir_2O_3 熔点为 1 000℃、IrO_2 熔点为 1 070℃,超高温下高速气流冲刷将导致氧化产物迅速剥离,Ir 涂层氧化过快,从而使 Ir 涂层的防氧化功能失效,应在 Ir 涂层表面采用等离子喷涂方法或电子束蒸发物理气相沉积方法制备 YSZ 涂层来提高 Ir 涂层的抗冲刷性能;三是 Ir 涂层的氧化产物蒸气压过高问题,YSZ 抗冲刷涂层的氧扩散系数较高,扩散进入的氧与 Ir 反应生成 Ir_2O_3 和 IrO_2,由于其熔点较低、蒸气压较高而导致 YSZ 抗冲刷涂层的开裂剥落,致使 Ir 涂层失效,借鉴 Courtright 等关于 HfC 与 TaC 互补生成复合氧化物相提高抗氧化性能的思想,在 Ir 涂层中引入"氧俘获"和晶界强化元素 Hf,使氧化产物为高熔点 $mIr_xO_y \cdot nHfO_2$ 的复合相,保障抗冲刷 YSZ 涂层可靠工作;四是 Ir 及其抗冲刷涂层高温显微结构演化问题,气相沉积方法制备的涂层晶粒结构与沉积温度之间符合 Movchan - Demchishin 关系式,在低于材料熔点 0.5 倍的温度下制备的涂层的晶粒一般呈柱状结构,尽管柱状晶粒结构有利于松弛应力,但在 1 050~1 200℃低温条件下晶粒会发生再结晶生长或晶界间隙变大,对抗氧化性能有不利影响,而超高温以及应力作用下的 Ir 及其抗冲刷涂层显微结构演化与机理研究还处于空白,不能正确评价涂层在服役环境下的寿命和提出进一步提高涂层防氧化抗热震性能的措施[136-141]。

3. 陶瓷涂层

常见的抗氧化烧蚀陶瓷包括硅基陶瓷、氧化物陶瓷、难熔金属硼化物陶瓷和难熔金属碳化物陶瓷等。硅基陶瓷涂层是研究最多、应用最广泛的材料,主要包含 SiC、$MoSi_2$、SiO_2、Si_3N_4、$CrSi_2$ 等。它主要是依靠低氧扩散系数的 SiO_2[1 200℃ 时为 10^{-13} g/(cm^{-2}·s^{-1}),2 200℃ 时为 10^{-11} g/(cm^{-2}·s^{-1})]致密膜有效抵御氧化烧蚀,同时 SiO_2 具有良好的自愈合能力,可降低烧蚀过程中所产生缺陷。SiC 具有较低且与 C/SiC 接近的热膨胀系数,与 Cf/SiC 复合材料的物理化学相容性好,因此是理想的抗氧化耐烧蚀涂层材料,同时也是目前研究最多、最为成熟的材料。Sun 等采用包埋与低压化学气相沉积相结合的方法制备了 SiC 涂层,涂层的结构致密、成分均匀,1 500℃ 高温下氧化测试表现出良好的抗热冲击和抗氧化性能。苏哲安等采用化学气相反应法制备了 SiC 涂层,可显著提高材料的抗高温短时烧蚀能力。尹健等采用蒸镀法在复合材料表面制备 SiC 涂层后,复合材料的耐烧蚀性能有了一定程度的提高,在电弧驻点烧蚀试验中,涂层可提供瞬时的保护作用[142-144]。

1)硅基陶瓷涂层

硅基陶瓷涂层的成功开发与应用主要是利用了 SiO_2 玻璃的高温自愈合功能和低氧透特性。常用的硅化物涂层材料有 SiO_2、SiC、Si_3N_4、$MoSi_2$、$HfSi_2$、$CrSi_2$、WSi_2、$TaSi_2$、$NbSi_2$、$ZrSi_2$、$TiSi_2$ 等。其中,SiC 作为碳材料抗氧化涂层物质受到了特别关注,此类硅基陶瓷与碳材料不仅具有良好的化学物理相容性,而且还具有相近的线胀系数,因而是理想的碳材料高温抗氧化涂层物质。一般说来,SiC 在 1 600℃ 以下可以依赖 SiO_2 来防止氧化烧蚀的进一步发生,但当温度超过 1 600℃ 时,SiO_2 挥发性迅速加剧,气态产物 SiO 逸出导致了 SiO_2 的失效。

2)氧化物基陶瓷涂层

氧化物陶瓷如 ZrO_2、HfO_2、Al_2O_3、Ta_2O_5、Y_2O_3、莫来石、Y_2SiO_5、$ZrSiO_4$ 等也具有较高的熔点(>1 800℃),与硅系陶瓷相比,它们的高温化学性质十分稳定,具有更好的抗氧化耐烧蚀性能,因此在高温烧蚀防护领域越来越受到关注。但是在高温条件下,氧化物陶瓷与 Cf/SiC 复合材料可能存在界面反应问题,因此界面稳定性显得尤为重要。另外,相对 C/SiC 复合材料而言,大部分氧化物陶瓷均具有较高热膨胀系数,因此涂层与基体之间可能出现热失配,导致裂纹的产生。研究人员通常借助于引入过渡层的方法来解决上述问题。杨鑫等在碳材料表面制备了 SiC/莫来石涂层,SiC 能较好地连接基体和莫来石涂层,因此涂层整体呈现良好的抗氧化性能和抗热冲击性能,经过 1 150℃、109 h 的高温氧化及 12 次 1 150℃ 到室温的循环热震试验后,涂层试样的质量增加率仅为 0.085%。Shimada 等在石墨和 HfO_2 之间制备了 SiC 梯度过渡层,所制备的 SiC/HfO$_2$ 复合涂层结合良好,经 1 500℃ 氧化15 h 且经 5 次循环热震后,失重仅为 0.6 mg/cm^2。Zhang 等制备了 SiC/Si/ZrSiO$_4$ 多相涂层,涂层具有优越的抗氧化性能和抗热震性能,可抵御 1 500℃、57 h 的大气氧化以及 1 500℃ 到室温 12 次的热循环,其主要原因是形成了 SiC 梯度的过渡层。综合看来,高温氧化物陶瓷具有优良的性能,并能给基体提供有效的抗氧化耐烧蚀性能,但是必须解决氧化物陶瓷与碳材料的界面问题以及自身热膨胀系数过高的问题[145, 146]。

3) 难熔金属硼化物陶瓷涂层

难熔金属硼化物(主要包括 ZrB$_2$、TiB$_2$、HfB$_2$ 等材料)具有超高的熔点(>3 000℃)、良好的高温强度与抗氧化性能,非常适用于 2 000℃ 以上的氧化烧蚀环境。难熔金属硼化物如 ZrB$_2$ 的防护机制主要为自身氧化生成 B$_2$O$_3$ 和 ZrO$_2$,B$_2$O$_3$ 能提供 1 100℃ 以下的氧化防护。但是随着温度升高,B$_2$O$_3$ 的高挥发性会导致多孔 ZrO$_2$ 氧化层的形成,氧气可直接通过多孔 ZrO$_2$ 层进入涂层内部,此时涂层无法继续提供氧化烧蚀防护,因此单独使用 ZrB$_2$ 作为耐烧蚀涂层的抗氧化烧蚀能力有限。针对这一问题,通常添加适量的硅基陶瓷(如 SiC、MoSi$_2$ 等)来改进这一缺陷。当 B$_2$O$_3$ 的挥发耗尽后,SiO$_2$ 可继续提供有效氧化烧蚀防护。金属硼化物目前研究较多,开发的涂层方法也较多,如 CVD 法、料浆法、包埋法以及等离子喷涂法等。张天助等采用两步刷涂-烧结法制备了 ZrB$_2$-SiC 基陶瓷涂层,研究发现所制备的 ZrB$_2$-SiC-MoSi$_2$ 和 ZrB$_2$-SiC-Si$_3$N$_4$ 涂层结构较为致密,抗烧蚀性能良好。韩寿鹏采用大气等离子喷涂工艺在 C/SiC 复合材料表面制备了含硼硅玻璃的 ZrB$_2$-MoSi$_2$ 自愈合涂层,在氧-乙炔烧蚀距离为 30 mm 时,经 300 s 烧蚀后质量烧蚀率为 15.1× 10^{-4} g/s。Pavese 等在 Cf/SiC 复合材料表面制备了 HfB$_2$/SiC 涂层,涂层表现出较好的高温抗氧化性能,经 1 600℃、30 min 氧化后,涂层试样的强度仅下降了 20%。Ren 等采用两步包埋法制备了 SiC 内层与 TaB$_2$-SiC-Si 外涂层,经 1 500℃、300 h 高温氧化后,试样的氧化失重率仅为 0.26×10^{-2} g/cm^2。Niu 等采用低压等离子喷涂工艺制备了 ZrB$_2$-MoSi$_2$ 涂层,涂层在高温下具有比 ZrB$_2$ 及 ZrB$_2$-SiC 涂层更好的抗氧化性能,经 1 500℃、15 h 的氧化测试后,该涂层出现了一个较高的氧化增重[147-153]。

4) 难熔金属碳化物陶瓷涂层

难熔金属碳化物主要包含 HfC、ZrC、TiC、TaC 等材料,它们具有极高的熔点(>3 000℃)、优良的高温力学性能和耐气流冲刷性能,同时它们与 Cf/SiC 之间还有良好的兼容性,通常应用于 2 000℃ 以上的高温氧化环境,尤其适用于 3 000℃ 的高温环境。Choury 指出,喉衬材料要承受 3 700℃ 以上的温度,必须添加难熔金属碳化物。国内外研究人员提出采用 ZrC、HfC、TaC 等难熔碳化物涂层来提高 Cf/SiC 复合材料抗氧化性能、降低烧蚀率以使其能够承受更高温度,相应的许多研究也表明采用难熔金属碳化物能有效提高材料的耐烧蚀性能。俄罗斯将高熔点、抗烧蚀、抗冲刷的 HfC、TaC 添加到 C/C 喉衬材料的烧蚀层中,在燃气温度 3 800℃、压力 8.0 MPa 的 60 s SRM 地面点火实验考核中发现,这一设计降低了 C/C 喉衬的烧蚀率。Sayir 通过添加 HfC 制备超高温耐烧蚀复合材料,Wunder 等采用化学气相沉积法制备了 C/HfC/SiC 复合涂层,韩国也开展了 ZrC 耐烧蚀涂层的相关研究。这些研究工作充分展示了耐烧蚀涂层的发展动态与发展方向。但是由于涉及国防尖端领域的应用,对此的相关研究报道非常少。近十年来,国内研究单位也开展了一些难熔碳化物涂层的相关研究。Chen 等对单层 TaC 涂层的制备工艺、涂层结构进行了研究,并采用氧乙炔火焰进行了烧蚀试验,在 2 800℃烧蚀 60 s 后,涂层开裂、剥落。Xiang 等在 C/SiC 复合材料表面制备了 ZrC 改性的 SiC 涂层,涂层呈现良好的耐烧蚀性能,ZrC 氧化形成的 ZrO_2 能有效降低试样的烧蚀率,从而提高试样抗冲刷的能力。Wang 等制备的 HfC 涂层能有效提高试样抗氧乙炔烧蚀的性能,残留的氧化物能有效阻挡氧气的扩散[154−158]。

另外,为了缓解基体与涂层之间热膨胀系数因存在较大差异而易导致涂层在高低温交变过程中开裂,形成的裂纹自然成为氧扩散通道,国内外研究人员还相继开发了多相镶嵌陶瓷、晶须增韧陶瓷、纳米颗粒增韧陶瓷、梯度复合陶瓷等涂层体系。

6.2.4　抗氧化烧蚀涂层的制备工艺

原则上讲,几乎所有薄膜和涂层制备方法都可用于抗氧化烧蚀涂层的制备。近年来,随着抗氧化烧蚀涂层技术的发展,结合碳材料和难熔合金本身的特殊性和涂层不同应用环境下具体用途的不同,人们发展了多种涂层制备工艺。目前应用较成熟的抗氧化烧蚀涂层制备工艺主要有化学气相沉积法、包埋法、料浆刷涂法、溶胶-凝胶法、液相反应法等。以下逐一介绍。

1. 化学气相沉积法

化学气相沉积(CVD)法可以制备碳化物、氮化物、硅化物、硼化物、氧化物等许多陶瓷材料,且制备工艺非常成熟,因此该技术得到了人们的普遍关注。CVD 工艺制备机理比较复杂,主要过程为涂层原料的某种气相物(如卤化物)经热分解还原成蒸汽,在一定温度的基材上发生化学反应并同时沉积。与其他方法相比,CVD 具有沉积温度低,涂层致密度高,可对涂层化学组成和结构进行较为精确控制等优点。由于 CVD 法制备的材料致密、纯度高,可以实现对组织、形貌、成分的设计,并且沉积速度可控,所以它逐渐成为碳纤维复合材料高温抗氧化抗烧蚀涂层最重要的制备方法之一。CVD 法主要优点是在相对较低的温度下,可沉积多种元素和化合物的涂层,可使基体材料避免高温处理而造成的缺陷或力学性能损伤。另外,该方法还可以较精确地控制涂层的化学组成和结构,既可得到玻璃态物质,又能获得完整和高纯的晶态物质涂层。CVD 工艺虽然容易实现商业化生产,但是它存在沉积速率低,制备周期长,工艺过程复杂等缺点,而且该工艺一般需在真空或保护气氛下进行,因此对设备的气密性要求较高,不适用于大尺寸部件。此外,CVD 的沉积效率较低,生产成本很高,因此限制了其在工程上的广泛应用。

2. 包埋法

包埋法是目前得到较多使用且研究较为成熟的方法。它是将复合材料或难熔合金构件放入液态或固态介质中,在高温保护气氛下进行热处理,反应物沿基体表面向内扩散并反应形成涂层。与其他方法相比,包埋法的优点主要在于:① 过程简单,只需要一个单一过程就可以制备出致密的涂层;② 涂层制备前后基体材料尺寸变化很小;③ 涂层和基体间能形成一定的梯度结构,有利于提高涂层与基体的界面结合能力。但是包埋法也存在以下缺陷,从而使其应用推广受到一定的限制:① 包埋过程中容易发生化学反应使纤维受损,从而损伤了复合材料的力学性能;② 涂层的均匀性很难控制,往往由于重力等因素而使得涂层上下不均匀;③ 反应生成的涂层并不完全致密,而且在冷却过程中涂层内易产生裂纹;④ 反应温度高,容易受加热体体积、容器限制,较难满足大尺寸、形状复杂异构件的涂层制备需求。Fu 等采用两步包埋法制备 SiC 抗氧化涂层,在 1 500℃条件下涂层能提供 310 h 的静态氧化保护,失重仅为 0.63%。马康智采用包埋法成功地在 C/C 复合材料基体制备了厚度相对均匀、致密度高的 SiC 涂层。Xu 等采用包埋法制备 $MoSi_2$ - Si 涂层,研究结果表明试样经 1 550℃空气氧化 50 h 和 1 550℃到 100℃热震 50 次后,抗弯强度保持率分别为 85% 和 80%。刘荣军等采用包埋法在 Cf/SiC 复合材料表面制备了 $MoSi_2$ - SiC - Si 抗氧化涂层,所得涂层致密、无裂纹,在 1 400℃空气中氧化 1 h 后试样的质量保留率为 94.1%,强度 294.0 MPa,说明涂层具有良好的防氧化作用[159-164]。

3. 料浆法

料浆刷涂法的工艺原理是将涂层材料制成符合一定要求的粉料后与溶剂混合制成料浆,加入适当的分散剂和黏结剂,经充分搅拌后涂刷于基体材料的表面或将基体浸渍于料浆中形成涂层,在一定的温度下烘干后于高温惰性气氛下进行热处理。料浆法的优点是简单、方便、快速、成本低,并且可以人为控制结构,每一层均可以很薄,容易实现多层、梯度涂层。料浆法的缺点是涂层与基体材料的结合性较差,涂层的抗热震性差,涂层的致密性较难达到要求,难以满足高温长时间复杂环境下的氧化防护要求。在热结构复合材料的抗氧化涂层中,料浆制备涂层主要是用在要求不高、较低温度下的氧化防护,但料浆法和其他方法结合使用却可以达到较好的抗氧化效果。

王焕宁采用料浆法在多孔碳纤维增强陶瓷基复合材料表面制备了出 ZrB_2 - SiC 玻璃涂层,成功地改善了涂层龟裂的问题。张雨雷等采用料浆法制备了 Si - Mo -

Cr 复合金属涂层,涂层在 1 500℃保温 3 min 到室温热震 20 次后,失重率为 3.05%,弯曲强度保持率为 87.29%。黄敏等采用料浆法在碳/碳复合材料碳化硅内涂层表面制备了 Al - Si 合金外涂层,涂层在 1 500℃空气中氧化 17 h 后涂层试样的质量损失未超过 5%。Smeacetto 等采用浆料法制备玻璃复合涂层,涂层在 1 200℃、120 h 以及 1 300℃、130 h 条件下静态氧化,失重基本可以忽略,未观察到基体的氧化行为。Fu 等采用该法制备 SiC/glass 双层结构涂层,经 1 300℃氧化 150 h 和 1 300℃到室温 20 次热震试验后,涂层失重仅为 1.07%,导致失重的原因主要是涂层部分表面玻璃的剥离。总体而言,料浆法工艺简单易行,成本低,适合大尺寸部件的涂层制备。但是产率较低(通常必须经过多次涂刷)、所制备的涂层结合强度不高、抗热震性能较差、涂层致密度不高等不足限制了这一方法在许多场合的应用[165-168]。

4. 溶胶-凝胶法

溶胶-凝胶法是将金属有机-无机化合物前驱体溶于溶剂(水或有机溶剂)中形成均匀的溶液,前驱体通过水解(或醇解)和缩聚反应,反应生成物聚集成几个纳米左右的粒子并组成溶胶,然后将制成的溶胶均匀地涂覆于基底的表面,由于溶剂挥发,配料发生缩聚反应而胶化,再经干燥和热处理,最终获得涂层的方法。由于溶胶-凝胶法合成的微粒较细小,分散均匀性很好,因此非常适合用于热结构复合材料抗氧化涂层的制备。通过改变热处理的温度、保温时间以及涂层溶液中的有机添加剂,可以改变涂层中生成物相的种类、结晶度等。这种方法具有反应温度低、设备及制备工艺简单、薄膜化学组成容易控制、可以大面积涂膜等优点,但采用溶胶-凝胶法制备的涂层也存在缺点,如所用原料大多为有机化合物、有一些对健康有害、处理过程时间较长、涂层容易开裂及涂层相对较薄等。

溶胶-凝胶法要求涂层材料与碳纤维增强陶瓷基复合材料或隔热瓦润湿,有一定黏度和流动性,均匀地固化在复合材料表面,并以化学和物理的方法与复合材料结合。目前用该方法制备了连续的对基体有保护作用的 SiO_2、Al_2O_3 以及它们的复合涂层。具体的做法是将 Cf/SiC 陶瓷基复合材料浸入溶胶中,再置于空气中进行水解,然后干燥,并烧结于 Cf/SiC 陶瓷基复合材料的表面,经过多次反复,最后制成抗氧化层。张宗涛等研究了 SiC 晶须表面溶胶-凝胶法涂层对抗氧化性的影响,采用异丙醇铝及正硅酸乙酯为原料,制成了 Al_2O_3、SiO_2 及莫来石涂层,均可提高抗氧化性。Li 等采用溶胶-凝胶法在 SiC 表面生成了 1~5 m 的 $(Ca_{0.6}Mg_{0.4})Zr_4(PO_4)_6$ 涂层,抗热震性及抗碱腐蚀性都有很大提高。另外,还可以用溶胶-凝胶法制成 TiO_2 涂层 SiC 纤维。Li 等采用水解正硅酸乙酯制备了 $SiC - B_4C/SiC/SiO_2$ 涂层,涂层在 500~1 500℃具有良好的自愈合性能,经 1 500℃氧化 50 h 后失重少于 1.5%,显示出优秀的抗热震性能。Liedtkev 等利用溶胶-凝胶法在 Cf/SiC 复合材料表面制备了 SiC 抗氧化涂层,与包埋法相比,在成本上有大幅度降低[169-172]。

5. 液相反应法

液相反应法是由西北工业大学超高温复合材料实验室成来飞教授等提出的一种新方法,即利用被涂层材料与碳基体有良好润湿铺展的特点,将两种或两种以上的涂层材料混合后涂覆在复合材料表面,然后通过特定的烧结反应工艺使原料之间发生化学反应以制备抗氧化抗烧蚀涂层的方法。它具有设备工艺简单、时间短、对基体强度影响小、界面结合度高等特点。液相法制备的涂层由于在制备过程中存在液相铺展,制备结束时又有液相残留,因此制备的涂层均匀连续,致密化度高。液相法主要缺点在于:由于液相的熔化铺展及烧结反应是在高温下进行的,因此,涂层制备过程中需耗费大量的保护性气体;另外,液相反应法并不能适用于所有陶瓷涂层的制备,只有当液相材料与碳基体或内涂层具有良好的润湿性时,制备的涂层才能获得均匀致密的结构,同时才能保证涂层与基体及涂层与涂层之间具有良好的结合性。

6. 化学气相反应法

化学气相反应工艺(CVR)是一种采用含硅蒸气渗入碳材料表层,通过化学反应制备 SiC 涂层的方法。它具有设备工艺简单、时间短、成本低、界面结合紧密等优点,是一种极具发展潜力的涂层制备方法。在制备过程中,由于涂层主要是通过气态的含硅蒸气与碳基体高温化学反应生成,因此,采用 CVR 工艺一次性便可涂覆所有的表面,而且反应后,涂层和基体间易形成一定的梯度结构,两者之间具有很好的结合性能。通过调整反应工艺及时间,它可以有效地控制涂层厚度;并且涂层后,涂层试样与反应渗料也比较容易分离。此外,它还具有涂层效率高、可操作性强、可控性好等优点,因此,能满足大尺寸形状复杂构件的涂层制备需求。

7. 原位反应法

原位反应法不仅可以制备陶瓷基体,也可以制备陶瓷涂层。C/SiC 陶瓷基复合材料通过 Si 粉包覆,在 1 400~1 600℃下处理,可以在表面生成 SiC 层。Si - Zr、Si - W、Si_3N_4、Cr_3Si、TiN、TiC 等涂层均可以通过原位反应法制备。通过原位反应法制备的一个例子是在碳纤维增强陶瓷表面制备一层 CVD - SiC,再涂敷 Y_2O_3 粉浆,干燥后在含微量氧的保护性气氛中于 1 700℃处理,形成 $YSiO_5$- $Y_2Si_2O_7$涂层,其抗氧化保护温度达 1 600℃以上。侯根良等采用液相前驱体转化法制备了抗烧蚀 HfC 涂层,涂层与基体之间有良好的结合强度。Ren 等采用原位反应法在 C/C 基体表面制备了 HfB_2- SiC 涂层,在 1 500℃大气环境考核 265 h 后,质量烧蚀率仅为 0.41×10^{-2} g/cm^3[173-177]。

8. 新型制备工艺

近年来,随着科技的进步,表面涂层技术的研究和应用取得了迅速的发展,各种新表面涂层技术层出不穷,不断创新,在传统的涂层制备工艺基础上,许多新的涂层技术也逐渐被开发并用来制备热结构复合材料的抗氧化抗烧蚀涂层,目前,复合材料高温抗氧化抗烧蚀涂层制备方法呈现出多样化发展的趋势。

1）物理气相沉积（PVD）

物理气相沉积（PVD）是近年兴起的一种表面改性新技术,最初和最成功的发展是在半导体工业、航空航天等特殊领域。它是在真空条件下,沉积物由固态转变为气相,以原子或分子形式蒸发,同时利用辉光放电产生的等离子体,从而沉积或注入基板上的方法。PVD 法的主要优点是处理温度低,沉积速度较快、无公害等。它的不足之处是沉积层与工件的结合力较小,镀层的均匀性稍差。此外,它的设备造价高,操作维护的技术要求也较高。PVD 技术主要包括真空蒸镀、离子镀、离子溅射和离子束辅助沉积（离子注入）四种类型。Mumtaz 等采用直流溅射和射频溅射的方法分别在碳纤维复合材料表面制备了 Ir 涂层。结果表明,射频溅射法制备的 Ir 涂层结构相对较好,但在 Ar 气中经过 1 700℃、5 h 退火处理后,与直流溅射法一样也出现了晶粒间的裂纹和涂层翘起现象。另外,陈照峰等采用双层辉光等离子体表面合金化方法,在碳纤维复合材料表面也成功制得了 Ir 涂层,涂层呈亮银白色,表面光滑均匀,但局部区域存在微裂纹和针孔等缺陷。此外,Zhu 等采用离子注入法先在复合材料基体上注入了 B 离子,然后利用 CVD 技术在其表面沉积了 50 μm 的 SiC 涂层,使复合材料的抗氧化能力大大提高。

2）激光化学气相沉积

激光化学气相沉积（LCVD）是一种在化学气相沉积过程中利用激光束的光子能量激发和促进化学反应的薄膜沉积方法。利用激光可以实现在基体表面选择性沉积,即只在需要沉积的地方用激光光束照射,就可以获得所需的沉积图形。Snell 等通过激光引发化学分解法对比研究了 Ir 涂层和 SiC 涂层的抗氧化性能,但制得的涂层抗氧化效果不太理想,仍需进一步提高。

3）金属有机化合物化学气相沉积技术

金属有机化合物化学气相沉积技术（MOCVD）是一种利用低温下易分解和挥发的金属有机化合物作为物质源进行化学气相沉积的方法。与传统的 CVD 技术相比,MOCVD 的沉积温度相对较低,能沉积超薄层甚至原子层的特殊结构表面,可在不同的基底表面沉积不同的薄膜。因此,对于那些不能承受常规 CVD 高温,而要求采用中低温度的基体有很高的应用价值。杨文彬等[178]以三乙酰丙酮铱为前驱体,采用金属有机物化学气相沉积法,通过变温多次沉积在石英基片和热解炭层上制备出多层 Ir 涂层。研究表明,Ir 涂层呈多晶态,试样冲击断裂后,涂层与基片以及涂层之间结合良好,无层间开裂发生,内层涂层虽然有孔隙缺陷,但经多次沉积,后继制备的涂层能很好地将其封填。

4）电泳沉积

电泳沉积（EPD）是一种特殊的涂膜成形方法,它是将具有导电性的被涂物浸渍在装满水稀释的、浓度比较低的电泳池中作为阳极（或阴极）,在池中另设置与其相对应的阴极(或阳极),通过通电而在基底上制备涂层的方法。根据基底的极性和电泳涂料的种类,EPD 法主要包括阳极电泳沉积法和阴极电泳沉积法。EPD 通常采用阴极沉积,即将待涂陶瓷粉料分散于水溶液体系或非水溶液体系中,制成悬浮电泳液,然后将经处理的基体作为阴极,用铂、镍或石墨作为阳极的两电极插入盛悬浮液的电泳池中间与直流稳压电源相连而构成回路,采用不同的电场强度、状态(直流或脉冲)电流密度和不同的沉积时间,可以得到致密或多孔、厚度各异的涂层,但沉积后的涂层前驱体一般需进行热处理以获得足够的强度。电泳沉积具有设备简单、成本低、周期短、涂层均匀等优点。赵文涛等采用此方法在石墨表面制备了 SiC 涂层,并通过正交实验得到了 SiC 电泳沉积的优化条件。在优化条件下沉积的样品经烧结处理后即制得 SiC 涂层。涂层在 1 900℃烧结温度下没有发生相变,呈颗粒状的物理堆积并存在孔隙。

5)水热电沉积法

近期,黄剑锋等在水热法和电泳沉积法的基础上发展了一种新的涂层制备工艺,即水热电沉积法,其主要原理是将作为阴极的基体浸入电沉积液中,在水热的高压和超临界状态下利用电化学反应原理,在碳材料或 SiC 内涂层表面形成致密的涂层。目前,他们采用该方法已在碳纤维复合材料基体上制备出均匀、致密的硅酸钇涂层。在此基础上,进一步使用超声波和微波等特殊能量,能加快涂层的沉积和提高涂层与基体的结合力。与此同时,黄剑锋等还将水热电沉积法和包埋法结合,在碳纤维复合材料表面制备了 SiC 双层涂层,该双层涂层的 SiC 内层由包埋法制得,而 SiC 纳米外层主要通过水热电沉积法制得。由于 SiC 外层有效地封填了 SiC 内涂层中存在的裂纹、孔洞等缺陷,因此该复合涂层的抗氧化性能得到极大提高。

6)其他方法

爆炸喷涂和超声波喷涂法也被用来制备热结构复合材料抗氧化涂层。其原理是利用爆炸或者超声振荡产生的强热流来将溶液或者粉体在高温下以很快的速度喷涂于试样表面,制备的试样表面致密,涂层与基体结合良好,目前用此方法已经制备出 Mo_2Si_2C 等合金涂层。但是,该工艺还有许多不完善的地方,所制备涂层的高温抗氧化性能尚需要进一步提高。

上述高温抗氧化烧蚀涂层制备工艺以及涂层材料种类的选择必须充分考虑使用环境的要求。不同温度条件下,选用的材料不同,所选择的工艺也不尽相同。总体而言,以上开发的传统抗氧化涂层制备技术都有各自的优缺点。针对不同热结构材料构件的高温抗氧化防护,必须根据不同涂层制备技术的优缺点,取长补短,才能有效发挥涂层的抗氧化烧蚀潜力。相关研究已证实:采用包埋法+CVD、包埋法+热喷涂、CVR+CVD、刷涂法+CVD 等复合工艺制备的抗氧化烧蚀涂层都具有优异的高温抗氧化烧蚀性能。总之,要实现超燃冲压发动机高温抗氧化烧蚀涂层制备技术工程化应用,并获得较好抗氧化抗烧蚀防护效果,必须通过制备工艺优化,形成稳定的抗氧化烧蚀涂层制备技术,最终满足热结构材料抗氧化抗烧蚀涂层在极端苛刻航天发动机中的应用需求。

6.3　高温涂层在超燃冲压发动机中的应用

高温涂层在超燃冲压发动机不同部位中应用有着显著的热防护效果,有效为超燃冲压发动机热防护技术奠定了坚实的材料基础。但是通过大量的涂层技术研究及试验研究发现,现有应用的涂层在更高马赫数下超燃冲压发动机中应用还有一定的差距,通过试验结果得出的高温涂层未来研制方向如下。

热障涂层以掺杂氧化锆体系和新型结构体系两条研究思路,探索新型热障涂层陶瓷材料高纯度粉体的最佳制备工艺,研究各新型材料的热导率、热膨胀系数等随温度的变化规律,优化对应材料的涂层制备技术,以获得高性能的新型热障涂层;减少涂层系统在高温下的热失配,提高涂层服役寿命;系统研究不同新型热障涂层陶瓷材料与金属黏结层的结合问题及新型陶瓷热障涂层高温工况下涂层的失效行为;结合发动机应用部位对新型陶瓷热障涂层隔热性能、应力状态、热循环寿命、失效机理等进行试验考核,推动新型热障涂层陶瓷材料在超燃冲压发动机中的实际应用。

抗氧化烧蚀涂层方面,针对碳纤维增强陶瓷基复合材料基体,基于现有的基础,将涂层的制备与基体的制备过程进一步结合,使耐烧蚀基体填补涂层中的微裂缝,以实现高温环境下抗氧化烧蚀涂层和基体的协同抗氧化。难熔合金基体上应用的抗氧化烧蚀涂层,需要研制现有涂层体系的快速修补和重复制备方法,同时探索耐温 2 000℃以上的新型涂层体系,以满足更高马赫数状态下超燃冲压发动机使用需求。

高发射率涂层方面,进一步提高现有涂层的耐温性能并解决涂层降温过程中各层之间的热匹配一致性问题,同时开展提高发射率、抗氧化及隔热性能的新型涂层体系研制,为超燃冲压发动机被动热防护技术提供支撑。

热障涂层首先在航空发动机中被广泛使用,随着航空发动机技术的发展,高流量比、高推重比、涡轮前高进口温度一直是其基本的发展趋势,其对热障涂层的性能要求越来越高,传统的 Y_2O_3 稳定的 ZrO_2(YSZ)材料已经很难满足这种需求,研发综合性能更加优异的新一代热障涂层陶瓷材料具有重要的现实意义和应用价值。与此相对应,燃烧室中的燃气温度和压力也在不断提高。其中,高燃气温度正是保证超燃冲压发动机实现高推重比、高热效率的关键因素[5]。据报道,推重比为 8 的发动机燃烧室内燃气温度为 1 300~1 400℃;推重比为 10 的发动机燃烧室内燃气温度则增加到 1 600~1 700℃;预计当发动机的推重比达到 20,燃气温度将超过 2 000℃。燃气温度的不断提高,同时也就意味着其燃烧系统中高温部件将经受越来越严苛的高温、高应力、强氧化、热冲击、燃气腐蚀、粒子冲蚀等极端条件的考验。

参考文献

[1] 刘家富. 燃气涡轮发动机制造技术的发展[J]. 先进制造与材料应用技术,1998,4: 7 - 10.

[2] Caron P, Khan T. Evolution of Ni-based superalloys for single crystal gas turbine blade applications[J]. Aerospace Science and Technology, 1999, 3: 513 - 523.

[3] Meier S M, Gupta D K. The evolution of thermal barrier coatings in gas-turbine engine applications[J]. Journal of Engineering for Gas Turbines and Power-Transactions of the ASME, 1994, 116: 250 - 257.

[4] 陈炳贻. 燃气轮机用热障涂层的进展[J]. 燃气轮机技术,1995,8: 24 - 27.

[5] Padture N P, Gell M, Jordan E H. Materials science - Thermal barrier coatings for gas-turbine engine apptications[J]. Science, 2002, 296: 280 - 284.

[6] Clarke D R, Levi C G. Materials design for the next generation thermal barrier coatings[J]. Annual Review of Material Research, 2003, 33: 383 - 417.

[7] 徐惠彬, 宫声凯, 刘福顺. 航空发动机热障涂层材料体系的研究[J]. 航空学报,2000,21: 7 - 12.

[8] Cao X Q, Vaßen R, Stöver D. Ceramic materials for thermal barrier coatings[J]. Journal of the European Ceramic Society, 2004, 24: 1 - 10.

[9] Tian Y S, Chen C Z, Wang D Y, et al. Recent developments in zirconia thermal barrier coatings [J]. Surface Review & Letters, 2005, 12: 369 - 378.

[10] Evans A G, Mumm D R, Hutchinson J W, et al. Mechanisms controlling the durability of thermal barrier coatings[J]. Progress in Materials Science, 2001, 46: 505 - 553.

[11] Klemens P G, Gell M. Thermal conductivity of thermal barrier coatings[J]. Materials Science and Engineering A, 1998, 245: 143 - 149.

[12] Maloney M J. Thermal barrier coating systems and materials[P]. Pat. 6117560, 2000.

[13] Ahrens M, Vaßen R, Stöver D. Stress distributions in plasma-sprayed thermal barrier coatings as a function of interface roughness and oxide scale thickness[J]. Surf Coat Technol, 2002, 161: 26 - 35.

[14] Hamacha R, Dionnet B, Grimaud A, et al. Residual stress evolution during the thermal cycling of plasma-sprayed zirconia coatings[J]. Surface & Coatings Technology, 1996, 80: 295 - 302.

[15] Kokini K, Dejonge J, Rangaraj S, et al. Thermal shock of functionally graded thermal barrier coatings with similar thermal resistance [J]. Surface & Coatings Technology, 2002, 154: 223 - 231.

[16] Kim J H, Kim M C, Park C G. Evaluation of functionally graded thermal barrier coatings fabricated by detonation gun spray technique[J]. Surface and Coatings Technology, 2003, 168: 275 - 280.

[17] Bao G, Cai H. Delamination cracking in functionally graded coating/metal substrate systems[J]. Acta Mater, 1997, 45: 1055 - 1066.

[18] Dong Z L, Khor K A, Gu Y W. Microstructure formation in plasma-sprayed functionally graded NiCoCrAlY/yttria-stabilized zirconia coatings[J]. Surface & Coatings Technology, 1999, 114: 181 - 186.

[19] Busso E P, Lin J, Sakurai S, et al. A mechanistic study of oxidation-induced degradation in a plasma-sprayed thermal barrier coating system. Part I: Model formulation[J]. Acta Materialia, 2001, 49: 1515 - 1528.

[20] Vaßen R, Kerkhof G, Stöver D. Development of a micromechanical life prediction model for plasma sprayed thermal barrier coatings[J]. Materials Science and Engineering A-Structural Materials Properties Microstructure and Processing, 2001, 303: 100 - 109.

[21] Ahrens M, Vaßen R, Stöver D. Stress distributions in plasma-sprayed thermal barrier coatings as a function of interface roughness and oxide scale thickness[J]. Surface and Coatings Technology, 2002, 161: 26 - 35.

[22] 尹衍升, 李嘉. 氧化锆陶瓷及其复合材料[M]. 北京: 化学工业出版社, 2004.

[23] Stecura S. Two-layer thermal barrier coating for turbine airfoils-fumace and burner rig test results [R]. NASA TM X - 3425, 1976.

[24] Stecura S. Optimization of the NiCrAl - Y/ZrO_2 - Y_2O_3 thermal barrier system[R]. NASA TM 86905, 1985.

[25] Vaßen R, Cao X Q, Tietz F, et al. Zirconates as new materials for thermal barrier coatings[J]. Journal of the American Ceramic Society, 2000, 83: 2023 - 2028.

[26] Stecura S. New ZrO_2 - Yb_2O_3 plasma-sprayed coatings for thermal barrier applications[J]. Thin Solid Films, 1987, 150: 15 - 40.

[27] Rahaman M N, Gross J R, Dutton R E, et al. Phase stability, sintering, and thermal conductivity of plasma-sprayed ZrO_2 - Gd_2O_3 compositions for potential thermal barrier coating applications[J]. Acta Materialia, 2006, 54: 1615 - 1621.

[28] Jones R L, Mess D. Improved tetragonal phase stability at 1 400℃ with scandia, yttria-stabilized zirconia[J]. Surface and Coatings Technology, 1996, 86 - 87: 94 - 101.

[29] Jones R L, Reidy R F, Mess D. Scandia, yttria-stabilized zirconia for thermal barrier coatings [J]. Surface & Coatings Technology, 1996, 82: 70 - 76.

[30] Leoni M, Jones R L, Scardi P. Phase stability of scandia-yttria-stabilized zirconia TBCs[J]. Surface and Coatings Technology, 1998, 108 - 109: 107 - 113.

[31] Huang X, Wang D, Lamontagne M, et al. Experimental study of the thermal conductivity of metal oxides co-doped yttria stabilized zirconia[J]. Materials Science and Engineering B, 2008, 149: 63 - 72.

[32] Zhu D, Miller R A. Sintering and creep behavior of plasma-sprayed zirconia- and hafnia-based thermal barrier coatings[J]. Surface and Coatings Technology, 1998, 108 - 109: 114 - 120.

[33] Xu H B, Guo H B, Liu F S, et al. Development of gradient thermal barrier coatings and their

hot-fatigue behavior[J]. Surface and Coatings Technology, 1999, 130: 133-139.

[34] Winter M R, Clarke D R. Thermal conductivity of yttria-stabilized zirconia-hafnia solid solutions [J]. Acta Materialia, 2006, 54: 5051-5059.

[35] Ibagazene H, Alperine S, Diot C. Yttria-stabilized hafnia-zirconia thermal barrier coatings: The influence of hafnia addition on TBC structure and high-temperature behaviour[J]. Journal of Materials Science, 1995, 30: 938-951.

[36] Brandon J R, Taylor R. Phase stability of zirconia-based thermal barrier coatings part Ⅱ. Zirconia-ceria alloys[J]. Surface and Coatings Technology, 1991, 46: 91-101.

[37] Dalmaschio R, Scardi P, Lutterotti L, et al. Influence of Ce^{3+}/Ce^{4+} ratio on phase stability and residual stress field in ceria-yttria stabilized zirconia plasma-sprayed coatings[J]. Journal of Materials Science, 1992, 27: 5591-5596.

[38] Schulz U, Fritscher K, Peters M. EB-PVD Y_2O_3- and CeO_2/Y_2O_3-stabilized zirconia thermal barrier coatings - Crystal habit and phase composition[J]. Surface and Coatings Technology, 1996, 82: 259-269.

[39] Sodeoka S, Suzuki M, Ueno K, et al. Thermal and mechanical properties of ZrO_2-CeO_2 plasma-sprayed coatings[J]. Journal of Thermal Spray Technology, 1997, 6: 361-367.

[40] Lee C H, Kim H K, Choi H S, et al. Phase transformation and bond coat oxidation behavior of plasma-sprayed zirconia thermal barrier coating[J]. Surface and Coatings Technology, 2000, 124: 1-12.

[41] Han Z H, Xu B S, Wang H J, et al. A comparison of thermal shock behavior between currently plasma spray and supersonic plasma spray $CeO_2-Y_2O_3-ZrO_2$ graded thermal barrier coatings [J]. Surface and Coatings Technology, 2007, 201: 5253-5256.

[42] Thornton J, Majumdar A, McAdam G. Enhanced cerium migration in ceria-stabilised zirconia [J]. Surface and Coatings Technology, 1997, 94-95: 112-117.

[43] Raghavan S, Wang H, Porter W D, et al. Thermal properties of zirconia co-doped with trivalent and pentavalent oxides[J]. Acta Materialia, 2001, 49: 169-179.

[44] Zhu D M, Miller R A. Low conductivity and sintering-resistant thermal barrier coatings[P]. Pat. 7186466, 2006.

[45] Zhu D M, Nesbitt J A, Barrett C A, et al. Furnace cyclic oxidation behavior of multicomponent low conductivity thermal barrier coatings[J]. Journal of Thermal Spray Technology, 2004, 13: 84-92.

[46] Minervini L, Grimes R W, Sickafus K E. Disorder in pyrochlore oxides[J]. Journal of the American Ceramic Society, 2000, 83: 1873-1878.

[47] Stanek C R, Minervini L, Grimes R W. Nonstoichiometry in $A_2B_2O_7$ pyrochlores[J]. Journal of The American Ceramic Society, 2002, 85: 2792-2798.

[48] Cao X Q, Vassen R, Jungen W, et al. Thermal stability of lanthanum zirconate plasma-sprayed coating[J]. Journal of The American Ceramic Society, 2001, 84: 2086-2090.

[49] Zhou H M, Yi D Q, Yu Z M, et al. Preparation and thermophysical properties of CeO_2 doped

La$_2$Zr$_2$O$_7$ ceramic for thermal barrier coatings[J]. Journal of Alloys and Compounds, 2007, 438: 217 – 221.

[50] Lehmann H, Pitzer D, Pracht G, et al. Thermal conductivity and thermal expansion coefficients of the lanthanum rare-earth-element zirconate system[J]. Journal of The American Ceramic Society, 2003, 86: 1338 – 1344.

[51] Suresh G, Seenivasan G, Krishnaiah M V, et al. Investigation of the thermal conductivity of selected compounds of lanthanum, samarium and europium[J]. Journal of Alloys and Compounds, 1998, 269: L9 – L12.

[52] Catchen G L, Rearick T M. O-anion transport measured in several R$_2$M$_2$O$_7$ pyrochlores using perturbed-angular-correlation spectroscopy[J]. Physical Review B, 1995, 52: 9890 – 9899.

[53] Suresh G, Seenivasan G, Krishnaiah M V, et al. Investigation of the thermal conductivity of selected compounds of gadolinium and lanthanum[J]. Journal of Nuclear Materials, 1997, 249: 259 – 261.

[54] Xu Q, Pan W, Wang J D, et al. Rare-earth zirconate ceramics with fluorite structure for thermal barrier coatings[J]. Journal of The American Ceramic Society, 2006, 89: 340 – 342.

[55] Tabira Y, Withers R L. Structure and crystal chemistry as a function of composition across the wide range nonstoichiometric $(1 - \varepsilon)$ZrO$_2$ · εSmO$_{1.5}$, $0.38 < \varepsilon < 0.55$, oxide pyrochlore system [J]. Journal of Solid State Chemisry, 1999, 148: 205 – 214.

[56] Feighery A J, Irvine J T S, Zheng C. Phase relations at 1 500℃ in the ternary system ZrO$_2$– Gd$_2$O$_3$– TiO$_2$[J]. Journal of Solid State Chemisry, 2001, 160: 302 – 306.

[57] Wu J, Padture N P, Klemens P G, et al. Thermal conductivity of ceramics in the ZrO$_2$– GdO$_{1.5}$ system[J]. Journal of Materials Research, 2002, 17: 3193 – 3200.

[58] Wu J, Padture N P, Gell M. High-temperature chemical stability of low thermal conductivity ZrO$_2$– GdO$_{1.5}$ thermal-barrier ceramics in contact with α – Al$_2$O$_3$[J]. Scripta Mater, 2004, 50: 1315 – 1318.

[59] Leckie R M, Kramer S, Ruhle M, et al. Thermochemical compatibility between alumina and ZrO$_2$– GdO$_{3/2}$ thermal barrier coatings[J]. Acta Materialia, 2005, 53: 3281 – 3292.

[60] Wan C L, Pan W, Xu Q, et al. Effect of point defects on the thermal transport properties of $(\text{La}_x\text{Gd}_{1-x})_2Zr_2O_7$: Experiment and theoretical model [J]. Physical Review B, 2006, 74: 144109.

[61] Liu Z G, Ouyang J H, Zhou Y. Preparation and thermophysical properties of $(\text{Nd}_x\text{Gd}_{1-x})_2Zr_2O_7$ ceramics[J]. Journal of Materials Science, 2008, 43: 3596 – 3603.

[62] Ling L, Qiang X, Fuchi W, et al. Thermophysical properties of complex rare-earth zirconate ceramic for thermal barrier coatings[J]. Journal of The American Ceramic Society, 2008, 91: 2398 – 2401.

[63] Liu Z G, Ouyang J H, Zhou Y, et al. $(\text{Ln}_{0.9}\text{Gd}_{0.05}\text{Yb}_{0.05})_2Zr_2O_7$ ceramics with pyrochlore structure as thermal barrier oxides[J]. Advanced Engineering Materials, 2008, 10: 754 – 758.

[64] Cao X Q, Vassen R, Fischer W, et al. Lanthanum-cerium oxide as a thermal barrier-coating

material for high-temperature applications[J]. Advanced Materials, 2003, 15: 1438 – 1442.

[65] Cao X Q, Vassen R, Tietz F, et al. New double-ceramic-layer thermal barrier coatings based on zirconia-rare earth composite oxides[J]. Journal of the European Ceramic Society, 2006, 26: 247 – 251.

[66] Ma W, Gong S K, Xu H B, et al. On improving the phase stability and thermal expansion coefficients of lanthanum cerium oxide solid solutions [J]. Scripta Materialia, 2006, 54: 1505 – 1508.

[67] Ma W, Gong S K, Xu H B, et al. The thermal cycling behavior of lanthanum-cerium oxide thermal barrier coating prepared by EB – PVD[J]. Surface and Coatings Technology, 2006, 200: 5113 – 5118.

[68] Dai H, Zhong X H, Li J Y, et al. Neodymium-cerium oxide as new thermal barrier coating material[J]. Surface and Coatings Technology, 2006, 201: 2527 – 2533.

[69] Wan C L, Pan W, Qu Z X, et al. Thermophysical properties of samarium-cerium oxide for thermal barrier coatings application [J]. Key Engineering Materials, 2007, 336 – 338: 1773 – 1775.

[70] Ni Y X, Hughes J M, Mariano A N. Crystal chemistry of the monazite and xenotime structures [J]. American Mineralogist, 1995, 80: 21 – 26.

[71] Hikichi Y, Ota T, Daimon K, et al. Thermal, mechanical, and chemical properties of sintered xenotime-type RPO$_4$(R = Y, Er, Yb, or Lu) [J]. Journal of the American Ceramic Society, 1998, 81: 2216 – 2218.

[72] Hikichi Y, Nomura T, Tanimura Y, et al. Sintering and properties of monazite-type CePO$_4$[J]. Journal of the American Ceramic Society, 1990, 73: 3594 – 3596.

[73] Friedrich C, Gadow R, Schirmer T. Lanthanum hexaaluminate — a new material for atmospheric plasma spraying of advanced thermal barrier coatings[J]. Journal of Thermal Spray Technology, 2001, 10: 592 – 598.

[74] Friedrich C J, Gadow R, Lischka M H. Lanthanum hexaaluminate thermal barrier coatings[J]. Ceramic Engineering and Science Proceedings, 2001, 22: 375 – 382.

[75] Gadow R, Lischka M. Lanthanum hexaaluminate-novel thermal barrier coatings for gas turbine applications-materials and process development[J]. Surface and Coatings Technolocgy, 2002, 151 – 152: 392 – 399.

[76] Cao X Q, Zhang Y F, Zhang J F, et al. Failure of the plasma-sprayed coating of lanthanum hexaluminate[J]. Journal of the European Ceramic Society, 2008, 28: 1979 – 1986.

[77] Padture N P, Klemens P G. Low thermal conductivity in garnets[J]. Journal of the American Ceramic Society, 1997, 80: 1018 – 1020.

[78] Su Y J, Trice R W, Faber K T, et al. Thermal conductivity, phase stability, and oxidation resistance of Y$_3$Al$_5$O$_{12}$(YAG)/Y$_2$O$_3$– ZrO$_2$(YSZ) thermal-barrier coatings[J]. Oxidation of Metals, 2004, 61: 253 – 271.

[79] Breval E, McKinstry H A, Agrawal D K. New [NZP] materials for protection coatings: Tailoring

of thermal expansion[J]. Journal of Materials Science, 2000, 35: 3359-3364.

[80] Trice R W, Su Y J, Faber K T, et al. The role of NZP additions in plasma-sprayed YSZ: Microstructure, thermal conductivity and phase stability effects [J]. Material Science and Engineering A-Structural Materials Properties Microstructure and Processing, 1999, 272: 284-291.

[81] Wan C L, Qu Z X, He Y, et al. Ultralow thermal conductivity in highly anion-defective aluminates[J]. Physical Review Letters, 2008, 101: 085901.

[82] Dietrich M, Verlotski V, Vaßen R, et al. Metal-glass based composites for novel TBC-systems [J]. Materialwissenschaft Und Werkstofftechnik, 2001, 32: 669-672.

[83] Chen H, Ding C X. Nanostructured zirconia coating prepared by atmospheric plasma spraying [J]. Surface and Coatings Technology, 2002, 150: 31-36.

[84] 陈煌, 丁传贤. 等离子喷涂氧化锆纳米涂层显微结构研究[J]. 无机材料学报, 2002, 17: 882-886.

[85] Kittel C. Interpretation of the thermal conductivity of glasses [J]. Physical Review, 1949, 75: 972.

[86] Klemens P G. The thermal conductivity of dielectric solids at low temperatures - theoretical[J]. Proceedings of the Royal Society of London, Series A, 1951, 208: 108-133.

[87] 关振铎, 张中太, 焦金生. 无机材料物理性能[M]. 北京: 清华大学出版社, 1992.

[88] Klemens P G. Phonon scattering by oxygen vacancies in ceramics[J]. Physical B, 1998, 263: 102-104.

[89] 奚同庚. 无机材料热物性学[M]. 上海: 上海科学技术出版社, 1981.

[90] Kingery W D, Bowen H K, Uhlmann D R. Introduction to ceramics[M]. 2nd ed. New York: Wiley, 1976.

[91] Klemens P G. The scattering of low-frequency lattice waves by static imperfections[J]. Proceedings of The Physical Society of London Section A, 1955, 68: 1113-1128.

[92] Klemens P G. Thermal resistance due to point defects at high temperatures[J]. Physical Review, 1960, 119: 507-509.

[93] Abeles B. Lattice Thermal conductivity of disordered semiconductor alloys at high temperatures [J]. Physical Review, 1963, 131: 1906-1911.

[94] Bodzenta J. Influence of order-disorder transition on thermal conductivity of solids[J]. Chaos Solitons & Fractals, 1999, 10: 2087-2098.

[95] Cahill D G, Watson S K, Pohl R O. Lower limit to the thermal conductivity of disordered crystals [J]. Physical Review B, 1992, 46: 6131-6140.

[96] Ruffa A R. Temperature dependence of the elastic shear moduli of the cubic metals[J]. Physical Review B, 1977, 16: 2504-2514.

[97] Ruffa A R. Thermal expansion in insulating materials[J]. Journal of Materials Science, 1980, 15: 2258-2267.

[98] Ruffa A R. Thermal expansion and melting in cubic crystals[J]. Physical Review B, 1981, 24:

6915 - 6925.

[99] Ruffa A R. Thermal expansion and zero-point displacement in isotopic lithium hydride[J]. Physical Review B, 1983, 27: 1321 - 1325.

[100] Kraftmakher Y. Equilibrium vacancies and thermophysical properties of metals[J]. Physics Reports-review Section of Physics Letters, 1998, 299: 79 - 188.

[101] Grimvall G. Thermophysical properties of materials[M]. Amsterdam: Elsevier, 1999.

[102] 郭洪波,宫声凯,徐惠彬. 新型高温/超高温热障涂层及制备技术研究进展[J]. 航空学报, 2014,35(10): 2722 - 2732.

[103] 刘纯波,林锋,蒋显亮. 热障涂层的研究现状与发展趋势[J]. 中国有色金属学报,2007,17 (1): 1 - 13.

[104] 陈玉峰,洪长青,胡成龙,等. 空天飞行器用热防护陶瓷材料[J]. 现代技术陶瓷,2017,38 (5): 311 - 387.

[105] 张天佑,吴超,熊征,等. 热障涂层材料及其制备技术的研究进展[J]. 激光与光电子学进展,2014,51(3): 1 - 6.

[106] Westwood M E, Webster J D, Day R J, et al. Oxidation protection for carbon fiber composites [J]. Journal of Materials Science, 1996, 31: 1389 - 1397.

[107] Sheehan J E, Strife J R. Ceramic coatings for carbon-carbon composites[J]. American Ceramic Society Bulletin, 1988, 67(2): 369 - 374.

[108] Savage G. Carbon-carbon composites[M]. London: Chapman and Hall, 1993.

[109] 郑晓慧. Cf/SiC 复合材料用玻璃陶瓷系抗氧化涂层的设计、制备与性能研究[D]. 长沙: 国防科学技术大学,2009.

[110] 栾兴涛. 等离子喷涂制备 ZrB_2/SiC/SiO_2 涂层抗氧化烧蚀性能的研究[D]. 北京: 北京理工大学,2016.

[111] Aparicio M, Duran A. Yttrium silicate coatings for oxidation protection of carbon-silicon carbide composites[J]. Journal of the American Ceramic Society, 2000, 83(6): 1351 - 1355.

[112] Yao X Y, Li H J, Zhang Y L, et al. A SiC/ZrB_2 - SiC/SiC oxidation resistance multilayer coating for carbon/carbon composites[J]. Corrosion Science, 2012, 57: 149 - 153.

[113] 郝菲. ZrB_2 - SiC 梯度涂层组织结构及成分特征的研究[D]. 北京: 北京理工大学,2015.

[114] Huang J F, Zeng X R, Li H J, et al. SiC/yttrium silicate multi-layer coating for oxidation protection of carbon/carbon composites[J]. Journal of Materials Science, 2004, 39 (24): 7383 - 7385.

[115] Ren X R, Li H J, Chu Y H, et al. ZrB_2 - SiC gradient oxidation protective coating for carbon/carbon composites[J]. Ceramics International, 2014, 40: 7171 - 7176.

[116] Tkachenko L A, Shaulov A Y, Berlin A A. High-temperature protective coatings for carbon fibers[J]. Inorganic Materials, 2012, 48(3): 213 - 221.

[117] Smeacetto F, Ferraris M, Salvo M. Multilayer coating with self-sealing properties for carbon - carbon composites[J]. Carbon, 2003, 41(11): 2105 - 2111.

[118] Ferraris M, Montorsi M, Salvo M. Glass coating for SiCf/SiC composites for high-temperature

application[J]. Acta Materialia, 2000, 48(18 – 19)：4721 – 4724.

[119] 杨尊社,卢刚认,刘航. 航空刹车用炭/炭复合材料的抗氧化研究[J]. 新型炭材料, 1999, 14(9)：53 – 56.

[120] 付前刚. 炭/炭复合材料抗氧化复合涂层的研究[D]. 西安：西北工业大学, 2004.

[121] 郭全贵,宋进仁,刘朗,等. B_4C – SiC/C 复合材料高温自愈合抗氧化性能研究 I 复合材料恒温氧化行为研究[J]. 新型炭材料,1998,13(1)：2 – 6.

[122] Buchanan F J, Little J A. Particulate-containing glass sealants for carbon-carbon composites [J]. Carbon, 1995, 33(4)：491 – 498.

[123] Criscione J M, Volk H F, Smith A W. Protection of graphite from oxidation at 2 100℃ [J]. AIAA Journal, 1966, 4(10)：1791 – 1797.

[124] Sekigawa T, Takeda F, Taguchital M. High temperature oxidation protection coating for C/C composites [C]. Tokyo：The 8th Symposium on High Performance Materials for Sever Enviroments, 1997.

[125] N. Sugahara, T. Kamiyama, O. M. Yamamoto et al. Stabilized HfO_2/Ir/HfC oxidation resistant coating system for C/C composites [C]. Tokyo：The 8th Symposium on High Performance Materials for Sever Enviroments, 1997.

[126] Hiroshi Y, Katsuaki K, Katsuhiro K, et al. Study of Anti-oxidation coating system for advanced C/C composites [C]. Tokyo：The 8th Symposium on High Performance Materials for Sever Enviroments, 1997：283 – 294.

[127] Lee K N, Worrell W L. High-temperature Oxidation behavior of iridium-based aluminum-forming ternary intermetailacs[M]. Oxidation of Metals, 1994, 1：37 – 63.

[128] Huang M, Li K Z, Li H J, et al. A Cr – Al – Si oxidation resistant coating for carbon/carbon composites by slurry dipping[J]. Carbon, 2007, 45：1125 – 1126.

[129] Terentieva V S, Bogachkova O P, Goriatcheva E V. Method for protecting products made of a refractory material against oxidation, and resulting protected products[P]. Pat. 5677060, 1997.

[130] Tuffias R H, Williams B E , Kaplan R B. Method of forming a composite structure such as a rocket combustion chamber[P]. Pat. 5855828, 1999.

[131] Brian D R. AIAA/ASME/SAE/ASEE joint propulsion conference & exhibit[C]. Cleveland：American Institute of Aeronautics and Astronautics, 1998.

[132] 胡昌义,陈松,杨家明,等. CVD 法制备的 Ir/Re 涂层复合材料界面扩散研究[J]. 稀有金属材料与工程,2003,32(10)：796 – 798.

[133] 陈照峰,王亮兵,张颖,等. C/C 复合材料表面双辉等离子渗铱微观结构分析[J]. 宇航材料工艺,2008,2：30 – 33.

[134] Hua Y F, Chen Z F, Zhang L T, et al. Solid state-reaction between Ir and Al_2O_3[J]. Journal of Materials Science, 2006, 41(7)：2155 – 2156.

[135] Yang W B, Zhang L T, Hua Y F, et al. Thermal stability of iridium coatings prepared by MOCVD[J]. International Journal of Refractory Metals and Hard Materials, 2009, 27(1)：33 – 36.

[136] Strife J R, Smeggil J G. Worrell W L. Reaction of iridium with metal carbides in the temperature range of 1 923 to 2 400 K[J]. Journal of American Ceramic Society, 1990, 73 (4): 838 – 845.

[137] Ehrburger P. Inhibition of the oxidation of carbon-carbon composites by boron oxide[J]. Carbon, 1986, 24(4): 495 – 499.

[138] Courtright E L, Prater J T, Holcomb G R, et al. Oxidation of hafnium carbide and hafnium carbide with additions of tantalum and praseodymium[J]. Oxidation of Metalls, 1991, 36: 423 – 437.

[139] Liu C T, George E P, Bloom E E. Ir-based alloys for ultra-high temperature applications[P]. Pat. 0129960 A1, 2005.

[140] Movchan B A, Demchishin A V. Study of the structure and properties of EBPVD aluminum oxide and zirconium oxide[J]. Physics of Metals and Metallography, 1969, 28(4): 83 – 90.

[141] 李美姮,张重远,孙晓峰,等. EB－PVD 热障涂层的热循环失效机理[J]. 材料工程,2002, 8: 20 – 23.

[142] Sun C, Li H J, Fu Q G, et al. Double SiC coating on carbon/carbon composites against oxidation by a two-step method[J]. Transactions of Nonferrous Metals Society of China, 2013, 23(7): 2107 – 2112.

[143] 苏哲安,杨鑫,黄启忠,等. SiC 涂层对 C/C 复合材料高温氧乙炔焰烧蚀性能影响[J]. 中国有色金属学报,2011,21(11): 2838 – 2845.

[144] 尹健,张红波,熊翔,等. SiC 涂层炭/炭复合材料的高温烧蚀性能[J]. 兵器材料科学与工程,2011,34(2): 8 – 11.

[145] Yang X, Su Z A, Huang Q Z, et al. Preparation and oxidation resistance of mullite/SiC coating for carbon materials at 1 500℃[J]. Transactions of Nonferrous Metals Society of China, 2012, 22(12): 2997 – 3002.

[146] Shimada S, Sato T. Preparation and high temperature oxidation of SiC compositionally graded graphite coated with HfO₂[J]. Carbon, 2002, 40(13): 2469 – 2475.

[147] Murray S D, John W L, Charles W B. Interatomic potentials for zirconium diboride and hafnium diboride[J]. Computational Materials Science, 2011, 50(10): 2828 – 2835.

[148] Li H, Yao D, Fu Q, et al. Anti-oxidation and ablation properties of carbon/carbon composites infiltrated by hafnium boride[J]. Carbon, 2013, 52(2): 418 – 426.

[149] 张天助,陈招科,熊翔,等. C/C 复合材料 ZrB₂－SiC 基陶瓷涂层制备及烧蚀性能研究[J]. 中国材料进展,2013,(11): 659 – 664.

[150] 韩寿鹏. C/SiC 复合材料抗高温氧化涂层制备及性能研究[D]. 北京: 北京理工大学, 2015.

[151] Pavese M, Fino P, Badini C, et al. HfB₂/SiC as a protective coating for 2D Cf/SiC composites: Effect of high temperature oxidation on mechanical properties[J]. Surface and Coatings Technology, 2008, 202: 2059 – 2067.

[152] Ren X R, Li H J, Fu Q G, et al. TaB₂－SiC－Si multiphase oxidation protective coating for

SiC-coated carbon/carbon composites[J]. Journal of the European Ceramic Society, 2013, 33 (15 - 16): 2953 - 2959.

[153] Niu Y R, Wang H Y, Li H, et al. Dense ZrB_2 - $MoSi_2$ composite coating fabricated by low pressure plasma spray (LPPS)[J]. Ceramics International, 2013, 39(8): 9773 - 9777.

[154] 张勇, 周声劢, 夏金童, 等. 炭/炭复合材料高温抗氧化研究进展[J]. 炭素技术, 2004, 23 (4): 20 - 25.

[155] Sayir A. Carbon fiber reinforced hafnium carbide composite[J]. Journal of Materials Science, 2004, 39: 5995 - 6003.

[156] Wunder V, Popovska N, Wegner A, et al. Multilayer coatings on CFC composites for high - temperature applications[J]. Surface and Coatings Technology, 1998, 100 - 101: 329 - 332.

[157] Yong S W, Venu G V, Olga K, et al. Equilibrium analysis of zirconium carbide CVD growth [J]. Journal of Crystal Growth, 2007, 307: 302 - 308.

[158] Wang Y J, Li H J, Fu Q G, et al. Ablative property of HfC-based multilayer coating for C/C composites under oxy-acetylene torch [J]. Applied Surface Science, 2011, 257 (10): 4760 - 4763.

[159] 王其坤, 胡海峰, 郑文伟, 等. C/C - SiC 复合材料熔融渗硅制备工艺[J]. 材料导报, 2005, 19(7): 93 - 96.

[160] 崔园园, 白瑞成, 孙晋良, 等. 熔融渗硅法制备 C/C - SiC 复合材料的研究进展[J]. 材料导报, 2011, 25(1): 31 - 35, 40.

[161] Fu Q G, Li H J, Shi X H, et al. Silicon carbide coating to protect carbon/carbon composites against oxidation[J]. Scripta Materialia, 2005, 52: 923 - 927.

[162] 马康智. 等离子喷涂 ZrB_2 - SiC 涂层工艺优化及抗烧蚀性能的研究[D]. 北京: 北京理工大学, 2014.

[163] Xu Y D, Chengn L F, Zhang L T, et al. Oxidation behavior and mechanical properties of C/ SiC composites with Si - $MoSi_2$ oxidation protection coating[J]. Journal of Materials Science, 1999, 34 (24): 6009 - 6014.

[164] 刘荣军, 周新贵, 张长瑞, 等. 包渗法制备 Cf/SiC 陶瓷基复合材料 $MoSi_2$ - SiC - Si 防氧化涂层[J]. 宇航材料工艺, 2000(3): 45 - 48.

[165] 张雨雷, 李贺军, 姚西媛, 等. C/SiC/Si - Mo - Cr 复合涂层碳/碳复合材料力学性能研究 [J]. 无机材料学报, 2008, 23(4): 725 - 728.

[166] 黄敏, 李克智, 李贺军, 等. 碳/碳复合材料 SiC/Al - Si 涂层微观结构及抗氧化性能研究 [J]. 材料工程, 2007, (4): 43 - 46.

[167] Smeacetto F, Salvo M, Ferraris M. Oxidation protective multilayer coatings for carbon-carbon [J]. Carbon, 2002, 40(4): 583 - 587.

[168] Fu Q G, Li H J, Shi X H, et al. Double-layer oxidation protective SiC/glass coatings for carbon/carbon composites[J]. Surface and Coatings Technology, 2006, 200: 3473 - 3477.

[169] 张宗涛, 黄勇, 乐恢榕, 等. SiC 晶须表面成分和涂层对抗氧化性的影响[J]. 材料研究学报, 1992, 6(5): 409 - 413.

[170] Li T K, Hirschfeld D A, Brown J J. Thin film coatings of (Ca0. 6Mg0. 4)$Zr_4(PO_4)_6$ on Si_3N_4 and SiC[J]. Journal of Materials Research, 1994, 9(8): 2014 – 2028.

[171] Li J, Luo R Y, Chen L, et al. Oxidation resistance of a gradient self-healing coating for carbon/carbon composites[J]. Carbon, 2007, 45: 2471 – 2478.

[172] Liedtke V, Olivares I H, Langer M, et al. Manufacturing and performance testing of sol/gel based oxidation protection systems for reusable space vehicles[J]. Journal of the European Ceramic Society, 2007, 27(2 – 3): 1493 – 1502.

[173] Leiste H, Dambacher U, Ulrich S, et al. Microstructure and properties of multilayer coatings with covalent bonded hard materials[J]. Surface & Coatings Technology, 1999, 116 – 119: 313 – 320.

[174] Cheng L F, Xu Y D, Zhang L T, et al. Effect of carbon interlayer on oxidation behavior of C/SiC composites with a coating from room temperature to 1 500℃[J]. Materials Science and Engineering A, 2001, 300: 219 – 225.

[175] Ren X, Yang Q, Zhang M et al. Oxidation inhibition behaviors of HfB_2 – $MoSi_2$ – SiC oxygen blocking coating prepared by spark plasma sintering[J]. Journal of the American Ceramic Society, 2021, 105(2): 1568 – 1580.

[176] Webster J D, Westwood M E, Hayes F H, et al. Oxidation protection coatings for C/SiC based on yttrium silicate[J]. Journal of the European Ceramic Society, 1998, 18: 2345 – 2350.

[177] 侯根良,苏勋家,王延斌,等. C/C 复合材料抗烧蚀 HfC 涂层的制备[J]. 航空材料学报, 2009,29 (1): 77 – 80.

[178] 杨文彬,张立同,成来飞,等. 金属有机物化学气相沉积法制备铱涂层的形貌与结构分析 [J]. 稀有金属材料与工程,2006,3(35): 488 – 491.

第7章
多功能梯度复合隔热

7.1 概述

超燃冲压发动机高温结构外表面温度可达 2 000℃以上,需要通过隔热结构的作用,使其降低到 80~300℃,以达到飞行器内部结构和元器件的长时间工作环境要求。在飞行器长时间飞行条件下,发动机会产生强烈振动、冲击载荷,以及尺度达到 100 mm 量级的热结构变形,此外,超高温隔热结构设计受到飞行器空间及结构质量的严格约束。因此,轻质、高效的超高温隔热结构与材料技术是发动机应用所面临难题之一。

近年来,在从事发动机、材料研究单位的共同努力下,对超高温隔热结构与材料技术开展了深入研究,主要包括:① 多种超高温隔热材料(氧化锆纤维、氧化铝纤维、碳纤维、氧化硅纤维)的基本物理性能和高温失效机理;② 多种超高温隔热材料纤维制备方法,以及材料的成分、结构、表面形态及热导率测试与分析;③ 重点材料——氧化锆纤维、氧化铝纤维制备方法、热物性;④ 多种隔热材料梯度复合隔热方案与验证。根据泰勒方法,利用不同材料在不同使用温度区间效果最优原理,进行高、中、低温层材料梯度复合,形成高效隔热方案。

7.1.1 典型的隔热结构形式

目前典型的隔热结构拓扑型式有以下几种:隔热瓦或隔热毡;气凝胶结构;多层复合隔热系统。

(1)隔热瓦或隔热毡。常用的纤维材料有硅酸铝纤维、石英纤维、氧化铝纤维、氧化锆纤维等,具有耐高温、导热系数低、比热容大、成本低等特点,这些纤维可被制成单一纤维毡、纤维布、纤维网、纤维纸等,或者由几种纤维制成复合纤维制品,在航天热防护系统应用广泛。表 7.1 中给出几种耐高温纤维及制品的性能指标。

表 7.1 耐高温纤维及其制品的性能指标

纤维名称	物 理 性 能			化 学 组 分			
	耐温 /℃	热导率 /[W/(m·K)]	纤维直径 /μm	Al_2O_3 %	$Al_2O_3+SiO_2$ %	Fe_2O_3 %	K_2O+Na_2O %
高铝纤维	1 350	<0.15 (1 000℃)	3~6	>59	>98	<0.55	<0.3
普通硅酸铝纤维	1 000	<0.19 (1 000℃)	4~7	>45	>96	<1.2	<0.5
矿棉	600	<0.04	<8	—	$Al_2O_3+SiO_2 \geqslant 1.2\%$	—	—
碳/氧化锆纤维	2 300	<0.115 (1 000℃)	6~15	—	—	—	—

以 SiO_2 纤维、Al_2O_3 纤维、ZrO_2 纤维等高性能材料为主要基材的防护与隔热结构已经在航天领域得到很好的应用,其中隔热瓦和隔热毡是典型代表。

隔热瓦作为航天飞机迎风面使用的热防护结构,被称为航天飞机的重大成就之一。隔热瓦的研制工作开始于 20 世纪 60 年代,先后研制出了 LI(lockheed insulation)、FRCI(fibrous refractory insulation on composite)、AETB(alumina enhanced thermal barrier)、BRI(boeing resuable insulation)系列陶瓷隔热瓦[1-3]。陶瓷隔热瓦成分主要为 SiO_2 纤维、Al_2O_3 纤维或者硅酸铝纤维,经编织、烧结后形成多孔结构,使得隔热瓦具有良好的隔热能力和力学性能。其中,艾姆斯研究中心研制了 FRCI 的新型隔热瓦材料,该材料由氧化硅纤维和20%粗直径的硼硅酸铝纤维组成,也可加入少量碳化硅来提高辐射能力。在研制 FRCI 的同时研制了代号为 AFRSI 的先进可重复使用的表面柔性防热材料,采用玻璃布或氧化硅玻璃布包覆着高纯氧化铝纤维毡,通过玻璃线或者氧化硅玻璃线把它们缝合在一起,这种防热材料多次重复使用温度最高可达 1 037℃,常温常压下的热导率约为 0.033 W/(m·K),曾被应用于 X-33 的背风面,还被用来隔绝超燃冲压发动机燃烧时的高温辐射热量[4]。

(2) 气凝胶复合结构。气凝胶是一种隔热性能优异的固体材料,具有高比表面积、纳米级孔、低密度等特殊的微观结构,热物理性能优异,热导率约为 0.012 W/(m·K),密度约为 0.16 mg/cm³,比表面积在 400~1 000 m²/g,孔隙率为90%~99.8%,化学性能稳定,内部体积99%由气体组成。1999 年美国 Aspen Systems 公司承接美国宇航局的课题,成功制备出纤维复合的气凝胶超级绝热材料,开始将气凝胶绝热毡推广应用至航天军工以及石化领域。将气凝胶颗粒、黏合剂、阻燃剂、发泡剂等进行混合制备气凝胶复合结构,并在表面生成高温抗氧化涂层,可大幅度提升原材料的耐热性能。

（3）梯度复合隔热系统是由反射屏（平面层）和隔热材料（隔热层）交替叠合而成。反射屏采用发射率低的金属平面薄膜制造而成,对高温辐射热流起反射作用。隔热层则由纤维或空隙材料形成。实际应用的多层隔热结构,按反射屏的不同可分为两种类型:一类是由金属箔构成的反射屏,多用于高温情况;另一类由金属镀膜构成反射屏,常用于中、低温范围。金属镀膜反射屏的底材常用涤纶薄膜和聚酰亚胺薄膜,用真空沉积方法将铝、银、金等金属镀到底材薄膜上,最薄可至 2～3 μm。层间材料多用质地疏松的纤维纸或织物（丝绸、尼龙纱、涤纶纱等）制成。反射屏间传热一般包括反射屏与纤维、纤维本身、纤维与纤维之间的传热过程,接触热阻很大,所以多层隔热结构具有极好的隔热性能,理论上其当量导热系数低到 10^{-5} W/(m·K)的量级。在真空条件下,多层隔热系统的隔热性能比常用的隔热材料要高 2 个数量级。多层隔热系统不仅重量轻,而且装拆方便,没有粉尘,不会对周围环境造成污染。因此,多层隔热结构组成的热防护系统被认为将在未来空间飞行器上大面积采用。

图 7.1 是多层隔热系统与其他隔热材料的比较。多层隔热系统内存在多种形式的传热:纤维的固体导热、稀薄气体导热、气体在纤维空间的自然对流换热,以及在反射屏之间的辐射换热。在发动机不同工作状态下,不同形式的传热会有不同的变化。在高温多层隔热结构中,随着温度梯度的增大,辐射换热变成主要的传热方式。而在低压时,气体导热和自然对流的换热量很小,但随着气压的增大,它们的换热量也增加。

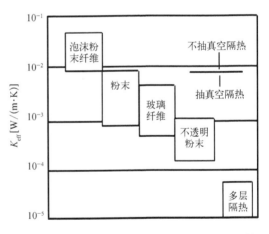

图 7.1 多层隔热系统与其他隔热方式的性能比较

7.1.2　发动机隔热结构一般组成与特点

超燃冲压发动机高温防护、承载与隔热一体化结构,从内到外依次为耐温与承载层、高温隔热层、相变吸热层、中温隔热层和低温隔热层,反射屏设置于各层之间,层间通过黏结后压紧并机械固定,使各层处于压缩状态,总压缩率为 5%～10%。针对超燃冲压发动机温度分布差异大、超高温以及时间长的隔热特点,不同温区隔热结构的组成、选材、厚度以及反射屏形式等需要适应性调整。这种方式较传统单一的隔热设计方法,可有效降低发动机隔热层厚度、实现发动机隔热方案优化。

7.2 典型隔热材料及其制品

适用于超高温热防护系统柔性隔热材料的选择有着严格的限制条件,一般要满足以下特点[3-6]:① 较高的熔点,在高温使用条件下仍然保持良好的结构完整性;② 较低的导热系数,使隔热层具有优异的隔热效果,为热端部件提供有效的热保护;③ 较高的抗高温腐蚀能力和抗高温氧化能力;④ 低密度,尽量减少飞行器热防护结构的重量。

无机纤维因其低密度、低导热、高热容的优异特点,越来越受到各国重视与应用,被广泛应用于各类飞行器的热防护系统[7]。目前,无机纤维质材料品种主要有玻璃纤维、碳纤维、硅酸铝纤维、石英纤维、莫来石纤维、氧化铝纤维及氧化锆纤维等,选用单一成分或是多组成分纤维复合制备柔性纤维纸、纤维毯、纤维布、纤维折叠块等结构的隔热材料是目前常用的形式,其中在超高温热防护系统中,碳纤维、氧化锆纤维、氧化铝纤维较为常见。

7.2.1 氧化锆纤维及其制品

1. 氧化锆纤维

氧化锆陶瓷具有较高的熔点(2 700℃)、高温下较低的导热系数[2.17 W/(m·K), 1 200 K]、优异的力学性能(泊松比为 0.25,杨氏弹性模量为 21 GPa)及耐烧蚀、耐腐蚀等众多优点[8],广泛应用于传感器、催化剂、电子陶瓷、热防护材料等众多领域。随着温度的变化,氧化锆陶瓷存在单斜相、四方相和立方相的晶型转变,如图 7.2 所示[9],在晶型由四方相转变为单斜相的过程中,氧化锆会发生 8%的体积膨胀,所以需要加入适量的稳定剂(如氧化钙、氧化钇、氧化镁)形成稳定的四方相或立方相氧化锆,避免使用过程中发生体积变化,造成局部结构或功能失效。

$$ 单斜相 \underset{970℃}{\overset{1180℃}{\rightleftharpoons}} 四方相 \overset{2370℃}{\rightleftharpoons} 立方相 \overset{2680℃}{\rightleftharpoons} 熔点 $$

图 7.2 ZrO$_2$的晶型转变

氧化锆纤维是指以二氧化锆为主要组分,添加了稳定剂的陶瓷纤维,其晶相一般为四方相或立方相的多晶陶瓷结构。添加氧化钇作为稳定剂有利于形成四方相的氧化锆纤维,可以起到显著增韧的作用。由于氧化锆本身的高熔点、抗氧化优良特性,使得氧化锆纤维可以在还原、氧化、中性气氛的超高温环境中使用,并且具有优异的隔热性能[10,11]。氧化锆纤维具有高熔点、低导热的优良性能,其广泛的用途越来越受到国内外研究人员的重视,目前研究开发了多种制备工艺,常见的制备方法主要有前驱体溶液浸渍法、共混纺丝法、喷丝热解法、溶胶凝胶法、静电纺丝法、泥浆挤丝法等[12]。

（1）前驱体溶液浸渍法是以氧氯化锆、硝酸锆等锆盐溶液为浸渍液,以有机物纤维（尼龙6、尼龙66、醋酸纤维素、螺萦、人造聚丙烯聚酯、乙烯树脂和聚尿烷等）为载体,将载体纤维在浸渍液中溶胀,通过扩散原理,使纤维内部空隙中的有机溶剂或水与盐溶液发生物质交换,直至空隙内外的锆盐溶液浓度平衡。采用离心的方式将载体中的多余浸渍液脱出,依次经过干燥、缓慢热解、高温煅烧形成保持载体形貌且具有一定强度的氧化锆纤维。

国外对于该种方法制备氧化锆纤维的报道较少。美国联合碳化物公司使用前驱体溶液浸渍法制备了氧化锆纤维,并且申请了发明专利,其产品应用在航空航天热防护领域[11-13]。国内,余明清等[14]研究了浸渍黏胶纤维在热处理中的主要物化反应,依次经历了黏胶纤维脱水、黏胶纤维氧化、氧化锆三个过程。对比了氧化钙、氧化钇、氧化镁三种不同的稳定剂对氧化锆纤维稳定性及强度的影响,其中氧化钇稳定的氧化锆纤维的性能最优异,氧化锆晶粒沿着黏胶纤维轴向定向排布生长,氧化锆纤维的平均直径约为 $7\ \mu m$,纤维含有大量气孔,孔隙率达到96%,且分布均匀具有较好的隔热效果;胡利明等[15]采用前驱体溶液浸渍法制备氧化锆纤维布,研究了采用丙纶、黏胶和棉布三种不同前驱体载体制备得到的氧化锆纤维的性能差异,并获得了制备氧化锆纤维布的最佳工艺参数,该种氧化锆纤维布可以作为卫星用燃料电池的隔膜。

前驱体溶液浸渍法制备工艺比较简单,可以作为浸渍载体的原料较多,并且省却了纤维成布或毡的纺织工序,生产成本较低。但是,也存在填充在纤维间隙中的氧化锆颗粒分布不均匀且含量较低,导致在后期煅烧过程中,纤维整体体积收缩过大,缺陷较多,工艺控制难度较大。

（2）喷丝热解法是以醋酸锆、柠檬酸锆、异丙醇锆等盐溶液为原料,通过添加一定比例的黏结剂、发泡剂来调节盐溶液的黏度及表面张力,使用喷雾喷嘴将盐溶液喷入干燥介质中,在重力和表面张力的双重作用下,形成丝状物,溶剂在干燥介质中蒸发,最终得到氧化锆纤维,该种方法得到的一般是氧化锆短纤维。

PullarR 等[16]以异丙醇锆盐溶液为原料,添加一定量的黏结剂,通过喷嘴将盐溶液吹成丝状氧化锆短纤维,经过高温热处理去除纤维中的有机物,制备得到氧化锆纤维,经研究该种短纤维具有显著的增韧效果。周晓东等[17]以醋酸氧锆、硝酸钇、PVA为原料,采用喷雾热分解法制备出长度为 $1\sim5\ cm$、直径为 $1\sim2\ \mu m$ 的氧化锆纤维,并对影响纤维形貌的前驱体溶液浓度、黏度、加热速度等相关因素进行了研究,得到了空心状的稳定四方相氧化锆纤维。喷丝热解法具有工艺简单、生产效率高、易于规模化生产等优点,适于用不连续纤维的生产,但也存在纤维强度较低、渣球比较多的缺点。

（3）溶胶-凝胶法是制备高性能氧化锆纤维最常用的方法,通常以易于水解的锆醇盐或无机锆盐为原料,溶于液相溶剂中,经醇解或水解后缩聚形成含有 Zr—O—Zr 聚合长链的溶胶,进一步加热干燥除去溶剂形成凝胶[18-20],纺丝后得到前驱体纤维,常采用的前驱体包括有机锆聚合物体系、有机锆盐溶胶体系[21,22]、聚锆氧烷体系[23,24]等几种类型,尤其以聚乙酰丙酮合锆纺丝液体系纺丝性能较好。其基本的化学反应过程如下[25,26]。

a）溶剂化：Zr^{4+} 吸引水分子,形成溶剂单元 $[Zr(H_2O)_n]^{4+}$,同时释放 H^+

$$[Zr(H_2O)_n]^{4+} \longrightarrow [Zr(H_2O)_{(n-1)}(OH)]^{3+} + H^+ \tag{7.1}$$

b）水解反应锆醇盐 $Zr(OR)_n$ 与水反应生成 ZrOH

$$Zr(OR)_n + xH_2ORO \longrightarrow Zr(OH)_x(OR)_{n-x} + xROH \tag{7.2}$$

c）失水缩聚

$$—Zr—OH + HO—Zr \longrightarrow —Zr—O—Zr— + H_2O \tag{7.3}$$

d）失醇缩聚

$$—Zr—OR + HO—Zr \longrightarrow —Zr—O—Zr— + H_2O \tag{7.4}$$

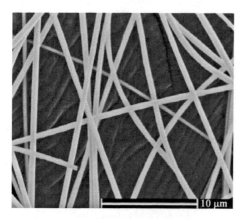

图 7.3　ZrO$_2$纤维微观形貌

日本品川耐火材料以乙酰丙酮锆或醋酸锆和硝酸钇为原料,甲醇作为溶剂混合成为溶液,调节溶液的黏度于合理值时,该溶液可以进行拉丝处理,并对拉丝进行水蒸气凝胶化处理,经过高温煅烧制备得到粒径为 80 nm 的氧化锆连续纤维[27]。国内山东大学、济南大学等也采用了相同工艺,也获得了连续的氧化锆纤维[28],其微观形貌如图 7.3 所示。

刘和义等[29]以乙酰丙酮、硝酸钇、三乙胺、氧氯化锆等为原料,采用溶胶-凝胶法合成聚乙酰丙酮合锆纺丝,对纺丝进行热处理后制备得到氧化锆连续纤维,纤维的强度高达 2.8 GPa,并推测出聚乙酰丙酮合锆的分子结构。溶胶-凝胶法制备氧化锆纤维工艺比较简单,生产周期较短,效率较高,适合工业化大规模生产。另外,采用该种方法制备得到连续的氧化锆纤维内部含缺陷较少,强度较高,使用性能较为优异。

2. 氧化锆纤维隔热材料制品

氧化锆纤维在超高温条件下具有较低的导热系数,因此被广泛应用于各种高温部件的隔热保护。根据其使用工况的不同,可以将氧化锆纤维加工成不同类型的制品来使用,包括氧化锆纤维毡、氧化锆纤维布、刚性氧化锆纤维制品、氧化锆基的复合纤维纸等[30],其中刚性氧化锆纤维制品、氧化锆基复合纤维纸在飞行器热防护领域应用较多。

氧化锆刚性纤维制品的种类较多,主要包括纤维筒、氧化锆纤维罩、氧化锆纤维板及其他异形制品,如图7.4所示[31]。刚性纤维制品一般是将氧化锆短切纤维与低温、高温黏结剂混合制成水性的悬浮液,使用特殊的模具进行成型,经过高温烧制及后续的机械加工而成。制备氧化锆刚性纤维制品的关键工艺是纤维悬浮液的配制、成型模具的设计及黏结剂的选择。纤维悬浮液在配制过程中需要加入一定比例的分散剂,保证短切纤维在悬浮液体系中分散均匀,使产品结构均一性得到保证;成型模具应设计成阻力小的微孔结构,在一定的压力下,溶剂可以迅速流出;黏结剂的主要作用是保证制品成型后具有一定的结合强度,保证制备结构的完整性,当使用温度低于1700℃时,黏结剂可选择普通的水溶性有机溶剂,如甲基纤维素、聚乙烯醇等,加入量一般小于4%。如果制品的使用温度超过1700℃时,黏结剂一般选择锆溶胶。

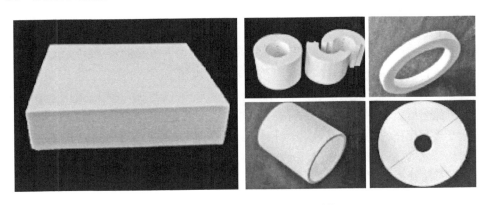

图7.4 氧化锆纤维板及其异形制品

目前,氧化锆刚性纤维制品最具代表性的是氧化锆纤维板。在1700℃以下,氧化铝纤维隔热板被广泛作为高温隔热材料使用,当温度高于1700℃时,氧化锆隔热空心砖、氧化锆纤维隔热板成为性能最优的替代材料,尤其在工业窑炉内衬、航天飞行器的超高温特殊隔热结构方面应用广泛[32]。采用氧化锆纤维复合高强纤维、酚醛等制备出高温柔性、刚性隔热材料,材料具有较小的导热系数,且具有一定的抗机械振动性能。表7.2为中国建筑材料科学研究总院研制的氧化锆复合隔热材料性能指标。

表 7.2　某氧化锆纤维复合隔热材料能指标

测 试 项 目	性 能 指 标	备　　　注
密度(g/cm^3)	0.48	GB/T 17911.3 - 1999 耐火陶瓷纤维制品体积密度试验方法
热导率/$[W/(m \cdot K)]$	500℃：0.045 700℃：0.075 1 000℃：0.115	YB/T 4130 - 2005 水流量平板法
比热容/$[J/(kg \cdot K)]$	450	差热分析法
残余水分	0.4%	电子天平
加热线收缩率 1 500 K，1 h	1%	GB/T 17911.3 - 1999 耐火陶瓷纤维制品加热永久线变化试验方法

　　氧化锆空心砖的制备工艺成熟、生产周期短、规模化生产，但是其体积密度极大，保温效果较差导致在工业窑炉使用过程中的能耗较高；氧化锆纤维板的体密度较小、导热系数较低、耐烧蚀且耐温高于 2 300℃，是较为理想的高温隔热材料，但高温下会发生晶体相变，隔热效果和材料强度大幅度下降，必须经过相应工艺处理才能满足使用要求。

　　氧化锆纤维板的制备方法有多种，当不使用黏结剂时，一般采用钉板成型法，其制备过程为：采用两层钉板将多层纤维压紧，钉板可以上下运动，当钉板上的倒钩向上拉时，可将多层纤维层连接在一起，该种方法可以制备不同体积、不同厚度的纤维板。但是该种制备方法对于氧化锆纤维的性能要求较高，与国外相比，国内生产的氧化锆纤维强度较低、脆性较大，用钉板成型法制备的氧化锆纤维板性能较差。目前国内有学者采用压滤法成功制备了氧化锆纤维隔热板，其制备工艺流程：采用氧化锆纤维为载体，以氧化锆微粉或多种陶瓷微粉为填充料，以无机溶胶为黏结剂，通过压滤法制备氧化锆纤维板。中钢集团徐培珮[33]采用氧化钇稳定的氧化锆纤维为原料，以氧化锆溶胶和淀粉溶液为黏结剂，采用压滤成型的方法制备了氧化锆纤维隔热板，并对纤维板的物相组成、线收缩率、导热系数及其相关影响因素进行了相关研究，该种氧化锆纤维板的导热系数较低，400℃时导热系数仅为 0.07 W/(m · K)，经过 1 800℃高温处理后，收缩率为 0.98%，纤维板晶相主要为立方相结构且其晶粒无明显长大。

　　氧化锆脆性较大，致使难以使用熔融拉丝形成纤维，再以纤维为原料进行制毡的方法制备氧化锆纤维毡。山东工陶院胡利明等[34]以有机短纤维针刺制成有机纤维毡为前驱体，以锆盐为浸渍液进行浸渍，经热处理后得到厚度为 3~4 mm，气孔率为 96% 的四方相氧化锆纤维毡，在 1 600℃条件下加热 3 h，该种纤维毡的收缩率为 3.9%，低于美国 ZIRCAR 公司生产的同类产品。在使用浸渍法制备氧化锆纤维毡的过程中,在使用前驱体种类及浸渍液浓度一定的情况下,纤维毡的产量及成品率由烧成制度决定。采用恰当的气氛、合适的煅烧制度及装炉方式,可以使氧化锆纤维毡的产量及合格率成倍增加。王玲等对氧化锆纤维毡的烧成制度进行了研究,发现采用水平加热方式、中低温慢烧及高温快速升温制度,并配以适当的装炉方式,可以提高成品率[35]。

氧化锆纤维纸以氧化锆短切纤维为原料,添加其他纤维或晶须,经抄纸工艺成型,在一定温度下干燥,通过黏结剂的固化作用,最终形成具有一定厚度的纸,国内外对于该类型的隔热材料报道较少。

7.2.2　氧化铝纤维及其制品

1. 氧化铝纤维

氧化铝晶型众多,目前发现的有 α、β、γ、δ、θ、κ、ζ 等十几种同质异构体[36]。不同晶型氧化铝的各项性能参数如表 7.3 所示[37]。经常用到的一般是 $\alpha-Al_2O_3$ 和 $\gamma-Al_2O_3$ 两种晶型的氧化铝。$\alpha-Al_2O_3$ 晶型的氧化铝的熔点较高(2 050℃)、硬度较高(莫氏硬度 9)、结构致密、力学强度高[38],是众多同质异构体中唯一一种热力学稳定态,其余化合物均为过渡型亚稳相,随着温度的升高,过渡型亚稳相的氧化铝都要向稳定相氧化铝转变,这种相变是晶格重构型相变,是不可逆相变[39]。$\alpha-Al_2O_3$ 只存在自然界中,为刚玉(corundum)结构,三方晶系。$\gamma-Al_2O_3$ 为人工方法制的,为尖晶石结构,立方晶系,是工业常用晶型结构氧化铝,在 1 000℃ ~ 1 500℃ 温度段会转变为 $\alpha-Al_2O_3$。该种晶型结构具有多孔结构,在制备催化剂及催化剂载体方面应用广泛。

表 7.3　不同晶型氧化铝的性能

晶　　型	α	β	γ	δ	θ	κ
晶系	三方	六方	立方	四方	单斜	六方
密度/(g/cm³)	3.99	2.25	3.66	3.65	3.69	3.72
体积/(cm³/mol)	25.55	—	27.77	27.93	27.63	27.41
线膨胀系数×10⁻⁶/K	5.7	—	5.9	—	7.9	—
转变成 $\alpha-Al_2O_3$ 的转化热/(kJ/mol)	—	—	−21.3	−11.3	—	−15.1

氧化铝纤维是指以三氧化二铝为主要组分,以及少量的氧化硼、氧化锆、二氧化硅、氧化铁等成分的无机纤维,主要有 $\alpha-Al_2O_3$ 和 $\gamma-Al_2O_3$ 两种晶型结构。氧化铝纤维的性能与二氧化硅的添加量的多少密切相关,当二氧化硅添加量较高时,

氧化铝纤维的耐温性能急剧下降,一般使用温度在 1 400℃以下,例如氧化硅含量高于 50% 的硅酸铝纤维[40];当二氧化硅添加量低于 15% 时,氧化铝纤维的使用温度在 1 550℃以上。氧化铝纤维根据其纤维尺寸可以分为晶须、短切纤维、连续纤维。其中连续纤维一般作为增强结构材料使用。氧化铝短纤维具有导热系数低、耐高温、抗腐蚀、密度小以及抗机械振动等特点,在航空航隔热领域有着广泛的应用。自 20 世纪中期以来,国内外学者投入大量精力研究氧化铝纤维的制备方法及性能,如表 7.4 所示[41-44]。目前,多晶氧化铝纤维(Al_2O_3 含量为 72% ~ 97%,最高使用温度为 1 800℃)的世界总产量还比较低,远小于普通硅酸铝纤维,其中西欧国家的产量约占总产量的 50%,日本占 39% 左右。可以用作制备氧化铝纤维的原料种类众多,根据其所用原料的差异其制备方法多种多样,主要包括浸渍法、熔融纺丝法、淤浆法、静电纺丝法、水热法、溶胶-凝胶法等。

表 7.4　氧化铝纤维产品研发

时间/年	研究机构	纤维类型	纤维直径/μm	使用温度/℃
1965	美国 3M	微晶多晶态硼硅酸铝	11	1 360
1971	美国 Du Pont	单晶 α - Al_2O_3	250	1 800
1974	英国 ICI	97% γ - Al_2O_3 - 3% SiO_2	3	—
1990	日本三菱采矿	99.9% α - Al_2O_3	10 ~ 20	1 800

(1) 熔融纺丝法是以一定配比的氧化铝和氧化硅为原料,通过电加热的方式使原料在电炉中熔融直至熔体具有可纺性,采用喷吹成纤法(高温水蒸气或是压缩空气)将熔体制成纤维,冷却凝固后获得氧化铝基纤维[45,46]。例如,1974 年,英国 ICI 就采用喷吹法制备了直径为 3 μm 的 Saffil 系列以 γ - Al_2O_3 为主晶相的氧化铝短纤维。该种方法不但具有设备投资少、生产周期短、生产效率高等优点,而且其工艺省去了纤维的后续热处理过程,从而避免了构成纤维的一级颗粒长大问题,纤维的质量稳定性较高,是目前生产低组分氧化铝基纤维的主要工艺。随着氧化铝含量的增加,熔体的黏度下降,导致混合熔体的可纺性变差,采用该种方法既可以生产短纤维,也可以生产长纤维,该种方法生产的氧化铝基纤维一般在 1 200℃以下使用。

(2) 淤浆法是由美国杜邦公司发明的一种氧化铝纤维的制备方法,该种方法以氧化铝粉末(α - Al_2O_3 粉末,直径<0.5 μm)为原料,辅助以增塑剂羟基氧化铝、分散剂、烧结助剂铝化镁,混合搅拌形成可纺浆料,经挤出成型、干燥、烧结等工序,最后形成氧化铝纤维[47]。其制备流程图如图 7.5 所示。在淤浆法制备氧化铝纤维过程中,干燥和高温烧结工艺过程较为关键,如若干燥升温速度过快,水分挥发急速蒸

发导致体积过度收缩,此时氧化铝纤维会产生较多缺陷甚至破裂;另外,高温烧结过程中应采用尽可能高的升温速率,避免 α - Al_2O_3 晶粒的异常长大,影响氧化铝纤维的强度。杜邦公司使用该种方法生产的 FP 氧化铝纤维是一种 α - Al_2O_3 多晶结构纤维,纤维直径约为 0.5 μm,纤维的表面较为粗糙,缺陷较多,一般需要在纤维表面制备一层二氧化硅涂层。该种纤维具有良好的抗机械冲击性、抗高温蠕变性、抗腐蚀性及电绝缘性。

有些学者通过在原料中加入涂层材料的方式来降低氧化铝纤维中的缺陷数量,James 等[48]以 α - Al_2O_3 粉末为原料,辅助一些涂层材料,在酸性水中制成混合溶液,在一定浆料黏度条件下,进行干燥、烧结,最终得到多空的 α - Al_2O_3 基质纤维。美国圣戈班同样采用α - Al_2O_3 多晶

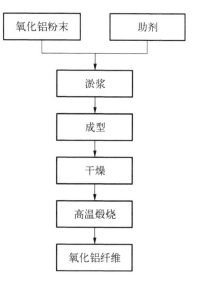

图 7.5　氧化铝纤维制备流程

颗粒为原料制成淤浆,加入仲丁醇和硝酸调节黏度,在一定的温度下进行球磨搅拌形成凝胶,经过高温烧结后形成氧化铝多晶纤维[49]。

（3）水热合成法是制备纳米氧化铝纤维的常用方法。该种方法一般以硝酸铝、氨水、聚乙二醇、尿素等为原料,采用水溶液作为反应体系,在高温、高压条件下,通过物理过程和加速渗析反应的控制,得氧化铝纤维,再经过洗涤、过滤、干燥的过程,就得到粒径小、纯度高的氧化铝纤维,水热反应一般在密闭反应器（高压釜）中进行。刘辉等[50]采用水热反应合成法,以聚乙二醇、九水合硝酸铝为前驱体,通过添加适量的尿素来调节溶液的 pH,在一定的温度、压力下制备了碳酸铝氨纤维前驱体,经热处理后得到 γ - Al_2O_3 纳米纤维,如图 5.12 所示;Zhu 等[51]同样以尿素和九水合硝酸铝原材料,使用水热反应合成法制备得到了碳酸铝氨纤维前驱体,经热处理后得到长度为 5~10 μm 的 γ - Al_2O_3 纤维。田莉等[52]将硝酸铝和氨水密封在聚四氟乙烯反应釜内,并置于马弗炉中得到氧化铝纤维。溶胶凝胶法是制备氧化铝连续纤维的常用方法,其基本原理与氧化锆纤维的制备基本相同,在此不再赘述。

2. 氧化铝纤维隔热材料制品

氧化铝纤维密度小、绝热性好、热熔小,在高温条件下具有优异的力学性能,当长期使用温度为 1 000℃时,其抗拉强度可达 3.2 GPa,弹性模量达到 420 GPa[53]。氧化铝纤维被广泛应用于陶瓷烧结炉、冶金炉或其他高温炉中作为内衬里的隔热材料,航空航天领域结构材料、隔热材料。根据其使用工况的不同,氧化铝纤维隔热材料制品多种多样,包括氧化铝纤维板、氧化铝纤维毡、氧化铝纤维垫、氧化铝纤维瓦、刚性氧化铝纤维异形制品等。

　　隔热板是目前氧化铝纤维制品工业化最为成熟的产品,主要用于快速升降温炉的隔热材料,使用温度最高达到了 1 600℃。一般采用真空成型法制备氧化铝隔热板,以氧化铝纤维、无机黏结剂、有机黏结剂为原料,先将混合料在水溶液中分散成料浆,经模板脱水成型,后续低温干燥,最终加工成为氧化铝纤维板。国外几种氧化铝纤维板制品的性能参数如表 7.5 所示[54]。氧化铝纤维板在高温炉中不仅起到隔热作用,而且可强化了高温炉壁面与炉气传热,使热量更多地通过热辐射形式传至物料,提高了高温炉对物料的加热速度,从而有效地节约能耗。

表 7.5　几种氧化铝纤维板性能参数

	体积密度/ (g/cm³)	化学成分/wt%		收缩率 (1 700℃, 24 h)	导热系数/[W/(m·K)]			
		Al_2O_3	SiO_2		800℃	1 000℃	1 200℃	1 400℃
Kaouru 板 1700HA	0.3	—	—	0.6	0.17	0.21	—	—
Arusen 板 1700	0.7	87	13	1.0	0.23	0.26	0.3	0.35
RF 板 17MD	0.4	—	—	0.8	0.13	0.15	0.17	0.21
Mufftex 板 1700	0.4	—	—	1.2	—	0.26	0.31	0.36
Fiber Max 板 17R	0.4	84	16	1.0	0.22	0.24	0.28	0.31

　　在航空、航天领域飞行器高速飞行过程中,往往会伴随剧烈的震动和机械力的作用,要求隔热材料具有较为优异的高温抗热震性和高温抗蠕变性。以莫来石微晶相形式为主的氧化铝基纤维材料在 1 500~1 600℃的使用温度下,其各项性能很好地满足了这一要求,是当今国内外高超声速飞行器用最新型的超轻质高温隔热材料。当美国航天飞机由太空返回大气层时,其最高马赫数可以达到 24,由于空气的剧烈摩擦,飞机尖端温度超过 1 000℃,需要使用由耐高温刚性隔热瓦铺设而成的大面积热防护层来进行隔热保护[55],但是由于加工精度或施工工艺的某些原因,在隔热瓦之间往往存在一定尺寸的间隙,采用 Saffil 氧化铝纤维加工而成的隔热衬垫就有效地解决了这一问题,该种衬垫可以承受 1 600℃的高温,有效避免热量通过缝隙进入防热罩内,保证了航天飞机飞行的安全。另外,添加氧化铝纤维制备刚性隔热瓦的可靠性和有效性被证实,其产品经过不断改进,在隔热瓦性能改进后,在 X-51A、X-43A、X-37B 等多型高超声速飞行器上获得应用。X-51A 上使用的是波音公司研制的 BRI-16 陶瓷隔热瓦,主要安装在进气道斜面和机体脊部需要尖锐前缘的部分[56]。在外太空,针对卫星功能部件的隔热需求,德国 MAN 工艺公司研制开发了 IMI 材料系统,该系统大量使用 Al_2O_3 纤维毡,并间隔镀金或镀铂的 Al_2O_3 纤维。

　　增强增韧耐热复合材料是氧化铝纤维的另一个重要应用,氧化铝纤维与陶瓷基体界面导热系数和热膨胀系数非常接近,氧化铝纤维的加入可以提高陶瓷基体的韧性、增加冲击强度。低介电材料和陶瓷纤维可以复合形成耐热结构材料,具体为将氧化铝纤维进行层与层间成 90°的单向排列,基体材料使用硼硅酸盐玻璃,使用温度为 600℃,基体若采用低膨胀的二氧化硅使用温度可高达 1 100℃在导弹武器中,该种材料被用来作为射频天线整流罩的结构材料来使用。采用连续莫来石纤维增强的金属基与陶瓷基复合材料,可用于超声速飞机,也可制造液体火箭发动机的喷管和垫圈,能在 2 200℃以上使用[57]。

7.2.3 气凝胶隔热材料及其制品

气凝胶是一种纳米多孔网格结构,由纳米级胶体粒子相互聚集构成,空隙间充满气态分散介质的一种高分散固态材料,具有低密度、高孔隙率和高比表面积的特点。气凝胶由纳米级颗粒组成的骨架结构可显著降低材料的固态热传导;其纳米孔隙直径小于气体分子的平均自由程,可限制气体分子热传导和对流传热,因此气凝胶具有低于静止空气的热导率,是目前已知隔热性能最优异的固体材料。然而气凝胶脆性高、强度低、红外透明,难以直接进行工程应用,必须与纤维预制体复合使用,提高气凝胶隔热材料的力学性能及隔热性能。

气凝胶由于其低密度、低热导率的特点,主要作为隔热材料和保温材料。在航空航天领域有着广泛的使用,俄罗斯"和平"号空间站和美国"火星探路者"探测器都用它来进行热绝缘。2002 年,美国宇航局创立了阿斯彭气凝胶(Aspen Aerogel)公司,以促进气凝胶在航空航天领域的应用。美国劳伦斯国家实验室开发出一系列气凝胶隔热材料。气凝胶的种类繁多,且一般都具有热导率低和质量轻的特点,因此是一种理想的隔热材料。在实际应用,氧化硅气凝胶是一种使用最为普遍的高效隔热材料,已经有着较广的应用,本章将以碳气凝胶和氧化硅气凝胶为重点进行介绍。

1. 碳气凝胶

碳气凝胶首先由 Pekala[58] 在 1989 年采用间苯二酚和甲醛为原料,经过凝胶和碳化所制备。第一步是制备有机湿凝胶,间苯二酚-甲醛湿凝胶(RF 湿凝胶)利用间苯二酚和甲醛的水溶液,在碱催化剂的作用下所制备,间苯二酚同苯酚一样,具有三个活性反应中心(苯环上的 2、4、6 位),但间苯二酚的反应活性比苯酚大 10~15 倍,所以需要的反应温度也更低。最常用的催化剂为碱性催化剂,典型为碳酸钠(NaCO$_3$,简写为 C),在碱性条件下,间苯二酚和甲醛通过不断的交联缩聚,反应生成纳米团簇,纳米团簇之间再通过表面羟甲基(—CH$_2$OH)进行交联,形成三维凝胶网络结构。这个过程一般需要三天时间,大多的凝胶化过程采用 25℃陈化一天、50℃陈化一天、90℃陈化三天,从而获得稳定的湿凝胶。再通过合适的干燥过程(常温干燥、冷冻干燥或超临界干燥)获得 RF 气凝胶,最终经过碳化得到碳气凝胶。反应机制见图 7.6。

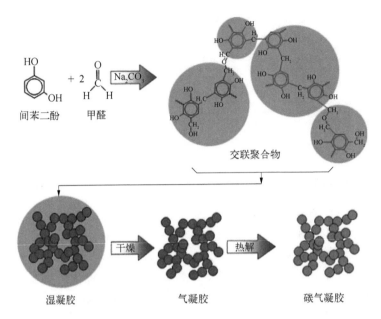

图 7.6　间苯二酚–甲醛(RF)湿凝胶、气凝胶和碳气凝胶的合成反应机制

控制 RF 气凝胶结构的关键参数有：催化剂的浓度和反应物(R+F)的单体浓度。催化剂浓度一般定义为间苯二酚和催化剂的摩尔比(R/C)。R/C 的比值主要影响粒子尺寸,增加催化剂浓度造成小粒子堆积的增加(图 7.7),反应物单体的浓度主要控制气凝胶的密度。一般可以用催化剂浓度和单体浓度在较大范围内调控气凝胶的结构和密度。

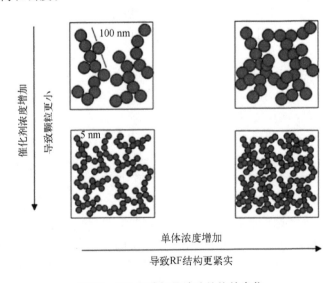

图 7.7　RF 和碳气凝胶孔结构的变化

不同催化剂浓度和单体浓度制备的碳气凝胶的扫描电镜如图 7.8 所示,粒子的尺寸明显随着 R/C 比值的增加而增加,而有着相同的 R/C 比值的气凝胶,粒子尺寸随着 RF 质量分数的增加而降低。

(a) R/C=1000, RF=30%(质量分数)　　(b) R/C=1000,RF=40%(质量分数)

(c) R/C=1500, RF=30%(质量分数)　　(d) R/C=1500, RF=40%(质量分数)

图 7.8　不同的 R/C 比值和单体浓度的碳气凝胶的扫描电镜图

经过多年的研究,也发展了很多其他体系有机原材料制备碳气凝胶。

除了间苯二酚-甲醛体系之外,还有三聚氰胺-甲醛体系、苯酚-糠醛体系、甲酚-甲醛体系、高分子异氰酸酯体系、三聚氰胺—酚甲醛树脂体系、聚氯乙烯体系等。表 7.6 是采用不同有机源制作的这些碳气凝胶的材料参数。在这些系统的研究中,对 RF 系统及反应机理的理解是最深入的,而催化剂除了用碳酸钠之外,碱性催化剂还可以用 NaOH、K_2CO_3、醋酸镁、六次甲基四胺等。另外也可以用酸性催化剂,如 HCl、醋酸等,采用酸性催化剂,凝胶时间会极大缩短,但得到的碳气凝胶比表面积较碱催化碳气凝胶小很多,碳气凝胶颗粒尺寸达到微米级。

碳气凝胶由于独特的纳米孔径和纳米颗粒网络结构,可以有效降低固态、气态、辐射热导率,隔热性能优于传统的碳纤维毡和碳泡沫等耐高温隔热材料。碳气凝胶具有最高的热稳定性,作为隔热材料使用,使用温度可以达到 2 200℃(真空或

表 7.6　采用不同有机源制备的碳气凝胶的材料参数

名称简写	试　剂	密度/ (g/cm^3)	比表面积 /(m^2/g)	孔径 /nm	参考文献
RF	间苯二酚,甲醛	$0.03 \sim 0.6$	$400 \sim 1\,000$	≈ 50	[59][60]
MF	三聚氰胺,甲醛	$0.10 \sim 0.80$	$875 \sim 1\,025$	≈ 50	[61]
PF	苯酚,糠醛	$0.10 \sim 0.25$	$350 \sim 600$	≈ 10	[62]
CF	甲酚,甲醛	$0.15 \sim 0.40$	≈ 800	30	[63]
PUR	高分子异氰酸酯	$0.12 \sim 0.50$	$300 \sim 600$	≈ 20	[64][65]
PM	苯酚,三聚氰胺	$0.53 \sim 0.71$	$600 \sim 800$	10	[66]
PVC	聚氯乙烯	$0.08 \sim 0.52$	$300 \sim 700$	$2 \sim 20$	[67]

惰性气氛下)。因此碳气凝胶有望作为新一代的耐超高温高性能隔热材料,应用于工业高温炉(如真空炉和惰性气氛炉等)或新型航天飞行器的热防护系统中,特别是承受超高温和高热流密度的新型高速航天飞行器和太空飞行器。

碳气凝胶的热导率可以分为四个部分:固态热导率(ks)、气态热导率(kg)、辐射热导率(kr)和耦合热导率(kc)[68],固态热传导指的是通过气凝胶的固体骨架颗粒传递的热量,受密度、声子平均自由程、孔结构和电子热导的影响,密度越低,固体热导率越低,碳化温度尽量低的话,也会增加对声子的散射,进一步降低固态热导率。气态热传导主要指通过气凝胶连通孔隙内的气体分子之间碰撞传递热量,影响因素主要有碳气凝胶孔径和孔隙率。孔隙率和孔径越大,气体体积含量越大。辐射热传导是指通过红外波长的光子传播热量,与材料的密度和比消光系数有关。密度大的气凝胶的辐射热导率更小。比消光系数表征的是红外辐射遮挡能力,密度一定时,比消光系数越大,透过材料的红外辐射越小,辐射热导率越小。碳气凝胶的比消光系数远大于掺杂红外遮光剂的 SiO_2 气凝胶,能达到 $150\ m^2/kg$ 以上。因此,要获得低热导率的碳气凝胶,就有必要制备更低密度、更小孔径和颗粒尺寸的碳气凝胶,并研究其高温下的隔热性能,以进一步理解碳气凝胶的高温隔热机理和优化碳气凝胶的微观结构。表 7.7 为公开文献中的碳气凝胶热导率测试数据。

表 7.7　公开文献中的碳气凝胶热导率测试数据

间苯二酚/ 催化剂	干燥 介质	密度 /(g/cm^3)	碳化温度 /℃	比表面积 /(m^2/g)	温度 /℃	热导率 /($W/m \cdot K$)	参考 文献
200	CO_2	0.082	1\,050	—	25	0.018(V), 0.029(Ar)	[69]
350	CO_2	0.381	1\,050	—	700	0.35(V)	[70]

续　表

间苯二酚/ 催化剂	干燥 介质	密度 /(g/cm³)	碳化温度 /℃	比表面积 /(m²/g)	温度 /℃	热导率 /(W/m·K)	参考 文献
2 000	Ambient	0.244	800	—	300	0.022(V)，0.049(Ar)	[71]
2 000	Ambient	0.225	1 800	38	1 500	0.09(V)，0.12(Ar)	[71]
357	SCD	0.052	1 000	666	1 000	0.108(V)，0.163(Ar)	[72]
417	SCD	0.066	1 000	563	200	0.026(Ar)	[72]

注：V 表示真空；Ar 表示氩气。

　　碳气凝胶在高温下热导率低，是很有前景的超高温高性能隔热材料。但是碳气凝胶也存在一些缺点，如强度低、质脆易碎、碳化过程固有体积收缩大等，因此，单纯的碳气凝胶难以直接作为隔热材料在新型航天飞行器热防护系统中应用。为此，碳气凝胶的复合增强技术成为其隔热应用的关键技术之一。典型的增强手段是采用纤维与碳气凝胶复合，制备纤维增强碳气凝胶隔热材料。现在，也有一些其他类型的增强型碳气凝胶，如石墨烯增强碳气凝胶、碳纳米管增强碳气凝胶和多孔碳增强碳气凝胶等。

　　纤维增强碳气凝胶不仅能够增强碳气凝胶材料的强度和韧性，还能够抑制气凝胶在碳化过程中的收缩，比如，Fu 等[73]采用间苯二酚和糠醛为有机源，HCl 为催化剂，碳纤维为增强体，制备的碳纤维增强碳气凝胶复合材料，抗压强度是单纯碳气凝胶材料的两倍。Rasinesa 等[74, 75]采用间苯二酚和甲醛为有机源，碳酸钠为催化剂，聚丙烯腈纤维预氧丝纤维为增强体，经过碳化后，聚丙烯腈纤维预氧丝纤维成为碳纤维，制备了碳纤维增强碳气凝胶复合材料，结构见图 7.9，室温下的热导率仅为 0.073 W/(m·K)，弯曲强度能够达到 3 MPa。

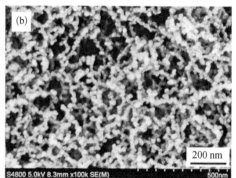

(a) 碳纤维增强碳气凝胶　　　　　　　　(b) 碳气凝胶

图 7.9　扫描电镜图[76]

Yang 等[77]以间苯二酚和甲醛为有机源,莫来石纤维为增强体,制备的莫来石纤维增强碳气凝胶复合材料,密度为 0.29 g/cm³,用准静态和动态压缩试验研究复合材料的破坏行为,准静态测试得到的杨氏模量为 6.83 MPa。发现在准静态测试时,碳气凝胶颗粒被压实,大部分纤维都没有发生变化,说明了气凝胶承受大部分载荷。在动态压缩的情况下,纤维发生弯曲甚至碎裂,说明纤维承受部分载荷,提高了碳气凝胶材料在冲击下的压缩强度。

Hrubush 等[78]制备了一种轻质的碳气凝胶填充炭泡沫复合材料,有望用于航天飞行器的热防护上。采用酚醛前驱体浸渍有机泡沫塑料,凝胶后经过干燥、碳化得到碳气凝胶复合材料,因为两者都属于有机物,在碳化过程中同时收缩,避免了开裂问题。该材料的密度约 0.12 g/cm³,常温热导率为 0.036 W/(m·K)。

2. 碳气凝胶复合隔热材料

美国 Ultramet 公司生产了一种炭泡沫/碳气凝胶复合材料,密度为 0.07 g/cm³,最高承受使用温度为 2 482℃,外表面设计了陶瓷抗氧化复合涂层,如图 7.10 所示。

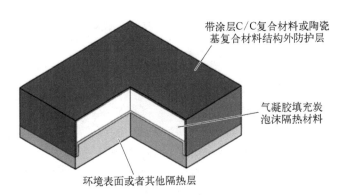

图 7.10　Ultramet 公司生产的碳气凝胶填充炭泡沫/陶瓷抗氧化壳层隔热结构

美国空军研究实验室(Air Force Research Laboratory, AFRL)在 2007 年对这种热防护结构进行了考核测试(图 7.11)。测试中,用石墨电阻加热元件加热该热防护组件的表面至 1 927℃,每次考核时间 243 s,连续测试 3 次。材料厚度小于 38 mm 的情况下,冷面温度为 177℃,温差达到 1 750℃。

实际上,碳气凝胶在应用过程中至今还是存在着一些难以克服的缺点,碳气凝胶强度低、脆性大,碳化时存在较大的固有体积收缩,用一般的碳纤维或氧化物纤维增强,在碳化过程中会因为气凝胶基体和纤维增强体收缩不一致而产生内应力,使材料内部形成明显裂纹,进而影响碳气凝胶的隔热性能,不利于隔热应用。另外,碳气凝胶只能适用于真空和惰性气氛环境,在有氧高温环境下,就会发生氧化造成质量损失,降低隔热性能,并且会产生形变。虽然目前有一些研究在气凝胶的

图 7.11　碳气凝胶填充炭泡沫/陶瓷抗氧化壳层隔热材料考核测试现场图片

内部制备抗氧化涂层,但是均以增加材料密度,降低材料隔热性能为代价,或是在材料表面制备抗氧化涂层,但是仍不能实现将材料完全密封,隔绝空气。总体而言,碳气凝胶隔热材料具有优异的隔热性能,但是距离真正达到实际应用还有很多研究工作等待来完成。

3. 二氧化硅气凝胶

近年来,随着纳米技术在各个领域的不断发展和成熟,人们开始将纳米技术引入到绝热材料领域来制备一种超级绝热材料。若绝热材料中存在大量纳米尺度的气孔,则气孔内的气体碰撞概率减小。气体的流动性减弱,即热传导及热对流作用得到了有效的控制,再添加适当的红外遮光剂来降低高温条件下的辐射传热,即可制备出性能优异的绝热材料面数量也就越多,其对热辐射产生的阻隔作用也越强。目前得到实际应用的纳米微孔绝热材料大多以 SiO_2 气凝胶为主体材料,它的体积密度很低,气孔率很高,热传递过程中的导热和对流换热作用能得到有效控制,使得它具有优于传统绝热材料的绝热性能。SiO_2 气凝胶是一种多孔纳米非晶态固相材料,其结构示意图如图 7.12 所示[79]。

气凝胶骨架颗粒粒径为 1~20 nm,孔径为 1~100 nm。该种材料孔隙率高（可达 80% ~ 99.8%）、比表面积高（0.6~1 $m^2 \cdot kg^{-1}$）、密度小

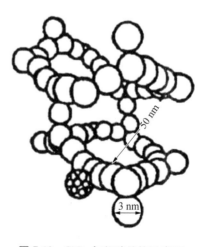

图 7.12　SiO_2 气凝胶结构示意图

（低于 1 kg/m³）、导热系数低（室温导热系数接近 0.001 W·m⁻¹·K⁻¹）、介电常数高（约 1.1）、声速传播速度低（100 m/s）等优异性能，特别适合应用在高效隔热方面[80]。可以用来制备 SiO_2 气凝胶的原料较多，包括水玻璃、硅醇盐、硅溶胶[81]等。

SiO_2 气凝胶最早是由美国斯坦福大学的 Kistler[82] 于 1931 年水解水玻璃，经过溶剂置换及超临界干燥制得，以廉价的水玻璃为原料制备 SiO_2 气凝胶是目前的一个重要研究方向。国内外研究人员对该工艺进行了大量的研究，Herrmann[83] 以水玻璃为原料制备得到水凝胶后，同样采用大量等离子水洗涤去除氯化钠，再分别依次使用乙醇、丙酮和烷烃进一步进行溶剂交换，经过超临界干燥工艺去除溶剂，得到二氧化硅气凝胶；Ziegler[84] 等使用水玻璃为硅源制备得到水凝胶后，采用大量去离子水洗涤去除 NaCl，然后用异丙醇置换水凝胶中的水，直至凝胶中水的含量小于 0.1vol%，进一步采用超临界干燥获得二氧化硅气凝胶；Sarawade 等[85] 以水玻璃为原料，添加适量的硫酸作为酸性催化剂，控制混合溶液的 pH 为 1~2，进一步置入到下层为氨水上层为煤油的玻璃容器中，最后采用常压干燥技术，制备得到 SiO_2 气凝胶。该种气凝胶呈球状，孔容为 3.4 cm³·g⁻¹，孔径为 26.35 nm，比表面积为 719 m²·g⁻¹。国内也开展了采用水玻璃为硅源制备 SiO_2 气凝胶的相关研究。耿刚强[86] 等制备了孔隙尺寸分布在 20~40 nm 的 SiO_2 气凝胶，具体以工业水玻璃为原料，使用离子交换法首先获得硅酸，然后采用乙醇对硅酸进行稀释，进一步使用氨水调节硅酸溶液的 pH。最后采用常压干燥法制备得到了 SiO_2 气凝胶；杨海龙等[87] 以廉价水玻璃为硅源，经溶胶-凝胶工艺和超临界干燥技术，制得了平均孔径尺寸为 6.3 nm，比表面积为 297.7 m²·g⁻¹ 的气凝胶。一般以钠水玻璃（$Na_2O·nSiO_2$）或钾水玻璃（$K_2O·nSiO_2$）为原料与盐酸混合，依次经历水解反应、缩聚反应，得到气凝胶，使用水玻璃制备的气凝胶的过程中往往产生大量的 NaCl 杂质，影响了气凝胶的纯度，需要大量的溶剂洗涤置换去除。

20 世纪 80 年代以后，随着溶胶-凝胶制备方法的日益成熟，以硅溶胶作为硅源制备纳米 SiO_2 气凝胶的相关研究逐渐增多。硅溶胶是由无序排列的硅氧硅四面体形成的粒径小于 100 nm 的球形 SiO_2 颗粒均匀分散在水中形成溶胶，其胶体表面层为硅羟基[—SiOH、—Si(OH)₂]，因此具有较高的表面活性[88]。控制 SiO_2 浓度、水溶性有机物（如醇类酮类）pH、电解质，以及温度等因素，硅溶胶中 SiO_2 颗粒表面—OH 聚合，形成凝胶[89]。采用硅溶胶为原料制备纳米 SiO_2 气凝胶，可以有效避免溶剂置换和改性的步骤，降低了生产成本。甘礼华等[90] 以廉价的国产硅溶胶为前驱体，使用非超临界干燥工艺技术制备了多孔、块状 SiO_2 气凝胶，气凝胶的比表面积为 50~300 m²·g⁻¹，孔径尺寸为 11~20 nm，该种与以正硅酸乙酯为原料制备的气凝胶相比，该种气凝胶无论是在微观形貌还是在性能参数都相当。该种方法制备纳米 SiO_2 气凝胶虽然降低了硅源成本，但仍然采用有机醇为溶剂，成本依然较高,不利于规模化工业生产;赵晶晶等[91]以低成本工业级硅溶胶为原料,在去离子水中加入表面活性剂十六烷基三甲基溴化铵,经常压干燥后得到了块状多孔 SiO_2 气凝胶,其微观结构如图 7.13 所示。得到的气凝胶的密度为 150~260 mg·cm^3,比表面积为 91~140 m^2·g^{-1},室温下的导热系数为 0.048 W/(m·K),该种工艺以去离子水为溶剂,进一步降低了生产成本。

(a) 低倍图   (b) 高倍图

图 7.13 SiO$_2$ 气凝胶微观形貌

采用硅醇盐作为硅源制备纳米 SiO_2 气凝胶,研究较多的为正硅酸甲酯(TMOS)和正硅酸乙酯(TEOS)。Rao[92]、Nicolaon 等[93]以 TMOS 为原料,氨水为碱性催化剂,甲醇为溶剂,结合溶胶-凝胶法和超临界干燥法制备了纳米 SiO_2 气凝胶,研究了正硅酸甲酯、氨水、甲醇、水四种组分的比例变化对气凝胶的透光性及孔径的影响。以 TMOS 为硅源,与以水玻璃为硅源制备纳米 SiO_2 气凝胶工艺相比,该种工艺不需要有机溶剂作进行置换,且凝胶过程中不会有无机盐产生,所以不需要水洗过程,产品纯度较高,制备工艺过程大为缩减,提高了生产效率,降低了生产成本。但是所用原料甲醇和 TMOS 均具有毒性,所以需要寻找更为安全的硅源材料,TEOS 满足了这一需求。一般来说,在光学透过率性能方面,以 TEOS 为原料,与辅助使用碱性催化剂制备得到气凝胶相比,酸性催化剂制备气凝胶的透过率更低。Russo 等[94]研究发现采用氨水和氟化铵综合的作用下可以制备出透明的气凝胶。其性能与酸性催化 TEOS 制备得到的气凝胶的性能类似,但性能没有碱性催化制备得到的纳米 SiO_2 气凝胶好;Sarawade 等[95]以 TEOS 为原料,氨水为碱性催化剂,草酸为酸性催化剂,制备了孔容为 4.7 cm^3·g^{-1},比表面积为 1 108 m^2·g^{-1} 的气凝胶,性能较为优异;Wagh 等[96]分别利用 TMOS、TEOS 为原料制备了纳米 SiO_2 气凝胶,其中利用 TMOS 制备的气凝胶比表面积为 1 000 m^2·g^{-1},且孔径较小,孔洞结构较为均匀规则。利用 TEOS 为原料制备的气凝胶比表面积为 800 m^2·g^{-1},与前者相比,比表面积减小,这是因为构成 TEOS 网络结构的 SiO_2 颗粒较大,致密化较强。

二氧化硅气凝胶是 800℃以下较为优秀的中低温隔热材料,二氧化硅气凝胶根据耐温性区分,可分为耐 200℃气凝胶,耐 650℃气凝胶和耐 1 100℃气凝胶,其性能参数见表 7.8。

表 7.8　气凝胶不同温度下的性能参数

测试温度/℃	室温热导率/[W/(m·K)]	高温热导率	密度/(g/cm³)
200	0.021~0.025	200℃,<0.03	0.10~0.3
650	0.016~0.020	600℃,<0.035	0.10~0.25
1 100	0.03~0.06	1 000℃,<0.08	0.25~0.50

例如:耐 650℃二氧化硅气凝胶材料 SiO₂ 气凝胶隔热复合材料具有良好的隔热性能,典型的石英灯加热隔热曲线如图 7.14 所示,室温标准大气压下,20 mm 厚度的该材料在热面温度达到 650℃时,保持 1 h 时间后,背面温度仅仅为 75.3℃。图 7.15 为石英灯考核试验装置(外面白色的为二氧化硅气凝胶)。

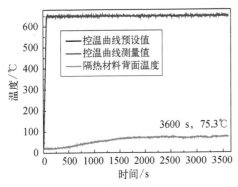

图 7.14　20 mm 厚 SiO₂ 气凝胶隔热复合　　图 7.15　石英灯考核试验装置
材料隔热试验曲线

4. 二氧化硅气凝胶复合隔热材料

1974 年,SiO₂ 气凝胶首次作为 Cerenkov 探测器的双面窗的隔热材料来使用[97]。随着航空航天领域热防护系统的隔热需求扩展,SiO₂ 气凝胶的应用价值也越来越大。但是 SiO₂ 气凝胶的高孔隙率和特有的网络结构导致其本征的韧性差、强度低,限制了其机械加工性能,尤其在中高温使用环境下,无法抵御红外辐射,隔热性能出现急剧衰减,进一步限制了其应用温度范围,需要对 SiO₂ 气凝胶进行改性处理或者与其他隔热材料复合使用,主要措施包括 SiO₂ 气凝胶制备过程中增强、增韧,SiO₂ 气凝胶与增强纤维的二次成型复合。

　　掺杂短切无机纤维增强气凝胶一般以 TEOS 为原料,采用溶胶-凝胶及超临界干燥技术制备得到[98,99]。其基本制备工艺过程为:先以 TEOS 为硅源制得 SiO_2 溶胶,再将适量的短切莫来石纤维加入 SiO_2 溶胶中,控制一定参数使纤维在溶胶体系中分散均匀,放置一段时间后得到莫来石纤维/SiO_2 溶胶前驱体,进一步将前驱体置入到乙醇溶液中处理得到莫来石纤维/SiO_2 醇凝胶隔热体,最后采用超临界干燥工艺,以乙醇为介质,对得到的凝胶隔热体进行干燥处理,可制得莫来石纤维/SiO_2 气凝胶隔热材料。冯坚等[100]TEOS 为原料,先后通过酸催化、碱催化制备得到 SiO_2 溶胶,使用主要成分为 SiO_2 和 Al_2O_3 陶瓷纤维(长度,30~40 mm)与溶胶复合,最后采用超临界干燥的方法制备了纤维 SiO_2 气凝胶复合隔热材料,如图 7.16 所示。该种材料具有优异的隔热性能和力学性能,800℃时导热系数为 0.042 W·m^{-1}·K^{-1},10%变形量时材料的拉伸强度、抗压强度、弯曲强度分别为 1.95 MPa、1.42 MPa、1.80 MPa;

Chandradass 等[101]以 TEOS 为硅源制备得到 SiO_2 溶胶,玻璃纤维棉与得到的溶胶复合,最后使用常压干燥制备了玻璃纤维棉/SiO_2 气凝胶复合隔热材料,该种复合材料可加工性良好,密度为 0.104~0.143 g·cm^{-3},材料内部存在大量纳米孔隙结构,孔隙率达到 95%;石小靖等[102]采用薄层玻璃纤维复合 SiO_2 溶胶,采用常压干燥的方法制备得到了玻璃纤维/SiO_2 气凝胶复合隔热材料,测量了不同纤维含量的复合隔热材料的导热系数,研究发现,在一定范围内,

图 7.16　纤维增强气凝胶复合隔热材料

当纤维含量增加时,复合材料的导热系数增加。

　　采用纤维增强 SiO_2 气凝胶制备复合隔热材料另还有一种方式,先将纤维形成纤维预制件,然后将溶胶-凝胶法制备 SiO_2 填充到预制件中,经过后续的凝胶陈化,干燥得到纤维/SiO_2 复合隔热材料。复合隔热材料中的纤维组分通过纤维脱黏、纤维桥接、纤维拔出、裂纹路径改变四种机制起到增韧作用[103]。

　　(1) 纤维脱黏。纤维摆脱气凝胶的束缚脱离开来,产生新的表面,这一过程需要消耗能量,起到增韧作用;

　　(2) 纤维桥接。裂纹扩展面上,纤维裂纹的两个撕裂面搭起桥梁,尽量连接两面,使裂纹表面受到压应力的作用,抵消促使裂纹扩张的裂纹扩展的外力,阻碍裂纹的扩展,起到增韧效果;

　　(3) 纤维拔出。纤维摆脱凝胶的束缚,产生黏脱后,在外力的持续作用下,纤维会沿着裂纹尖端的界面脱离。一方面会促使生成更多的微裂纹,导致裂纹尖端

位置的应力松弛,阻碍裂纹扩展;另一方面消耗外力做功起到增韧作用;

(4)裂纹路径改变。复合材料在进行裂纹扩展时,由于纤维周围应力场的存在,裂纹很难穿过纤维方向继续扩展,而是扩展方向发生偏转,贴着纤维绕过进行扩展,扩展路径增加,导致裂纹所受拉应力的快速下降,起到增韧作用。

Karout 等[104]先以石英纤维毡为原料,加工成一定形状的预制件,然后将溶胶-凝胶法制备得到的 SiO₂溶胶浸渍到纤维预制件表面及内部空隙中去,再进行干燥处理,得到一定形状的石英纤维/SiO₂气凝胶复合隔热材料,该种材料具有一定的强度,并且可以抑制高温下的气凝胶收缩;美国 NASA 艾姆斯研究中心已将陶瓷纤维/气凝胶成功应用到飞行器热防护系统[105]。

除了氧化硅气凝胶外,对于高温 2 000℃的使用环境,在非氧化气氛下,碳气凝胶是目前已知具有最高使用温度的气凝胶材料,隔热效果优异。表 7.9 是碳气凝胶热物性参数。通过对碳气凝胶进行复合、防护、纤维增强等处理,可提高碳气凝胶复合材料的抗氧化性能和强度。图 7.17 所示为碳气凝胶隔热材料风洞试验前后照片,可以看出其具备较强的抗氧化性能。

表 7.9　碳气凝胶热物性参数

材　料	密度/(kg/m³)	比热容/[J/(kg·K)]	热导率/[W/(m·K)]	
碳气凝胶材料	0.50×10³	0.55×10³	298 K	0.051 0
			1 273 K	0.085 0

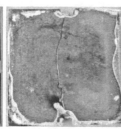

图 7.17　碳气凝胶隔热材料风洞试验前后照片

7.2.4　多层复合热防护材料及其结构

目前,飞行器用热防护系统根据其防护原理可分为主动、半被动和被动三种类型[106]。主动热防护系统的组成结构设计较为复杂,加工难度较高,并且在服役过程中存在难于检查、维护困难、维修成本较高等缺点。作为被动热防护的代表金属热防护系统在近几十年内有了较大的发展,被认为是未来高超声速飞行器适合的热防护系统之一[107]。金属热防护系统主要由两部分组成,外部为承担载荷的金属壳板,内部为高温多层复合隔热结构层。多层复合隔热结构由层状隔热材料和屏蔽辐射材料相间组成,是一种由纤维层隔开的多层反射屏蔽轻质隔热系统,如图 7.18 所示[108,109]。虽然高温多层复合隔热结构层不具有承担载荷能力,但是该层具有良好的耐高温隔热性能,该种金属热防护系统热防护方案具有结构简单、施工方便、维护简单、造价成本低等优点,因此被各国广泛采纳。多层隔热材料将不同层次材料的耐温和隔热性能大程度利用起来,是高效的隔热途径,在小的有限空间实现大温降。另外,在多层隔热材料设计过程中,可以根据具体应用环境需要,设置不同的功能层,这是单一隔热材料很难实现的。

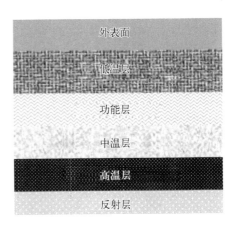

图 7.18　高温多层隔热结构示意图

　　多层隔热材料一般包括耐温性能不同的隔热层、反射层、功能层、外包覆层等,其中隔热层按材料耐温特性还可以细分为高温层、中温层和低温层,反射层主要用于屏蔽高温辐射热;隔热层主要使用无机纤维类隔热材料;功能层位置并不确定,主要分会吸热或膨胀等功能,可以根据其使用温度确定具体的位置;外包覆层主要用来实现部件的外部形状和精度。为保证多层隔热材料的结构稳定,各层之间一般以黏结剂实现复合。

　　1. 多层隔热材料结构设计与制备

　　根据热传递理论,随着环境温度的升高,热辐射传递的热量的所占比重越来越大,当温度一定时,增大每层隔热材料散射和吸收的能量可以有效减少辐射传热[110]。一般通过两种方式来达到以上效果,一种是改变纤维组分,即在纤维表面制备涂层或纤维材料内部均匀分布碎片;另一种方式为在纤维各层之间设置反射屏,即制备带有反射屏的多层隔热材料。随着温度的升高,多层隔热材料之间的热辐射在隔热材料导热所占的比重越大[111,112]。1、3 为两个无限大的平面且相互平行,其结构示意图见图 7.19[113]。

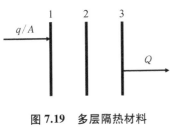

图 7.19　多层隔热材料的隔热原理

　　假设两个表面皆为灰体,中间为真空,只考虑辐射传热而不考虑其他传热方式的条件下,其热辐射通过 1、3(不考虑平面 2)平面后的辐射能量 Q 的计算公式如下:

$$Q = \frac{\sigma F(T_1^4 - T_2^4)}{\dfrac{1}{\varepsilon_1} + \dfrac{1}{\varepsilon_2} - 1} \tag{7.5}$$

式中,F 为平面的表面积(m^2);σ 为玻尔兹曼常数,5.67×10^{-8} W·m^{-2}·K^{-4};T_1、T_2 分别为平面 1、2 的表面温度(K);ε_1、ε_2 为 1、2 表面的发射率。若在 1、3 之间设置一个面积相等的平面 2,此平面作为反射屏或辐射屏使用。假设反射屏平面 2 两侧的发射率和 1、3 内表面的半球总发射率相等,即 $\varepsilon_1 = \varepsilon_2 = \varepsilon_3 = \varepsilon$ 则公式(7.5)可转化为公式(7.6):

$$Q = \frac{\dfrac{1}{2}\sigma F(T_1^4 - T_2^4)}{\dfrac{2}{\varepsilon} - 1} \tag{7.6}$$

　　若在 1、3 两个平面之间放置 N 个面积相等的平面,则公式(7.6)可转化为公式(7.7):

$$Q = \frac{\dfrac{1}{N+1}\sigma F(T_1^4 - T_2^4)}{\dfrac{2}{\varepsilon} - 1} \tag{7.7}$$

　　在 1、3 两个平面间设置 N 层反射屏平面后,与未设置辐射屏平面相比,两平面之间的辐射传热热流量可减小到原来的 $1/(N+1)$,隔热效果增强显著。如果 N 层反射屏之间有间隔物时,式(7.7)可以转化为式(7.8):

$$Q = \frac{\dfrac{n^2}{N+1}\sigma F(T_1^4 - T_N^4)}{\left(\dfrac{2}{\varepsilon} - 1\right) + (a + 2s)\dfrac{\delta}{2}} \tag{7.8}$$

式中,T_N 为第 N 层反射屏温度;n 为间隔物的折射指数;a 为间隔物的吸收系数;s 为间隔物的散射系数;D 为间隔物的总厚度。在陶瓷纤维隔热毡中加入反射屏可以降低陶瓷纤维隔热毡内的热辐射。多层隔热材料一般主要由间隔物和反射屏两部分组成。可用作间隔物的材料多种多样,主要有陶瓷纤维毡、纤维布、纤维毡、纤维纸等。

　　2. 多层隔热材料性能

　　根据多层隔热材料特殊的隔热使用性能要求,一般选择一组合适的间隔物材料,可能包括高温温度段隔热材料、中温温度段隔热材料、低温温度段隔热材料。

其中耐温在 1 200℃ 以上的柔性隔热材料主要为陶瓷纤维类隔热材料,主要包括氧化锆纤维、氧化铝纤维、硅酸钙纤维等,其导热系数及耐温性能如表 7.10 所示[114]。通常使用压滤法将疏松纤维制成厚度 70~1 000 μm 的纤维纸来使用,氧化锆纤维纸、氧化铝纤维、石墨毡在高温下的导热系数较高,而其耐温性相对较高;柔性微孔硅酸钙、MIN-K2000 材料的导热系数相对较低,但是耐温性用也较差。一般在多层隔热材料结构设计过程中,需要使用不同耐温等级的隔热材料组合使用。图 7.20 所示为某超燃冲压发动机用高温多层隔热材料。

表 7.10　几种纤维制品性能参数

材 料 种 类	最高使用温度/℃	导热系数/[W/(m·K)]
石墨毡	3 000	0.43(1 400℃)
氧化锆纤维纸	2 200	0.15(1 000℃)
氧化铝纤维纸	1 600	0.15(1 000℃)
硅酸铝纤维纸	1 350	0.19(800℃)
柔性微孔硅酸钙	1 100	0.085(1 000℃)
MIN-K 2000	800	0.035(500℃)

为了多层隔热材料使用温度要求,反射屏材料有高温下使用和低温下使用两种不同类型。高温下使用的反射屏为发射率较低的金属箔,如钼箔、金箔、镍箔、铝箔等,表 7.11 列出了几种金属类反射屏材料的表面法向发射率[115];低温下使用的反射屏为表面蒸镀金或铝类金属膜的塑料薄膜,如镀金聚酰亚胺薄膜、镀铝聚酯薄[116]。镀金聚酰亚胺薄膜具有较好的耐温性能,使用温度范围较广为 -269~400℃ ,还具有良好的耐溶剂性、耐辐射性、尺寸稳

图 7.20　某超燃冲压发动机用高温多层隔热材料

定性好的特点。低温隔热多层结构材料的密度较小,在真空条件下,低温多层结构材料的隔热性能优异,被广泛用作飞船、卫星等轨道飞行器及飞船的储存箱部位的内部隔。由辐射屏蔽箔和铝毡组成的多层隔热结构成功应用于美国麦道公司的德尔它特快飞船的液氧箱上的内部隔热[117];“神舟系列”飞船的舱壁上用厚度约为 1 cm 多层隔热结构材料隔断船舱内外温度,该种多层结构隔热材料由尼龙网与镀

铝聚酯薄膜交替叠合组成。

表 7.11　几种纤维制品性能参数

材 料 种 类	温度/℃	法向发射率 ε_n
钼	1 000 ~ 2 500	0.15 ~ 0.35
金	200 ~ 600	0.02 ~ 0.03
铝	50 ~ 500	0.04 ~ 0.06
铂	500 ~ 1 200	0.02 ~ 0.03
钛	500 ~ 800	0.3 ~ 0.5
不锈钢	200 ~ 600	0.8
镍铬合金	52 ~ 1 034	0.67 ~ 0.76

航天器热防护系统的内部温度较高,当温度达到 300℃ 以上时,热辐射成为传热的主要方式,这就使得耐高温多层隔热材料成为重要选择之一。人们对耐高温多层隔热材料在再入航天器热防护方面进行了大量的应用研究[7,8]。美国 NASA 艾姆斯研究中心研制了一种新型柔性多层防热结构。该种结构的其上下表面为硼硅酸铝织物,中间隔热层分别为氧化铝垫、硼硅酸铝、氧化硅毡,以 10 层不锈钢箔作为反射屏,硼硅酸铝细纱布作为间隔层一同构成的耐高温多层隔热结构。该种多层结构材料的工作温度范围为 500 ~ 1 000℃,可用在高超声速飞行器上;法国研制了由纤维隔热毡隔开的多层反射屏蔽的轻质隔热系统,该种结构成为航天飞机盖板热防护系统的重要组成部分;Kamran[116] 以两面镀金的碳/碳化硅复合薄板为反射屏,当环境压强为 1 Pa 且密度、厚度都相同的情况下,与 Saffil 纤维隔热毡相比,4 层该种反射屏组成的多层隔热材料的导热系数是 Saffil 隔热毡的一半。另外,在高温区时,该种反射屏的隔热效果更好。

7.2.5　材料隔热性能快速评价方法

1. 高温隔热性能的测试装置

目前针对隔热材料高温隔热性能的测试装置可以分为如下几类,第一类材料隔热性能测试装置为辐照式隔热测试装置,其中辐照光源主要为石英灯,另有少量装置的光源为激光,此类装置最大缺点为仅采用红外辐照对样品加热,热流密度相对较低,且测量环境多为开放式或半封闭式(样品部分保温),样品接受热流升温的同时也会向空间进行自发辐射及与周围空气进行对流传热。另外,此类装置测试温度一般低于 1 400℃,难以模拟隔热材料实际的应用环境。第二类隔热性能测试装置加热源为火焰,包括氧乙炔火焰及等离子焰,两者共同的特点是测试温度较高,火焰温度可达 2 000℃以上,其中等离子焰可达 4 000℃。由于火焰加热产生大量废气,因此,此类装置都为开放式。而且由于火焰直接对样品进行加热,会对样品产生气流冲蚀作用。第三类是采用发热体电加热的平板隔热性能测量装置,主要采用碳化硅或二硅化钼发热体,最高温度不超过 1 600℃,且该类装置只能在空气气氛测量,测试环境为封闭式。第四类为风洞试验装置,此类装置可以最大限度模拟导弹等高速飞行器的实际工况,但是该类设备建造及使用成本极高,测试周期长,适用于整机模拟测试,不适合常规的材料性能研究。

随着冲压发动机飞行速度越来越高,内部温度也高达 2 000℃以上。目前没有能够对热面温度达到 2 000℃以上的材料进行隔热性能试验的装置和评价方法。通过对大功率发热体设计研究、样品的气氛保护和快速介入试验工况研究,实现在超高温条件下隔热性能快速评价。图 7.21 和图 7.22 是超高温隔热性能快速评价装置总体设计图和详细设计图。

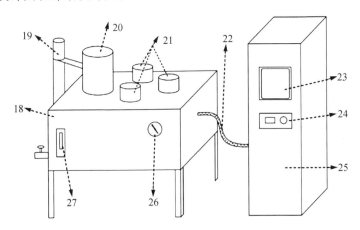

图 7.21　超高温隔热性能快速评价装置总体设计图

19. 炉体升降装置;20. 炉体;21. 样品仓;22. 动力电缆及信号链接管理;23. 电脑;24. 控制仪表;25. 控制柜;26. 真空压力表;27. 电磁流量计

超高温条件下隔热性能快速评价装置需要解决的关键问题如下。

(1) 加热装置的选择。选择为石墨电加热体。石墨电加热体加热温度高,可达 2 450℃,并且性能稳定,可以解决超高温隔热性能测试热源问题。石墨电加热体通过引线与炉体外的电源连接,进行电加热;

(2) 快速升温。采用炉体预先加热至超高温(2 000℃以上),通过可旋转支架在超高温条件下放置冷态样品进行测试,从而实现了样品由室温快速升温至超高温条件下的非稳态测试;

(3) 维持样品冷态温度。在超高温条件下,出于安全考虑,不宜采手动放样,

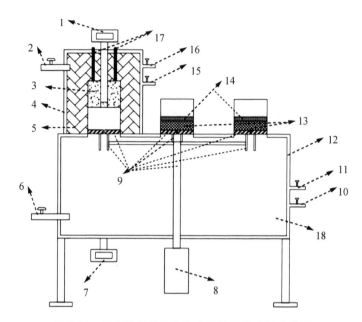

图 7.22 超高温隔热性能快速评价装置详细设计图

1. 红外测温装置;2. 排气口;3. 发热体;4. 炉体水套;5. 炉体保温材料;6. 进气口;7. 红外测温装置;8. 样品支架旋转升价装置;9. 样品旋转支架;10. 试验台排水口;11. 试验台进水口;12. 试验台水套;13. 待测样品;14. 导热垫块;15. 炉体排水口;16. 炉体进水口;17. 电极;18. 试验台

采用旋转支架放置样品。超高温试验装置的旋转支架上的样品距离石墨加热体装置较近,容易受加热体辐射影响升温。首先采用单独的样品仓放置石墨加热体和待测样品,隔绝加热石墨体。再次在旋转支架的待测样品仓增加冷却循环水,测试过程中,保证循环水处于循环状态。为了确保待测样品的温度在测试前为常温状态,在待测样品仓内设置热电偶,对待测样品实现实时测温;

(4)温度记录。采用计算机控制单元,用于对样品测温单元获取的冷面温度数据和电加热体测温单元获取的电加热体温度数据进行转换、存储及分析;

(5)温度及各阀门控制。采用控制仪表单元,用于控制样品测温单元测定样品温度、电加热体测温单元测定电加热体温度;控制仪表单元还控制电加热体的升温速率、最终温度、进气流量、进气口以及排气口的阀门开闭。

2. 导热系数的测试方法

导热系数是指在稳定传热条件下,1 m 厚的材料,两侧表面的温差为 1 K,在 1 s 内,通过 1 m^2 面积传递的热量,用 λ 表示,单位为 W/(m·K)。陶瓷材料的导热系数是测量其热物理性质的关键。目前常用的导热系数测试方法有防护热板法、热流计法、瞬态热线法、激光闪光法。材料导热系数测试方法各有其特点,在选择时,应该充分考虑测试材料的性质、导热系数范围、测试温度等[117]。

（1）防护热板法[118]是目前公认的准确度最高的,可用于基准样品的标定和其他仪器的校准,其实验装置多采用双试件结构。其原理是在稳态条件下,在具有平行表面的均匀板状试件内,建立类似于两个平行的温度均匀的平面为界的无限大平板中存在的一维的均匀热流密度。

（2）热流计法[119]是一种间接或相对的方法。它是测试试件的热阻与标准试件热阻的比值。当热板和冷板在恒定温度和温差的稳定状态下,热流计装置在热流计中心区域和试件中心区域建立一个单向稳定热流密度,该热流穿过一个(或两个)热流计的测量区域及一个(或两个接近相同)试件的中间区域。

（3）瞬态热线法[120]是应用比较多的方法,是在样品(通常为大的块状样品)中插入一根热线。测试时,在热线上施加一个恒定的加热功率,使其温度上升。由于被测材料的导热性能决定这一关系,由此可得到材料的导热系数,这种方法的优点是产品价格便宜、测量速度快,对样品尺寸要求不太严格。缺点是分析误差比较大,一般为 5% ~ 10%。这种方法不仅适用于干燥材料,而且还适用于含湿材料。该法适用于导热系数小于 2 W/(m·K)的各向同性均质材料导热系数的测定。

（4）闪光法[121]可看作是一种绝对的试验方法,适用测量温度为 75 ~ 2 800 K,热扩散系数在 10^{-7} ~ 10^{-3} m²/s 时的均匀各向同性固体材料。测试原理为:小的圆薄片试样受高强度短时能量脉冲辐射,试样正面吸收脉冲能量使背面温度升高,记录试样背面温度的变化。根据试样厚度和背面温度达到最大值的某一百分率所需时间,计算出试样的热扩散系数(α),然后根据材料的热扩散系数和体积密度及比热容,计算出材料的导热系数(λ)。

表 7.12 中所示的是不同导热系数测试方法对应测试装置的测试参数。各种方法都有不同的特点,应综合考虑被测试样的性质、形状、导热系数的范围、测量温度等因素,选用合适的导热系数测试方法。

表 7.12　不同导热系数测试方法对应测试装置的测试参数

测试装置名称	导热系数测试范围 /[W/(m·K)]	温度范围 /℃	试样尺寸/mm
保护热板法测量装置	0.01 ~ 2	−190 ~ 700	圆形: $\Phi200$;厚度 20 ~ 30 正方形:边长 300;厚度 20 ~ 30
热流计法测量装置	0.01 ~ 10	50 ~ 1 400	圆形: $\Phi25.4$ ~ 200;厚度 1 ~ 30 正方形:边长 300;厚度 20 ~ 30
瞬态热线法测量装置	0.01 ~ 500	−269 ~ 200	圆形: $\Phi50$ 以上;厚度 10 ~ 30 矩形:边长 50 以上;厚度 10 ~ 30
激光闪光法测量装置	热扩散系数 10^{-7} ~ 10^{-3} m²/s	−180 ~ 3 000	圆形: $\Phi10$;厚度: 0.001 ~ 6

7.3　发动机隔热传热过程分析与设计

7.3.1　发动机隔热结构传热过程分析

发动机热防护结构传热分析如图7.23所示。传热过程包括：燃气与壁面对流传热（$q_{对流1}$）；燃气与壁面辐射换热（$q_{辐射1,2}$）；发动机结构壁面导热（$q_{导热1}$）；燃烧室梯度隔热层导热（$q_{导热2}$）；梯度隔热层辐射换热（$q_{辐射3}$）；梯度隔热层对流换热（$q_{对流2}$）、梯度隔热层吸热（相变及热沉/$q_{吸热}$）；外壁面自然对流传热（$q_{对流3}$）；隔热外壁面与舱体内壁面辐射传热（$q_{辐射4}$）。发动机本体结构及工作状态确定后，发动机结构壁面沿程各部分$q_{对流1}$、$q_{辐射1,2}$相对确定，超燃冲压发动机在高空工作条件下，外壁面自然对流传热（$q_{自然对流}$）是小量，对隔热结构传热影响较小，辐射换热（$q_{辐射4}$）受发动机隔热外壁面约束材料的发射率以及舱内壁温度及发射率密切相关。超高温隔热结构设计的基本思路是降低高温梯度隔热层，特别是中低温层导热热流（$q_{导热2}$），阻挡梯度隔热层辐射换热热流（$q_{辐射3}$），增加梯度隔热层热量吸收（$q_{吸热}$），降低层内空气对流换热$q_{对流2}$。

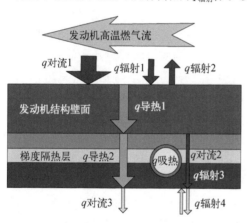

图7.23　隔热结构传热分析结构图

1. 热传导

热传导是由高能态高温微观粒子与低能态低温微观粒子在碰撞过程中内部能量的传递。热量从高温区向低温区流直到两区的温度达到平衡为止。热传导在隔热材料固相或气相内部以及两相界面上进行。

隔热材料中气孔中的热传导是通过气体分子间的碰撞过程进行的。根据气体动力学理论可得出气体的热导率：

$$\lambda_g = \frac{1}{3}c_V V L_p \tag{7.9}$$

式中，c_V为单位体积气体的热容（J/K）；V为气体分子的平均速度（m/s）；L_p为气体分子之间相互碰撞的平均自由程（m）。因此，气体的热导率主要是由气体的c_V、V、L_p决定，当温度升高时，由于内能增加，气体分子的运动速度急剧加快，从而导致气体的热导率随温度的升高而上升。

固体的热传导是靠晶格振动来实现的,这种晶格振动的能量是量子化的声子,与气体里热传导机理相似。模拟气体的热导率方程式,固体热导率方程式可以表示为

$$\lambda_s = \frac{1}{3} c_V V L_p \tag{7.10}$$

式中,c_V 为单位体积气体的热容 $[J/(K \cdot m^3)]$;V 为气体分子的平均速度 (m/s);L_p 为气体分子之间相互碰撞的平均自由程 (m)。声子传导是无气孔无机非金属材料主要的热传递机理,由于声子的自由行程 L_p 随温度的上升而缩短,所以材料的热导率随温度的升高而下降,但最终达到一个常量。声子传热与材料的晶体类型以及晶格排列有关,所以固相热导率的大小及随温度变化首先决定于物质的组成。不同矿物组成的材料由于气体的热导率远小于固体的热导率,因此,隔热材料的体积密度应尽可能小,以增加气体的含量;且不同矿物相的热导率不同,因此应尽量选用热导率低的材料矿物材料组成。受使用温度制约可用于发动机超高温区的隔热材料较少,主要以碳气凝胶和氧化锆类材料为主,中低温度隔热层主要选取相对较多如氧化铝、氧化硅及其组合矿物材料等。

2. 辐射换热

多层隔热系统是由反射屏和间隔材料交替叠合而成。它的隔热原理是,假设有两个间距尺寸比长宽尺寸小很多的平行平面(通常将该平面称为反射屏或隔热屏),且它们有相同的性能,处于真空状态,它们之间的辐射热流为

$$q = \frac{\sigma A (T_1^4 - T_2^4)}{\frac{2}{\varepsilon} - 1} \tag{7.11}$$

若在这两平行平面中间,置入一个大小相同,性能都相同的反射屏,那它们之间的辐射热流会变为

$$q = \frac{\sigma A (T_1^4 - T_2^4)}{2\left(\frac{2}{\varepsilon} - 1\right)} \tag{7.12}$$

如果在这两个平行平面中间总共置入 n 个反射屏,那么它们之间的辐射热流会变为

$$q = \frac{\sigma A (T_1^4 - T_2^4)}{(n+1)\left(\frac{2}{\varepsilon} - 1\right)} \tag{7.13}$$

在原来的反射屏间,置入 n 个反射屏后,辐射热流理论上可以减小到原来的 $1/(n+1)$,起到了明显的隔热作用。如反射屏间再置入间隔物,则热流会变得更

小的。以上是理想情况下推导的传热过程,实际中还要考虑导热等其他传热方式的影响。反射屏主要是减少热辐射向内传递,但是由于反射屏热传导导热系数一般远大于间隔材料热传导导热系数,所以多层隔热系统在抑制热辐射的同时还增加了导热。当反射屏很薄,个数很少的情况下,这种增加的热传导的影响很小,但是若反射屏厚度较大且层数较多的时候,这种热传导的增加影响较大。温度较高的情况下,多层隔热系统的隔热效果较好,而温度越低热辐射越小,反射屏的作用也就越小,所以多层隔热系统的优势越不明显。所以在研究多层隔热系统的性能前,首先应该确定多层隔热系统中的反射屏和间隔材料,然后研究它们本身的传热性能以及它们在不同环境条件下对多层隔热系统隔热性能的影响。

传统高温隔热材料,普遍存在高温下隔热性能急剧下降的问题。例如氧化锆纤维类超高温隔热材料在 400℃ 时导热系数为 0.08 W/(m·K),1 650℃ 时升高到 0.23 W/(m·K),热导率增加了近 3 倍;氧化硅气凝胶材料,常温的导热系数在 0.02 W/(m·K) 左右,而在 800℃ 时为 0.08 W/(m·K) 左右,导热系数增加了近 4 倍;硅酸铝纤维隔热材料 200℃ 时热导率为 0.046 W/(m·K),1 200℃ 时热导率为 0.141 W/(m·K),热导率增加了 3 倍。

高温下材料隔热性能急剧下降,主要是高温下严重的辐射传热引起的。热防护材料多为多孔材料,其结构疏松多孔,热辐射传播的障碍少,高温下的辐射传热更为严重。图 7.24 是不同辐射率和辐射层密度对等效热导率的影响。

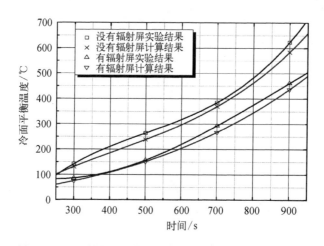

图 7.24　不同辐射率和辐射层密度对等效热导率的影响

通过研究标准大气压下氧化锆纤维隔热材料的高温传热机理,采用遗传算法计算了氧化锆纤维隔热材料内部辐射热流密度。计算了材料内部辐射反照系数,得到了不同温度下传导、对流、辐射在总传热中所占的比例。结果表明,随着温度的升高,对流和辐射传热所占比重越来越大,特别是辐射传热增加得很快,在

1 650℃时,辐射传热占总传热量的 41%。图 7.25 为氧化锆纤维刚性隔热瓦不同温度下三种传热方式导热系数的实测值和理论计算值。

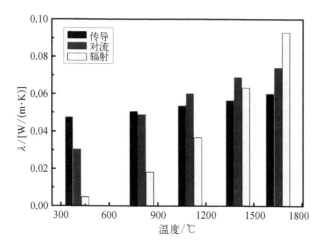

图 7.25　氧化锆纤维隔热瓦不同温度下三种传热方式导热系数的理论计算值

根据热传递理论,温度越高则热辐射比重越高。当温度一定时,增大每层纤维吸收和散射的能量就可以抑制辐射传热。具体做法包括:在隔热层间放置反射屏;在纤维材料里散布碎片;直接在纤维或颗粒上涂暗化层。通过设置辐射屏蔽材料,对提高多孔隔热材料的高温隔热性能效果明显。

根据使用温度的不同,又将其分为高温多层隔热材料和低温多层隔热材料。高温情况下使用的反射屏材料通常是发射率低的铝箔、银箔、金箔、镍箔等金属箔。金属箔材料具有耐高温、发射率低的特点,但高温下很容易氧化失去辐射屏作用,且氧化过程放热。若隔热层内部能密封得很好,耐高温金属箔的阻挡辐射传热效果较为明显。

在模拟燃烧室试验中在梯度隔热层高温区贴合某金属箔进行验证试验,图 7.26是试验前后某金属箔表面形貌。由于隔热层内部密封良好,高温试验后分解检查,金属箔未发生强烈氧化,起到较好的热屏蔽作用。

图 7.26　试验前后某金属箔表面形貌

通过建立多层隔热材料有限元模型,分别计算了辐射屏蔽层辐射率分别为0.1、0.5 和 0.9,辐射屏蔽层层密度分别为 2、4、6 时,不同温度下材料的等效导热系数,如图 7.27 所示。随着辐射屏蔽层层密度的增加,反射屏发射率降低,等效导热系数降低。且温度越高,反射屏对降低隔热材料等效热导率效果越显著。另外反射屏布置的位置对隔热结构影响显著,篇幅限制,不再赘述。

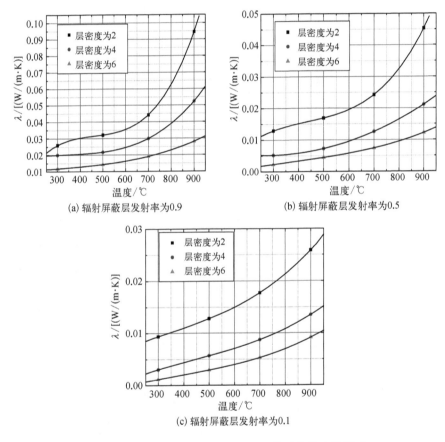

图 7.27 不同辐射率和辐射层密度对等效热导率的影响

3. 吸热型隔热

发动机超高温隔热层材料的选择需满足材料耐温极限和服役时间要求,同时考虑降低燃烧室复合材料本体壁面热负荷及隔热结构层整体结构厚度。采用吸热型隔热材料(相变、烧蚀)用于燃烧室超高温隔热,有效缓解陶瓷基复合材料燃烧室热负荷,同时阻止隔热层内部热流向低温隔热层传递,确保发动机隔热不超温,降低发动机梯度隔热层厚度。

吸热型隔热材料分为相变吸热、烧蚀吸热两大类,重点用于发动机燃烧室高温区隔热。通过对酚醛树脂、烧蚀型硅橡胶等烧蚀材料进行研究发现,该类材料通过烧蚀吸热可以降低发动机燃烧室外壁面温度,但吸热量远不能满足发动机燃烧室长时间工作要求。同时易出现产气、燃烧等负面影响。超燃冲压发动机吸热型隔热重点研究相变材料。

高温相变材料优选相变焓高,相变温度满足应用区温度范围的材料方案,其作用是确保隔热方案在发动机工作过程中不超温。通过等离子焰和电弧风洞考核优选,验证了良好的封装固定的高温相变材料在中高温层具有优异的吸热性能。并能有效阻止熔化后的液体流出,并可保持吸热层的结构稳定性,同时通过相变材料内部结构优化降低相变材料本身的热导率。

以下以发动机局部热环境输入为例进行计算,分析相同厚度隔热方案有无某相变材料对隔热背温的影响,同时进行隔热试验考核结果,如图 7.28 所示。

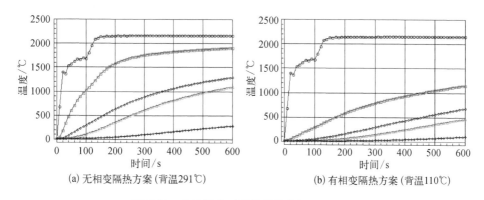

(a) 无相变隔热方案(背温291℃)　　(b) 有相变隔热方案(背温110℃)

图 7.28　有无相变对隔热结构传热影响分析

对比试验结果表明:通过相变吸热可以有效降低相变材料后隔热结构温度,有效降低隔热结构厚度,确保隔热方案在设计热走廊内不超温。由于相变材料密度相对纤维类隔热材料较高,应权衡发动机结构重量和隔热结构厚度要求评估相变材料的使用及应用厚度。图 7.29 是增加相变材料发动机部件梯度复合隔热对比试验片段。

图 7.29　增加相变材料发动机部件梯度复合隔热对比试验片段

7.3.2　服役环境对发动机隔热性能的影响

　　发动机隔热结构的服役环境对隔热性能会产生重要影响,在研究发动机超高温隔热过程中,系统环境温度和压力(真空度)对隔热性能影响最大。温度主要影响隔热材料固体本身的隔热性能,热传导是由高能态高温微观粒子与低能态低温微观粒子在碰撞过程中内部能量的传递。热量从高温区向低温区流,直到两区的温度达到平衡为止。热传导在隔热材料固相或气相内部以及两相界面上进行。

　　隔热材料中气孔中的热传导是通过气体分子间的碰撞过程进行的。压强主要影响隔热材料内部的气体对流换热和气体导热,其中气体的导热比对流换热大得多,所以主要研究压强对气体导热的影响,从而产生对系统内温度、辐射换热和隔热性能的影响,理论上随着压强的减小,即真空度的提高,层间的气体导热是逐渐减小的,隔热结构的隔热性能也就逐渐提高,图 7.30 是氧化锆复合隔热材料在热面温度为 2 000℃时,不同压力三种传热方式占比的计算值。

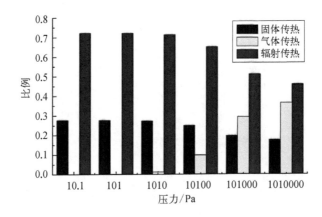

图 7.30　氧化锆复合隔热材料热面 2 000℃不同压力三种传热方式占比的计算值

7.3.3　发动机隔热设计流程

　　根据泰勒防热方法,利用不同材料在不同使用温度区间效果最优原理,进行高、中、低温层材料梯度复合方案精细设计,形成梯度复合隔热方案。

　　超燃冲压发动机超高温梯度复合隔热结构设计,从内而外依次为被动热防护耐热层、超高温隔热层、相变吸热层、中温隔热层和低温隔热层,在超高温隔热层和相变吸热层之间、相变吸热层和中温隔热层之间及中温隔热层和低温隔热层之间分别设置反射屏,各层之间通过黏结后压紧并机械固定,使超高温隔热层、中温隔热层和低温隔热层处于压缩状态,总压缩率为 5%～10%。采用不同温区隔热材料厚度分配、不同温区隔热材料方案选择、隔热材料及反射屏材料方案及布置方式等手段,适用于被动热防护超燃冲压发动机燃烧室的超高温隔热,长时间隔热效果显著,较传统单一的隔热设计方法,可有效降低发动机隔热层厚度空间、实现发动机隔热方案优化选择。

采用多层结构进行梯度复合,利用高温隔热层将被动热防护耐热层的温度由2 300℃降至1 600℃以下,进入相变吸热层的使用温度区间,通过相变吸热,有效控制高温热流,使高温层的温度降至1 600℃以下,并阻挡热流向中温区传递,通过中温层的隔热设计使低温层的工作温度低于800℃,由于高温层、中温层、低温层的热导率依次降低,隔热性能不断提升,因此,高温层和中温层的设计满足应用需求的同时厚度最小化,相变吸热层可有效降低隔热厚度但增加结构重量,在满足重量需求的同时,相变吸热层厚度最大化,低温隔热层的密度最低、热导率最低因此,在低温层的工作温度内隔热厚度最大化。这种设计方法可以根据发动机热防护结构的重量和厚度设计上获取最优方案,超高温隔热设计程序见图 7.31。

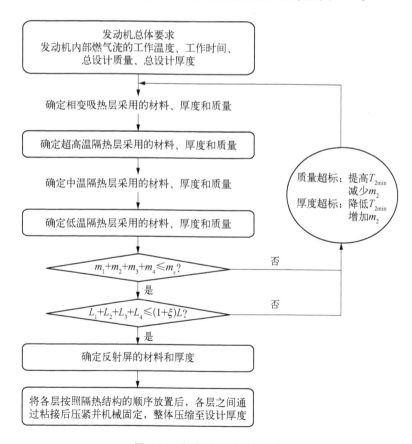

图 7.31　超高温隔热设计程序

7.4 隔热结构试验研究

超燃冲压发动机被动热防护隔热技术作为超燃冲压发动机研究的一项关键技术,研究过程涉及材料方案筛选、隔热结构方案考核优选、发动机搭载试验验证等方面,需要经过石英灯、等离子加热器、电弧风洞等多种试验技术支撑。

7.4.1 石英灯加热

在隔热考核试验系统中,由石英灯组成的加热器控制可靠性高、试验成本低,可以很好地模拟材料的热环境条件。所以,由石英灯组成的加热器被广泛用作热强度环境模拟试验的加热设备,也是隔热材料筛选和性能研究基础设备。

图 7.32 为石英灯加热试验照片。以尺度为 400 mm×400 mm 石英灯组辐射设备为例,功率为 0~150 kW。中间两排石英灯的前、后由两块夹层水冷反射壁面将热量汇聚,使中心形成面积至少 150 mm×150 mm 的热流均匀区。试验时,通过输入石英灯组试验电流和电压,控制加热条件。

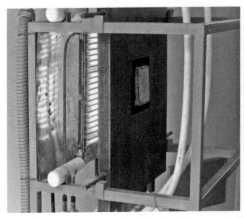

图 7.32　为石英灯加热试验照片

石英灯加热设备可确保加热条件按设计要求实现。但其加热最高温度为 600~800℃,远不能达到发动机隔热方案考核条件,仅能实现低温区材料方案筛选和隔热材料低温性能考核验证。图 7.33 为气凝胶和 CESP 复合隔热曲线石英灯考核温度曲线。

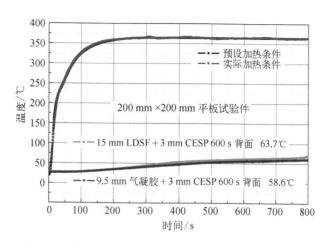

图 7.33　气凝胶和 CESP 复合隔热石英灯考核温度曲线

7.4.2　等离子焰加热

图 7.34 是等离子焰加热设备原理图。等离子焰加热设备用于隔热试验考核可实现最高烧蚀温度为 2 600℃、试验设备简单、操作容易、测试成本相对较低、能耗小的特种材料高温隔热效果的快速测试平台。

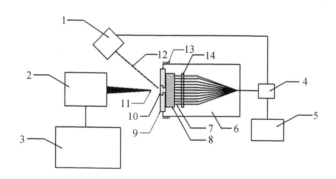

图 7.34　等离子焰加热设备原理图

1. 红外测温模块；2. 等离子体快速加热模块；3. 等离子体控制模块；4. 数据采集模块；5. 数据显示及分析模块；6. 测试台架；7. 高温热电偶阵列；8. 测试材料；9. 热流阻挡层；10. 耐烧蚀材料；11. 等离子体喷嘴；12. 红外测温线；13. 热电偶套盘；14. 热电偶分布盘

等离子焰加热设备由红外测温模块、等离子体快速加热模块、数据实时采集模块、数据显示及分析模块、样品紧固台架、测试样品装置及高温热电偶阵列模块等部分集成。其中，在样品紧固台架上安装测试样品装置。测试样品装置由热流阻挡层、阶梯状耐烧蚀片以及测试材料组成。耐烧蚀片采用 ZrB_2 - SiC - BN 材料,最高烧蚀温度为 2 600℃,其作用是防止测试材料由于高温高流速冲蚀而过早失效,热流阻挡层的作用是防止高热流、高流速的等离子体通过对流传热将热量传输到测试材料的热面并进一步烧毁后端的测试装置,该层可选用镁铬高温耐火材料。为了防止热流沿耐烧蚀片与热流阻挡层间的缝隙进入后端测试材料表面,耐烧蚀片采用阶梯状圆台,烧蚀面的面积大于其与测试材料接触面的面积,在热流阻挡层中心机械加工出相应尺寸的阶梯孔。耐烧蚀片与热流阻挡层之间采用 $Al(H_2PO_4)_3$ 作高温黏结剂。测试材料与耐烧蚀片及热流阻挡层之间的连接同样采用 $Al(H_2PO_4)_3$ 作高温黏结剂。高温热电偶阵列紧贴于测试材料的低温面,热电偶为高温钨铼热电偶,最高测量温度为 2 300℃。实时采集的数据由数据采集模块收集,并经由数据采集模块与数据显示及处理模块间的通信,传递到数据显示及处理模块。图 7.35 为等离子焰加热设备台架。

图 7.35 等离子焰加热设备台架

采用等离子体加热装置为热源,实现快速、可控加热。通过调节等离子体控制模块中等离子加热装置的功率、H_2 的流量以及等离子体喷嘴与耐烧蚀材料之间的距离来控制耐烧蚀片的温度及输入的热量。由于常规热电偶无法在等离子体冲刷的环境中测试 2 000℃ 以上的温度,耐烧蚀片热端温度采用红外测温模块实时监控,通过数据采集模块实时采集热端温度数据,并进一步传递到数据显示及处理模块。

当热交换达到平衡时,由热电偶所测的温度判断测试材料的传热行为及隔热效果。该测试装置能够快速简便地测试超高温环境下特种材料的传热过程并判断不同隔热材料的隔热效果。

等离子焰试验设备可以达到发动机燃烧室最高温区隔热材料的考核要求,可有效筛选发动机超高温隔热材料方案。但等离子焰加热方式为点加热,有效加热面小,温度在同一等厚面加热分布不均匀。隔热背部测温点在不同区域测温差距较大,图 7.36 为测试材料背温分布图,图 7.37 为某隔热方案热面温度和背温分布。

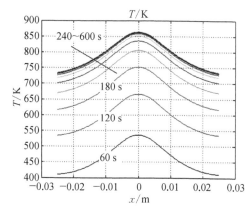

图 7.36　等离子焰加热测试
材料背面温度分布

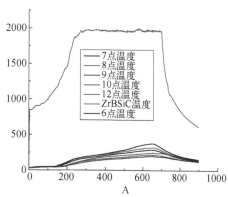

图 7.37　某隔热方案材料热面
温度和背温分布

6、7、8、9、10、12 分别为隔热材料热面上不同测点;ZrBSiC 为隔热材料热面抗烧蚀层

7.4.3　电弧风洞加热

电弧风洞考核试验可以较真实地模拟材料在发动机某部位工作状态下真实的热环境条件,且系统可靠、状态可重复性好,可以对不同隔热方案材料进行反复多批次的性能比较,筛选出超燃冲压发动机用被动热防护结构材料及隔热材料方案,并验证梯度隔热方案能否满足超燃冲压发动机被动热防护的使用要求。

电弧试验前需按试验要求进行状态调试,冷壁热流密度的测量采用塞式量热计测量热流密度,推算得出试验热流密度值。试片内壁面温度采用 MR1SC 双比色红外测温仪测量,试片背温测量采用铂-铑、钨-铼热电偶在各隔热层中心分别测量梯度层背温,电弧风洞试验台如图 7.38 所示。

图 7.38　电弧风洞试验台

图 7.39 是双试片试验导管及试验安装图。隔热试验用导管采用双试片试验导管,该导管有效避免单试片导管存在的试验平板向对面水冷壁面产生的大量辐射传热损失,降低对试片考核条件。同时采用双试片导管增加单次试验考核试片数量、提高试验效率,可有效降低试验成本。图 7.40 为电弧风洞隔热方案试验情况,图 7.41 某隔热方案风洞试验背温分布,图 7.42 是梯度复合隔热试验通过考核的部分隔热平板。

图 7.39　双试片试验导管及试验安装图

$t=t_0+300\text{ s}$ 　　　　　　　　 $t=t_0+600\text{ s}$

图 7.40　电弧风洞隔热方案试验

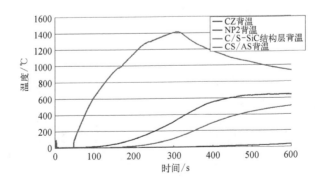

图 7.41　某隔热方案风洞试验背温分布

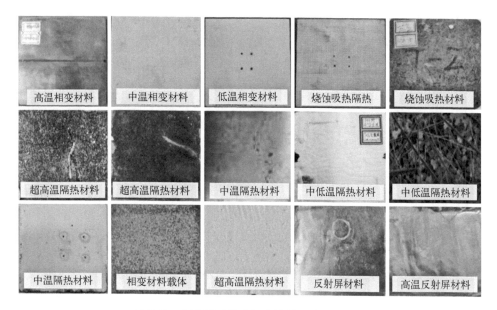

图7.42 部分通过发动机考核的隔热材料照片

本章主要介绍了超燃冲压发动机隔热技术的研究现状,其中重点讲述了热防护材料的研究现状,常用的热防护材料主要包括:氧化锆,氧化铝纤维隔热材料、碳气凝胶、二氧化硅气凝胶隔热材料、多层复合热防护材料。发动机隔热结构传热及隔热机理:发动机的热传递主要包括热传导、热辐射、热对流,吸热型隔热方法是常用的热防护手段。本章详细介绍了发动机的隔热设计方法,其中主要包括发动机燃烧室的设计和隔热结构的设计。在高超声速飞行器型号需求牵引下,加强基础研究,突破隔热材料研制及与之相关的关键原材料、工艺等关键技术,提高现有隔热材料的性能,发展新的隔热材料体系及制备工艺,扩展、完善隔热材料体系。同时,充分借鉴国外高超声速飞行器隔热材料技术的研究成果、设计理念和应用经验,推动我国隔热材料的工程应用,以提升我国高超声速飞行器隔热材料的技术水平,满足未来发展。

参考文献

[1] Kelly H N, Webb G L. Assessment of alternate thermal protection systems for the space shuttle sbitter[R]. AIAA 82-0899, 1982.

[2] Rochelle W C, Battley H H, Hale W M, et al. Arc-jet test and analysis of orbiter TPS inter-tile heating in high pressure gradient flow[R]. AIAA 78-845, 1978.

[3] Bouslog S A, Cunnington G R. Emmittance measurements of RCG coated shuttle tiles[R]. AIAA 78-845, 1978.

[4] Kourtides D A, Tran H K, Chiu S A. Composite flexible insulation for thermal protection of

space vehicles[R]. NASA – TM – 103836, 1991.

[5] 阎家宾. 火箭和航天工程用低密度有机硅隔热弹性材料[J]. 世界橡胶工业,2006,3(6):17 – 20.

[6] 惠雪梅,张炜,王晓洁. 树脂基低密度隔热材料的研究进展[J]. 材料导报,2003,17: 233 – 234,245.

[7] 陈立明,戴政,谷宇,等. 轻质多层热防护结构的一体化优化设计研究[J].力学学报,2011,43(2): 289 – 295.

[8] 李贵佳,张伟儒,尹衍升,等. 无机纤维隔热材料在航空航天热防护工程中的应用[J]. 陶瓷,2004,168(2): 28 – 31.

[9] Cao X Q, Vassen R, Stoever D. Ceramic materials for thermal barrier coatings[J]. Journal of the European Ceramic Society, 2004, 24: 1 – 10.

[10] 胡传顺, 王福会, 吴维雯. 热障涂层研究进展[J]. 腐蚀科学与防护技术,2000,12(3): 160 – 163.

[11] 胡利明,高芳,陈文. 氧化锆纤维及其制品[J]. 人工晶体学报,2009,38(1): 265 – 270.

[12] Hamling B H. Proeess for produemg metal oxide fibers, textiles and shapes [P]. Pat. 3385915, 1968.

[13] Hamling B H. Stabilized tettagonal zireonia fiberand textiles[P]. Pat. 3860529, 1972.

[14] 余明清,范仕刚,夏淑琴,等. 高效绝热材料的研究[J]. 功能材料,2004,35: 1587 – 1589.

[15] 胡利明,陈虹,马峻峰,等. 氧化锆纤维布的研究[J]. 硅酸盐通报,2002,21(1): 21 – 24.

[16] Pullar R C. The Manufacture of partially-stabilised zieconia fibres blow spun from an alkoxide derived aqueous and fully-stabilised sol-gel precursor [J]. Journal of the European Ceramic Society, 2001, 21: 19 – 27.

[17] 周晓东,古宏晨. 喷雾热分解法制备氧化锆纤维的过程研究[J]. 无机材料学报,1998,6(3): 401 – 406.

[18] Chakrabarty P K, Chatterjee M, Naskar M K, et al. Zirconia fibre mats prepared by a sol-gel spinning technique[J]. Journal of the European Ceramic Society, 2001, 21: 355 – 361.

[19] Azad A M. Fabrication of yttria-stabilized zirconia nanofibers by electrospinning[J]. Materials Letters, 2006(60): 67 – 72.

[20] Liu H Y, Hou X Q, Wang X Q, et al. Fabrication of high-strength continuous zirconia fibers and their formation mechanism study[J]. Journal of the Ameriean Ceramic Society, 2004, 87(12): 2237 – 2241.

[21] 刘久荣,潘梅,许东,等. Sol – gel 法制备 ZrO: 连续纤维的烧结过程的研究[J]. 山东工业大学学报,2001,31(2): 140 – 146.

[22] Yogo T. Synthesis of polyerystalline zirconia fibre with organozirconium Precursor[J]. Journal of Materials Science, 1990, 25: 2394 – 2398.

[23] Nami K. Production of zirconia fibers having high strength and toughness[P]. JP61289130, 1986.

[24] de G Chatterjee A, Ganguli D. Zirconia fibres from the zirconiumn-propoxide-acetylacetone-water-isopropanol system[J]. Journal of Materials Science Letters, 1990, 9: 845 – 846.

[25] Abe Y, Tomioka H, Gunji T, et al. A one-pot synthesis of polyzirconoxane as a precursorfor continuous zirconia fibres[J]. Journal of Materials Science Letters,1994, 13: 960-962.

[26] Abe Y, Kudo T, Tomioka H, et al. Preparation of continuous zirconia fibres from polyzirconoxane synthesized by the facile one-pot reaction[J]. Journal of Materials Seience, 1998, 33: 1863-1870.

[27] 近藤知. 氧化锆纤维的制造方法[P]. 特开平 5-321036,1993.

[28] 许东,刘和义,侯宪钦,等. 有机聚锆前驱体纺丝液甩丝法制备氧化锆纤维棉[P]. 1584155A, 2004.

[29] 刘和义. 二氧化锆连续纤维及二氧化锆纤维的制备技术与机理研究[D]. 济南:山东大学, 2005: 17,38-39.

[30] Marshall D B, Lange F F, Morgan P D. High-strength zirconia fibers[J]. Journal of the American Ceramic Society, 1987, 70(8): 187-188.

[31] 刘和义,崔宏亮,朱玉龙. 氧化锆纤维制品的制备及其在高效节能电炉中的应用研究[J]. 真空电子技术,2015,4: 15-20.

[32] 阚红元. 工业窑炉用高强度陶瓷纤维板[J]. 工业炉,2008,30(2): 45-46.

[33] 徐培珮,徐建峰,关克田. ZrO₂纤维隔热板的制备[J]. 耐火材料,2015,49(3): 175-177.

[34] 胡利明. 氧化锆纤维布的研究[D]. 武汉:武汉理工大学,2002.

[35] 王玲. 超高温绝热氧化锆纤维毡的烧成控制[J]. 现代技术陶瓷,1996(2): 38-40.

[36] Xie Q D, Xu J, Feng L, et al. Facile creation of a super-amphiphobic coating surface with bionic microstructure[J]. Advanced Materials, 2004, 76, 302-305.

[37] Lafuma A, Quere D. Superhydrophobic states[J]. Nature Materials, 2003, 2: 457-460.

[38] Lau K K, Bico J, Teo K B K, et al. Superhydrophobic carbon nanotube forests[J]. Nano Letters, 2003, 3(12): 1701-1705.

[39] Tian Y, Liu H Q, Deng Z F. Electrochemical growth of gold pyramidal nanostructures: Toward super-amphiphobic surfaces[J]. Chemistry of Materials, 2006,18: 5820-5822.

[40] 仝爱莲. 蒋宇平. 新的高纯陶瓷纤维复合材料及其应用[J]. 宇航材料工艺,1995,25(1): 14-19.

[41] Deleglise E, Berger M H, Jeulin D. Microstructural stability and room temperature mechanical properties of the Nextel 720 fibre[J]. Journal of the European Ceramic Society, 2001, 21, 569-580.

[42] Dhingra A K. Alumina fibre FP[J]. Philosophical Transactions of the Royal Society, 1980, A294, 411-417.

[43] Birchall J D. The preparation and properties of polycrystalline aluminium oxide fibres[J]. Transactions and Journal of the British Ceramic Society, 1983, 82: 143-145.

[44] Bunsell A R, Berger M H. Fine diameter ceramic fibres[J]. Journal of the European Ceramic Society, 2000, 20(13): 2249-2260.

[45] Bunsell. A. R. Oxide fibers for high-temperature reinforcement and insulation[J]. Advanced Engineering Materials, 2005, 57: 48-51.

[46] 白木,顾利霞. 氧化铝纤维的生产和应用[J]. 江苏陶瓷,2003,36:31-32.

[47] 王德刚,仲蕾兰,顾利霞. 氧化铝纤维的制备及应用[J]. 化工新型材料,2002,30(4):237.

[48] James J L, Bllal Z. Porous washcoat-bonded fiber substrate[P]. Pat. 7897255, 2011.

[49] 圣戈本陶瓷及塑料股份有限公司. 纳米多孔超细 α-氧化铝粉末及其溶胶-凝胶制备方法 [P]. 200480009462.4,2006.

[50] 刘辉,孙洪军,何选盟,等. pH 值控制水热-热分解法制备介孔氧化铝纤维和纳米棒[D]. 长沙:中南大学,2010.

[51] Zhu Z F, Liu H, Sun H J, et al. PEG-directed hydrothermal synthesis of multiayered alumina microfibers with mesoporous structures [J]. Microporous and Mesoporous Materials, 2009, 123:39.

[52] 田莉,方建贺,贺进明,等. 微乳水热法制备 γ-氧化铝纳米纤维[J]. 兰州大学学报(自然科学版),2008,44(5):144.

[53] 任春华,叶亚莉,周国成,等. 氧化铝纤维的发展现状及前景[J]. 新材料产业,2010(4): 38-42.

[54] 廖建国. 超高温用纤维隔热板的开发[J]. 国外耐火材料,1999(1):17-21.

[55] Cleland J. Iannetti F. Thermal protection system of the space shuttle[R]. NASA contractor report 4227, 1989.

[56] Hank J M. Murphy J C. Mutzman R C. The X - 51A scramjet engine flight demonstration program[R]. AIAA 2008-2540, 2008.

[57] 李贵佳,张伟儒,尹衍升,等. 无机纤维隔热材料在航空航天热防护工程中的应用[J]. 陶瓷, 2004(2):28-32.

[58] Pekala R W. Organic aerogels from the polycondensation of resorcinol with formaldehyde[J]. Journal of Materials Science, 1989, 24:3221-3227.

[59] Zhao S, Manic M S, Ruiz-Gonzalez F, et al. The sol-gel handbook[M]. Weinheim:Wiley-VCH Verlag GmbH & Co. KGaA, 2005.

[60] Pekala R W, Alviso C T, Lu X, et al. New organic aerogels based upon a phenolic-furfural reaction[J]. Journal of Non-Crystalline Solids, 1995, 188:34-40.

[61] Pekala R W. Organic aerogels from the polycondensation of resorcinol with formaldehyde[J]. Journal of Materials Science, 1989, 24:3221-3227.

[62] Alviso C T, Pekala R W, Gross J, et al. Resorcinol-formaldehyde and carbon aerogel microspheres[J]. Microporous and Mesoporous Materials, 1996, 431:521-525.

[63] Li W, Reichenauer G, Fricke J. Carbon aerogels derived from cresol - resorcinol - formaldehyde for supercapacitors[J]. Carbon, 2002, 40:2955-2959.

[64] Biesmans G, Mertens A, Duffours L, et al. Polyurethane based organic aerogels and their transformation into carbon aerogels [J]. Journal of Non-Crystalline Solids, 1998, 225(1): 64-68.

[65] Biesmans G, Randall D, Francis E, et al. Polyurethane-based organic aerogels' thermal performance[J]. Journal of Non-Crystalline Solids, 1998, 225:36-40.

［66］Zhang R, Lu Y, Zhan L, et al. Monolithic carbon aerogels from sol-gel polymerization of phenolic resoles and methylolated melamine[J]. Carbon, 2002, 41: 1660 - 1663.

［67］Yamashita J, Ojima T, Shioya M, et al. Organic and carbon aerogels derived from poly (vinyl chloride)[J]. Carbon, 2003, 41: 285 - 294.

［68］Hemberger F, Weis S, Reichenauer G, et al. Thermal transport properties of functionally graded carbon aerogels[J]. International Journal of Thermophysics, 2009, 30: 1357 - 1371.

［69］Lu X, Nilsson O, Fricke J, et al. Thermal and electrical conductivity of monolithic carbon aerogels[J]. Journal of Applied Physics, 1993, 73: 581 - 584.

［70］Bock V, Nilsson O, Blumm J, et al. Thermal properties of carbon aerogels[J]. Journal of Non-Crystalline Solids, 1995, 185: 233 - 239.

［71］Hemberger F, Ebert H P, Fricke J. Determination of the local thermal diffusivity of inhomogeneous samples by a modified laser-flash method[J]. International Journal of Thermophysics, 2007, 28: 1509 - 1521.

［72］Wiener M, Reichenauer G, Braxmeier S, et al. Carbon aerogel-based high-temperature thermal insulation[J]. International Journal of Thermophysics, 2009, 30: 1372 - 1385.

［73］Fu R, Zheng B, Liu J, et al. The fabrication and characterization of carbon aerogels by gelation and supercritical drying in isopropanol [J]. Advanced Functional Materials, 2003, 13: 558 - 562.

［74］Rasinesa G, Lavelab P. Electrochemical response of carbon aerogel electrodes in saline water [J]. Journal of Electroanalytical Chemistry, 2012, 672: 92 - 98.

［75］Macias C, Rasinesa G, Lavela P, et al. Mn-containing n-doped monolithic carbon aerogels with enhanced macroporosity as electrodes for capacitive deionization[J]. ACS Sustainable Chemistry & Engineering, 2016, 5: 2487 - 2494.

［76］Swanee J S, Sergei O. Mechanical deformation of carbon-nanotube-based aerogels[J]. Carbon, 2012, 50: 5340 - 5342.

［77］Yang J, Li S, Luo Y, et al. Compressive properties and fracture behavior of ceramic fiber-reinforced carbon aerogel under quasi-static and dynamic loading[J]. Carbon, 2011, 49: 1542 - 1549.

［78］Hrubesh L W. Lightweight, high strength carbon aerogel composites and method of fabrication [P]. Pat. 20030134916A1, 2003.

［79］陈丽霞. 纤维增强 SiO₂气凝胶绝热材料的常压制备工艺研究[D]. 西安: 长安大学, 2008: 3 - 28.

［80］熊刚, 陈晓红, 吴文军, 等. 柔韧性二氧化硅气凝胶的研究进展[J]. 硅酸盐通报, 2010, 29 (5): 1079 - 1085.

［81］Shi F, Liu J X, Song K, et al. Cost-effective synthesis of silica aerogels from fly ash via ambient pressure drying[J]. Journal of Non-Crystalline Solids, 2010, 356: 2241 - 2246.

［82］Kistler S S. Coherent expanded aerogels and jellies[J]. Nature, 1931, 127(32 Ⅱ): 741.

［83］Herrmann G. On the way to commercial production of silica aerogel [J]. Journal of Non-

Crystalline Solids, 1995, 186: 380 – 387.

[84] Ziegler F. Hydrophobic silica aerogles[P]. Pat. 5738801, 1998.

[85] Sarawade P B, Kim J K, Kim H K, et al. High specific surface area TEOS-based aerogels with large pore volume prepared at an ambient pressure[J]. Applied Surface Science, 2007, 254: 574 – 579.

[86] 耿刚强,王珊月,毕伟涛,等. 低密度纳米孔 SiO$_2$ 气凝胶的制备工艺[J]. 长安大学学报(自然科学版),2010,30(4): 107 – 110.

[87] 杨海龙,倪文,陈德平,等. 水玻璃制备纳米孔 SiO$_2$ 气凝胶块体材料的研究[J]. 功能材料, 2008,9(39): 1525 – 1531.

[88] 杨丽静,田辉平,龙军,等. 碱性硅溶胶稳定性的研究[J]. 石油炼制与化工,2010,41(6): 12 – 16.

[89] 沈钟,王果庭. 胶体与表面化学[M]. 第二版. 北京: 化学工业出版社,2004: 144 – 146.

[90] 甘礼华,陈龙武,张宇星. 非超临界干燥法制备 SiO$_2$ 气凝胶[J]. 物理化学学报,2003,19 (6): 503 – 508.

[91] 赵晶晶,沈军,邹丽萍,等. 纯水体系 SiO$_2$ 纳米多孔材料的低成本制备与表征[J]. 无机材料学报,2015,30(10): 1081 – 1084.

[92] Rao A V, Pajonk G M, Haranath D, et al. Effect of sol-gel processing parameters on optical properties of TMOS silica aerogels[J]. Journal of Materials Synthesis and Processing, 1998, 1: 37 – 48.

[93] Nicolaon G A, Teichner S J. Preparation of silica aerogels from methylorthosilicate in alcoholic medium and their properties[J]. Bulletin de la Societe Chimique de France, 1968, 5: 1906.

[94] Russo R E, Hunt A J. Comparison of ethyl versus methyl sol-gels for silica aerogels using polar nephelometry[J]. Journal of Non-Crystalline Solids, 1986, 86(1 – 2): 219 – 230.

[95] Sarawade P B, Quang D V, Hilonga A, et al. Synthesis and characterization of micrometer-sized silica aerogel nanoporous beads[J]. Materials Letters, 2012, 81: 37 – 40.

[96] Wagh P B, Begag R, Pajonk G M, et al. Comparison of some physical properties of silica aerogel monoliths synthesized by different precursors[J]. Materials Chemistry and Physics, 1999, 57(5): 214.

[97] Cantin M, Casse M, Koch L, et al. Silica aerogels used as cherenkov radiator[J]. Nuclear Instruments & Methods, 1974, 118: 177.

[98] 董志军,李轩科,袁观明,莫来石纤维增强 SiO$_2$ 气凝胶复合材料的制备及性能研究[J].化工新型材料,2006,34(7): 58 – 61.

[99] Venkateswara A R, Manish M K, Sharad D B. Transport of liquids using superhydrophobic aerogels[J]. Journal of Colloid and Interface Science, 2005, 285: 413 – 418.

[100] 冯坚,高庆福,冯军宗,等. 纤维增强 SiO$_2$ 气凝胶隔热复合材料的制备及其性能[J]. 国防科技大学学报,2010,32(1): 40 – 42.

[101] Chandradass J, Kang S, Bae D. Synthesis of silica aerogel blanket by ambient drying method using water glass based precursor and glass wool modified by alumina sol[J]. Journal of Non-

Crystalline Solids, 2008, 354: 4115 - 4119.

[102] 石小靖,张瑞芳,何松,等. 玻璃纤维增韧 SiO_2 气凝胶复合材料的制备及隔热性能[J]. 硅酸盐学报,2016,1: 129 - 135.

[103] 崔崧,黄宝宗,张立洲,等. 层间短纤维的桥联和增韧分析[J]. 计算力学学报,2004,21 (2): 216 - 220.

[104] Karout A, Buisson P, Perrard A, et al. Shaping and mechanical reinforcement of silica aerogel biocatalysts with ceramic fiber felts[J]. Journal of Sol-gel Science and Technology, 2005, 36: 163 - 171.

[105] 倪文,刘凤梅. 纳米孔超级绝热材料的原理及制备[J]. 新型建筑材料,2002(1): 36 - 38.

[106] 史丽萍,赫晓东. 可重复使用航天器的热防护系统概述[J]. 航天制造技术,2004,4: 80 - 82.

[107] John T D, Carl C P. Metallic thermal protection system technology development: Concept, requirements and assessment overview[R]. AIAA 2002 - 0502, 2002.

[108] Spinnler M, Winter R, Edgar R F. Studies on high-temperature multilayer thermal insulations [J]. International Journal of Heat and Mass Transfer, 2004(47): 1305 - 1312.

[109] Spinnler M, Edgar R F. Winter R. Viskanta et al. Theoretical studies of high-temperature multilayer thermal insulation using radiation scaling[J]. Journal of Quantitative Spectroscopy & Radiative Transfer, 2004(84): 477 - 491.

[110] 江经善. 多层隔热材料及其在航天器上的应用[J].宇航材料工艺,2000,30(4): 17 - 25.

[111] Daryabeigi K. Design of high temperature multi-layer insulation for reusable launch vehicles [D]. Charlottesville: University of Virginia, 2000.

[112] Krishnaprakas C K, Narayana K B, Dutta P. Heat transfer correlations for multilayer insulation systems[J]. Cryogenics, 2000, 40: 431 - 435.

[113] 赵镇南. 传热学[M]. 北京:高等教育出版社,2002:10 - 360.

[114] 江经善. 多层隔热材料的性能研究[J]. 中国空间科学技术,1988(1): 64 - 70.

[115] Colucci F. Launching the Delta Clipper[J]. Space, 1991, (12): 17 - 19.

[116] Kamran D. Thermal analysis and design of multilayer insulation for re-entry aerodynamic heating [R]. AIAA 2001 - 2834, 2001.

[117] 中华人民共和国国家质量监督检疫检验总局. 绝热材料稳态热阻及有关特性的测定防护热板法[S]. GB/T 10294 - 2008,2008.

[118] 贺莲花,张美杰,王晓阳. 耐火材料导热系数的不同测试方法对比[J]. 耐火与石灰,2016, 4: 52 - 56.

[119] 中华人民共和国国家质量监督检疫检验总局. 绝热材料稳态热阻及有关特性的测定热流法[S]. GB/T 10295 - 2008, 2008.

[120] 应雄锋,沈宗华,董辉,等. 导热系数测试方法浅析[C]. 东莞:第十五届中国覆铜板技术市场研讨会暨覆铜板产业协同创新国际论坛,2015.

[121] 中华人民共和国国家质量监督检疫检验总局. 闪光法测量热扩散系数或导热系数[S]. GB/T 22588 - 2008,2008.

第 8 章
高温承载结构强度分析

　　超燃冲压发动机被动热防护结构从材料体系上区分主要包括复合材料和高温合金材料两种。其中复合材料因其优秀的耐高温性能、高比强度常被作为被动热防护结构的首选,以 C/C - SiC 为代表,复合材料常用于超燃冲压发动机尾喷管结构,部分型号也在进气道、隔离段、燃烧室结构上有所应用;超燃冲压发动机来流总温较低、工作时间较短时,超燃冲压发动机进气道结构也常选用具有优异耐高温性能的金属材料,以高温合金 K4002 为代表。

　　超燃冲压发动机进气道、隔离段被动热防护结构需承受 1 000℃ 以上的来流总温,同时要受到超声速气流激励的作用;超燃冲压发动机燃烧室、尾喷管被动热防护结构将承受 2 000℃ 以上的燃气温度,除了受到超声速气流激励还将受到不稳定燃烧和燃气冲蚀的双重作用。从而,被动热防护结构将承受热匹配不均产生的热应力和来流激励和燃气作用产生的振动应力。如何评价热应力和振动应力共同作用下结构损伤,实现对超燃冲压发动机被动热防护结构的耐久性评估成为超燃冲压发动机结构设计过程中一项重要的工作。

8.1　复合材料结构强度评估方法

　　复合材料结构的强度评估,应以准确的结构应力应变模拟为前提,因而,本书首先给出一种常用的复合材料本构模型,其具有较高精度和形式简单便于工程应用的特点。其次,给出几种常用的复合材料失效准则,分别为 Tsai - Wu 准则、Hashin 三维失效准则、Linde 失效准则、Davila 失效准则四种失效准则。

8.1.1　复合材料结构本构模型

　　为准确模拟复合材料结构的响应和复合材料进一步的损伤评估,将从其本构模型出发开展论述,准确的本构模型及其参数是理解复合材料结构失效机理的基础。复合材料结构往往表现为各向异性的特点,针对平面内材料失效准则的常无法满足工程需求,通过开展完整的三维结构材料特征的研究才能捕捉到损伤根源。复合材料在经受剪切载荷时,非线性应力-应变行为常常被观测到,剪切过程中非线性应力-应变行为的产生主要由复合材料基体结构所主导,由基体结构在变形过程中产生的大量微裂纹和其黏弹性行为导致。

Ramberg – Osgood 模型给出剪切应变与剪应力间关系为

$$\gamma = \frac{\tau}{G} + \left(\frac{\tau}{K}\right)^{\frac{1}{n}}, \ \tau \geqslant 0 \tag{8.1}$$

$$\gamma = \frac{\tau}{G} + \left(\frac{\mid \tau \mid}{K}\right)^{\frac{1}{n}}, \ \tau \geqslant 0 \tag{8.2}$$

式中,γ 为剪应变;τ 为剪应力;G 为线性剪切模量;K 和 n 为试验获得的材料常数,可通过试验数据拟合得到。当不考虑卸载过程和响应滞后效应,将弹性本构模型考虑材料各向异性和剪切非线性后可得到如下本构关系:

$$\begin{bmatrix} \varepsilon_{11} \\ \varepsilon_{22} \\ \varepsilon_{33} \end{bmatrix} = \begin{bmatrix} \dfrac{1}{E_{11}} & -\dfrac{v_{12}}{E_{11}} & -\dfrac{v_{13}}{E_{11}} \\ -\dfrac{v_{12}}{E_{11}} & \dfrac{1}{E_{22}} & -\dfrac{v_{23}}{E_{22}} \\ -\dfrac{v_{13}}{E_{11}} & -\dfrac{v_{23}}{E_{22}} & \dfrac{1}{E_{33}} \end{bmatrix} \begin{bmatrix} \sigma_{11} \\ \sigma_{22} \\ \sigma_{33} \end{bmatrix} \tag{8.3}$$

$$\gamma_{12} = \frac{\tau_{12}}{G_{12}} + \left(\frac{\tau_{12}}{K_{12}}\right)^{\frac{1}{n_{12}}} \tag{8.4}$$

$$\gamma_{13} = \frac{\tau_{13}}{G_{13}} + \left(\frac{\tau_{13}}{K_{13}}\right)^{\frac{1}{n_{13}}} \tag{8.5}$$

$$\gamma_{23} = \frac{\tau_{23}}{G_{23}} + \left(\frac{\tau_{23}}{K_{23}}\right)^{\frac{1}{n_{23}}} \tag{8.6}$$

进一步可得到第 k 迭代步 Jacobian 柔度矩阵表达式:

$$\left[\frac{\partial \Delta \varepsilon}{\partial \Delta \sigma}\right]^k = \begin{bmatrix} \frac{1}{E_{11}} & -\frac{v_{12}}{E_{11}} & -\frac{v_{13}}{E_{11}} & 0 & 0 & 0 \\ -\frac{v_{12}}{E_{11}} & \frac{1}{E_{22}} & -\frac{v_{23}}{E_{22}} & 0 & 0 & 0 \\ -\frac{v_{13}}{E_{11}} & -\frac{v_{23}}{E_{22}} & \frac{1}{E_{33}} & 0 & 0 & 0 \\ 0 & 0 & 0 & \frac{1}{G_{12}^*} & 0 & 0 \\ 0 & 0 & 0 & 0 & \frac{1}{G_{13}^*} & 0 \\ 0 & 0 & 0 & 0 & 0 & \frac{1}{G_{23}^*} \end{bmatrix} \tag{8.7}$$

式中，$\frac{1}{G_{ij}^*} = \frac{1}{G_{ij}} + \frac{1}{n_{ij}}\frac{1}{K_{ij}}\left(\frac{\tau_{ij}^k}{K_{ij}}\right)^{\frac{1}{n_{ij}}-1}$，$ij = 12,\ 13,\ 23$。

进一步通过求逆得到第 k 迭代步 Jacobian 刚度矩阵或切线刚度矩阵：

$$J = \frac{\partial \Delta \sigma^k}{\partial \Delta \varepsilon} = \left[\frac{\partial \Delta \varepsilon^k}{\partial \Delta \sigma}\right]^{-1} \tag{8.8}$$

可通过在 ABAQUS 中 UMAT 子程序或 ANSYS 中 Usermat 子程序开展本构模型的定义，以上得到的 Jacobian 刚度矩阵用于子程序中应力的迭代更新，其中在第 k 迭代步，可通过式(8.9)获得更新后的应力：

$$\sigma_{ij}^{k+1} = \sigma_{ij}^k + J^k \Delta \varepsilon_{ij}^k \tag{8.9}$$

式中，σ_{ij}^k 为上一迭代步传入子程序的应力张量；$\Delta\varepsilon_{ij}^k$ 为当前迭代步产生的应变增量；σ_{ij}^{k+1} 为子程序传出的应力张量。

8.1.2 复合材料失效准则

1. Tsai - Wu 准则[1]

假设在应力空间中存在一失效平面，可以式(8.10)表达：

$$f(\sigma_k) = F_i \sigma_i + F_{ij}\sigma_i\sigma_j \leqslant 1 \tag{8.10}$$

式中，$i,j,k = 1,2,\cdots,6$；F_i、F_{ij} 为强度张量。考虑结合剪应力互等定理，可进一步简化为

$$f(\sigma_k) = F_1\sigma_1 + F_2\sigma_2 + F_3\sigma_3 + F_{11}\sigma_1^2 + F_{22}\sigma_2^2 + F_{33}\sigma_3^2$$

$$+ 2F_{12}\sigma_1\sigma_2 + 2F_{23}\sigma_2\sigma_3 + 2F_{31}\sigma_3\sigma_1$$

$$F_{44}\sigma_4^2 + F_{55}\sigma_5^2 + F_{66}\sigma_6^2 \leqslant 1 \tag{8.11}$$

式(8.11)共有 12 个强度系数,可通过式(8.12)确定:

$$F_1 = \frac{1}{X_C} - \frac{1}{X_T};\ F_2 = \frac{1}{Y_C} - \frac{1}{Y_T};\ F_3 = \frac{1}{Z_C} - \frac{1}{Z_T};$$

$$F_{11} = \frac{1}{X_C X_T};\ F_{22} = \frac{1}{Y_C Y_T};\ F_{33} = \frac{1}{Z_C Z_T};$$

$$F_{44} = \frac{1}{S_{yz}^2};\ F_{55} = \frac{1}{S_{xz}^2};\ F_{66} = \frac{1}{S_{xy}^2};$$ $\tag{8.12}$

$$F_{12} \approx -\frac{1}{2}\sqrt{F_{11}F_{22}};\ F_{23} \approx -\frac{1}{2}\sqrt{F_{22}F_{33}};\ F_{31} \approx -\frac{1}{2}\sqrt{F_{33}F_{11}};$$

式中,下标 C、T 分别代表压缩和拉伸状态;X、Y、Z 分别为三个主方向的拉伸或压缩强度。

2. Hashin 三维失效准则

复合材料结构在静载荷作用下,在初始损伤基础上,随着损伤逐渐扩展,复合材料结构内部逐渐出现纤维的拉断/压断、基体的开裂和压断、复合材料结构分层、剪切损伤等损伤模式。Hashin 三维失效准则[2]具体形式如下。

(1) 纤维的拉断/压断:

$$当\ \sigma_1 > 0\ 时, \left(\frac{\sigma_1}{X_T}\right)^2 + \left(\frac{\sigma_{12}}{S_{12}}\right)^2 + \left(\frac{\sigma_{13}}{S_{13}}\right)^2 \leqslant 1 \tag{8.13}$$

$$当\ \sigma_1 \leqslant 0\ 时, \left(\frac{\sigma_1}{X_C}\right)^2 \leqslant 1 \tag{8.14}$$

(2) 基体的开裂/压断:

$$当\ \sigma_2 > 0\ 时, \left(\frac{\sigma_2}{Y_T}\right)^2 + \left(\frac{\sigma_{12}}{S_{12}}\right)^2 + \left(\frac{\sigma_{23}}{S_{23}}\right)^2 \leqslant 1 \tag{8.15}$$

$$当\ \sigma_1 \leqslant 0\ 时, \left(\frac{\sigma_2}{Y_C}\right)^2 + \left(\frac{\sigma_{12}}{S_{12}}\right)^2 + \left(\frac{\sigma_{23}}{S_{23}}\right)^2 \leqslant 1 \tag{8.16}$$

(3) 复合材料结构分层:

$$当\ \sigma_3 > 0\ 时, \left(\frac{\sigma_3}{Z_T}\right)^2 + \left(\frac{\sigma_{13}}{S_{13}}\right)^2 + \left(\frac{\sigma_{23}}{S_{23}}\right)^2 \leqslant 1 \tag{8.17}$$

$$当\,\sigma_3 \leqslant 0\,时, \left(\frac{\sigma_3}{Z_C}\right)^2 + \left(\frac{\sigma_{13}}{S_{13}}\right)^2 + \left(\frac{\sigma_{23}}{S_{23}}\right)^2 \leqslant 1 \tag{8.18}$$

（4）基体和纤维的剪切损伤：

$$当\,\sigma_1 < 0\,时, \left(\frac{\sigma_1}{X_C}\right)^2 + \left(\frac{\sigma_{12}}{S_{12}}\right)^2 + \left(\frac{\sigma_{13}}{S_{13}}\right)^2 \leqslant 1 \tag{8.19}$$

式中，X_T、Y_T、Z_T、X_C、Y_C、Z_C 为复合材料结构在各主方向上的拉伸强度和压缩强度；S_{ij} 为在平面内的剪切强度。

3. Linde 失效准则

针对 C/C 三维四向编织复合材料，基于材料真实的结构特征可建立单胞模型，采用 Linde 失效准则[3]开展复合材料的强度评估。Linde 失效准则将单向复合材料失效分为纤维失效和基体失效。纤维失效可用式（8.20）表达：

$$d_f = 1 - \frac{\varepsilon_{11}^t}{f_1} \exp\left[\frac{-C_{11}\varepsilon_{11}^t(f_t - \varepsilon_{11}^t)L_c}{G_t}\right]$$
$$f_t = \sqrt{\frac{\varepsilon_{11}^t}{\varepsilon_{11}^c}(\varepsilon_{11})^2 + \left[\varepsilon_{11}^t - \frac{(\varepsilon_{11}^t)^2}{\varepsilon_{11}^c}\right]\varepsilon_{11}} \tag{8.20}$$

式中，采用损伤因子 d_f 来描述纤维的渐进损伤；G_t 为纤维的断裂能密度；L_c 为单元的特征长度。ε_{11}^t 和 ε_{11}^c 分别为拉伸和压缩所对应的失效应变，其中 $\varepsilon_{11}^t = X_t C_{11}$，$\varepsilon_{11}^c = X_c C_{11}$，$X_t$ 和 X_c 分别为沿纤维方向的纵向拉伸强度和压缩强度。C_{11} 为纤维未损伤时的刚度系数。

针对基体失效，可用式（8.21）表达：

$$d_m = 1 - \frac{\varepsilon_{22}^t}{f_m} \exp\left[\frac{-C_{22}\varepsilon_{22}^t(f_m - \varepsilon_{22}^t)L_c}{G_m}\right]$$
$$f_m = \sqrt{\frac{\varepsilon_{22}^t}{\varepsilon_{22}^c}(\varepsilon_{22})^2 + \left[\varepsilon_{22}^t - \frac{(\varepsilon_{22}^t)^2}{\varepsilon_{22}^c}\right]\varepsilon_{22} + \left(\frac{\varepsilon_{22}^t}{\varepsilon_{12}^s}\right)(\varepsilon_{12})^2} \tag{8.21}$$

式中，采用损伤因子 d_m 来描述基体的渐进损伤；G_m 为基体的断裂能密度；ε_{22}^t、ε_{22}^c 和 ε_{12}^s 分别为垂直于纤维的拉伸和压缩的失效应变以及剪切对应的失效应变，其中 $\varepsilon_{22}^t = Y_t/C_{22}$，$\varepsilon_{22}^c = Y_c/C_{22}$，$\varepsilon_{12}^s = S_{12}/C_{44}$，$Y_t$ 和 Y_c 分别为垂直于纤维方向的横向拉伸强度和压缩强度，S_{12} 为面内剪切强度；C_{22} 和 C_{44} 为纤维未损伤时对应的刚度系数。

4. Davila 失效准则

Davila 失效准则又称为 LaRC04 失效准则[4]，将复合材料结构失效分成拉伸基体失效、压缩基体失效、结构分层失效等几种类型。

1) 拉伸基体失效

复合材料结构在拉伸载荷作用下,基体产生
裂纹,如图 8.1 所示,假设此时在垂直于拉伸载荷
的平面上产生剪应力,可通过式(8.22)进行基体
裂纹萌生的预测:

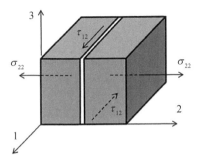

$$(1 - g)\sqrt{\frac{G_{\mathrm{I}}}{G_{\mathrm{IC}}}} + g\frac{G_{\mathrm{I}}}{G_{\mathrm{IC}}} + \frac{G_{\mathrm{II}}}{G_{\mathrm{IIC}}} \leqslant 1$$

$$(8.22)$$

**图 8.1 单调拉伸载荷作用下
基体失效示意图**

式中,G_{IC}、G_{IIC}分别对应 I 型、II 型断裂的断裂韧
性;g 为断裂韧性比值 $g = G_{\mathrm{IC}}/G_{\mathrm{IIC}}$。将式(8.22)写成应力张量的形式为

$$(1 - g)\frac{\sigma_{22}}{S_{22}^{T}} + g\left(\frac{\sigma_{22}}{S_{22}^{T}}\right)^{2} + \left(\frac{\tau_{12}}{S_{12}}\right)^{2} \leqslant 1 \qquad (8.23)$$

式中,S_{22}^{T}、S_{12}分别为单调拉伸强度和平面内剪切强度。针对非线性剪切变形,结合
应变能理论对式(8.23)进行修正:

$$(1 - g)\frac{\sigma_{22}}{S_{22}^{T}} + g\left(\frac{\sigma_{22}}{S_{22}^{T}}\right)^{2} + \frac{\chi(\tau_{12})}{\chi(S_{12})} \leqslant 1 \qquad (8.24)$$

式中,$\chi(\tau_{12})$为应变能密度,$\chi(\tau_{12}) = \int_{0}^{\tau_{12}} \tau_{12}\mathrm{d}\gamma_{12}$,进一步采用 Ramberg - Osgood 理
论考虑复合材料剪切变形的非线性行为,对$\chi(\tau_{12})$进一步求解可得

$$\chi(\tau_{12}) = \frac{\tau_{12}^{2}}{2G_{12}} + \frac{K_{12}}{\frac{1}{n_{12}} + 1}\left(\frac{\mid \tau_{12}\mid}{K_{12}}\right)^{\frac{1}{n_{12}}+1} \qquad (8.25)$$

2) 压缩基体失效

基体在压缩载荷和平面内剪切载荷作用下将产生裂纹,裂纹平面法向 $\boldsymbol{n}$ 与压
缩方向角度定义为 α,如图 8.2 所示,进一步可获得裂纹平面内应力:

$$\sigma_{n} = \frac{\sigma_{22} + \sigma_{33}}{2} + \frac{\sigma_{22} - \sigma_{33}}{2}\cos 2\alpha + \tau_{23}\sin 2\alpha$$

$$\tau^{T} = -\frac{\sigma_{22} - \sigma_{33}}{2}\sin 2\alpha + \tau_{23}\cos 2\alpha \qquad (8.26)$$

$$\tau^{L} = \tau_{12}\cos \alpha + \tau_{13}\sin \alpha$$

当只考虑横向剪切应力 τ^{T} 对基体压缩失效的影响时,可进一步求得有效横

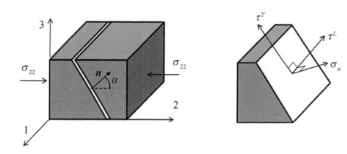

图 8.2　单调压缩载荷作用下基体失效示意图

向剪切应力 $\tau_{\mathrm{eff}}^{T} = \mid \tau^{T} \mid + \eta^{T}\sigma_{n} = S^{T}$，其中 S^{T} 为横向剪切强度，此时结构将发生失效。式（8.26）中 $\tan 2\alpha_{0} = -\dfrac{1}{\eta^{T}}$，其中 α_{0} 为横向压缩时基体裂纹法向方向与加载方向夹角。

当考虑长度方向剪应力影响时，长度方向有效剪应力为 $\tau_{\mathrm{eff}}^{L} = \mid \tau^{L} \mid + \eta^{L}\sigma_{n} = S^{L}$，其中 S^{L} 为横向剪切强度，此时结构也将发生失效。$\eta^{L} = -\dfrac{S^{L}\cos 2\alpha_{0}}{Y^{C}\cos^{2}\alpha_{0}}$，$Y^{C}$ 为横向压缩强度。

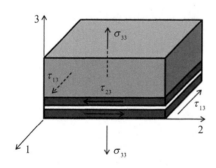

图 8.3　单调拉伸载荷作用下结构分层失效示意图

最终可得到基体压缩失效对应准则：

$$\left(\frac{\langle \tau_{\mathrm{eff}}^{T} \rangle}{S^{T}}\right)^{2} + \left(\frac{\langle \tau_{\mathrm{eff}}^{L} \rangle}{S^{L}}\right)^{2} \leqslant 1 \quad (8.27)$$

3）结构分层失效

众多学者常使用内聚单元进行层间失效裂纹萌生和发展的模拟，如图 8.3 所示。层间拉应力和剪切应力共同作用下，基体失效常常导致复合材料结构分层的发生，常假设压缩应力对结构分层式小无影响，分层失效可通过式（8.28）进行预测：

$$(1-g)\frac{\sigma_{33}}{S_{33}^{T}} + g\left(\frac{\sigma_{33}}{S_{33}^{T}}\right)^{2} + \frac{\chi(\tau_{13})}{\chi(S_{13})} + \frac{\chi(\tau_{23})}{\chi(S_{23})} \leqslant 1 \quad \sigma_{33} > 0$$

$$(8.28)$$

$$\frac{\chi(\tau_{13})}{\chi(S_{13})} + \frac{\chi(\tau_{23})}{\chi(S_{23})} \leqslant 1 \qquad \sigma_{33} \leqslant 0$$

8.2 高温合金强度评估方法

高温疲劳问题在航空航天发动机设计领域中占据很重要的位置,其中超燃冲压发动机在短时、较低马赫数服役时,进气道等结构也常采用被动热防护结构,例如采用 K4002 高温合金材料。受到来流激励的影响,进气道等结构将受到 10~3 000 Hz 频段的随机激励,结构响应常表现为随机振动的形式。

高温合金结构在工作过程中承受较大的应力载荷,对其进行疲劳寿命的准确预测显得尤为重要。结构件的疲劳寿命与材料的固有特性(化学成分)、加工特点(晶粒尺寸、内部缺陷、表面状态、由试件形状导致的应力集中)、载荷特性(载荷类型、平均应力、加载频率、载荷波形)以及环境影响(温度、腐蚀、湿度、氧化)等相关,在以上几种因素的共同作用下,结构件的疲劳寿命在相同条件下仍表现出一定的分散性(主要由材料本身以及加工导致),从而使得结构件的疲劳寿命预测问题变得比较复杂。同时由于不同材料固有特性常相差较大,很难找到一种对所有材料都通用的疲劳寿命预测方法,因而基于实验的只适用于某些或某种材料的疲劳寿命预测成为当前的研究目标,然后在此基础上可尝试将其推广到其他具有相似特性的材料。

对带有应力梯度的结构进行寿命预测时,若仅以缺口根部的应力作为标准,参照光滑试件的实验结果进行寿命预测,得到的结果显然是偏于保守的。由于缺口处往往处于塑性状态,此时缺口根部的应力状态会发生改变,拉伸方向应力沿缺口表面法向呈现先增加后减小的趋势。针对带缺口试件的应力分析,目前以临界距离法[5]为主。由于对应力考核方式的不同,可以将临界距离法大致分为:点法(point method)、线法(line method)、二维方法(2D method)和三维方法(3D method)。对于点法中临界距离的确定,目前又大致可分为四类:晶粒尺寸、塑性区尺寸、疲劳裂纹扩展应力强度因子门槛值确定尺寸、应力百分比尺寸。

8.2.1 疲劳寿命预测模型的发展

金属疲劳的最初研究是一位德国矿业工程师 Albert 在 1829 年前后完成的,他对用铁制作的矿山升降机链条进行了反复加载试验,以校验其可靠性。1852~1869 年 Wöhler 对疲劳破坏进行了系统研究,开始将疲劳纳入科学研究的范畴,发展至今,材料疲劳真正机理与对其的科学描述仍尚未得到很好的解决,疲劳寿命预测方法是疲劳研究的主要内容之一。寿命预测方法的发展体现了人们对疲劳寿命认识的不断加深,1910 年 Basquin 提出寿命预测模型的应力幅寿命关系[6]:

$$\sigma_a = \sigma'_f (2 N_f)^b \tag{8.29}$$

由于认识到弹性和塑性对疲劳寿命影响不同,Manson 与 Coffin 几乎同时提出了塑性应变幅-寿命关系[7,8]:

$$\varepsilon_a^p = \varepsilon'_f (2 N_f)^c \tag{8.30}$$

随后,Morrow[9] 提出基于式(8.29)和式(8.30)的总应变幅与疲劳反向数表示的寿命关系为

$$\varepsilon_a = \varepsilon_a^e + \varepsilon_a^p = \frac{\sigma'_f}{E}(2 N_f)^b + \varepsilon'_f (2 N_f)^c \tag{8.31}$$

随着对平均应力认识的进一步加深,Morrow、Smith 以及 Walker 分别针对平均应力的影响进行了修正[9-11]:

$$\varepsilon_a = \frac{\sigma'_f - \sigma_m}{E}(2 N_f)^b + \varepsilon'_f (2 N_f)^c \tag{8.32}$$

$$\varepsilon_a \sigma_{max} = \frac{(\sigma'_f)^2}{E}(2 N_f)^{2b} + \sigma'_f \varepsilon'_f (2 N_f)^{b+c} \tag{8.33}$$

$$\varepsilon_a = \frac{\sigma'_f}{E}\left[2 N_f \left(\frac{1-R}{2} \right)^{(1-\gamma)/b} \right]^b + \varepsilon'_f \left[2 N_f \left(\frac{1-R}{2} \right)^{(1-\gamma)/b} \right]^c \tag{8.34}$$

可以看到,疲劳寿命分析方法的研究伴随着整个疲劳研究历史,因而根据对疲劳寿命影响因素的深入分析,发展合适的疲劳寿命预测方法对疲劳寿命预测工作意义重大。

8.2.2 考虑应力集中的疲劳寿命预测方法

缺口或者零件截面积的变化使这些部位的应力应变增大,即为应力集中。任何结构或机械的零构件几乎都存在应力集中。弹塑性材料制造的零构件由于塑性流动造成应力重分配,应力集中对于零构件的静强度几乎没有影响。绝大多数工程结构为弹塑性材料,所以在静强度设计时通常不考虑应力集中对强度的削弱作用。但对疲劳破坏而言,情况则完全不同。通常循环载荷作用下的名义应力小于屈服应力时,局部已进入塑性,零构件的疲劳强度取决于局部的应力应变状态,因此应力集中部位是结构的疲劳薄弱环节,决定了结构的疲劳寿命。

材料在应力梯度条件下的疲劳研究很早就已展开,很多学者研究了各种形式的缺口模拟件,以确定材料在不同的应力集中条件下的疲劳寿命,同时探索影响疲劳寿命的因素,例如缺口处应力水平、弹塑性应力分布、应力梯度、疲劳损伤程度等。针对缺口疲劳寿命预测的数值方法最早在 20 世纪 50 年代就已经提出来了,

随着几十年来研究的深入开展,在缺口疲劳寿命预测方面取得了长足进步,归纳总结来看,大致可以分为以下三种方法: ① 名义应力法(nominal stress approach); ② 局部应力应变法(local stress-strain approach); ③ 临界距离方法(theory of critical distance)。

1. 名义应力法

名义应力法是最早形成的抗疲劳设计方法,它以材料或零件的 S-N 曲线为基础,对照试件或结构疲劳危险部位的应力集中系数和名义应力,结合疲劳损伤累积理论,校核疲劳强度或计算疲劳寿命。所谓名义应力,就是指缺口试样或要计算的结构元件所受载荷被试样的净面积所除得到的应力值,也就是该面积上平均分布的应力值。名义应力法假定[12]:对于相同材料制成的任意构件,只要应力集中系数 K_T 相同,载荷谱相同,则它们的寿命相同,此法中名义应力和应力集中系数为控制参数。由于构件的几何形状千变万化,因此要获得危险部位的名义应力,必须将材料的 S-N 曲线修改成构件的 S-N 曲线。这通常需要根据实际情况来修改参数,如疲劳缺口系数 k_f、尺寸系数 ε、表面质量系数 β、加载方式 C_L 等。这样构件的应力值 S_a 就可以通过式(8.35)确定:

$$S_a = \frac{\sigma_a}{k_f} \varepsilon \beta C_L \tag{8.35}$$

式中,σ_a 是材料 S-N 曲线的应力,如果外载荷的平均应力 $S_m \neq 0$,还要作平均应力修正。最后通过疲劳损伤累计理论估算该构件的疲劳寿命。S-N 曲线是描述材料疲劳行为的基本数据,对于名义应力法来说,S-N 曲线的获得至关重要。因此,为了获得这一曲线,很多研究人员从理论、试验以及两者相结合等手段提出了众多的 S-N 曲线模型。Liu 等[13]利用名义应力法预测了 2A12-T4 飞机用铝合金含缺口件的疲劳寿命,并集合内插法得了某种 K_T 下的 S-N 曲线,最后建立了该材料的疲劳寿命预测模型。Hu 等[14]提出了一种两参数的名义应力法,并通过试验证明了用该方法对构件进行疲劳寿命预测,其结果更为精确。Tanaka 等[15]通过扭转弯曲试验得到了 JIS SUJ2 轴承钢的 S-N 曲线,并且通过此曲线获得了该材料表面和内部裂纹传播的规律。Fatemi 等[16]还利用 S-N 曲线对铸造和调质条件下的含缺口微合金钢构件疲劳行为和寿命进行了预测,并证明了对于有较长寿命的构件,利用 S-N 法对其疲劳行为和寿命进行预测,其结果明显好于下面叙述的应变法。Revuelta 等[17]以承受周期载荷下复合材料的残余强度变化为模型,来获得 S-N 曲线,该模型不但较好地描述了复合材料疲劳行为的 S-N 曲线,而且在一定程度上反映了该材料的疲劳机理。

名义应力法计算较为简单,但是其存在一些不足: ① 该法在弹性范围内研究疲劳问题,不能考虑塑性变形的问题,同时由于没有考虑缺口根部的局部塑性变形,计算误差较大;② 确定标准试件和结构件之间的等效关系非常困难,使得其在预测裂纹萌生寿命中的结果不是十分理想,同时,得到不同应力比 R 和不同应力集中系数 K_T 下的 S - N 曲线较为困难,需要花费大量人力物力。

2. 局部应力应变法

局部应力应变法是在缺口应变分析和低周疲劳的基础上,提出的一种疲劳寿命计算方法,主要用于解决高应变低周疲劳和带缺口结构的疲劳寿命问题,其基本假设是[18]:若同种材料制成的构件危险部位的最大应力应变历程与一个光滑试件的应力应变历程相同,则它们的疲劳寿命相同。此法中的控制参数是局部应力应变。

在局部应力应变分析中,早期 Neuber 法[19] 被广泛应用,但是该方法对缺口局部应力应变的估计过高,为了使 Neuber 公式的疲劳寿命预测精度进一步提高,提出了修正的 Neuber 公式,在这一公式中用疲劳缺口系数 K_f 来代替理论应力集中系数 K_T,即

$$\sigma\varepsilon = \frac{K_f^2 S^2}{E} = C \tag{8.36}$$

在循环加载过程中,修正的 Neuber 公式为

$$\Delta\sigma\Delta\varepsilon = \frac{K_f^2 \Delta S^2}{E} = C \tag{8.37}$$

式中,ΔS、$\Delta\sigma$ 和 $\Delta\varepsilon$ 分别为名义应力幅值、局部应力幅值和局部应变幅值。随着有限元技术的发展,弹塑性有限元计算获得缺口局部应力应变使用越来越广泛[20],无论采用哪种计算方式获得局部应力应变,局部应力应变法将计算所得局部应力应变作为寿命评估参量,带入光滑试样寿命预测方程,便可进行缺口试样疲劳寿命预测。

局部应力应变法计算简单方便,并且克服了名义应力法的两个主要缺点,应用较为广泛,但也存在一些其他缺点:① 应用局部应力应变法将缺口根部最危险点的应力应变等效为光滑试验件上的应力应变,仅考虑一点的应力,而无法考虑缺口根部附近应力梯度和多轴应力的影响,这一等效显然造成了偏差,偏差的程度取决于缺口根部应力应变的严重程度,对于缺口根部进入塑性的情况,在其疲劳破坏区内各点的应力应变变化不大,与局部应力应变法的基本假设一致,则偏差会相对较小。而对于缺口处于弹性条件下的情况,由于在疲劳破坏区内应力梯度较大,使得疲劳破坏区内的"平均应力"小于缺口根部的最大应力,因此偏差会相对较大。② 局部应力应变计算的正确与否直接关系着疲劳寿命的估算精度。疲劳寿命对于局部应变十分敏感,局部应变 10% 的差别会造成数倍疲劳寿命的差别,因此局部

应力应变历程的计算结果准确与否在局部应力应变法中具有十分重要的地位。

3. 临界距离方法

通过更多的研究发现，仅以缺口局部危险点作为评估缺口疲劳寿命的关键点不够准确，其寿命预测结果一般偏于保守，有的甚至过于保守，因而提出一种非局部的思想，即考虑缺口附近区域平均应力，以这种思想为基础的理论统一被称为临界距离理论(theory of critical distance，TCD)。临界距离理论主要采用距离热点(hot spot)应力给定"临界距离"处的应力，或给定临界距离、面积或体积上的平均应力值表示局部参量来预测缺口的疲劳寿命。

TCD 方法最早是由 Neuber[21] 提出的，Neuber 基于结构单元的思想，认为可以在最小截面的平面上从缺口根部向内取一长度为 A 的结构单元，当长度 A 上的平均应力大于光滑试件疲劳极限时发生疲劳破坏。基于这种思想，很多研究者根据缺口附近临界区域的不同提出了不同的临界距离法，主要可以分为以下四种：① 点法；② 线法；③ 二维方法；④ 三维方法。其中点法和线法在研究单轴应力状态时应用比较广泛，而二维和三维的方法主要应用于多轴应力状态的情况，下面仅对单轴应力状态的点法和线法作详细的阐述。

1) 点法

点法是 1959 年首先由 Peterson[22] 提出，其基本思想为：从缺口根部沿缺口平分线向内取一特定距离处的应力，作为衡量缺口疲劳的主要参数。基于此种思想，许多学者提出了不同的点法临界距离，可以概括为以下四种：① 晶粒尺寸(grain size)；② 塑性区尺寸(plastic zone distance)[23]；③ 光滑试样疲劳极限裂纹扩展门槛距离(plain specimen fatigue limit-propagation threshold dependent distance)[24]；④ 百分比距离(percentage distance)[25]，如图 8.4 所示。

2) 线法

线法是 1958 年由 Neuber 提出的，其基本思想是：从缺口根部向内取一长度，当这一长度上的平均应力大于光滑试样的疲劳极限时，即发生疲劳破坏。根据对选定距离内的参量积分方式不同可以分为不加权平均的方法和加权平均的方法。

(1) 不使用加权平均的 TCD 方法。

不使用加权平均的方式进行计算评估疲劳寿命的理论认为，对缺口根部沿缺口平分线上的特定距离内的选定评估参量进行直接平均，此即为缺口疲劳预测的评估参量，Tanaka、Lazzarin 及 Taylor 等[26-29] 在这一方面进行了大量的研究，他们通过线弹性断裂力学来确定材料的特征距离 L，其表达式如下：

$$L = \frac{1}{\pi}\left(\frac{\Delta K_{\text{th}}}{\Delta \sigma_0}\right)^2 \tag{8.38}$$

式中，ΔK_{th} 为门槛应力强度因子范围；$\Delta \sigma_0$ 为光滑试样的疲劳极限。在点法中，其

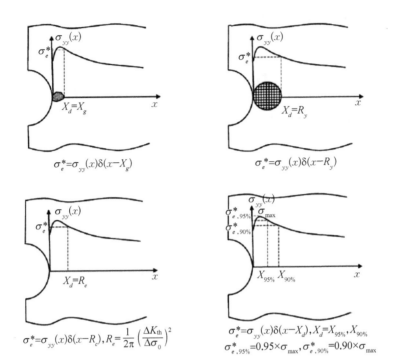

图 8.4 点法预测缺口试样疲劳寿命的不同临界距离方法

临界距离取为 $D_{PM} = L/2$；在线法中，其临界距离取为 $D_{LM} = 2L$，则其临界距离上的平均应力为

$$\Delta\sigma_{\text{eff}} = \frac{1}{2L}\int_0^{2L}\Delta\sigma_1(\theta=0,\ r)\,\mathrm{d}r = \Delta\sigma_0 \qquad (8.39)$$

式中，$\Delta\sigma_1$ 为最大主应力范围。该方法在缺口试样的高循环疲劳寿命预测中，取得了很好的预测效果。以上缺口疲劳寿命预测方法是基于线弹性断裂力学建立起来的，其主要应用于高循环疲劳寿命预测，在低循环疲劳寿命预测中效果很不理想，因而，Susmel 等[30] 提出了将光滑试样和缺口试样的疲劳曲线作为标定曲线的方法来确定临界距离。这种方法可以在低循环到高循环大范围寿命预测中确定临界距离。其基本思想为：使得缺口试样某个疲劳寿命条件下的临界距离 L_x 内的平均应力 $\left[\sigma_{CD} = \int_0^{L_x}\sigma_{yy}(x)\,\mathrm{d}x/L_x\right]$ 等于相同条件下光滑试样疲劳强度，以此来确定临界距离 L_x。在研究中还发现临界距离 L_x 与缺口试样的疲劳寿命 N_f 呈以下关系：

$$L_x = AN_f^B \qquad (8.40)$$

在此研究基础上，学者 Yamashita 等[31] 提出了针对 Ti-6Al-4V 小缺口试样的大范围寿命预测方法,其基本思想为:对于相同寿命条件下含有不同缺口半径 ρ_0 和 ρ_1 的缺口试样,其缺口根部区域的应力分布 $\sigma_{yy}(x, \rho = \rho_0)$ 和 $\sigma_{yy}(x, \rho = \rho_1)$ 在距缺口根部 L_0 处相交,而在 L_1 处,S_0 与 S_1 相等,此为临界距离。

其在 Ti - 6Al - 4V 小缺口试样的大范围寿命预测中取得了很好的预测效果。在前面研究的基础上,2010 年,Susmel 等[32] 又提出了一种针对中低循环缺口疲劳寿命预测的 TCD 方法,他们将 TCD 方法与 Mason - Coffin 方程结合起来,表达式如下:

$$\varepsilon_{\text{eff}} = \varepsilon_a\left(r = \frac{L_{PM}}{2}, \theta = 0\right) = \frac{\sigma'_f}{E}(2 N_f)^b + \varepsilon'_f(2 N_f)^c \quad \text{(点法)} \quad (8.41)$$

$$\varepsilon_{\text{eff}} = \frac{1}{2L_M}\int_0^{2L_M} \varepsilon_a(r, \theta = 0)\,\mathrm{d}r = \frac{\sigma'_f}{E}(2 N_f)^b + \varepsilon'_f(2 N_f)^c \quad \text{(线法)} \quad (8.42)$$

式(8.41)、式(8.42)中临界距离仍由光滑试样和缺口试样疲劳曲线共同确定。并针对非对称循环试验条件下的情况,引入 SWT 参数,则式(8.41)、式(8.42)可写为

$$\varepsilon\sigma_{\text{eff}} = \varepsilon_a\sigma_{\max}\left(r = \frac{L_{PM}}{2}, \theta = 0\right) = \frac{\sigma'^2_f}{E}(2 N_f)^{2b} + \sigma'_f\varepsilon'_f(2 N_f)^{b+c} \quad \text{(点法)}$$

$$(8.43)$$

$$\varepsilon\sigma_{\text{eff}} = \frac{1}{2L_{LM}}\int_0^{2L_M} \varepsilon_a\sigma_{\max}(r, \theta = 0)\,\mathrm{d}r = \frac{\sigma'^2_f}{E}(2 N_f)^{2b} + \sigma'_f\varepsilon'_f(2 N_f)^{b+c} \quad \text{(线法)}$$

$$(8.44)$$

并用一种低碳钢和一种铝合金材料对以上方法进行试验验证,使用该方法预测其寿命在两倍分散带以内。

(2) 使用加权平均的 TCD 方法。

使用加权平均的方式进行计算评估疲劳寿命的理论认为缺口根部一定区域内的应力应变,对缺口试件的疲劳寿命产生了不同程度的影响,因而应对临界距离上的选定参量进行加权平均以表征其在疲劳裂纹萌生中的不同贡献,在这种理论中尤以姚卫星等的应力/应变场强法(stress/strain field intensity)和 Qylafku 和 Ramezani 等的体积法(volumetric method)较为突出。

应力场强法[33] 考虑了应力峰值点周围的应力梯度与应力应变场对疲劳寿命的影响,提出了一个辩证地处理缺口的局部和整体的参数——场强 σ_{FI} 来反映缺口件受载的严重程度,并假定:若缺口根部的应力应变场强度的历程与光滑试件的应力应变场强度的历程相同,则两者具有相同的寿命。缺口场强度表达式为

$$\sigma_{FI} = \frac{1}{V} \int_{\Omega} f(\sigma_{ij}) \varphi(r) \mathrm{d}v \tag{8.45}$$

式中,Ω 为缺口破坏区;V 为 Ω 的体积;$f(\sigma_{ij})$ 为破坏应力函数;$\varphi(r)$ 为权函数。对于平面问题,式(8.45)可写为

$$\sigma_{FI} = \frac{1}{S} \int_{D} f(\sigma_{ij}) \varphi(r) \mathrm{d}v \tag{8.46}$$

式中,S 为区域 D 的面积。在此法中,对于各向同性材料,临界区域 Ω 一般取数个晶粒尺寸,破坏应力函数 $f(\sigma_{ij})$ 取为 von Mises 等效应力,而权函数则与距离 $|r|$ 和方向 θ 有关,其表达形式如下:

$$\varphi(r) = 1 - cr(1 + \sin\theta) \tag{8.47}$$

式中,c 为与应力梯度有关的系数,表示如下:

$$c = \left| \frac{1}{\sigma_{\max}} \cdot \frac{\mathrm{d}\sigma}{\mathrm{d}r} \right| \tag{8.48}$$

随后,姚卫星等根据缺口场强特性,在自己提出的应力场强法的基础上,进一步研究缺口应力与应变场强的综合特性,提出了局部应力应变场强理论。其认为缺口件的疲劳强度取决于材料危险部位局部小区域内的损伤累积,其损伤不仅与小区域内的应力场强有关,而且也与其应变场强有关,并给出了描述这一区域受载严重程度的两个参数 σ_{FI} 和 ε_{FI}。如果缺口局部应力场强度和应变场强度的历程与光滑试件所受的应力应变历程相同,则两者具有相同的疲劳寿命。应变场强的表达形式类似应力场强,表达式如下:

$$\varepsilon_{FI} = \frac{1}{V} \int_{\Omega} f(\varepsilon_{ij}) \varphi(r) \mathrm{d}v \tag{8.49}$$

从应力应变场强法原理可以看出,该方法可以同时适用于光滑件和缺口件,且能够考虑缺口根部多轴应力应变梯度的影响,可用于复杂几何形状的缺口件疲劳损伤分析与寿命预测。

体积法[34, 35]同样认为缺口周围区域的应力应变对缺口的疲劳寿命产生了影响,但是此种理论从缺口根部区域弹塑性应力分布出发,根据沿缺口平分线上疲劳缺口张开应力的变化特征将缺口根部区域划分为三个部分: ① 区域Ⅰ包含峰值应力;② 区域Ⅱ应力在对数坐标系下呈线性变化;③ 区域Ⅲ应力分布呈幂函数变化。正是由于区域Ⅱ应力变化趋势十分类似于裂纹尖端的应力变化因而将区域Ⅱ的起始点作为确定临界距离的基准点,并且该点的位置可以通过相对应力梯度的最小值点来确定。这样便可通过式(8.50)得到缺口试件的有效应力:

$$\sigma_{\text{eff}} = \frac{1}{X_{\text{eff}}} \int_0^{X_{\text{eff}}} \sigma_{yy}(x) \times \varphi(x, \chi) \, \mathrm{d}x \tag{8.50}$$

式中，σ_{eff} 为有效应力；X_{eff} 为有效距离；$\sigma_{yy}(x)$ 为疲劳缺口张开应力；$\varphi(x, y)$ 为权函数，其与相对应力梯度关系可表示为

$$\varphi(x, \chi) = 1 - |\chi| \times r \tag{8.51}$$

式中，χ 为相对应力梯度，表达式为

$$\chi = \frac{1}{\sigma_{yy}(x)} \frac{\partial \sigma_{yy}(x)}{\partial x} \tag{8.52}$$

体积法与应力场强法相比，提出了明确的临界距离确定方法，采用疲劳缺口张开应力或主应力取代 von Mises 应力，并用与相对应力梯度相关的体积权函数代替场强法中受限于缺口尖端的应力梯度权函数，研究表明体积法所得有效应力略大于场强法的有效应力，因而预测寿命更为安全。

从超燃冲压发动机工作特点看，实现超声速燃烧是发动机能量转换的有效途径。一方面，实现超声速燃烧可以降低在进气道有限长度条件下高效对来流的压缩率，从而降低来流因为压缩而引起的总压损失，减少能量损失；另一方面，实现超声速燃烧，可以降低发动机内流场的静温，减少因为燃气电离所造成的化学损失。因此超燃冲压发动机对结构材料的应用也提出了极为严格的限制。

通过开展超燃冲压发动机进气道、燃烧室和尾喷管等典型结构设计，结合发动机在典型工作状态下的不同热环境及选用合理材料，完成初步强度分析。结果表明通过合理设计，可以得到满足使用要求的部件结构，并有一定安全裕度。进气道选用高温合金，燃烧室和尾喷管选用陶瓷基复合材料。

8.3 典型部件强度分析实例

8.3.1 进气道强度分析

在有限元网格划分时对进气道进行适当的简化处理，处理后网格如图 8.5 所示。进气道内壁面温度载荷由气动加热计算得到，具体见图 8.6。

计算约束条件如下：

（1）进气道主安装节约束 X、Y、Z 三向位移；

（2）进气道法兰端面约束 Y 向位移。

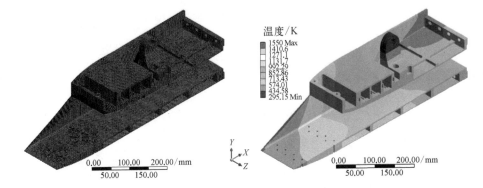

图 8.5　进气道有限元模型　　　　图 8.6　进气道温度场分布

　　计算结果如图 8.7 所示,进气道结构高应力区出现在主安装节附近及进气道喉道侧壁面处,最大应力约为 550 MPa,而此处温度约为 850 K,对应高温材料的强度极限为 1 000 MPa,因此进气道有一定的安全裕度。

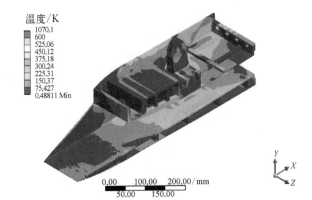

图 8.7　进气道应力分布

8.3.2　燃烧室强度分析

　　典型工况下,燃烧室内壁面沿程温度,如图 8.8 所示;燃烧室计算的有限元模型如图 8.9 所示。在有限元网格划分时对燃烧室进行适当的简化处理,去除部分安装孔和倒角。

　　约束条件如下:

　　(1) 燃烧室入口端面竖直方向下方中心点为固支约束,面内其余点为沿径向方向自由膨胀;

　　(2) 尾端为简单支撑,沿轴向可自由移动;

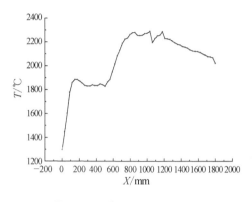

图 8.8　燃烧室沿程温度曲线

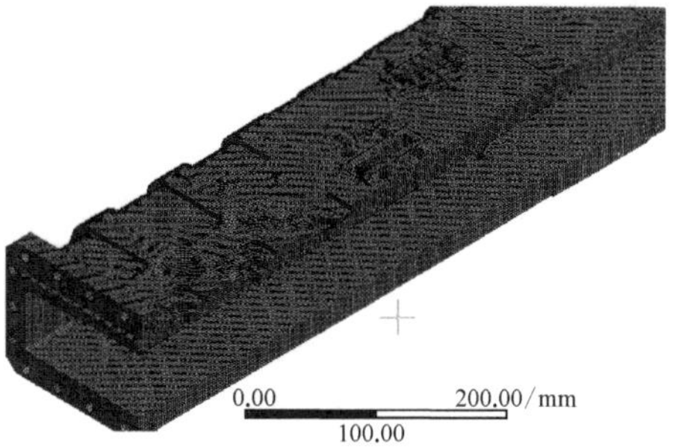

图 8.9　燃烧室有限元模型

（3）燃烧室对称面施加轴对称边界条件。

燃烧室最大应变出现在对称面处,应变值为 1 890 μ。陶瓷基复合材料的许用应变为 2 300 μ,破坏应变为 2 800 μ,因此燃烧室结构有一定安全裕度。

8.3.3　尾喷管强度分析

选取发动机工作状态下沿程温度载荷进行强度分析,图 8.10 为尾喷管沿程温度曲线。

约束条件如下:

（1）尾喷管入口法兰端面约束 X 向位移;

（2）入口法兰下壁面约束 Y 向位移;

（3）尾喷管对称面施加轴对称边界条件;

（4）尾喷管有限元模型如图 8.11 所示。

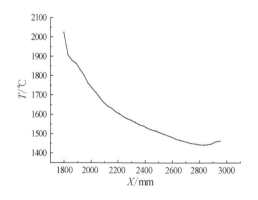

图 8.10　尾喷管沿程温度曲线

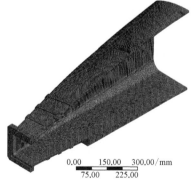

图 8.11　尾喷管计算模型

　　尾喷管在工作状态下,Z 向最大应变为 1 070 μ,出现在喷管前端加强筋处,具体见图 8.12。陶瓷基复合材料的许用应变为 2 300 μ,破坏应变为 2 800 μ,因此在工作状态下尾喷管强度满足要求,安全裕度较大。

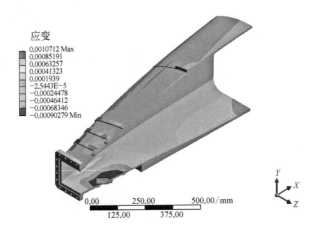

图 8.12　工作状态下尾喷管应变云图

　　在 0.1 MPa 冲击载荷作用下,最大主应变是 1 517 μ,出现在喷管出口侧壁面和上壁面倒角处。陶瓷基复合材料的许用应变为 2 300 μ,破坏应变为 2 800 μ,因此尾喷管强度满足要求,并有一定安全裕度。

参考文献

[1] Tsai S W, Wu E M. A general theory of strength for anisotropic materials [J]. Journal of Composite Materials, 1971, 5(1): 58 - 80.

[2] Hashin Z. Failure criteria for unidirectional fiber composites[J]. Journal of Applied Mechanics, 1980, 47(2): 329 - 334.

[3] Linde P, Pleitner J, Boer H D, et al. Modelling and simulation of fiber metal laminates[C]. Boston: ABAQUS User's Conference, 2004.

[4] Davila C G, Camanbo P P, Rose C A. Failure criteria for FRP laminates [J]. Journal of Composite Materials, 2005, 39(4): 323 - 345.

[5] David T. The theory of critical distances: A new perspective in fracture mechanics [M]. Amsterdam: Elsevier Science, 2007.

[6] Basquin O H. The exponential law of endurance tests [J]. American Society for Testing and Materials Proceedings, 1910, 10: 625 - 630.

[7] Manson S S. Behavior of materials under conditions of thermal stress[R]. Ann Arbor: University of Michigan, 1953.

[8] Coffin L F. A study of the effect of cyclic thermal stresses on a ductile metal[J]. Transactions of ASME, 1954, 76: 931 - 950.

[9] Morrow J D. Fatigue design handbook section 3.2[J]. SAE Advances in Engineering, Society for Automotive Engineers, 1968, 4: 21 - 29.

[10] Smith K N, Watson P, Topper T H. A stress-strain function for the fatigue of metals[J]. Journal of Materials, 1970, 5(4): 767 - 778.

[11] Walker K. The effect of stress ratio during crack propagation and fatigue for 2024 - T3 and 7075 - T6 aluminum[J]. American Society for Testing and Materials, 1970, 462: 1 - 14.

[12] 吴富民. 结构疲劳强度[M]. 西安: 西北工业大学出版社, 1985.

[13] Liu J, Shao X J, Liu Y J, et al. The effect of holes quality on fatigue life of open hole[J]. Materials Science and Engineering A, 2007, 467: 8 - 14.

[14] Hu Q, Xu H. Two-parameters nominal stress approach[J]. International Journal of Fatigue, 1995, 17(5): 339 - 341.

[15] Tanaka K, Akiniwa Y. Fatigue crack propagation behaviour derived from S - N data in very high cycle regime[J]. Fatigue & Fracture of Engineering Materials & Structures. 2002, 25(8/9): 775 - 784.

[16] Fatemi A, Zeng Z, Plaseied A. Fatigue behavior and life predictions of notched specimens made of QT and forged microalloyed steels[J]. International Journal of Fatigue, 2004, 26: 663 - 672.

[17] Revuelta D, Cuartero J, Miravete A, et al. A new approach to fatigue analysis in composites based on residual strength degradation[J]. Composite Structures, 2000, 48: 183 - 186.

[18] Tucker L E, Landgraf R W, Brose W R. Technical report on fatigue properties[R]. SAE J1099, 1975.

[19] Neuber H. Theory of stress concentration for shear-strained prismatical bodies with arbitrary nonlinear stress-strain law[J]. ASME Journal of Applied Mechanics, 1961, 28(12): 544 - 550.

[20] Qylafku G, Azari Z, Gjonaj M, et al. On the fatigue failure and life prediction for notched specimens[J]. Materials Science, 1998, 34(5): 604 - 618.

[21] Neuber H. Theory of notch stresses: Principles for exact calculation of strength with reference to structural form and material[M]. Oak Ridge, Tenn., USAEC Office of Technical Information, 1961.

[22] Peterson R E. Notch-sensitivity[M]. New York: McGraw Hill, 1959: 293 - 306.

[23] Beremin F M, Pineau A, Mudry F, et al. A local criterion for cleavage fracture of a nuclear pressure vessel steel[J]. Metallurgical Transactions A, 1983, 14 (11): 2277 - 2287.

[24] Taylor D, Bologna B, Knani K B. Prediction of fatigue failure location on a component using a critical distance method[J]. International Journal of Fatigue, 2000, 22(9): 735 - 742.

[25] Pluvinage G. Fracture and fatigue emanating from stress concentrators[M]. Dordrecht: Kluwer Academic Publishers, 2003.

[26] Tanaka K. Engineering formulae for fatigue strength reduction due to crack-like notches[J]. International Journal of Fracture, 1983, 22(2): 39 - 46.

[27] Lazzarin P, Tovo R, Meneghetti G. Fatigue crack initiation and propagation phases near notches in metals with low notch sensitivity[J]. International Journal of Fatigue, 1997, 19: 647 - 657.

[28] Taylor D. Geometrical effects in fatigue: A unifying theoretical model[J]. International Journal of Fatigue, 1999, 21(5): 413-420.

[29] Haddad M H, Smith K N, Topper T H. Fatigue crack propagation of short cracks [J]. Engineering Fracture Mechanics, 1979, 11: 573-584.

[30] Susmel L, Taylor D. A novel formulation of the theory of critical distance to estimate lifetime of notched components in the medium-cycle fatigue regime[J]. Fatigue & Fracture of Engineering Materials & Structures, 2007, 30(7): 567-581.

[31] Yamashita Y, Ueda Y, Kuroki H, et al. Fatigue life prediction of small notched Ti-6Al-4V specimens using critical distance[J]. Engineering Fracture Mechanics, 2010, 77(9): 1439-1453.

[32] Susmel L, Taylor D. An elasto-plastic reformulation of the theory of critical distances to estimate lifetime of notched components failing in the low/medium-cycle fatigue regime[J]. Journal of Engineering Materials and Technology, 2010, 132(2): 021002, 1-8.

[33] Yao W X, Xia K Q, Gu Y.On the fatigue notch factor, Kf[J].International Journal of Fatigue, 1995, 17(4): 245-251.

[34] Qylafku G, Azari Z, Kadi N, et al. Application of a new model proposal for fatigue life prediction on the notches and key-seats[J]. International Journal of Fatigue, 1999, 21: 753-760.

[35] Boukharouba T, Tamine T, Niu L, et al. The use of notch stress intensity factor as a fatigue crack initiation parameter[J]. Engineering Fracture Mechanics, 1995, 52(3): 503-512.

第 9 章
试验验证与性能评价方法

　　超高温陶瓷及其增强材料的高温力学性能,如弯曲强度、断裂韧性、抗热冲击等,与材料的组分、粉体纯度及粒径、微观结构、晶界特性、不同组分热膨胀系数等多种因素相关,其高温力学和烧蚀性能的预测在当前存在很大的不确定性,另一方面,在超燃冲压发动机工作过程中,高速流动与燃烧相互耦合,形成了超高温、高速、水氧复合、振动、力热冲击等综合作用的复杂环境,使得现有的室温和高温(2 000℃左右)环境下所使用的力学性能测试手段无法满足超高温测试要求,而氧乙炔燃烧、等离子加热等传统的材料试片耐温与烧蚀试验,由于无法综合模拟实际的复杂热环境,所获取的烧蚀和耐温性能数据不能直接使用于发动机高温结构与热防护设计。发动机工况模拟试验是测试与验证高温结构与热防护的烧蚀、力学和隔热等性能的主要手段,也是发动机耐超高温结构与热防护技术攻关与工程应用的关键。

　　按照技术发展的阶段和试验目的,材料、结构与热防护试验一般可分为研究性试验、研制性试验和工程应用的抽检性试验。

　　研究性试验一般包括:① 材料试片(板)级试验,初步验证在氧乙炔、等离子加热等环境下的耐温性能;材料试片在室温、一般高温(2 000℃以下)力学性能测试,拉伸、弯曲等强度试验,用于初步筛选材料。② 材料试板在电弧加热、燃烧加热等模拟发动机进气道和燃烧室环境下的耐烧蚀与抗冲刷试验,用于明确材料选型方向。③ 缩比构件试验,综合评估材料与结构方案的可行性,积累数据库,包括水压或气压静强度试验,振动、力热冲击试验,发动机燃烧烧蚀试验等。④ 部件试验,针对不同高超声速飞行器背景应用需求,开展发动机进气道、隔离段、燃烧室和尾喷管等部件结构设计与试制,首先开展水压、振动等试验,验证常温力学性能否满足要求,进一步在电弧风洞中开展进气道、隔离段结构热试验,在发动机直连试车台开展燃烧室结构和尾喷管结构热试验,验证部件结构与热防护技术的可行性。⑤ 发动机整机自由射流试验,由于直连试验模拟的是均匀来流条件,导致在此试验条件下,燃烧室内的流动与燃烧过程相对于发动机整机工作时有明显差异,为进一步验证技术可行性,开展整机自由射流试验是必要的。

研制性试验：① 功能构件试验,针对具体飞行器环境条件要求,开展进气道、燃烧室和尾喷管功能构件常温力学性能试验,耐高温与热防护试验;② 部件试验,包括部件环境试验、高温吹风与燃烧试验考核;③ 整机试验,包括振动试验、自由射流试验;④ 飞行试验,验证技术可行性、成熟性。

检验性试验：发动机典型部件"随炉"试片力学性能试验,烧蚀试验;部件抽检试验;整机抽检试验。

试验方法主要有氧乙炔、石英灯、等离子加热、直连式试验台和自由射流试验台等。氧乙炔、石英灯、等离子加热等主要用于材料耐温和热防护性能的初步筛选,如前文所述,不再赘述。本章重点介绍应用电弧风洞、直连燃烧试车台和自由射流试车台开展材料、结构与热防护技术试验研究,以及工程应用的评估评价试验。

9.1　主要试验方法

9.1.1　电弧风洞试验

电弧风洞是通过电弧放电对驻室空气进行加热的高超风洞,具有高焓、高热流、长时间和高空层流模拟能力,是进行高温热结构与热防护试验研究的重要试验设备。风洞运行时高压气流经电弧加热器加热,通过喷管膨胀加速,形成高温射流,对安装在喷管出口的试验件进行烧蚀试验,试验后的气流进入扩压器减速,通过冷却装置冷却至常温后进入真空容器,电弧风洞系统组成如图 9.1 所示。

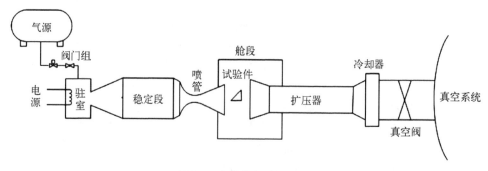

图 9.1　电弧风洞系统组成

在高温热结构与热防护试验研究时,电弧风洞优点是试验模拟的工质接近纯净空气(少量电弧放电),热流大,温度高,运行灵活,效率高,应用广泛。但是,受能源局限,一般达到 100 MW 就已经非常困难,风洞尺度规模较小,试验对象的尺度受到限制,往往只能开展缩比尺度或局部结构试验。此外,受电弧放电原理限制,风洞工作的总压也受限制,电弧污染也对一些特定试验(如燃烧试验)也有影响。

高超声速飞行器在飞行时,空气的静温 T、静压 P、速度 V(或马赫数)、总温 T_t、总压 P_t、总焓 h_t 符合热完全气体特性,只要选取静温(或总温,或总焓)、静压(或总压)、速度(或马赫数)三个参数,其他参数通过气动热力学计算可以得到[1-14],所以试验模拟参数一般选取喷管出口气流的总温或总焓、静压 P、速度 V(或马赫数)与发动机实际工作环境参数一致,或者选取气流总焓 h_t、试验件承受的热流 q,并确保前缘结构件安装在均匀的气流内。在开展进气道前缘试验时,需要根据这些模拟参数,来确定电弧风洞试验的电功率,喷管设计参数和前缘结构的几何参数。在燃油喷注支板电弧风洞考核试验时,由于实际空气流经支板时,已经历飞行器的前体、进气道、隔离段压缩,气流总温与飞行来流总温近似,气流总压降低1 MPa 以下,马赫数降低到 4 以下,试验条件更容易满足要求。

在高温热结构与热防护试验研究时,电弧风洞试验包括: ① 进气道唇口、燃油喷注支板等前缘结构考核试验;② 隔离段、燃烧室、尾喷管缩比或局部结构直接考核试验;③ 隔离段、燃烧室、尾喷管缩比或局部结构的电弧风洞燃烧考核试验。

1. 前缘结构试验

进气道唇口、燃油喷注支板等前缘结构承受高速空气气动加热,可以通过电弧风洞的热射流来模拟试验气动加热。试验原理如图 9.2 所示。

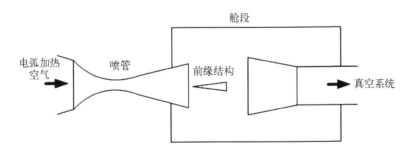

图 9.2　前缘结构电弧风洞试验

图 9.2 为验证进气道前缘采用高温合金材料+高发射率涂层方案,在 *Ma*6 状态下长时间工作的可行性。前缘结构是具有一定钝化半径的楔形结构,见图 9.3。参与考核的小前缘试验件前缘半径 0.5 mm,材料方案包括 GH3128+高发射率涂层、K4002+高发射率涂层和钨铼(W – Re)合金+高发射率涂层。参试前缘明细见表 9.1前缘试验件明细表。

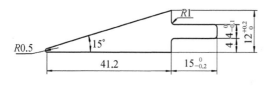

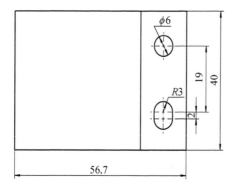

表 9.1 前缘试验件明细表

前缘件编号	前缘件状态
001	GH3128+高发射率涂层 A
002	GH3128+高发射率涂层 B
003	K4002+高发射率涂层 A
004	K4002+高发射率涂层 B
005	W－Re+高发射率涂层

图 9.3 试验件示意图(单位：mm)

1) 试验状态

采用电弧风洞模拟发动机 $Ma6$ 来流条件,按表 9.2 所示状态完成前缘考核试验。

表 9.2 试验状态参数

飞行马赫数	喷管马赫数	喷管出口总温/K	喷管出口总压/MPa	驻点压力/MPa	试验时间/s
6.0	3.75	1 650	2.93	0.433	600

2) 试验相关设备

采用电弧风洞,导管出口尺寸 16 mm×8 mm,喷管出口尺寸 16 mm×90 mm,喷管出口马赫数 3.75。试验状态的调试以总温、驻点压力作为主要依据,其他参数作为参考依据。

试验中的测量参数主要为试验件的表面温度,测温点分布在尖劈模型中线上,基本位于距前缘 3 mm 位置处。测量系统采用非接触式光谱测温,其测温范围可以覆盖整个试验件,采样频率 5 Hz,测温误差 5%以内。

试验时模拟来流总温较高(1 650 K),故试验装置和固定试验件的工装均采用了水冷措施,试验件安装见图 9.4,试验中带引射系统。

图 9.4　试验件安装

前缘试验前后形貌及温度变化见表 9.3。由于测温点距离尖前缘 3 mm 左右,因此测得温度低于尖前缘温度,通过计算分析,尖前缘的最高温度约为 1 200℃。

表 9.3　前缘试验前后形貌及温度变化

编号	试 验 前	试 验 后	试验温度变化
001			t=128.4 s, T_{max}=1245.4 K
002			t=306.6 s, T_{max}=1259.1 K

续　表

编号	试　验　前	试　验　后	试验温度变化
003			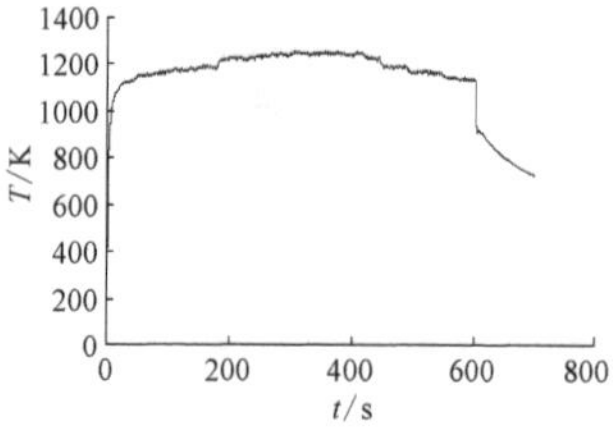 $t=306.8$ s，$T_{max}=1259.1$ K
004		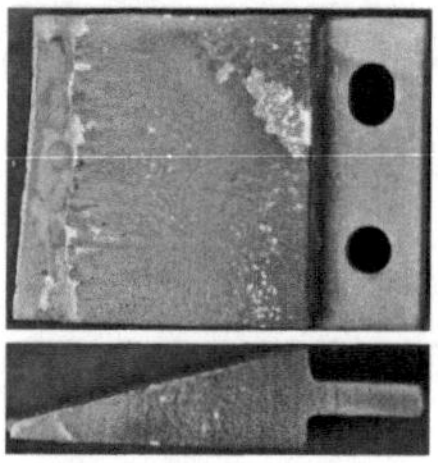	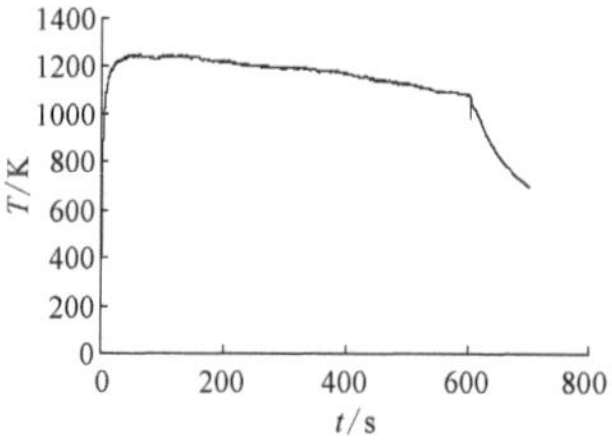 $t=62.6$ s，$T_{max}=1249.2$ K
005			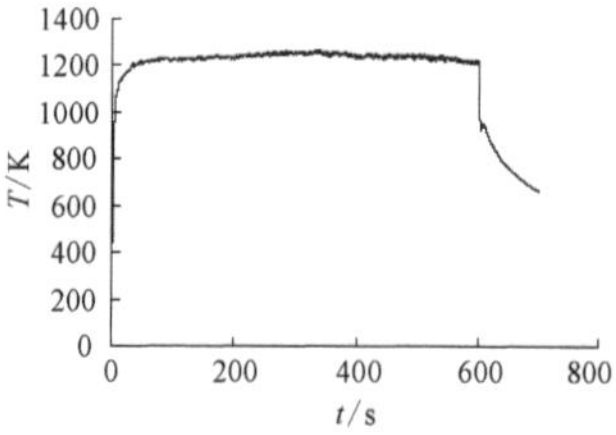 $t=336.8$ s，$T_{max}=1267.5$ K

注：红外测温仪设定的涂层的发射率为 0.85。

前缘试验前后烧蚀情况见表 9.4 前缘试验前后烧蚀情况对比。

表 9.4　前缘试验前后烧蚀情况对比

试样编号	质量损失/g	初始长度/mm	最大后退/mm	平均后退/mm
001	5.287	58.71	8.89	8.11
002	1.429	58.81	4.07	3.44
003	0.494	58.49	1.15	1.08
004	2.632	58.68	5.34	4.66
005	0.504	58.45	1.75	1.39

注：分析试验结果可知，① 对比三种基体材料方案，W－Re 和 K4002 合金前缘件的耐烧蚀性能优于 GH3128 合金；② 采用涂层可有效提高金属耐温极限。

2. 缩比结构或局部结构考核试验

如图 9.5 所示,缩比结构或局部结构(如图中的凹槽)通过试验工装置于高焓气流中,来进行耐高温或烧蚀试验。试验模拟参数主要为喷管出口空气流量,气流总焓 h_t,考核非燃烧区结构时,总焓即为来流空气总焓,考核燃烧区结构时,总焓为来流总焓与燃烧热之和;模拟参数还包括喷管出口气流速度、压力,数值上与发动机工作时考核结构的环境参数一致。前两个参数由电弧功率、喷管喉道截面积和气流总压决定,后两个参数还需要已知喷管出口与其喉道的面积比,以及试验工装的出口面积所确定。

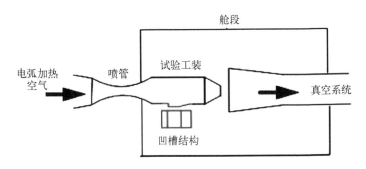

图 9.5　燃烧室局部凹槽结构电弧风洞试验

如图 9.5 所示,将平板安装在试验工装,模拟发动机燃烧室使用环境下的热考核试验见表 9.5,每次试验时间设定 600 s。

表 9.5　板试片考核试验状态

状态编号	总温/K	总压/MPa	Ma	O_2/wt%	H_2O/wt%	调试热流/(MW/m²)	来流总焓/(kJ/kg)
状态 I	2 100	0.5	0.6	23	0	2.56	2 380
状态 II	2 200	0.5	0.6	23	0	3.04	2 610
状态 III	2 300	0.5	0.6	23	0	3.10	2 780
状态 IV	2 300	0.5	0.6	22	5	—	—
状态 V	2 500	0.5	0.6	23	0	3.60	3 050

参与状态 I(T_t 2 100 K/P_t 0.5 MPa/Ma0.6/无水/600 s)考核试验的平板为多组元改性陶瓷基复合材料方案,如图 9.6 所示。

参与状态 II(T_t 2 200 K/P_t 0.5 MPa/Ma0.6/无水/600 s)考核试验的平板为多组元改性陶瓷基复合材料方案,如图 9.7 所示。

(a) 10 s时　　　　　　　　　　　　　　　　(b) 300 s时

图 9.6　参与状态 I 试验中录像

(a) 10 s时　　　　　　　　　　　　　　　　(b) 300 s时

图 9.7　参与状态 II 试验中录像

　　参与状态 III（T_t 2 300 K/P_t 0.5 MPa/Ma0.6/无水/600 s）考核试验的平板为多组元改性陶瓷基复合材料方案,如图 9.8 所示。

(a) 10 s时　　　　　　　　　　　　　　　　(b) 300 s时

图 9.8　参与状态 III 试验中录像

参与状态Ⅳ(T_t 2 300 K/P_t 0.5 MPa/Ma0.6/H_2Owt5%/600 s)考核试验的平板为多组元改性陶瓷基复合材料方案,如图 9.9 所示。

(a) 10 s时　　　　　　　　　　(b) 300 s时

图 9.9　参与状态Ⅳ试验中录像

参与状态Ⅴ(T_t 2 500 K/P_t 0.5 MPa/Ma0.6/无水/600 s)考核试验的平板为多组元改性陶瓷基复合材料方案,如图 9.10 所示。

(a) 10 s时　　　　　　　　　　(b) 300 s时

图 9.10　试验中录像(分别对应时间 10 s,100 s)

3. 缩比结构或局部结构燃烧考核试验

如图 9.11 所示,电弧风洞喷管与工装直接连接,工装用来模拟发动机隔离段+燃烧室+尾喷管(或截断喷管)工作过程。考核构件可以是发动机隔离段、燃烧室或尾喷管的模拟件,也可以是它们的组合,还可以是各自的局部结构。电弧风洞燃烧试验实质上就是电弧风洞试验与发动机燃烧试验的综合,风洞运行时高压气流经电弧加热,通过喷管膨胀加速,形成高温射流,用喷管出口的气流总压、总焓和马赫数来模拟发动机工作时隔离段进口参数。气流进入试验工装与燃油混合燃烧,一方面形成发动机内部热环境,一方面考核结构耐高温、抗烧蚀性能。

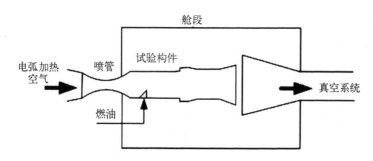

图 9.11　电弧风洞燃烧试验

9.1.2　燃烧直连式试验

燃烧直连式试验,顾名思义就是通过燃烧空气来模拟飞行时工质的焓值(能量),并补充补氧来保持试验工质氧体积分数与空气的一致,通过收敛扩张喷管产生热射流直接与试验工装连接(被试体安装在试验工装上)的一种热结构考核方式,多用于发动机内流环境相关的模拟试验,直连系统如图 9.12 所示。与电弧风洞考核试验相比较,燃烧试验考核材料、结构与热防护的优点是被试体尺度受限制小,常可以进行 1∶1 考核,时间上也更容易覆盖发动机实际的工作时间,但是由于先通过燃烧来模拟焓值,模拟工质中水、二氧化碳等的含量多于实际工质的相关成分,对试验结果有一定影响,并且是一定程度上的加严考核。

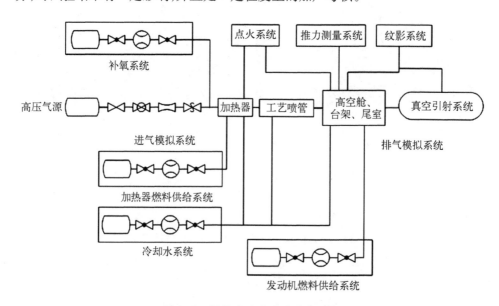

图 9.12　燃烧直连式试验试验系统

NASA 兰利研究中心建立了一系列燃料加热直连式超声速燃烧试验台。如图9.13、图 9.14 所示,试验台采用燃烧氢气作为加热热源,补充氧气作为气流中的氧化剂。该试验装置能够进行来流马赫数 3.5~7 条件下的燃烧室试验。

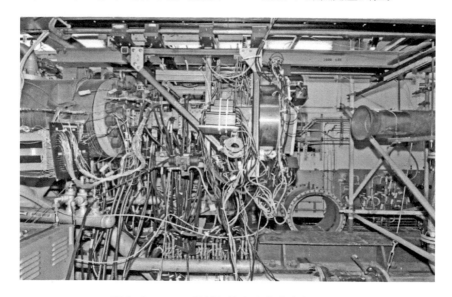

图 9.13　NASA 燃料加热直连式试验台实物图

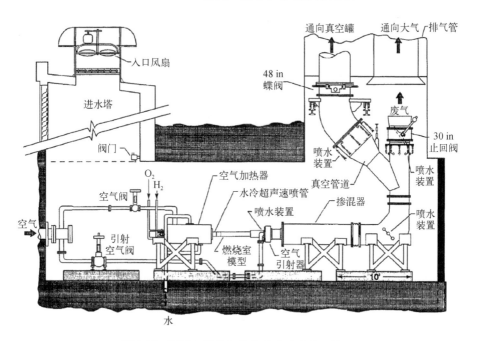

图 9.14　NASA 燃料加热直连式试验台结构图

1. 隔离段考核试验

试验模拟参数可以选择,静压 p、静温 T、马赫数 Ma、总压 P_{t2}、总温 T_t、总焓 H_t、动压 q 等。对于热考核试验,通常选择 $p/H_t/Ma$ 或 $H_t/q/Ma$。

隔离段结构与热防护试验见图 9.15。工作过程:打开真空引射系统,打开空气供给系统和补氧系统,向加热器供给燃料,加热器点火,通过喷管加速,使喷管出口的总焓、静压、马赫数与发动机工作相关参数一致。移动堵锥,改变气流出口面积,使隔离段内气流产生激波,模拟发动机工作时燃烧室压升对隔离段激波的作用。

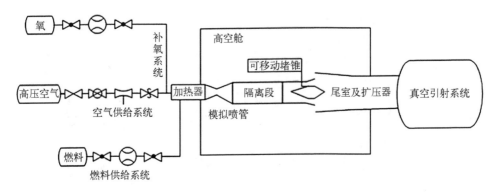

图 9.15 隔离段结构与热防护考核试验

2. 燃烧室结构与热防护考核试验

燃烧室结构与热防护试验原理图见图 9.16,试验模拟参数与隔离段相关模拟参数一致,燃烧室载荷通过喷注燃料组织燃烧来实现。被试体可以是隔离段、燃烧室、尾喷管组成的组件,或某一构件,或某一构件的局部结构。当考核构件为某一构件时,其他构件采用工装,共同组成整体试验构件,以便保持燃烧、流动与发动机工作时相接近。当考核部件的局部结构时,可通过工装将试验件安装于试验发动机的对应位置(预留出部分结构),试验发动机其他部分结构一般采用水冷或油冷却结构,可以长时间工作。

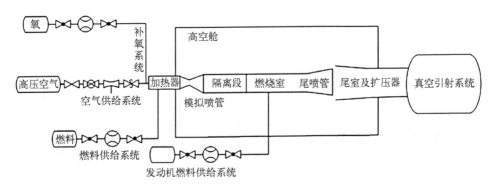

图 9.16 燃烧室结构与热防护考核试验

以上方式是目前发动机材料、结构与热防护技术攻关和型号研制用途最广的试验方法。

图 9.17 所示为某型发动机隔离段+燃烧室的评估试验,试验验证了发动机燃烧室耐温结构、隔热结构、测压结构、紧固件连接密封结构等方面。

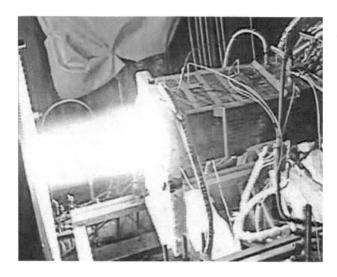

图 9.17 发动机试验图

试验后燃烧室整体结构完好,CT 检查未发现裂纹、分层、剥层。外观检查无明显裂纹,结构完好无损坏。燃烧室段间连接完好,段间密封方案可靠。

试验后隔离段、燃烧室内表面烧蚀轻微,最大线烧蚀深度不大于 0.5 mm,如图 9.18 所示。

图 9.18 燃烧室出口

　　隔热层从里到外分为高温层、中温层和低温层,如图 9.19 所示。本次试验后,燃烧室整体隔热结构完好,隔热与耐热结构之间的连接结构完好,隔热各层结构保持完好。

图 9.19　发动机燃烧室隔热层

试验中测得的燃烧室隔热层温度数据如图 9.20 所示。

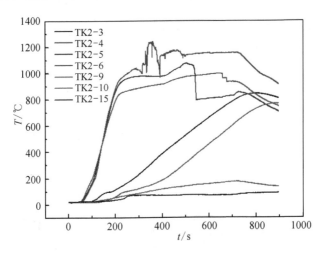

图 9.20　发动机燃烧室隔热层温度数据

　　发动机隔热层内部及隔热背面的温度较低,均为 K 型热电偶实时采集数据。停车后隔热上宽面背温小于 150℃,侧壁温低于 300℃,并有较大的裕度,根据温升趋势判断,发动机隔热结构长时间试验后隔热温度在设计范围内,满足使用要求。

　　本次试验选取燃烧室多个典型位置安装测压装置,试验后测压结构如图 9.21 所示。测压结构在试验全程结构正常,测点采集正常,数据如图 9.22 所示。

　　燃烧室各段之间采用法兰螺栓连接,紧固件采用 Nb521 双头螺柱、螺母。发动机燃烧室在试验中,安装固定结构可靠。试验后各分段连接螺栓密封结构完好,没有松动,如图 9.23 所示。

图 9.21 试验前后测压装置

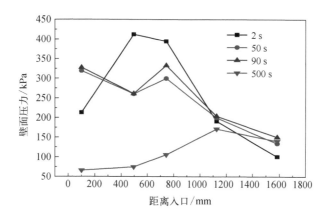

图 9.22 实测壁面压力

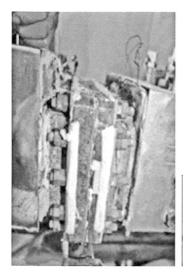

(a) 未拆卸时形貌　　　　　　　　　　(b) 拆卸后形貌

图 9.23 段间连接与螺栓试验后形貌

通过发动机热防护试验,对被动热防护发动机材料体系在高马赫数条件下的长时间工作能力极限进行探索,试验后发动机结构完整,燃烧室烧蚀量较小,耐热材料满足使用要求,隔热结构和测压结构完好,测温测压数据有效,紧固件可靠密封,各部件结构匹配可靠,满足高马赫数状态长时间以上工作时间的要求。

9.1.3 燃烧自由射流试验

如图 9.24 所示,自由射流试验是指高焓空气通过喷管加速,形成自由流场,试验对象安装于均匀流场中,模拟高超声速飞行时的飞行过程。自由射流试验的难点主要在于产生高焓试验工质(俗称来流),高焓获取的方式主要有激波、燃料燃烧和电弧放电等,激波方式能够用于试验的时间只有毫秒量级,电弧放电也受到功率限制,燃料燃烧是目前大型试验设施能够长时间获取高焓的主要方式。

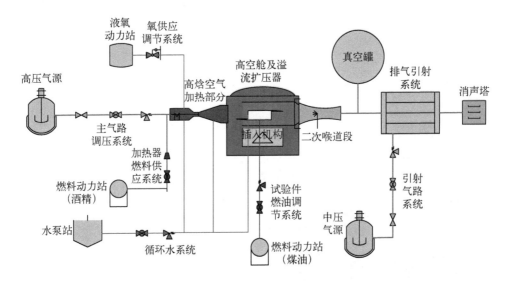

图 9.24　自由射流试验台系统原理图

自由射流设施具有代表性的是 NASA 兰利研究中心的 8 ft 高温风洞。X-43A 飞行器所使用的超燃冲压发动机验证项目的地面试验使用了该风洞(图 9.25 所示)。

X-51A 飞行器所使用的 SJX-61 超燃冲压发动机也利用阿连特 GASL 实验舱 TBIV 进行了系统试验,如图 9.26 所示。该设备使用氢燃料对试验气流进行加热。这些设备与 AEDC(燃料为异丁烷)风洞共同工作,可进行超燃冲压发动机推进系统的大规模试验。燃料燃烧风洞适用于来流马赫数 8 以下的试验,其最大缺点在于燃料燃烧产生较多的污染物,制备的高焓来流不够纯净,对试验结果会造成影响。

图 9.25　X‑43A 在 NASA 燃料加热风洞中进行试验

图 9.26　SJX‑61 超燃冲压发动机在 NASA 燃料加热风洞中进行试验

　　自由射流试验台在加热器中将富氧空气与酒精、航空煤油等燃料混合燃烧,产生氧体积分数仍然为 21% 的高焓工质,工质经设备喷管加速,在其出口和试验高空舱段形成均匀流场,试验对象安装于均匀流场内,高空舱段被排气系统抽吸,模拟高超声速飞行时的高空环境条件。发动机整机结构考核试验如图 9.27 所示。

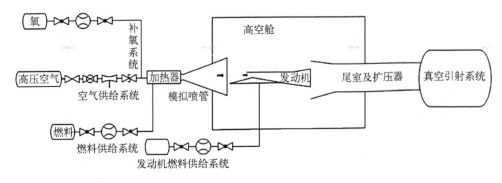

图 9.27 自由射流试验考核发动机整机结构与防护

如表 9.6 所示,对应 $Ma=7$、$H=30\ km$ 的飞行工况,采用航空煤油燃烧加热,在保证含氧成分与空气一致的情况下,其中 H_2O 与 CO_2 的含量都超过了10%,对试验结果的影响是必然的。

表 9.6 不同试验模拟方式的工质组分($Ma=7.0$, $H=30\ km$)

试验模拟	O_2	N_2	H_2O	CO_2
纯空气		78.8%	0	0
$P/T/Ma$		57.5%	10.9%	10.4%
$P_t/T_t/Ma$	21.2%	54.7%	12.3%	11.8%
$P_t/H_t/Ma$		56.7%	11.3%	10.8%
$P/H_t/Ma$		56.7%	11.3%	10.8%

以超燃冲压发动机为动力的高超声速飞行器,当飞行马赫数 Ma 和飞行高度 H 一定时,则发动机远前方的来流条件,如静温 T、静压 P、总温 T_t、总压 P_t、动压 q、总焓 H_t 以及气流其他热力参数都随之被确定,但是地面试验模拟所有这些飞行状态参数是不可能的,通常只选取其中的几个参数,表 9.7 表示采用不同试验模拟参数组合时,工质其他参数与飞行试验时相关参数的差异,有的参数相差很大。在自由射流试验台开展发动机内外流热考核试验,通常选择 $P/H_t/Ma$ 或 $H_t/q/Ma$,既可以保证发动机内流参数与飞行状态接近,又可以保障发动机热防护试验模拟的要求。

表 9.7　自由试验模拟参数与误差（$Ma=7, H=30$）

准则	T	P	T_t	P_t	H_t	q	q_a
$P/T/Ma$	—	—	8.27%	36.03%	4.81%	−1.35%	−0.91%
$P_t/T_t/Ma$	11.60%	34.75%	—	—	14.31%	−35.92%	−43.04%
$P_t/H_t/Ma$	3.21%	28.82%	−5.98%	—	7.44%	−29.89%	−31.52%
$P/H_t/Ma$	3.21%	—	−5.98%	40.33%	—	−1.50%	−1.94%

注：T、P、T_t、P_t、H_t、q、q_a 分别表示模拟的静温、静压、总温、总压、总焓、动压、空气流量。

此外，自由射流要求试验台提供较好的模拟流场品质的要求：

（1）总压场均方根偏差≤3%，总压波动 3%；

（2）总温场均方根偏差≤5%，总温波动 5%；

（3）速度场（马赫数场）均方根偏差≤1.5%；

（4）平均气流偏角≤0.3°。

9.2　结构与热防护性能评估

一方面，发动机高温结构与热防护结构的性能重复性与金属结构相比还有差距，需要加严考核与评估；另一方面，高温与热防护结构的考核与评估试验是破坏性的，经过试验的构件不能够重复使用。在型号研制过程中，通常选取随发动机高温结构一起研制的平板，开展耐烧蚀性能、力学性能、热物性能等评价；抽取同一批次的某一构件，开展耐烧蚀试验，进一步评估耐高温性能。

9.2.1　平板性能评估

1. 平板力学性能

1）评价参数

面内拉伸强度、面内拉伸模量、面内压缩强度、面内弯曲强度、面内剪切强度、层间剪切强度。

2）测试方法

每项性能测试结果应采用多点平均值，在测试过程中宜保证三点有效数据，同一批次产品应提供一套有效数据，各项性能测试方法如下。

2. 热物性能评价

1）评价参数

评价参数为材料的体积密度、热导率、线膨胀系数。

2）测试方法

每项性能测试结果宜采用多点平均值,在测试过程中应保证三点有效数据,同一批次产品应提供一套有效数据,测试方法如下:

（1）体积密度测试方法见 JB/T 8133.14－2013;

（2）热导率测试方法见 GJB 1201.1－1991;

（3）线膨胀系数测试方法见 GJB 332A－2004。

3. 平板结构耐温与热防护性能试验评估

1）评估参数

质量烧蚀率、最大线烧蚀深度。

2）试验方法

试验可采用电弧加热方式来模拟高温气流,也可采用燃烧加热方式来模拟高温气流。试验子样数量不少于三件,每个子样独立开展试验。

3）数据记录与处理

试验前测量平板的质量和厚度,厚度测量时采用多点取平均值方法进行测量,测量位置如图 9.28 所示。

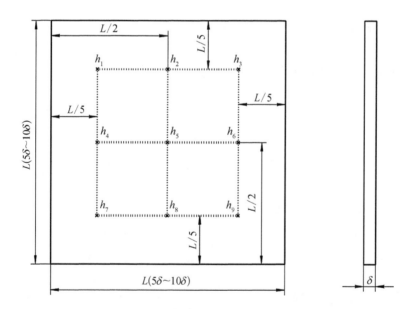

图 9.28　随炉复合材料试片厚度测量位置分布

试验后记录平板质量、最小厚度,实际试验时间。

试验数据处理方法如下。

（1）试片质量烧蚀率按公式(9.1)计算:

$$\dot{m}_L = \frac{m_{L1} - m_{L2}}{A_L \times t_L} \tag{9.1}$$

式中，$\dot{m}_L$ 为试片质量烧蚀率，单位为克每平方毫米每秒[$g/(mm^2 \cdot s)$]；A_L 为复合材料试片受热面积，单位为平方毫米（mm^2）；m_{L1} 为复合材料试片试验前质量，单位为克（g）；m_{L2} 为复合材料试片试验后质量，单位为克（g）；t_L 为实际试验时间，单位为秒（s）。

（2）试片最大线烧蚀深度百分比按公式（9.2）计算：

$$\dot{h}_L = \frac{h_{L1} - h_{L2}}{h_{L1}} \times 100\% \tag{9.2}$$

式中，$\dot{h}_L$ 为最大线烧蚀深度百分比；h_{L1} 为试片试验前平均厚度，单位为毫米（mm）；h_{L2} 为试片试验后的最小厚度，单位为毫米（mm）。

4）合格判据

随炉复合材料试片的耐烧蚀性能合格判据由发动机研制单位根据发动机的实际工作状态确定。一般情况下按如下准则来判断：在实际试验时间 t_L 达到设计时间 t_{max1} 时，当同时满足下列两个条件则判定复合材料试片的耐烧蚀性能合格，否则为不合格：

（1）$\dot{m}_L$ 小于 1×10^{-5} $g/(mm^2 \cdot s)$；

（2）$\dot{h}_L$ 小于 20%。

9.2.2　结构件评估

1. 结构件冷态承载能力评价

1）评价参数

评价参数为构件实际最大应变、实际最大加载压力载荷。

2）测试方法

被动热防护结构件冷态结构承载能力一般采用液压试验进行测试，宜先采用一件产品开展承载极限试验，得到产品破坏时的压力载荷和应变（以下简称为爆破压力 P_b 和破坏应变 ε_b）。

液压试验测试原理和方法参见 QJ 2039－1991，液压试验按如下步骤进行。

（1）预试验：从 0 开始加载，以每级 10% P_{sj}（设计载荷）加至 30% P_{sj}，逐级测量应变值，然后卸载至零，验证试验系统的正确性，检查各点应变值是否正常；

（2）正式试验：对于工作载荷较大的结构件如燃烧室，从 0 开始朝设计载荷 P_{sj}（根据发动机的实际工作状态确定）加载，逐级测量应变值，然后分级卸载，每级保压时间不少于 30 s，当加载压力大于 60% P_{sj} 时，升压速率减慢，对于工作载荷较小的结构件如尾喷管，由发动机研制单位和被动热防护结构件承制单位共同确定液压试验的加载步骤。

3）数据记录与处理。

需要记录的测试数据如下：

（1）每级加载的压力载荷 P；

（2）每级压力载荷下的各点应变 ε。

最终获取的应变数据为矩阵形式。

4）合格判据

许用应变按公式（9.3）计算：

$$[\varepsilon] = \frac{\varepsilon_b}{n_b} \tag{9.3}$$

式中，$[\varepsilon]$ 为许用应变；ε_b 为破坏应变，由随炉试件的水压爆破试验获得；n_b 为安全系数，一般取 1.2~1.5。

判定方法如下：

（1）实际加载的最大压力载荷 $P_{\max}$ 小于设计载荷 P_{sj} 时，被动热防护结构件的最大应变 $\varepsilon_{\max}$ 已大于等于许用应变 $[\varepsilon]$，则判定被动热防护结构件的冷态承载能力不合格；

（2）实际加载的最大压力载荷 $P_{\max}$ 等于设计载荷 P_{sj} 时，被动热防护结构件的最大应变 $\varepsilon_{\max}$ 不大于许用应变 $[\varepsilon]$，则判定被动热防护结构件的冷态承载能力合格。

2. 结构件耐温与热防护性能评估

1）评价参数

评价参数为构件最大线烧蚀深度百分比。

2）测量设备

测量设备要求如下：

（1）线烧蚀深度测量设备：深度尺等，一般精度为 0.02 mm；

（2）时间测量设备：试验台控制系统，一般精度为 1 s。

3）试验要求

采用长时间直连式或自由射流热考核试验进行评价。在研制阶段，热考核试验的次数和状态主要由发动机研制单位根据研制任务书的要求确定，试验模拟状态应全部覆盖发动机工作包线范围内的力热载荷。在定型阶段，热考核试验的次数和状态由发动机研制单位和用户共同确定，参加试验的产品均为飞行状态的产品，应覆盖发动机工作包线范围内的力热载荷。

4）数据记录与处理

需要记录的试验数据如下：

（1）最大线烧蚀深度；

（2）实际工作时间。

试验数据处理方法如下。

构件最大线烧蚀深度百分比按公式（9.4）计算：

$$\dot{h}_g = \frac{h_g}{H_g} \times 100\% \tag{9.4}$$

式中，$\dot{h}_g$ 为构件最大线烧蚀深度百分比；h_g 为被动热防护结构件受热面最大线烧蚀深度，单位为毫米（mm）；H_g 为被动热防护结构件对应于受热面最大线烧蚀深度处试验前设计厚度，单位为毫米（mm）。

5）合格判据

一般情况，在实际工作时间 t_g 达到设计时间 $t_{\max 2}$ 时，当同时满足下列两个条件则判定被动热防护结构件的热防护性能合格，否则为不合格：

（1）试验后被动热防护结构件外形结构完好；

（2）$\dot{h}_g$ 小于 30%。

参考文献

[1] Huebner L D, Rock K E, Voland R T, et al. Calibration of the Langley 8-Foot high temperature tunnel for hypersonic air-breathing propulsion testing[R]. AIAA 96 - 2197, 1996.

[2] Powell E S, Stallings D W. A review of test medium contamination effects on test article combustion processes[R]. AIAA 98 - 0551, 1998.

[3] Slack M, Grillo A. Investigation of hydrogen/air ignition sensitized by nitric oxide and by nitrogen dioxide[R]. NASA CR - 2986, 1977.

[4] Chelliah H K, Krauss R H, McDaniel J C, et al. Modeling of vitiation effects on H_2 - O_2 combustion using reduced reaction mechanisms[R]. AIAA 94 - 2577, 1994.

[5] Lai H, Thomas S. Numerical study of contaminant effects on combustion of hydrogen, ethane, and methane in air[R]. AIAA 95 - 6097, 1995.

[6] Fischer K, Rock K. Calculated effects of nitric oxide flow contamination on scramjet performance [R]. AIAA 95 - 2524, 1995.

[7] Srinivasan S, Erickson W D. Interpretation of vitiation effects on testing at Mach 7 flight conditions[R]. AIAA 95 - 2719, 1995.

[8] Marco D C, Giuseppe C R, Francesco B. An extrapolation from flight methodology for a reentry vehicle wing leading edge test in a plasma wind tunnel facility[R]. AIAA 2007 - 3895, 2007.

[9] Riley C J, de Jamette F R. An engineering aerodynamic heating method for hypersonic flow[R]. AIAA 92 - 0499, 1992.

[10] 欧阳水吾, 谢中强. 高温非平衡空气绕流[M]. 北京: 国防工业出版社, 2001.

[11] 陈思员. 超燃神压发动机燃烧室流场数值模拟[D]. 北京: 北京航空航天大学, 2007.

[12] 程晓丽,王强,马汉东. 电弧风洞内球锥全目标绕流场计算分析[J]. 空气动力学报,2005, 23(3): 289 - 293.

[13] 欧东斌,陈连忠,董永晖,等. 大尺寸结构部件电弧风洞烧蚀试验技术[J]. 空气动力学学报,2015,33(5): 661 - 666.

[14] 陈连忠,程梅莎,洪文虎. Φ1 m 电弧风洞大尺度防隔热组件烧蚀热结构试验[J]. 宇航材料工艺,2009(6): 71 - 73.

第 10 章
材料、结构与热防护技术发展及应用展望

近年来,超高温陶瓷、金属基复合材料、陶瓷基复合材料、高温涂层、多功能梯度隔热等技术得到了快速发展。金属基复合材料已应用于发动机进气道前缘结构,C/C 增强陶瓷基复合材料结构在 2 000 K 以下的发动机高温环境中具备了多次使用能力、在 2 300~2 500 K 温度下能够承受 10 min 左右的抗烧蚀要求。这些技术的进步,初步解决了马赫数 7 以下吸气式高超声速飞行器及其发动机一次性使用问题,为后续技术发展及其应用奠定了良好基础。

在工程应用方面,材料、结构与热防护技术解决了一次性使用的有无问题,但需要加强材料体系完善、构建高温性能数据库、稳定制备工艺、提高质量一致性和大幅度降低制造成本。

面对单次工作时间 1~2 h、巡航马赫数达到 6~7 的应用需求,单纯依靠现有材料耐温和抗烧蚀能力还满足不了要求,需要结合燃料主动冷却技术加以解决。在热防护方面,因为隔热能力不足和材料密度大,导致结构太厚、质量超重,需要探索新的热防护途径。

采用 C/C 增强陶瓷基复合材料结构和碳氢燃料再生冷技术,有望解决巡航马赫数 5~6 多次使用问题。对于完全可重复使用或马赫数 6~7 的多次使用问题,拟从新材料耐高温机理、材料体系、燃料冷却理等方面加强基础研究、积累数据、深化规律认识。对于马赫数 8 以上的应用需求,需要探索新的热防护机理、新的材料体系。

随着超燃冲压发动机及其组合发动机技术在更长时间(小时量级)、更宽速域、更高马赫数(巡航马赫数 8 以上)、重复使用、高可靠性、高安全性、经济可承受性等方面的不断突破,将推动吸气式高超声速飞行器从一次性使用到重复使用,从无人到有人,最终实现两小时全球到达和自由往返临近空间。在发动机技术不断实现跨越的进程中,材料、结构与热防护技术将始终发挥核心关键作用,探索新材料、新结构、新机理,创新材料体系及热防护方法将在未来的技术发展中,发挥不可或缺的关键作用。